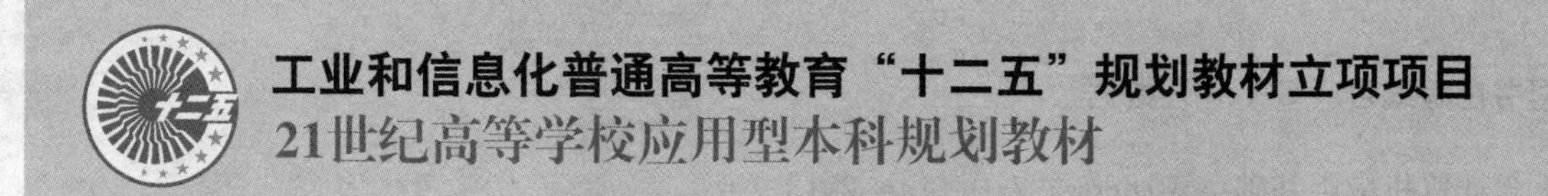

工业和信息化普通高等教育“十二五”规划教材立项项目

21世纪高等学校应用型本科规划教材

大学计算机应用基础

（Windows 7+Office 2013）

Fundamentals of Computer Application

主编 姜文波

编著 耿 强 樊 宇 苗 莉 李 坤

刘 艳 甘 赟 纪洲鹏 罗奕玥

人 民 邮 电 出 版 社

北 京

图书在版编目（CIP）数据

大学计算机应用基础 : Windows 7+Office 2013 / 姜文波主编. -- 北京 : 人民邮电出版社, 2016.9（2018.12重印）
ISBN 978-7-115-43395-4

Ⅰ. ①大… Ⅱ. ①姜… Ⅲ. ①Windows操作系统－高等学校－教材②办公自动化－应用软件－高等学校－教材
Ⅳ. ①TP316.7②TP317.1

中国版本图书馆CIP数据核字(2016)第200317号

内 容 提 要

本书根据全国计算机等级考试（一级）大纲（2013 年版）编写而成。全书基于 Windows 7 操作系统和 Office 2013 平台，共 9 章，主要内容包括：计算机与信息基础知识、Windows 7 操作系统、Word 2013、Excel 2013、PowerPoint 2013、Visio 2013、计算机网络和信息安全、多媒体技术基础知识、数据库基础等。

为加强学生计算机操作技能的培养与训练，我们同时编写了与本书配套的《大学计算机应用基础实践教程（Windows 7+Office 2013）》。

本书可以作为高等学校应用型本科各专业的计算机基础必修课程的教材，也可以作为计算机基础培训的教材与参考书。

◆ 主　　编　姜文波
　编　　著　耿　强　樊　宇　苗　莉　李　坤
　　　　　　刘　艳　甘　赟　纪洲鹏　罗奕玥
　责任编辑　邹文波
　责任印制　沈　蓉　彭志环

◆ 人民邮电出版社出版发行　　北京市丰台区成寿寺路 11 号
　邮编　100164　　电子邮件　315@ptpress.com.cn
　网址　http://www.ptpress.com.cn
　北京天宇星印刷厂印刷

◆ 开本：787×1092　1/16
　印张：18.5　　　　2016 年 9 月第 1 版
　字数：486 千字　　2018 年 12 月北京第 6 次印刷

定价：49.80 元

读者服务热线：(010)81055256　印装质量热线：(010)81055316
反盗版热线：(010)81055315
广告经营许可证：京东工商广登字 20170147 号

前言

本书《大学计算机应用基础（Windows 7+Office 2013）》根据全国计算机等级考试（一级）大纲（2013 年版）编写而成，是高等院校应用型本科各专业计算机应用基础课程的入门教材。本书针对高等学校应用型本科教学实际情况，通过精选计算机相关技术与成果，全面面向计算机实际应用，努力使学生较好地掌握计算机的基础知识和基本的操作技能。通过"大学计算机应用基础"课程的学习，学生能够掌握 Windows 7 操作系统和 Microsoft Office 2013 各软件的使用，掌握 Microsoft Visio 2013 流程图绘制软件使用方法，并具备良好的计算机应用知识及素质，初步掌握计算机网络、多媒体技术及数据库技术基础知识及基本技能，为应用计算机技术解决实际应用问题奠定良好的基础。

"大学计算机应用基础"课程的教学重点是计算机软硬件基础知识，以及 Windows 7 操作系统和 Microsoft Office 2013 办公软件的应用性操作。本书内容主要包括计算机与信息基础知识、Windows 7 操作系统、Office Word 2013 软件、Office Excel 2013 软件、Office PowerPoint 2013 软件及 Microsoft Visio 2013 软件，计算机网络与安全、多媒体技术基础及应用、数据库基础等。另外，与本书配套的《大学计算机应用基础实践教程（Windows 7+ Office 2013）》的内容安排合理，实践操作性强，便于学生巩固所学知识，全面提高学生实践操作技能。

本书结合当前计算机软硬件发展与应用情况，根据全国计算机等级考试需要及政府、企事业单位办公管理需要，尤其是结合应用型本科实际教学需要，较为适宜地介绍了最新、最成熟的软件应用情况及操作使用方法。此外，为了更好地激发学生的学习兴趣，我们努力将计算机软、硬件发展脉络等相关背景知识与理论教学内容有机结合，将教学案例与办公应用等深入结合，努力实现从理论知识、实践操作技能训练及设计美学等方面综合培养学生，从而实现真正意义上的大学计算机素质教育，使大学生具备更强的计算机基础应用能力。

根据我们"大学计算机应用基础"课程的教学实践，建议本课程教学总学时数为 54 学时，其中课堂讲授为 36 学时，上机实践为 18 学时。

本书由姜文波任主编，参加编写的老师还有耿强、樊宇、苗莉、李坤、刘艳、甘赟、纪洲鹏、罗奕玥等。

由于编者水平有限，书中难免有错误和不妥之处，欢迎读者提出宝贵意见。

编　者

2016 年 8 月

目　录

第 1 章 计算机与信息基础知识

本章主要内容：

- 计算机概述
- 微型计算机系统的组成
- 计算机中的数据和常用编码
- 大数据与云计算
- 信息与信息技术

计算机是 20 世纪人类最伟大的发明之一。随着计算机技术的发展，计算机的应用已经渗透到社会的各个领域，它使人们的工作和生活发生了翻天覆地的变化，它已成为人们现代生活与交流中不可或缺的部分。现代社会是信息化的社会，学习和掌握计算机知识，熟练操作计算机已成为当今社会工作和生活的必备技能之一。

本章主要介绍计算机发展史、计算机硬件及软件基础知识、大数据与云计算等。从 1946 年第一代计算机诞生到今天，我们感受着计算机科学之美的无处不在，它改变了人们的工作及生活方式，改变了人类的整个世界，从互联网、移动互联网到物联网，为整个世界带来了新的生机与活力，尤其是对中国，迎来了新的机遇与挑战。为实现中华民族伟大复兴的梦想，为积极推动“互联网+”行动计划，每一位大学生必须具备较好的 IT 素质及基本的计算机技能。本章所介绍的内容是大学生必须具备的 IT 素质知识，涉及了计算机硬件及软件方面的基础知识，同时介绍了较前沿的大数据、云计算及物联网方面的基础知识。

1.1 计算机概述

1.1.1 计算机的发展简史

1623 年，德国图宾根大学教授 W.契克卡德（Wilhelm Schickard）为天文学家开普勒制作了一种机械计算器，这是世界上已知的第一部机械式计算器。这部机械改良自时钟的齿轮技术，利用 11 个完整的、6 个不完整的链轮进行加法运算，并能借助对数表进行乘除运算。这部机器在后来的战乱中被毁，契克卡德也因战祸而逝。直到 1960 年，契克卡德家乡的人们才根据契克卡德的手稿，复制了这台计算机，发现工作一切正常。

1642 年，法国数学家布莱士·帕斯卡（Blaise Pascal）制作了加法器，后来被人们称为帕斯卡机械式计算机，首次确立了计算机器的概念。帕斯卡加法器是一种系列齿轮组成的装置，外壳用黄铜材料制作，是一个长20英寸、宽4英寸、高3英寸的长方盒子，面板上有一列显示数字的小窗口，旋紧发条后才能转动，用专用的铁笔来拨动转轮以输入数字。这种机器能够做6位加法和减法。帕斯卡先后制造了50台左右的计算机器，今天在巴黎国立工艺博物馆中还保存着两台帕斯卡亲手制造的加法器计算机。

1674年，德国哲学家、数学家戈特弗里德·威廉·莱布尼茨（Gottfried Wilhelm Leibniz）改进了帕斯卡的计算机，使之成为一种能够进行连续运算的机器，并且提出了“二进制”数的概念。

1725年，法国纺织机械师布乔（B.Bouchon）提出了“穿孔纸带”构想。

1805年，法国机械师杰卡德（J.Jacquard）根据布乔“穿孔纸带”的构想完成了“自动提花编织机”的设计制作。虽然这是一台用于纺织工业的机器，但是它的精巧设计，被当时刚刚毕业于剑桥大学的查尔斯·巴贝奇（Charles Babbage）看中，并利用这个原理，在1822年制造出了人类历史上第一台可以编程的计算机——差分机。它可以处理3个不同的5位数，计算精度达到6位小数。

1834年，查尔斯·巴贝奇提出了分析机的概念，机器共分为三个部分：堆栈、运算器、控制器。他的助手，英国著名诗人拜伦的独生女阿达·奥古斯塔（Ada Augusta）为分析机编制了人类历史上第一批计算机程序。

1847年，英国数学家、逻辑学家乔治·布尔（George Boole）发表著作《逻辑的数学分析》。

1854年，乔治·布尔发表《思维规律的研究——逻辑与概率的数学理论基础》，并综合《逻辑的数学分析》，创立了一门全新的学科——布尔代数，为后来出现的数字计算机的开关电路设计提供了重要的数学方法和理论基础。

1936年，英国数学家、逻辑学家艾伦·麦席森·图灵（Alan Mathison Turing）发表论文《论可计算数及其在判定问题中的应用》，首次阐明了现代计算机原理，从理论上证明了现代通用计算机存在的可能性。图灵把人在计算时所做的工作分解成简单的动作，与人的计算类似，机器需要做到以下几点：

①存储器，用于贮存计算结果；

②一种语言，表示运算和数字；

③扫描；

④计算意向，即在计算过程中下一步打算做什么；

⑤执行下一步计算。

具体到一步计算，则分成：

①改变数字可计算符号；

②扫描区改变，如往左进位和往右添位等；

③改变计算意向等。

整个计算过程采用了二进位制，这就是后来人们所称的“图灵机”。艾伦·麦席森·图灵被称为计算机之父、人工智能之父。图灵对于人工智能的发展有诸多贡献，提出了一种用于判定机器是否具有智能的试验方法，即图灵试验。此外，图灵提出的著名的图灵机模型为现代计算机的逻辑工作方式奠定了基础。

1937年，美国AT&T贝尔实验室研究人员乔治·斯蒂比兹（George Stibitz）制造了电磁式数字计算机“Model-K”。

1938年，美国数学家、信息论的创始人克劳德·艾尔伍德·香农（Claude Elwood Shannon）发表了著名论文“*A Symbolic Analysis of Relay and Switching Circuits*”（《继电器与开关电路的符号

分析》)。首次用布尔代数对开关电路进行了相关的分析，并证明了可以通过继电器电路来实现布尔代数的逻辑运算，同时明确地给出了实现加、减、乘、除等运算的电子电路的设计方法。该篇论文成为了开关电路理论的开端。

1939 年，时任美国依阿华州立大学数学和物理学教授约翰·阿塔纳索夫（John Vincent Atanasoff）制造了后来举世闻名的 ABC 计算机的第一台样机，并提出了计算机的三条原则：

①以二进制的逻辑基础来实现数字运算，以保证精度；

②利用电子技术来实现控制，逻辑运算和算术运算，以保证计算速度；

③采用把计算功能和二进制数更新存贮的功能相分离的结构。

1973 年 10 月，约翰·阿塔纳索夫最终被认为是电子计算机的真正发明人，是被遗忘的计算机之父。

1944 年，由 IBM 出资，美国人霍德华·艾肯（Howard Hathaway Aiken）负责研制的马克 1 号计算机在哈佛大学正式运行，它装备了 15 万个元件和长达 800 千米的电线，每分钟能够进行 200 次以上运算。女数学家格雷斯·霍波（Grace Hopper）为它编制了计算程序，并声称该计算机可以进行微分方程的求解。

至此，人类通过 300 多年的不懈努力，终于使人类步入了电子计算机时代。

根据计算机所采用物理器件的不同，通常可将计算机的发展过程分为四代，如表 1-1 所示。

表 1-1　计算机时代的划分

计算机	第一代	第二代	第三代	第四代
时间	1946—1957 年	1958—1964 年	1965—1970 年	1971 至今
物理器件	电子管	晶体管	中、小规模集成电路	大规模、超大规模集成电路
特征	体积庞大、耗电量高、可靠性差，运算速度每秒仅几千次，内存容量仅几 KB	体积大大缩小、可靠性增强、寿命延长，运算速度每秒几十万次，内存容量扩大到几十 KB	体积进一步缩小，寿命更长，运算速度每秒达几十万至几百万次	体积更小，寿命更长，运算速度每秒达几千万至千万亿次以上
语言	机器语言	操作系统 汇编语言 高级语言	操作系统 高级语言	网络操作系统 关系数据库 第四代语言
应用范围	科学计算	科学计算、数据处理、自动控制	科学计算、数据处理、自动控制、文字处理、图形处理	在第三代的基础上增加了网络、天气预报和多媒体技术等

1. 第一代计算机时代：电子管计算机（1946—1957 年）

世界上第一台电子管数字计算机于 1946 年 2 月在美国研制成功，如图 1-1 所示。它的名称叫电子数值积分计算机（The Electronic Numberical Intergrator and Computer，ENIAC）。

电子管计算机是在第二次世界大战的弥漫硝烟中开始研制的。当时为了给美国军械试验提供准确而及时的弹道火力表，迫切需要一种高速的计算工具。1942 年美国物理学家莫希利（W.Mauchly）提出试制第一台电子计算机的初始设想——高速电子管计算装置的使用，期望用电子管代替继电器以提高机器的计算速度。于是，在美国军方的大力支持下，成立了以宾夕法尼亚大学莫尔电机工程学院的莫希利和埃克特（Eckert）为首的研制小组，于 1943 年开始研制，并于 1945 年年底研制成功。

在研制工作的中期，著名美籍匈牙利数学家约翰·冯·诺依曼（John von Neumann）在参与研制ENIAC的基础上，于1945年提出了重大的改进理论：一是把十进位制改成二进位制，这样可以充分发挥电子元件高速运算的优越性；二是把程序和数据一起存储在计算机内，这样就可以使全部运算成为真正的自动过程。在此基础上将整个计算机的结构组成分成5个部分：运算器、控制器、存储器、输入设备和输出设备。冯·诺依曼提出的理论，解决了计算机运算自动化的问题和速度匹配的问题，对后来计算机的发展起到了决定性的作用。直至今天，绝大多数的计算机仍采用冯·诺依曼方式工作。由于冯·诺依曼在计算机科学方面的贡献，被人们称为计算机之父。

图1-1　ENIAC

ENIAC长30.48m，高2.44m，占地面积170m^2，30个操作台，相当于10间普通房间的大小，重达30t，耗电量150kW，造价48万美元。它使用约18 000个电子管（见图1-2），70 000个电阻，10 000个电容，1 500个继电器，6 000多个开关，每秒执行5 000次加法或400次乘法运算，是当时已有的继电器计算机运算速度的1 000倍、手工计算速度的20万倍。ENIAC工作时，常常因为电子管被烧坏而不得不停机检修，电子管平均每7min就要被烧坏一只，必须不停地更换。尽管如此，在人类计算工具发展史上，它仍然是一座不朽的里程碑。

电子管元件有许多明显的缺点。例如，在运行时产生的热量太多，可靠性较差，运算速度不快，价格昂贵，体积庞大，这些都使计算机发展受到限制。于是，晶体管开始被用来做计算机的元件。晶体管不仅能实现电子管的功能，还具有尺寸小、重量轻、寿命长、效率高、发热少、功耗低等优点。使用了晶体管以后，电子线路的结构大大改观，制造高速电子计算机的设想也就更容易实现了。

图1-2　电子管

第一代计算机主要特点如下：

①采用电子管作为逻辑开关元件；

②内存储器使用水银延迟线、静电存储管等，容量非常小，仅1 000～4 000B；

③外存储器采用纸带、卡片、磁带和磁鼓等；

④没有操作系统，使用机器语言；

⑤体积大、速度慢、可靠性差。

2．第二代计算机时代：晶体管计算机（1958—1964年）

以晶体管为主要元件制造的计算机，称为晶体管计算机。1958—1964年，晶体管计算机的发展与应用进入了成熟阶段，因此，人们将之称为第二代计算机时代，即晶体管计算机时代。从印刷电路板到单元电路和随机存储器，从运算理论到程序设计语言，不断的革新使晶体管电子计算机日臻完善。

第二代计算机的程序语言从机器语言发展到汇编语言。接着，高级语言FORTRAN语言和COBOL语言相继被开发出来并被广泛使用。同时，开始使用磁盘和磁带作为辅助存储器。第二代计算机的体积减小，价格下降，应用领域不断扩大，计算机工业得以迅速发展。第二代计算机主要在商业、大学教学和政府机关中使用。

第二代计算机的主要特点如下：

①采用晶体管作为逻辑开关元件；

②使用磁芯作为主存储器（内存），辅助存储器（外存）采用磁盘和磁带，存储量增加，可靠性提高；

③输入输出方式有了很大改进；

④开始使用操作系统，使用汇编语言及高级语言；

⑤体积减小、重量减轻、速度加快、可靠性增强。

3. 第三代计算机时代：中、小规模集成电路计算机（1965—1970 年）

1964 年 4 月 7 日，IBM 公司宣布了 IBM System/360 系列计算机，声称“这是公司历史上宣布的最重要的产品”。

IBM System/360 的开发总投资 5.5 亿美元，其中硬件 2 亿美元，软件 3.5 亿美元。IBM System/360 系列计算机共有 6 个型号的大、中、小型计算机和 44 种新式的配套设备。从功能较弱的 360/51 型小型机，到功能超过 51 型 500 倍的 360/91 型大型机，形成了庞大的 IBM/360 计算机系列。

IBM System/360 以其通用化、系列化和标准化的特点，对全世界计算机产业的发展产生了巨大而深远的影响，被认为是划时代的杰作。

第三代计算机以 IBM System/360 系列计算机为标志，即采用中、小规模集成电路制造的电子计算机。人们将 1965 年至 1970 年划为第三代计算机时代。

第三代计算机的主要特点如下：

①采用中、小规模集成电路；

②使用内存储器，用半导体存储器替代了磁芯存储器，存储容量和存取速度有了大幅度的提高；

③输入设备出现了键盘，使用户可以直接访问计算机；

④输出设备出现了显示器，可以向用户提供立即响应；

⑤使用了操作系统，使得计算机在中心程序的控制协调下可以同时运行许多不同的程序。

4. 第四代计算机时代：大规模、超大规模集成电路计算机（1971 年至今）

第四代计算机以英特尔（Intel）公司研制的第一代微处理器 Intel 4004 为标志，这个时期的计算机最为显著的特征是使用了大规模集成电路和超大规模集成电路。微处理器是指将运算器、控制器、寄存器及其他逻辑单元集成在一块小的芯片上。微处理器的出现使计算机在外观、处理能力、价格、实用性以及应用范围等方面发生了巨大的变化。

1971 年 11 月 15 日，英特尔公司发布了其第一个微处理器 4004。Intel 4004 微处理器包含 2 300 个晶体管，采用 10μm 的 PMOS 技术生产，字长 4 位，时钟频率为 108kHz，每秒执行 6 万条指令，如图 1-3 所示。

图 1-3　Intel 4004 微处理器

1978 年，英特尔公司研制出 8086 微处理器（16 位处理器）。

1979 年，英特尔公司研制出 8088 微处理器（准 16 位处理器）。

1981 年 8 月 12 日，IBM 公司使用 Intel 8088 微处理芯片和微软操作系统研制出 IBM PC，同时，发布 MS-DOS 1.0 和 PC-DOS 1.0，IBM 公司推出的个人计算机主要用于家庭、办公室和学校。

1982 年，286 微处理器（又称 80286）推出，成为英特尔公司的最后一个 16 位处理器，可运行为英特尔公司前一代产品所编写的所有软件。286 微处理器使用了 13 400 个晶体管，运行频率为 6MHz、8MHz、10MHz 和 12.5MHz。

1985 年，英特尔 386 微处理器问世，32 位芯片，含有 27.5 万个晶体管，是最初 4004 晶体管数量的 100 多倍，每秒可执行 600 万条指令。

1989 年，英特尔 486 微处理器问世，这款经过 4 年开发和 3 亿美元资金投入的芯片，首次突破了 100 万个晶体管的界限，集成了 120 万个晶体管，使用 1μm 的制造工艺。80486 的时钟频率从 25MHz 逐步提高到 33MHz 以上。

1993 年 3 月 22 日，英特尔奔腾处理器（Pentium）问世，含有 300 万个晶体管，早期核心频率为 60MHz～66MHz，每秒执行 1 亿条指令，采用 0.8μm 制造技术生产。

1997 年 5 月 7 日，英特尔公司发布第二代奔腾处理器（PentiumⅡ）。

1999 年 7 月，英特尔公司发布了奔腾 III 处理器。奔腾 III 处理器是 1 平方英寸的正方形硅，含有 950 万个晶体管，采用 0.25μm 工艺生产。

2002 年 1 月，英特尔奔腾 4 处理器被推出，高性能桌面台式电脑可实现 22 亿个周期运算/秒。它采用 0.13μm 制造技术生产，含有 5 500 万个晶体管。

2005 年 5 月，英特尔公司第一个主流双核处理器（英特尔奔腾 D 处理器）诞生，含有 2.3 亿个晶体管，采用 90nm 制造技术生产。

2006 年 7 月，英特尔 Core 2 双核处理器诞生，该处理器含有 2.9 亿个晶体管。Core 2 分为 Solo（单核，只限手提电脑）、Duo（双核）、Quad（四核）及 Extreme（极致版）型号。其中，英特尔 Core2 Extreme QX6800 处理器其主频达 2.93GHz，总线频率达到了 1 066MHz，二级缓存容量达到了 8MB，采用了先进的 65nm 制造技术，将两个 X6800 双核 Core2 处理器集成在一块芯片上，其外形如图 1-4 所示。

图 1-4　Core2 64 位四核处理器

2009 年后，英特尔公司推出 Core2 Yorkfield 四核心处理器 Q9550，采用了更先进的 45 nm 制造技术，主频 2.83GHz，总线频率达到了 1 333MHz，二级缓存容量达到了 12MB。

2008 年 11 月，英特尔公司推出了 64 位元四核的 Core i7 处理器（中文：酷睿 i7），沿用 x86-64 指令集，并以 Intel Nehalem 微架构为基础，取代了 Intel Core 2 系列处理器。Core i7 处理器提升了高性能计算和虚拟化性能，该处理器主要面向高端处理需要。

Core i7 是面向中高端用户的 CPU 家族标识，已从第一代发展至目前的第六代，其相关系列主要特点如下。

第一代：基于 Nehalem、Westmere 架构微架构，2～4 颗核心，2008 年后相继推出。32nm～45nm，晶体管数量 7.31 亿～11.7 亿个，接口为 LGA1156。包含 Bloomfield（2008 年）、Lynnfield（2009 年）、Clarksfield（2009 年）、Ar randale（2010 年）、Gulftown（2010 年）等子系列。

第二代：基于 Sandy Bridge 微架构，2011 年推出，2～6 颗核心，32nm，晶体管数量 11.6 亿～22.7 亿个，接口为 LGA1155。

第三代：基于 Ivy Bridge 微架构，2012 年推出。2～4 核心，22nm，晶体管数量 14.8 亿个，接口为 LGA1156。

第四代：基于 Haswell 微架构，2013 年推出，2～8 核心，22nm，晶体管数量 9.6 亿～26 亿个，接口为 LGA1150。

第五代：基于 Broadwell 微架构，2015 年推出。2～4 核心，14nm，晶体管数量 13 亿个以上，接口为 LGA1150。

第六代：基于 Skylake 微架构，2015 年推出。4～8 核心，10～14nm 工艺新架构，接口为 LGA1151。支持 DDR4 和低电压的 DDR3L 的双通道内存。

2009 年 9 月，英特尔公司推出了 Core i5（中文：酷睿 i5）处理器，是 Core i7 的衍生中低阶版本。与 Core i7 支援三通道内存不同，Core i5 只会集成双通道 DDR3 内存控制器。每一个核心拥有各自独立二级缓存 256KB，不同的 Core i5 系列分别采用了 45nm 或 32nm 制造技术，分别采用了二个或四个核心，三级缓存分别采用了 3MB、6MB 和 8MB 等三种不同的容量，以适应不同用户的需要。

2010 年年初，英特尔公司推出了 Core i3（中文：酷睿 i3）首款 CPU + GPU 产品，建基于 Intel Westmere 微架构。采用了先进的 22nm～32nm 制造技术，有两个核心，支援超线程技术，L3 缓冲内存采用两个核心共享 4MB。

2011 年 2 月，Intel 公司发布了四款第二代酷睿 i 系列处理器和六核心旗舰 Core i7-3990X。新版的 I3 处理器采用了最新的且与新版 Core i5、新版 Core i7 系列处理器相同的构架 Sandy Bridge，但三级缓存降至 3MB；新版 Core i5-2390T 采用了 32nm 制造技术，两个核心四个线程，每个核心二级缓存 256MB，共享三级缓存 3MB，支持双通道 DDR3 内存，功耗 35W；新版 Core i7-3990X 极致版，32nm 制造技术，6 个核心 12 线程，每个核心有二级缓存 256KB，共享三级缓存 15MB，支持四通道 DDR3 内存，功耗 130W，总线频率达到了 1 600MHz。

2012 年 2 月，Intel 公司发布了基于 Ivy Bridge 架构的第三代 Core i7- 3770 处理器，采用 22nm 制造技术，4 个核心 8 线程，每个核心有二级缓存 256KB，共享三级缓存 8MB，支持双通道 DDR3 内存，功耗 77W。

2015 年 8 月，Intel 公司发布了基于 Skylake 架构的第六代酷睿 i7-6700K 处理器。官方称之为“Intel 史上最好的处理器”，性能提升了 2.5 倍，图形性能提升了 30 倍，续航时间也提升了 3 倍。酷睿 i7-6700 基于 Skylake 架构设计，采用 14nm 制造技术，LGA 1151 接口需搭配 100 系列主板，四核八线程设计，默认主频 4.0GHz，睿频可达 4.2GHz，三级缓存 8M，支持 DDR3/DDR4 两种规格，集成了 HD 530 核心显卡。

微型计算机严格地说仅是计算机中的一类，尽管微型计算机对人类社会的发展产生了极其深远的影响，但是微型计算机由于其内部的体系结构与其他计算机存在较大差别，它仍然无法完全取代其他类型的计算机。利用大规模集成电路制造出的多种逻辑芯片，可以组装出大型计算机、巨型计算机，其运算速度更快、存储容量更大、处理能力更强，这些企业级的计算机一般要放到可控制温度的机房里，因此很难被普通公众看到。

巨型计算机（超级计算机）是当代计算机的一个重要发展方向，它的研制水平标志着一个国家工业发展的总体水平，象征着一个国家的科技实力。它一般用来解决尖端和重大科学技术领域的问题，例如在核物理、空气动力学、航空和空间技术、石油地质勘探、天气预报等方面都离不开巨型计算机。巨型计算机一般指运算速度在亿次/秒以上，价格在数千万元以上的计算机。我国的银河-II 并行处理计算机、美国的克雷-II（CRAY-II）等都是运算速度达十亿次/秒的巨型计算机。

2013 年 6 月，世界超级计算机 TOP500 组织在德国莱比锡举行的“2013 国际超级计算大会”上，正式发布了第 41 届世界超级计算机 500 强排名。由国防科技大学研制的天河二号超级计算机系统，以峰值计算速度每秒 5.49 亿亿次、持续计算速度每秒 3.39 亿亿次双精度浮点运算的优异性能位居榜首。这是继 2010 年天河一号首次夺冠之后，中国超级计算机再次夺冠，直至 2015 年 11 月，天河二号超级计算机共六次蝉联冠军，获得“六连冠”。其外形如图 1-5 所示。

天河二号超级计算机系统由 170 个机柜组成，包括 125 个计算机柜、8 个服务机柜、13 个通信机柜和 24 个存储机柜，占地面积 720m^2，内存总容量 1 400 万亿字节，存储总容量 12 400 万亿 B，最大运行功耗 17.8MW。相比此前排名世界第一的美国“泰坦”超级计算机，天河二号计算速度是“泰坦”的 2 倍，计算密度是“泰坦”的 2.5 倍，能效比相当。与该校此前研制的天河一号相比，两者占地面积相当，天河二号计算性能和计算密度均提升了 10 倍以上，能效比提升了 2 倍，执行相同计算任务的耗电量只有天河一号的 1/3。天河二号运算 1 小时，相当于 13 亿人同时用计算器计算 1 000 年。

2016 年 6 月 20 日，全球超级计算机 500 强榜单公布，使用中国自主芯片制造的“神威·太湖之光”超级计算机取代了“天河二号”荣登榜首。由中国国家超级计算无锡中心研制的“神威·太湖之光”，浮点运算速度为每秒 9.3 亿亿次。“神威·太湖之光”拥有 10 649 600 个计算核心，包括 40 960 个节点，其运算速度为此前 3 年处在该榜单首位的“天河二号”的两倍以上，大约是目前排名第三的美国超级计算机系统的 5 倍。其外形如图 1-6 所示。

图 1-5 “天河二号”超级计算机

图 1-6 “神威·太湖之光”超级计算机

当代计算机正随着半导体器件以及软件技术的发展而发展，速度越来越快，功能不断增强和扩大，而且价格更便宜，使用更方便，因此应用也越来越广泛，并正向着巨型化、微型化、多媒体和网络化的方向发展。

第四代计算机主要特点如下：

①使用大规模、超大规模集成电路作为逻辑开关元件；

②主存储器采用半导体存储器，辅助存储器采用大容量的软、硬磁盘，并开始引入光盘；

③外部设备有了很大发展，采用光学字符阅读器（OCR）、扫描仪、激光打印机和各种绘图仪；

④操作系统不断发展和完善，数据库管理系统进一步发展，计算机广泛应用于图形、图像、音频及视频等领域；

⑤数据通信、计算机网络已有很大发展，微型计算机异军突起，遍及全球。计算机的体积、重量、功耗进一步减小，运算速度高达几百万亿次/秒至亿亿次/秒，存储容量、可靠性等都有了大幅度提升。

1.1.2 计算机的特点

计算机不同于以往任何计算工具，在短短的几十年中获得了飞速发展，这是因为计算机具有以下几个特点。

1. 运算速度快

现在计算机的运算速度一般都能达到数十万次/秒，有的速度更快，达到了几千万亿次/秒。计算机的高速运算能力可以应用在航天航空、天气预报和地质勘测等需要进行大量运算的科研工作中。

2. 计算精度高

计算机具有很高的计算精度，一般可达几十位，甚至几百位以上的有效数字精度。计算机的高精度计算使它能运用于航天航空、核物理等方面的数值计算中。

3. 存储功能强

计算机可配备容量很大的存储设备，它类似于人脑，能够把程序、文字、声音、图形、图像等信息存储起来，在需要这些信息时可随时调用。

4. 具有逻辑判断能力

计算机在执行过程中，能根据上一步的执行结果，运用逻辑判断方法自动确定下一步的执行命令。正因为具有这种逻辑判断能力，使得计算机不仅能解决数值计算问题，而且能解决非数值计算问题，如信息检索和图像识别等。

5. 在程序控制下自动进行处理

计算机的内部操作运算，都是可以自动控制的，用户只要把运行程序输入计算机，计算机就能在程序的控制下自动运行，完成全部预定任务，而无需人工干预。这一特点是原有的普通计算工具所不具备的。

1.1.3 计算机的分类

1. 按工作原理分类

计算机按工作原理可分为模拟计算机和数字计算机两类。

模拟计算机的主要特点是：参与运算的数值由不间断的连续量表示，其运算过程是连续的。模拟计算机由于受元器件质量的影响，其计算精度较低，应用范围较窄，目前已很少生产。

数字计算机的主要特点是：参与运算的数值用二进制表示，其运算过程按数字位进行计算，数字计算机由于具有逻辑判断等功能，以近似人类大脑的“思维”方式进行工作，所以又被称为“电脑”。

2. 按计算机用途分类

数字计算机按用途又可分为专用计算机和通用计算机。

专用与通用计算机在效率、速度、配置、结构复杂度、造价和适应性等方面都有所区别。

专用计算机针对某类问题能显示出最有效、快速和经济的特性，但它的适应性较差，不适于其他方面的应用，这是专用计算机的局限性。在导弹和火箭上使用的计算机绝大多数是专用计算机。

通用计算机适应性很强，应用面很广，但其运行效率、速度和经济性根据不同的应用对象会受到不同程度的影响。

3. 按计算机的规模分类

通用计算机按其规模、速度和功能等又可分为巨型机、大型机、中型机、小型机、微型机及工作站。这些计算机之间的基本区别通常在于其体积大小、结构复杂程度、功率消耗、性能、数据存储容量、指令系统、设备和软件配置等方面的不同。

（1）巨型机（超级计算机）

巨型机是指运算速度每秒能执行几亿次以上的计算机。它数据存储容量大、规模大、结构复杂、价格昂贵，主要用于大型科学计算。我国自主研制的“银河”计算机和曙光4000A系列计算机及“神威·太湖之光”等均属于超级计算机。

（2）大、中型机

大、中型机是指运算速度在每秒几千万次左右的计算机，通常用在国家级科研机构、银行及重点理工科类院校的实验室。

（3）小型机

小型机是指运算速度在每秒几百万次左右的计算机，通常用在科研与设计机构以及普通高校等单位。

（4）微型机

微型机也称为个人计算机（Personal Computer，PC），是目前应用最广泛的机型。如使用 Intel 奔腾 III、奔腾 IV 等 CPU 组装而成的桌面型或笔记本型计算机都属于微型机。

（5）工作站

工作站主要用于图形图像处理和计算机辅助设计。它是介于小型机与微型机之间的一种高档计算机，如 Apple 图形工作站。

1.1.4 计算机的应用领域

计算机是近代科学技术迅速发展的产物，在科学研究、工业生产、国防军事、教育和国民经济的各个领域得到了广泛应用。下面简单叙述计算机的主要应用领域。

1. 科学计算

科学计算也称为数值计算，是指利用计算机来完成科学研究和工程技术中提出的数学问题的计算。在现代科学技术工作中，科学计算问题是大量的和复杂的。利用计算机的高速计算、大存储容量和连续运算的能力，可以处理人工无法解决的各种复杂的计算问题。

2. 数据处理

对数据进行的收集、存储、整理、分类、统计、加工、利用、传播等一系列操作统称为数据处理。数据处理是计算机的主要用途，这个领域工作量大、涉及面宽，决定了计算机应用的主导方向。

在数据处理领域中，管理信息系统（Management Information System，MIS）逐渐成熟，它以数据库技术为工具，实现一个部门的全面管理，以提高工作效率。MIS 将数据处理与经济管理模型的优化计算和仿真结合起来，具有决策、控制和预测功能。MIS 在引入人工智能之后就形成了决策支持系统（DDS），它充分运用运筹学、管理学、人工智能、数据库技术以及计算机科学技术的最新成果，进一步发展和完善了 MIS 系统。

如果将计算机技术、通信技术、系统科学及行为科学等应用于办公事务处理上，就形成了办公自动化系统（OA）。

目前，数据处理已广泛地应用于办公自动化、企事业单位计算机辅助管理与决策、情报检索、图书管理、电影电视动画设计、会计电算化等各行业。

3. 计算机过程控制

过程控制是指利用计算机及时采集、检测数据，按最优值迅速地对控制对象进行自动调节或自动控制。过程控制是计算机应用的一个很重要的领域。被控对象可以是一台机床、一条生产线、一个车间，甚至整个工厂。计算机与执行机构相配合，使被控对象按照预定算法保持最佳工作状态。适合在工业环境中使用的计算机称为工业控制计算机，这种计算机具有数据采集和控制功能，能在恶劣的环境中可靠地运行。

此外，计算机控制在军事、航空、航天和核能利用等领域中也有广泛的应用。

4. 计算机辅助技术

计算机辅助设计（Computer Aided Design，CAD）是指利用计算机系统辅助设计人员进行工程或产品的设计，以实现最佳设计效果的一种技术，CAD 已广泛地应用于飞机、汽车、机械、电子、建筑和轻工等领域。例如，在电子计算机的设计过程中，利用 CAD 技术进行体系结构模拟、逻辑模拟、插件划分、自动布线等，从而大大提高了设计工作的自动化程度。又如，在建筑设计过程中，可以利用 CAD 技术进行力学计算、结构计算、绘制建筑图纸等，这样不但提高了设计速度，而且大大提高了设计质量。

计算机辅助制造（Computer Aided Manufacturing，CAM）是指利用计算机进行生产设备的管理、控制和操作。CAM 与 CAD 密切相关，CAD 侧重于设计，CAM 侧重于产品的生产过程。采用 CAM 技术能提高产品质量，降低生产成本，改善工作条件，缩短产品的生产周期。

计算机辅助教学（Computer Aided Instruction，CAI）是指利用计算机系统帮助教师进行课程内容的教学和测验，可以使用工具或高级语言来开发制作多媒体课件及其他辅助教学资料，引导学生循序渐进地学习，使学生轻松自如地学到所需的知识。CAI 的主要特色是交互教育、个别指导和因人施教。

5. 计算机网络与应用

计算机技术与现代通信技术的结合构成了计算机网络，在计算机网络的基础上建立了信息高速公路，这对各国的经济发展速度、信息资源的开发利用以及对人们的工作和生活方式等都产生了巨大的影响。

6. 人工智能

人工智能（Artificial Intelligence，AI）是指用计算机来模拟人类的智能活动，诸如感知、判断、理解、学习、问题求解和图像识别等，即让计算机具有类似于人类的“思维”能力。它是计算机应用研究的前沿学科。人工智能应用的领域主要有图像识别、语言识别和合成、专家系统、机器人等，在军事、化学、气象、地质、医疗等行业都有广泛的应用。例如，用于医学方面的计算机能模拟高水平医学专家进行疾病诊疗，以及具有一定思维能力的智能机器人等。

7. 电子商务

电子商务（E-Business）是指在因特网上进行的网上商务活动，始于 1996 年，现已迅速发展，全球已有许多企业先后开展了“电子商务”活动。它涉及企业和个人各种形式的、基于数字化信息处理和传输的商业交易，其中的数字化信息包括文字、语音和图像。从广义上讲，电子商务既包括电子邮件（E-mail）、电子数据交换（EDI）、电子资金转账（EFT）、快速响应（QR）系统、电子表单和信用卡交易等电子商务的一系列应用，又包括支持电子商务的信息基础设施。从狭义上讲，电子商务仅指企业—企业（B2B）、企业—消费者（B2C）之间的电子交易。

电子商务的主要功能包括网上广告和宣传、订货、付款、货物递交和客户服务等，另外，还包括市场调查分析、财务核算及生产安排等。电子商务以其高效率、低支出、高收益和全球性的优点，很快受到了各国政府和企业的广泛重视。

1.2 微型计算机系统的组成

计算机系统由硬件系统和软件系统两大部分组成。所谓硬件系统是泛指计算机系统中看得见、摸得着的实际物理设备。只有硬件的裸机是无法运行的，还需要软件的支持。所谓软件系统是指实现算法的程序及其文档。计算机是依靠硬件和软件的协同工作来执行给定任务的。微型计算机系统的基本组成如图 1-7 所示。

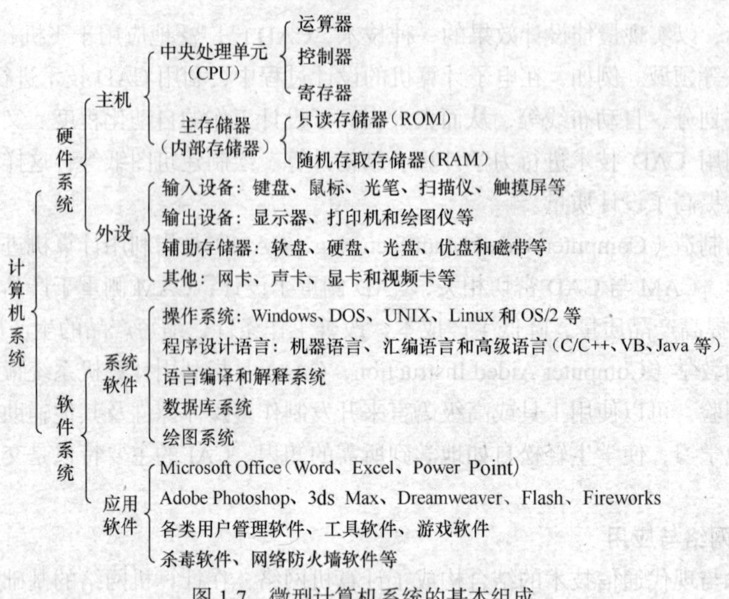

图 1-7　微型计算机系统的基本组成

1.2.1　计算机硬件系统

硬件是指组成计算机的各种物理设备，它包括计算机的主机和外部设备，具体由 5 个功能部件组成，即运算器、控制器、存储器、输入设备和输出设备。这 5 部分相互配合，协同工作，其结构如图 1-8 所示。

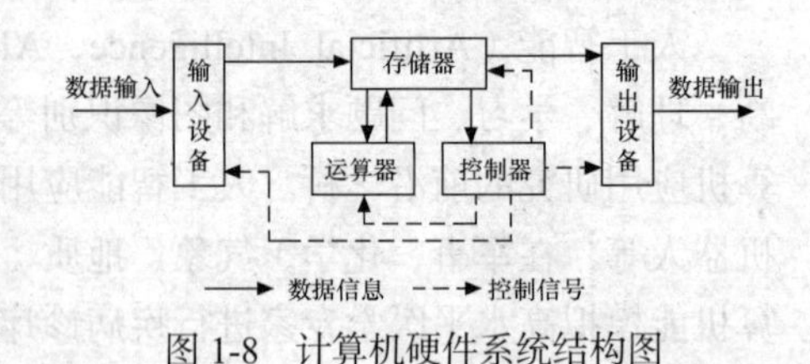

图 1-8　计算机硬件系统结构图

计算机的工作流程可概括为：首先由输入设备接受外界信息（程序和数据），控制器发出指令将数据送入内存储器，然后向内存储器发出取指令命令，在取指令命令下，程序指令被逐条送入控制器；控制器对指令进行译码，并根据指令的操作要求，向存储器和运算器发出存数、取数命令和运算命令，经过运算器计算并把计算结果存放在存储器内；最后在控制器发出的取数和输出命令的作用下，通过输出设备输出计算结果。

计算机 5 个组成部分的功能特点如下。

1. 运算器

运算器又称算术逻辑单元（Arithmetic Logic Unit，ALU）。它是完成各种算术运算和逻辑运算的装置，能实现加、减、乘、除等算术运算，也能实现与、或、非、异或、比较等逻辑运算。

2. 控制器

控制器负责从存储器中取出指令，并对指令进行译码；根据指令的要求，按时间的先后顺序，负责向其他各部件发出控制信号，保证各部件协调一致地工作，一步一步地完成各种操作。控制器主要由指令寄存器、译码器、程序计数器和操作控制器等组成。

硬件系统的核心是中央处理器（Central Processing Unit，CPU），它主要由控制器、运算器、寄存器及其他逻辑部件组成。采用超大规模集成电路工艺制成的中央处理器芯片，又称微处理器芯片。

3. 存储器

存储器是计算机记忆或暂存数据的部件。计算机中的全部信息，包括用户输入的数据，经过初步加工的中间数据以及最后处理结果都存放在存储器中。而且，计算机的各种程序，也都存放在存储器中。

存储器有两种，分别叫做内存储器和外存储器。内存储器分为只读存储器和随机存储器（可擦写存储器）两种。其中，随机存储器简称为内存。

4. 输入设备

输入设备可以将数据、程序、文字、符号、图像、声音等输送到计算机中。输入设备是重要的人机接口，负责将输入的信息（包括数据和指令）转换成计算机能识别的二进制代码，送入存储器保存。常用的输入设备有键盘、鼠标、数字化仪、光笔、光电阅读器、图像扫描仪及各种传感器等。

5. 输出设备

输出设备将计算机的运算结果或者中间结果打印或显示出来，或者以其他可以被人们识别的方式输出。常用的输出设备有显示器、打印机、绘图仪等。

1.2.2 计算机软件系统

软件指控制计算机各部分协调工作并完成各种功能的程序和数据的集合。微型计算机系统的软件分为系统软件和应用软件两大类。

系统软件是指用于控制和协调计算机硬件及外部设备,能够支持应用软件开发和运行的系统。系统软件是为使用计算机而提供的基本软件,一般是由计算机生产厂家或第三方软件厂家开发的。最常用的系统软件有：操作系统、语言编译或解释系统、数据库管理系统、网络及通信软件、各类服务程序和工具软件等。

应用软件是指人们为了解决某些具体问题而开发出来的用户软件。如 Word、Excel、PowerPoint、Authorware、Photoshop、AutoCAD、Flash、财务管理软件、教学软件、数据库应用系统、各种用户程序等。

系统软件依赖于机器，而应用软件则更接近用户业务的数字化管理。

下面简单介绍计算机中几种常用的系统软件。

1. 操作系统

操作系统（Operating System）是最基本、最重要的系统软件。它负责管理计算机系统的各种硬件资源（例如 CPU、内存空间、磁盘空间和外部设备等）及软件资源。操作系统负责解释用户对计算机的管理命令，把它转换为计算机的实际操作；同时，为其他系统软件或应用软件提供理想的运行环境。操作系统性能的好坏，直接影响到计算机性能的发挥。优秀的操作系统，可以很好地管理硬件资源，充分地支持先进的硬件技术，高效率地运行其他软件，并为用户提供一定的安全保障。例如，微软公司的 MS-DOS 磁盘操作系统及 Windows 98/2000/XP/Vista/7/8/10 操作系统、UNIX 多用户操作系统等。

2. 程序设计语言

程序设计语言分为机器语言、汇编语言和高级语言。

（1）机器语言

机器语言（Machine Language）是指计算机能直接识别的语言，它是由“1”和“0”组成的一组代码指令。

（2）汇编语言

汇编语言（Assemble Language）由一组与机器语言指令一一对应的符号指令（助记符）和简

单语法组成。

（3）高级语言

高级语言（High Level language）表达格式比较接近人类交流的语言，对计算机硬件依赖性弱，适用于各种计算机环境的程序设计语言，如 C/ C + +、Visual Basic、Java、C#语言等。

3. 语言编译和解释系统

有两类翻译系统可以将高级语言所写的程序翻译为机器语言程序，一类叫“编译系统”，另一类叫“解释系统”。

编译系统把高级语言所写的程序作为一个整体进行处理，经编译、连接形成一个完整的可执行程序，其过程如图 1-9 所示。这种方法的缺点是编译、连接较费时，程序调试不方便，但经过编译后的可执行程序运行速度快。FORTRAN、Delphi、C 语言等都采用这种编译方法。

解释系统则对高级语言源程序逐句解释执行，其过程如图 1-10 所示。这种方法的特点是程序设计的灵活性大，但程序的运行效率较低。BASIC 程序的运行环境属于解释系统。

图 1-9　用编译系统将高级语言翻译成机器语言　图 1-10　用解释系统将高级语言翻译成机器语言

4. 数据库管理系统

日常许多业务处理，都属于对数据组进行管理，所以计算机制造商也开发了许多数据库管理系统（DBMS）。常用的数据库管理系统有 SQL Server、SyBase、Informix、Oracle 等。

另外，还有网络及通信软件、各类服务程序和工具软件等。

1.2.3 计算机的性能指标

不同的用途对计算机的性能指标要求也有所不同，例如，对于以科学计算为主的计算机，其对主机的运算速度要求很高；对于以大型数据库处理为主的计算机，其对主机的内存容量、存取速度和外存储器的读写速度要求较高；对于以网络传输为主的计算机，则要求有很高的 I/O 响应速度，因此应当有高速的 I/O 总线和相应的 I/O 接口。

1. 运算速度

计算机的运算速度是指计算机每秒钟执行的指令数，单位为每秒百万条整数指令（MIPS）或者每秒百万条浮点指令（MFPOPS），这需要用基准程序来测试。影响计算机运算速度的主要因素有如下几个。

（1）CPU 的主频

计算机的主频指计算机的时钟频率，它在很大程度上决定了计算机的运算速度。例如，Intel 公司的 CPU 主频可高达 4.0GHz 以上。

（2）字长

计算机的字长已经由 4004 的 4 位发展到现在的 32 位、64 位。

（3）指令系统的合理性

每种计算机都设计了一套指令，一般均有数十条到上百条，例如，加、浮点加、逻辑与、跳转等，组成了指令系统。

2. 存储器的指标

（1）存取速度

内存储器完成一次读（取）或写（入）操作所需的时间称为存储器的存取时间或者访问时间。

连续两次读（或写）所需的最短时间称为存储周期。对于半导体存储器来说，存取周期从几纳秒到几百纳秒（10^{-9}秒）。

（2）存储容量

存储容量指计算机内存储器的大小。存储容量一般用字节（Byte）数来度量，常见的存储单位有 B（字节）、KB（千字节）、MB（兆字节）、GB（吉字节）、TB（太字节）、PB（拍字节）、EB（艾字节）、ZB（泽字节）、YB（尧字节）等。它们之间的运算关系如下：

1B = 8bit（比特）;

1KB = 2^{10} B = 1 024B；

1MB = 2^{10} KB = 1 024KB；

1GB = 2^{10} MB =1 024MB；

1TB = 2^{10} GB =1 024GB；

1PB = 2^{10} TB =1 024TB；

1EB = 2^{10} PB =1 024PB；

1ZB = 2^{10} EB =1 024EB；

1YB = 2^{10}ZB =1 024ZB。

现在流行的 Intel Core i7 机型其内存的基本配置一般为 8GB～16GB，加大内存容量，对于运行大型应用软件或多个程序十分必要。

3. I/O 的速度

主机 I/O 的速度，取决于总线的设计，对于慢速设备（例如键盘和打印机）影响不是很大，但对于高速设备则效果十分明显。例如，主流硬盘的外部传输速度已达到 133MB/s 以上。硬盘的内部数据传输率是磁头到硬盘的高速缓存之间的数据传输速度，而硬盘的盘片转速及平均寻道时间等则是影响硬盘内部数据传输率的重要参数。

1.2.4　微型计算机硬件

从微型计算机的外观看，它由主机、显示器、键盘、鼠标等几部分组成，如图 1-11 所示。

1. 主机

主机是对机箱和机箱中的所有配件的统称，它包括主板、电源、CPU、内存、显卡、声卡、硬盘、软驱和光驱等硬件，如图 1-12 所示。

图 1-11　计算机的基本组成图

主机背面　主机内部　主机正面

图 1-12　主机硬件系统图

2. 主板

主板是机箱内最大的一块集成电路板，是整个计算机系统的联系纽带。一般来说，主板由以下几个部分组成：CPU 插槽、内存插槽、高速缓存、系统总线及扩展总线、软硬盘插槽、时钟、CMOS 集成芯片、BIOS 控制芯片、电源接口及有关外设接口等。现以华硕的 P5E3 Deluxe X38

主板为例介绍主板上的主要部件、接口及相关技术，如图 1-13 所示。

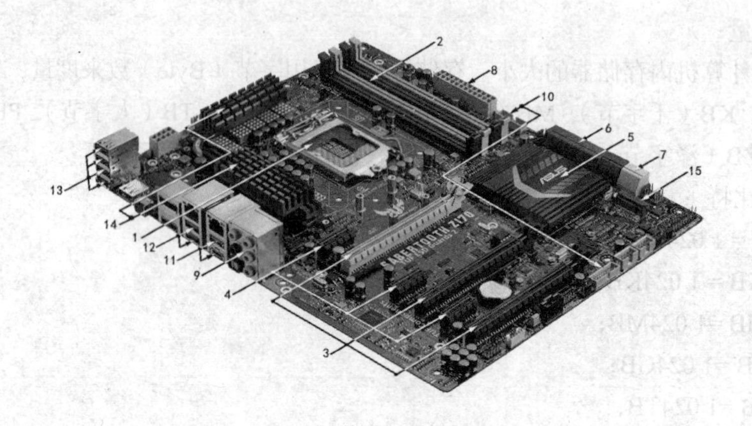

1—LGA1151 CPU 插座　2—DDR4 内存插槽　3—PCI-E 3.0 x16 插槽　4—PCI-E 3.0 x1 插槽
5—Intel Z170 芯片组　6—SATA Epress 接口　7—SATA III 6GB/s 接口　8—电源插槽
9—SPDIF 音频口　10—前置 USB 3.0　11—USB 3.1　12—USB 3.0 接口
13—USB 2.0 接口　14—散热模块　15—M2 插槽

图 1-13　主板

图 1-13 中所示的主板为华硕 Z170 Sabertooth Mark 1 主板，该主板是为支持 Intel Core i7 6700KCPU 专门设计的，整体全装甲覆盖，封闭式 M.2 插槽设计。配备 LGA 1151 插座，采用 8pin 供电，主板本身则是由 24pin 的 ATX 插头供电。在规格上，支持 DDR4 DIMM 内存，最高支持 64GB 容量的 DDR4 2133/2400MHz 内存，设有 8 个 SATA III 6GB/s 接口、1 个 M.2 接口、2 个 SATA Epress 接口、2 个 USB 3.0 接口、1 个 USB 3.1（1 个 Type–A）和 1 个 USB 3.1（Type-C）接口，4 个 USB 2.0（Type-C）接口。还有一键刷 BIOS 更新（USB BIOS Flashback）、双千兆一台网口、7.1 声道音频插孔、SPDIF 音频口、HDMI 输出口、DP 输出口、3 条 PCI-e 3.0 x16 插槽和 3 条 PCI-E 3.0 x1 插槽。TUF Sabertooth Z170 Mark 1 提供了 8 + 4 相供电设计，设有 TUF 组件，包括合金电感（MicroFine Alloy Choke）等。

（1）芯片组

芯片组（Chipset）是主板的核心组成部分，其性能的优劣，决定了主板性能的好坏与等级的高低，还直接影响到整个电脑系统性能的发挥。

芯片组一般由北桥芯片和南桥芯片等组成。传统的北桥芯片一般距离内存插槽和 CPU 较近，主要负责支持 CPU 的类型，主板的系统总线频率，内存类型、容量和性能，显卡插槽规格；南桥芯片距离标准 PCI 插槽和 SATA 接口较近，主要负责 I/O 总线之间的通信，具体包括支持扩展槽的种类与数量、扩展接口的类型和数量（如 PCI-E x1 插槽、SATAIII 接口、RAID 功能、USB3.1/3.0 2.0 接口、IEEE 1394 接口、串口、并口、笔记本的 VGA 输出接口）等。

华硕 Z170 Sabertooth Mark 1 主板使用的芯片组是 Intel Z170 芯片组，北桥芯片支持 DDR4 2133/2400MHz 双通道内存及 3 个 PCI-E 3.0 x16 支持组建三显卡 CrossFire/SLI，南桥芯片 2 个 SATA Express、支持 6 个 SATA III 6GB/s 接口设备以及 USB 3.1 接口，其性能相对前一代芯片组有了较大的提升。

由于现代的芯片组多加入了 3D 加速显示（集成显示芯片）、声音解码、网卡芯片等功能，因此，还决定着计算机系统的显示性能、音频播放性能和网络性能等。

2004 年芯片组技术经过重大变革，用 PCI-Express 总线技术取代了传统的 PCI 和 AGP，极大地提高了设备带宽，从而带来一场计算机技术的革命；另一方面，芯片组技术也在向着高整合性方向发展，现在的芯片组产品已经整合了音频、网络、SATA、RAID 等功能，大大降低了用户的成本。

（2）CPU 插槽

普通主板仅有一个 CPU 插槽，服务器主板则有 2 个、4 个、8 个甚至更多的 CPU 插槽。华硕 Z170 Sabertooth Mark 1 主板的 CPU 插槽为 1 151pin，支持 Intel Core i7 6700K 等第六代处理器。

（3）内存插槽

一般主板仅有 2 个内存插槽，高档主板有 4 个以上的内存插槽，且支持高档内存。不同的芯片组支持不同的内存规格。该主板支持的是 DDR4 双通道内存。

（4）PCI 系列插槽

早期主板均有 1 个 AGP 插槽和多个 PCI 插槽，其中，AGP 插槽（AGP 8X 带宽为 2.1Gbit/s 的）用来插入 AGP 显示卡，PCI 插槽用于插入声卡、网卡、视频采集卡等接口设备。目前 AGP 插槽已逐渐被 PCI-E x16 插槽取代，其支持的显示卡比 AGP 显示速度更快、效果更好。

- PCI-E 3.0 插槽：PCI-Express 是由 Intel 公司提出的最新的总线和接口标准，其版本有 1.0、2.0 和 3.0。可以灵活地使用 1～32 条通道，按 PCI-Express 标准，PCI-Express 插槽一共有 5 种：x1、x4、x8、x16 和 x32，最常见的是理论速度为 x1、x8 和 x16 的三种插槽，搭配采用物理外观是 x1 或 x16 的两种插槽。最新的 PCI-E 3.0 理论带宽相对于 PCI-E 2.0 提升了一倍，每通道单向带宽达 1 000MB/s。PCI-E 3.0 x1 使用 1 个通道传输数据，其插槽较短，用 1 个通道双向带宽可达 1 000 × 2×1 = 2 000MB/s；PCI-E 3.0 x16 则使用 16 个通道传输数据，其插槽较长，用 16 个通道双向带宽可达 1 000 × 2×16 = 32 000MB/s。PCI-E 接口能够支持热插拔，能满足现在和将来一定时间内出现的低速设备和高速设备的需求。
- 标准 PCI 插槽：指互联外围设备总线接口，其标准总线时钟频率为 33MHz，提供 133Mbit/s 的传输速率，目前用于网卡、声卡等接口设备。

（5）ATA 接口与 SATA 接口

这两种接口主要用于硬盘、光驱等设备的接入。

- ATA 接口：目前主要使用 ATA133，其传输速率为 133MB/s，写入速率约 70MB/s。
- SATA 接口：这是面向未来设计的新一代硬盘接口技术，使用时无需安装 Serial ATA 驱动程序，对于各种操作系统的支持是完全透明的。Serial ATA 采用点对点传输架构，取消了主从 ID 的设定。

SATA 1.0：即 SATA 1.5Gbit/s，是第一代 SATA 接口，运行速度为 1.5Gbit/s。这个接口支持高达 150MB/s 带宽吞吐量。

SATA 2.0：即 SATA 3Gbit/s，是第二代 SATA 接口，运行速度为 3.0Gbit/s。这个接口支持高达 300MB/s 带宽吞吐量。

SATA 3.0：即 SATA 6Gbit/s，是第三代 SATA 接口，运行速度为 6.0Gbit/s。这个接口支持高达 600MB/s 带宽吞吐量。向后兼容 SATA 3Gbit/s 接口。现主流硬盘已全面支持 SATA 2.0/3.0 接口技术。

SATA Express：该标准将 SATA 软件架构和 PCI-Express 高速界面结合在一起，它是 PCI-E 物理层上的 SATA 链接层，保持了对 SATA 3/6Gbit/s 等旧版规范的兼容。传输带宽最初预计的范围是 8～16Gbit/s，目前已经确定会达到 10Gb/s，实际传输速度将达到 1GB/s，比 SATA 6Gbit/s 要快近 70%。

- E-SATA 接口：E-SATA 是一种外置的 SATA 规范，即通过特殊设计的接口能够很方便地与普通 SATA 硬盘相连，使用的依然是主板的 SATA 总线资源，其速率远远超过主流 USB 2.0 和 IEEE 1394 等外部传输技术的速率。eSATA 的理论传输速度可达到 1.5Gbit/s 或 3Gbit/s，远远高于 USB2.0 的 480Mbit/s 和 IEEE 1394 的 400Mbit/s。

（6）USB 接口

USB 接口即通用串行总路线接口。USB 接口是 1993 年由 Intel 公司、康柏公司、Digital 公司、微软公司和 NEC 公司共同设计的。

- USB 1.1 接口：最高传输速率为 12Mbit/s。
- USB 2.0 接口：最高传输速率为 480Mbit/s（60MB/s）。
- USB 3.0 接口：最高传输速率为 5Gbit/s（640MB/s）。
- USB 3.1 接口：最高传输速率为 10Gbit/s（1.25GB/s）。

目前已有使用 USB3.1 接口的移动硬盘、U 盘设备等。

（7）IEEE 1394 接口

IEEE 1394 是提供给高速外设的串行总线接口标准，此接口标准由 IEEE 所开发，设计传输速率为 100Mbit/s、200Mbit/s、400Mbit/s 和 800Mbit/s。目前，数码摄像机等设备多使用该接口。

3. 微处理器

目前微处理器（CPU）主要的生产厂家有 Intel 公司、AMD 公司、IBM 公司等，随着技术的更新和产品的发展，CPU 主频由原来的 4.77MHz 发展到现在的 4GHz 以上。

自 1993 年 Intel 公司推出 Pentium 以来，CPU 技术日新月异，Intel 公司从 Pentium、Pentium II、Pentium III 到 Pentium IV，AMD 公司从 K6、K6-2、K6-III、K7 到 64 位 CPU 等，其技术更新周期越来越短、技术工艺越来越精湛。

目前，CPU 发展的主要趋势是：由传统的 32 位处理器向 64 位处理器过渡；制造工艺由 0.13μm 工艺向 90nm、65nm、45nm、32nm、22nm、14nm 工艺普及，并已开始向 10nm 技术进军；CPU 由传统的单核 CPU 向 2、4、8、16、32 核等多核 CPU 发展。

衡量 CPU 的指标主要有 CPU 工艺、主频和外频等。一般主频和外频值越大，CPU 的性能就越高。

4. 内存

内部存储器按存储信息的功能可分为只读存储器（Read Only Memory，ROM）和随机存取存储器（Random Access Memory，RAM）。通常，人们将随机存取存储器称为主存，或简称为内存，主要用于存放当前执行的程序和操作的数据。

（1）只读存储器

只读存储器（ROM）是一种只能读出不能随便写入的存储器，ROM 中通常存放一些固定不变、无需修改而且经常使用的程序，如系统加电自检、引导和基本输入输出系统（BIOS）等程序，由厂家固化在 ROM 中。在 ROM 中的内容不会随计算机的断电而消失。目前，常用的 ROM 是可擦除可编程的只读存储器，称为 EPROM。用户可通过编程器将数据或程序写入 EPROM 中。

（2）随机存取存储器

随机存取存储器（RAM）是一种可读写的存储器，通常所说的内存条就是指 RAM，它是程序和数据的临时存放地和中转站，即从外设输入输出的信息都要通过它与 CPU 交换。在 RAM 中存放的内容可随时供 CPU 读写但这些内容会随着计算机的断电而消失。RAM 又分为动态（DRAM）和静态（SRAM）两种。DRAM 存储容量较大，但读取速度较慢，需要定时刷新；而 SRAM 的存储容量较小，读取速度比 DRAM 快 2～3 倍。

目前，计算机中主要使用的内存条如图 1-14 所示。

图 1-14　DDR、DDR2、DDR3、DDR4 内存

DDR（Double Date Rate，双倍数据传输率）内存分类如下。

- DDR 内存：即 DDR SDRAM 内存（双倍速率 SDRAM 内存）。DDR SDRAM 最早由三星公司于 1996 年开发。DDR 内存有 184 个接脚、一个缺槽，与 SDRAM 内存不兼容。
- DDR2 内存：为 4bit 预取能力设计，DDR2 内存拥有两倍于上一代 DDR 内存的预读取能力，DDR2 内存每个时钟能够以 4 倍于外部总线的速率读/写数据，并且能够以内部控制总线 4 倍的速率运行。DDR2 内存针脚数为 240pin。
- DDR3 内存：为 8bit 预取能力设计，起跳工作频率在 1 066MHz，具有更高的外部数据传输率，更先进的地址/命令与控制总线的拓扑架构，在保证性能的同时将能耗进一步降低，进一步发挥出 CPU 的性能。工作电压 1.5V，节能版工作电压 1.35V。DDR3 内存针脚数为 240pin。
- DDR4 内存：为 16bit 预取机制，同样内核频率下理论速度是 DDR3 的两倍。更可靠的传输规范，数据可靠性进一步提升。工作电压降为 1.2V，更节能。DDR3 内存针脚数为 288pin。

5. 高速缓冲存储器

随着技术的发展，CPU 的速度不断提高，但内存的存取速度明显慢于 CPU 的速度，严重影响了计算机的运算速度。高速缓冲存储器（Cache）在逻辑上位于 CPU 和内存之间，用来加快 CPU 和内存之间的数据交换效率，解决它们之间速度不匹配的问题。

Cache 的工作原理是：将当前急需执行及使用频繁的程序段和要处理的数据复制到 Cache 中，CPU 读写时，首先访问 Cache，如果没有，再从内存中读取数据，并把与该数据相关的内容复制到 Cache，为下一次存取做准备，这样就大大提高了 CPU 的访问速度和命中率。

6. 外部存储器

外部存储器简称为外存，又称为辅助存储器。目前常用的外存有硬盘、光盘、U 盘等。外存主要用于存放暂时不用或需要永久保存的数据和程序。CPU 不能直接访问外存，必须将外存的内容调入内存后，才能被 CPU 读取。

（1）硬盘

硬盘如图 1-15 所示，它将磁盘片完全密封在驱动器内，盘片不可更换。大多数硬盘的盘片转速达到 7 200 转/分，因此存取速度很快，而且容量已从原来的几兆字节发展到现在的几十吉字节甚至上百吉字节。目前，移动硬盘正被广泛地使用，它由于数据存储量大、携带方便而受到用户的青睐。

图 1-15　硬盘及硬盘内部结构图

硬盘接口主要有 ATA、SATA、SATA2（理论上其传输速度 3Gbit/s，实际 300MB/s）、SATA3（理论上其传输速度 6Gbit/s，实际 600MB/s）、SCSI 等接口。其中，SATA 接口硬盘为普及型硬盘，其容量已达 300GB 以上，高配置容量可达 1TB～12TB。

（2）软盘

软盘是将可移动的盘片插入到软盘驱动器（简称软驱）内的存储器，通过软驱中的磁头读写磁盘中的数据。常见的软盘大小为 3.5 英寸、容量为 1.44MB。软盘容量小，软盘的缺点是数据保存时间不长，且盘片容易发霉和损伤，存储数据不可靠，已全面淘汰。

（3）可移动存储设备

用集成电路制成的可移动盘，一般称为“U 盘”，如图 1-16（a）所示，用闪存作为存储介质，可反复存取数据，不需另外的硬件驱动设备，使用时只要插入到计算机的 USB 插口中即可。一般可移动盘在 Windows 2000/XP/2003 及以上操作系统中使用时不必另外安装驱动程序。

(a) U盘　　(b) 移动硬盘

图 1-16　U 盘和移动硬盘

U 盘可即插即用，通用性高；体积小，方便携带；容量较大，目前常用的 U 盘的容量均在 8GB 以上，大容量的已达 1TB；读写速度较快；有的 U 盘带写保护开关，能防病毒，安全可靠。

移动硬盘容量更大，如图 1-16（b）所示，目前主流移动硬盘容量达 1TB～2TB，大容量的移动硬盘已达到 30TB，其接口由 USB 2.0 提高至 USB 3.1。移动硬盘能保存更多的数据，携带方便。

（4）光驱与光盘

- CD-ROM 驱动器

自 1985 年飞利浦公司和索尼公司公布了在光盘上记录计算机数据的黄皮书以来，CD-ROM 驱动器便在计算机领域得到了广泛的应用，其外观如图 1-17 所示。

图 1-17　CD-ROM 驱动器

1991 年，MPC 1.0 规范的制订带来了光盘出版物的繁荣，预示着一个全新的存储时代的开始。1993 年，双倍速光驱出现，CD-ROM 驱动器开始成为国内计算机用户的配置。

倍速提高到 52，CD-ROM 驱动器的进步最直接的体现就是传输速率的进步，即光驱读盘方式的进步。

52 倍速光驱其理论数据传输速率为 150Kbit/s × 52。

CD-ROM 的标准容量是 650MB，最高可达 850MB，其存取速度要慢于硬盘。

光盘有 3 种类型：只读型光盘（CD-ROM）、只写一次型光盘（CD-R）、可擦写型光盘（CD-RW）。

- 数字视频/万能光盘（Digital Video/Versatile Disc，DVD）驱动器

现在光盘中常用的还有 DVD-ROM，它的容量一般为 4.70GB，读取的速度更快，具有多种存储格式，数据可通过 DVD 光驱读取。

CD-ROM 和 DVD-ROM 都是利用盘片上的坑（pit）来记录数据的，并且从内圈到外圈沿着同一条螺旋状的信息轨道，类似盘旋状的蚊香。当激光头读取数据时，激光会寻找并照射在信息轨道上，通过光盘介质的坑洞状态确定信号的电平，然后再反射到 CD-ROM 驱动器的感光二级管，经过一连串运算之后就可以读出数据来。CD-ROM 的最小信息坑洞直径是 0.83μm、最小轨距是 1.6μm，使用波长为 780nm 的红外线光照射。而 DVD-ROM 由于容量更大，因此盘片上的坑直径就小一点，在 0.4μm 左右，最小轨距则是 0.74μm，这种更细小的信息坑和轨距需要更小的激光点才能读取数据，因此 DVD-ROM 驱动器的红外线光波长为 635nm～650nm。

无论是 CD-ROM 还是 DVD-ROM，正在淡出市场，正在被 BD-R 取代。

- 蓝光驱动器（Blu ray drive）

蓝光光盘（Blu-Ray Disc，BD）存储技术是以索尼公司为首的蓝光联盟（Blu-ray Disc Association）主导的新一代高容量光盘储存技术。蓝光联盟囊括了世界光储存技术巨头，2002 年 5 月确立主要成员，包括索尼、飞利浦、松下、先锋、LG 电子、三星、惠普、三菱、夏普、TDK、汤姆逊、戴尔、日立 13 家公司。

蓝光光盘技术采用波长为 405nm 的蓝紫色激光，通过广角镜头上比率为 0.85 的数字光圈，使聚焦的光点尺寸进一步缩小，光盘盘片的轨道间距减小至 0.32μm，而其记录单元最小直径是 0.14μm，单碟单层容量高达 25GB，单碟双层可达 50GB 的容量，足以满足存储高清晰影片的需要。

蓝光驱动器兼容 DVD 驱动器，其记录速率规格主要有 2X、4X、6 X。

7. 输入设备

输入设备的功能是将程序和原始数据转换为计算机能够识别的形式并送到计算机的内存。输入设备的种类很多，如键盘、鼠标、光笔、扫描仪、触摸屏等。

（1）键盘

键盘是计算机中最基本、也是最重要的输入设备，如图 1-18 所示。键盘也经历了不断地变革和创新才成为现在的样子。从早期的机械式键盘到现在的电容式键盘，从 83 键键盘到 101（102）键键盘，再到现在的 104 键的 Windows 键盘，以及手写键盘和无线键盘，都说明了计算机技术日新月异的发展。

（2）鼠标

鼠标的标准称呼应该是“鼠标器”，英文名“Mouse”。

鼠标是利用本身的平面移动来控制和显示屏幕上光标移动的位置，并向主机输送用户所选信号的一种手持式的常用输入设备，被广泛用于图形用户界面的环境中，可以实现良好的人机交互。现在市面上的鼠标种类很多，按其结构可分为机械式鼠标、光电式鼠标。常用鼠标如图 1-19 所示。

图 1-18　键盘

图 1-19　常用鼠标

8. 输出设备

输出设备的功能是将内存中经 CPU 处理过的信息以人们能接受的形式输送出来。输出设备的种类也很多，如显示器、打印机、绘图仪等。

（1）显示器

显示器是计算机不可缺少的输出设备，如图 1-20 所示。用户通过它可以很方便地查看输入计算机的程序、数据和图形等信息，以及经过计算机处理后的中间结果、最后结果等，它是实现人机交互的主要工具。

显示器分为 3 种：以阴极射线管为核心的阴极射线显示器（CRT）和用液晶显示材料制成的液晶显示器（LCD）以及用发光二极管制成的 LED 显示器。其中，CRT 显示器已淡出市场，LED 显示器成为目前主流的显示器。

显示器的尺寸用最大对角线表示，以英寸（in）为单位，目前台式电脑使用的的一般是 19～27in 及以上，笔记本电脑的一般为 9～15.6in。

衡量显示器的主要性能指标有点距和分辨率，目前常用的 CRT 的像素间距有 0.24mm 和 0.20mm 等。CRT 的分辨率是指显示设备所能表示的像素个数，像素越密、分辨率越高，图像越清晰。显示器分辨率已普及到 1 920 × 1 024 像素以上。

在软件环境下，目前常用的显示器分辨率为 1 440 × 900，即显示器在水平方向显示 1 440 个像素，在垂直方向显示 900 个像素，整个屏幕能显示 1 440 × 900 = 1 296 000 个像素。

液晶显示器技术已完全成熟，制造成本大幅度下降，具有显示效果好、耗电量低、体积小、重量轻，对人体无辐射等一系列优点，目前已全面普及到办公室及家庭之中。

（2）打印机

打印机一般分为针式打印机、喷墨打印机和激光打印机。相对来说，针式打印机打印速度慢，噪声大，已渐渐被后来的喷黑打印机和激光打印机取代，但针式打印机在票据打印领域则具有独有的优势。

自 2001 年后，喷墨打印机在技术上取得了长足的进步，首先是在打印质量上，特别是照片级打印机的出现，吸引了无数家庭用户的青睐；其次是打印速度的提高，在小型办公环境中，某些商用喷墨打机型的标称打印速度已经高达 20 页/分钟（黑白打印方式），而目前桌面级黑白激光打印机的主流输出速度仅为 12 页/分钟。因此，速度已经不再成为喷墨打印机进入商用市场的瓶颈。喷墨打印机如图 1-21 所示。

液晶显示器

CRT显示器

图 1-20　显示器

图 1-21　喷墨打印机

喷墨打印机输出范围明显扩大，不仅能输出文档和照片，还能打印无边距海报、信封、T 恤和光盘封面等。这些丰富有趣的应用无疑成为吸引家庭用户的重要因素之一。其次是输入端同数码相机的结合，伴随着数码相机销售量的急剧增长，目前的数码照片打印机不仅可以支持多种存储介质，并且还可以脱离计算机而独立工作，再配合彩色液晶屏显示，在易用性方面得到了极大的提升，特别是有的数码照片打印机集卷纸输入、照片剪裁等功能于一身，使得家庭冲洗照片更加专业化、自动化。喷墨打印机尤其更适合广告设计与制作领域。

喷墨打印机类型极多，生产厂商也较多。根据需要，现在厂商推出了一系列不同型号、不同价位的产品，便宜的仅 200 元左右，而专业的喷墨打印机则从几千元到上万元不等，大幅面写真机则需要几十万元。图 1-22 所示为大幅面写真机。

激光打印机由于其故障率低、输出速度快、可使用普通复印纸打印，因为仍然是现代办公的首选设备。其外观如图 1-23 所示。

图 1-22　大幅面写真机

图 1-23　激光打印机

1.3　计算机中的数制和常用编码

1.3.1　计算机内部的数制表示

数据是计算机处理的对象。在计算机内部，各种信息都必须经过数字化编码后才能被传送、存储和处理，而在计算机中采用什么数制，是学习计算机原理时首先遇到的一个重要问题。

由于技术原因，计算机内部一律采用二进制，而人们在编程中经常使用十进制，有时为了方便还采用八进制和十六进制。

计算机内部采用二进制表示信息，其主要原因有以下 4 点。

（1）电路简单

计算机内部是由逻辑电路实现的，逻辑电路通常只有两个状态。例如，开关的接通或断开、电路的导通或截止、磁性材料的正向磁化或反向磁化等。这两种状态正好可以用二进制的 0 和 1 表示。

（2）工作可靠

电路的两个截然不同的状态表示两个数据，数字传输和处理不容易出错，因而电路更加可靠。

（3）简化运算

二进制运算法则简单。例如，求和法则有 3 个，求积法则也只有 3 个。

（4）逻辑运算强

计算机工作原理是建立在逻辑运算基础上的，逻辑代数是逻辑运算的理论依据。二进制只有两个数码，正好代表逻辑代数中的“真”与“假”。

1.3.2　计算机常用的几种数制

数制包含一组数码符号和位权两个基本因素。

数码是一组用来表示某种数制的符号，如 1、2、3、A、B。

基数是数制所用的数码个数，用 R 表示，称 R 进制，其进位规律是"逢 R 进 1"。如十进制的基数是 10，逢 10 进 1。

位权是数制在不同位置上的权值。在某进位制中，处于不同数位的数码，代表不同的数值，某一个数位的数值是由这位数码的值乘上这个位置的固定常数构成，这个固定常数称为"位权"。例如，十进制的个位的位权是"1"，百位的位权是"100"。

1．常用数制简介

（1）十进制

十进制数的数码用 10 个不同的数字符号 0、1，…，8、9 来表示，由于它有 10 个数码，因此基数为 10。数码处于不同的位置表示的大小是不同的，如 7 845.231 这个数中的 8 就表示 $8 \times 10^2 = 800$，这里把 10^n 称作位权，简称为"权"。十进制的运算规则是：逢 10 进 1。十进制数又可以表示成按权展开的多项式。

例如：$7\,845.231 = 7 \times 10^3 + 8 \times 10^2 + 4 \times 10^1 + 5 \times 10^0 + 2 \times 10^{-1} + 3 \times 10^{-2} + 1 \times 10^{-3}$

（2）二进制

计算机中的数据是以二进制形式存放的，二进制数的数码用 0 和 1 来表示。二进制的基数为 2，权为 2^n。二进制数的运算规则是：逢 2 进 1。二进制数又可以表示成按权展开的多项式。

例如：$11\,010.101 = 1 \times 2^4 + 1 \times 2^3 + 0 \times 2^2 + 1 \times 2^1 + 0 \times 2^0 + 1 \times 2^{-1} + 0 \times 2^{-2} + 1 \times 2^{-3}$

（3）八进制和十六进制

八进制数的数码用 0、1，…，6、7 来表示。八进制数的基数为 8，权为 8^n。八进制数的运算规则是：逢 8 进 1。

十六进制数的数码用 0、1，…，9、A、B、C、D、E、F 来表示。十六进制数的基数为 16，权为 16^n。十六进制数的运算规则是：逢 16 进 1。其中，符号 A 对应十进制中的 10，B 表示十进制中的 11，…，F 表示十进制中的 15。

表 1-2 所示为常用数制的表示方法。

表 1-2　常用数制的表示方法

二进制（B）	十进制（D）	八进制（O）	十六进制（H）
0	0	0	0
1	1	1	1
10	2	2	2
11	3	3	3
100	4	4	4
101	5	5	5
110	6	6	6
111	7	7	7
1000	8	10	8
1001	9	11	9
1010	10	12	A
1011	11	13	B
1100	12	14	C
1101	13	15	D
1110	14	16	E
1111	15	17	F
10000	16	20	10

在表示不同的数制时，可用以下 3 种格式。

第 1 种：$11010011_{(2)}$，$345_{(8)}$，$79.34_{(10)}$，$3BE_{(16)}$。

第 2 种：$(101011)_2$，$(347)_8$，$(43.93)_{10}$，$(AF4)_{16}$。

第 3 种：10110.101B，343O，395D，3C6H。

这里字母 B、O、D、H 分别表示二进制、八进制、十进制和十六进制。

一般约定十进制数的后缀为 D 或下标可省略，即无后缀的数字为十进制数字。

2. 数制转换

数制转换是将一个数从一种计数制表示法转换成另外一种计数制表示法。

（1）将 *R* 进制数转换为十进制数

将 *R* 进制数转换为十进制数可采用多项式替代法，即将 *R* 进制数按权展开，再在十进制的数制系统内进行计算，所得结果就是该 *R* 进制数的十进制数形式。

①将二进制数转换为十进制数

例如，将$(101011.101)_2=(?)_{10}$

按权展开如下：

$$N=1\times2^5+0\times2^4+1\times2^3+0\times2^2+1\times2^1+1\times2^0+1\times2^{-1}+0\times2^{-2}+1\times2^{-3}$$
$$=(43.625)_{10}$$

②将八进制数转换为十进制数

例如，将$(127.504)_8=(?)_{10}$

按权展开如下：

$$N=1\times8^2+2\times8^1+7\times8^0+5\times8^{-1}+0\times8^{-2}+4\times8^{-3}$$
$$=(87.6328125)_{10}$$

③将十六进制数转换为十进制数

例如，将$(12FF.B5)_{16}=(?)_{10}$

按权展开如下：

$$N=1\times16^3+2\times16^2+15\times16^1+15\times16^0+11\times16^{-1}+5\times16^{-2}$$
$$=4\,096+512+240+15+0.6875+0.01953125$$
$$=(4\,863.70703125)_{10}$$

（2）将十进制数转换为 *R* 进制数

将十进制数转换成 *R* 进制数可采用基数除乘法，即整数部分的转换采用基数除法，小数部分的转换采用基数乘法，然后再将转换结果连接起来，就得到转换之后的结果。

下面以十进制数转换成二进制数为例说明转换 *R* 进制数的方法。

例如，将$(43.625)_{10}=(?)_2$

整数部分：43，采用基数除余法，基数为 2，因此，此例应采用“除 2 取余法”。

小数部分：0.625，采用基数乘法，基数为 2，因此，此例应采用“乘 2 取整法”。

其转换过程如下：

整数部分

2 | 43	余 1	低位
2 | 21	余 1	
2 | 10	余 0	
2 | 5	余 1	
2 | 2	余 0	
2 | 1	余 1	高位
0		

小数部分

乘法	取整	
0.625 × 2		
1.250	1	高位
× 2		
0.500	0	
× 2		
1.000	1	低位

整数部分转换结果：从高位到低位 101011。

小数部分转换结果：从高位到低位 101。

连接之后的结果是：101011.101。

因此，$(43.625)_{10}=(101011.101)_2$

1.3.3 常用的信息编码

由于计算机需要处理各种数据，而它只能识别二进制数，故对字符要用若干位二进制编码来表示。

1. ASCII

ASCII（American Standard Code for Information Interchange）是美国信息交换标准代码的简称。ASCII 占一个字节，有 7 位 ASCII 和 8 位 ASCII 两种，7 位 ASCII 称为标准 ASCII，8 位 ASCII 称为扩充 ASCII。7 位 ASCII 是目前计算机中用得最普遍的字符编码。每个字符用 7 位二进制编码表示，在计算机中用一个字节（8 位）来表示一个 ASCII，其第 8 位除在传输中作奇偶校验用外，一般保持为 0。

ASCII 是由 128 个字符组成的字符集，其中编码值 0～31（000 0000～001 1111）不对应任何可印刷字符，常称为控制字符，用于计算机中的通信控制或对计算机设备的功能控制；编码值 32（010 0000）是空格字符 SPACE；编码值 127（111 1111）是删除控制 DEL；其余 94 个字符称为可印刷字符。表 1-3 所示为 ASCII 字符编码表。

表 1-3 ASCII 字符编码表

$d_6d_5d_4$ 高 3 位 / 低 4 位 $d_3d_2d_1d_0$	000	001	010	011	100	101	110	111
0000	NUL	DEL	SP	0	@	P	′	p
0001	SOH	DC1	!	1	A	Q	a	q
0010	STX	DC2	"	2	B	R	b	r
0011	EXT	DC3	#	3	C	S	c	s
0100	EOT	DC4	$	4	D	T	d	t
0101	ENQ	NAK	%	5	E	U	e	u
0110	ACK	SYN	&	6	F	V	f	v
0111	BEL	ETB	'	7	G	W	g	w
1000	BS	CAN	(	8	H	X	h	x
1001	HT	EM	)	9	I	Y	i	y
1010	LF	SUB	*	:	J	Z	j	z
1011	VT	ESC	+	;	K	[	k	{
1100	FF	FS	,	<	L	\	l	|
1101	CR	GS	–	=	M	]	m	}
1110	SO	RS	·	>	N	^	n	～
1111	SI	US	/	?	O	_	o	DEL

2. GB2312-80 编码

1980 年，我国颁布了汉字编码的国家标准，即 GB2312-80 字符集，全称为《信息交换用汉字编码字符集》基本集，是中国国家标准的简体中文字符集。它收录了较常使用的汉字，基本满足了汉字的计算机处理需要。

GB2312 收录简化汉字及一般符号、序号、数字、拉丁字母、日文假名、希腊字母、俄文字母、汉语拼音符号、汉语注音字母，共 7 445 个图形字符。其中包括 6 763 个汉字，其中一级汉字 3 755 个，二级汉字 3 008 个；包括拉丁字母、希腊字母、日文平假名及片假名字母、俄语西里尔字母在内的 682 个全角字符。

GB2312 中对所收汉字进行了“分区”处理，每区含有 94 个汉字/符号。这种表示方式也称为区位码。

它是用双字节表示的，两个字节中前面的字节为第一字节，后面的字节为第二字节。习惯上称第一字节为“高字节”，而称第二字节为“低字节”。“高位字节”使用了 0xA1-0xF7（把 01-87 区的区号加上 0xA0），“低位字节”使用了 0xA1-0xFE（把 01-94 加上 0xA0）。

3. GBK 编码

GBK 全称《汉字内码扩展规范》（GBK 即“国标”和“扩展”汉语拼音的第一个字母），中华人民共和国全国信息技术标准化技术委员会于 1995 年 12 月 1 日制定，国家技术监督局标准化司、电子工业部科技与质量监督司 1995 年 12 月 15 日联合以技监标函 1995 229 号文件的形式，将它确定为技术规范指导性文件。这一版的 GBK 规范为 1.0 版。GBK 字符集是 GB2312 的扩展（K），GBK1.0 收录了 21 886 个符号，它分为汉字区和图形符号区，汉字区包括 21 003 个字符。GBK 字符集主要扩展了繁体中文字的支持。

4. BIG5 编码

大五码（Big5），是通行于台湾、香港地区的一个繁体字编码方案。地区标准号为 CNS11643，这就是人们讲的 BIG-5 码。1984 年由台湾财团法人信息工业策进会和五间软件公司宏碁（Acer）、神通 （MiTAC）、佳佳、零壹 （Zero One）、大众 （FIC）创立，故称大五码。

Big5 字符集共收录 13053 个中文字，Big5 码使用了双字节储存方法，以两个字节来编码一个字。第一个字节称为“高位字节”，第二个字节称为“低位字节”。高位字节的编码范围 0xA1～0xF9，低位字节的编码范围 0x40～0x7E 及 0xA1～0xFE。

5. GB18030 编码

2000 年 3 月 17 日，我国发布的新的汉字编码国家标准，全称是 GB18030-2000《信息交换用汉字编码字符集基本集的扩充》，于 2001 年 8 月 31 日后在中国市场上发布的软件必须符合本标准。GB 18030 字符集标准的出台经过广泛参与和论证，来自国内外知名信息技术行业的公司，信息产业部和原国家质量技术监督局联合实施。

GB 18030 字符集标准解决汉字、日文假名、朝鲜语和中国少数民族文字组成的大字符集计算机编码问题。该标准的字符总编码空间超过 150 万个编码位，收录了 27484 个汉字，覆盖中文、日文、朝鲜语和中国少数民族文字。

GB 18030 标准采用单字节、双字节和四字节三种方式对字符编码。单字节部分使用 0 × 00 至 0 × 7F 码（对应于 ASCII 码的相应码）。双字节部分，首字节码从 0 × 81 至 0 × FE，尾字节码位分别是 0 × 40 至 0 × 7E 和 0 × 80 至 0 × FE。四字节部分采用 GB/T 11383 未采用的 0 × 30 到 0 × 39 作为对双字节编码扩充的后缀，这样扩充的四字节编码，其范围为 0 × 81 308 130 到 0 × FE39FE39。其中第一、三个字节编码码位均为 0 × 81 至 0 × FE，第二、四个字节编码码位均为 0 × 30 至 0 × 39。

6. ANSI 编码

不同的国家和地区制定了不同的编码标准，由此产生了 GB2312、BIG5 等各自的编码标准。

这些使用 1～4 个字节来代表一个字符的各种汉字延伸编码方式，称为 ANSI 编码。在简体中文 Windows 操作系统中，ANSI 编码代表 GBK 编码；在繁体中文 Windows 操作系统中，ANSI 编码代表 BIG5 编码。

GBK BUG—现象。如：Windows 记事本默认是以 ANSI 编码保存文本文档的，而由于这种编码存在的 bug 招致了乱码现象。如果保存时选择 Unicode、Unicode（Big Endian）、UTF-8 编码时就正常了。此外，假如以 ANSI 编码保存含有某些特别符号的文本文档，再次打开后符号也会变成英文问号，出现所谓的乱码现象。

7. Unicode 编码（也称为统一码、万国码、单一码）

该编码由 Unicode 联盟于 1990 年开始研发，1994 年正式公布的字符编码系统，支持现今世界各种不同语言的书面文本的交换、处理及显示。Unicode 字符集编码（Universal Multiple-Octet Coded Character Set）是通用多八位编码字符集的简称，支持世界上超过 650 种语言的国际字符集。Unicode 允许在同一服务器上混合使用不同语言组的不同语言。Unicode 是一种在计算机上使用的字符编码。它为每种语言中的每个字符设定了统一并且唯一的二进制编码，以满足跨语言、跨平台进行文本转换、处理的要求。Unicode 编码已发布了多个版本，至 2015 年发布了 Unicode 8.0。

（1）UTF-8 编码

UTF-8 是 Unicode 的其中一个使用方式。UTF 是 Unicode Translation Format，即把 Unicode 转做某种格式的意思。

UTF-8 便于不同的计算机之间使用网络传输不同语言和编码的文字，使得双字节的 Unicode 能够在现存的处理单字节的系统上正确传输。

UTF-8 使用可变长度字节来储存 Unicode 字符，例如 ASCII 字母继续使用 1 字节储存，重音文字、希腊字母或西里尔字母等使用 2 字节来储存，而常用的汉字就要使用 3 字节，辅助平面字符则使用 4 字节。

（2）UTF-16 编码

UTF-16 编码以 16 位无符号整数为单位。Unicode 的 UTF-16 编码就是其对应的 16 位无符号整数。

（3）UTF-32 编码

UTF-32 编码以 32 位无符号整数为单位。Unicode 的 UTF-32 编码就是其对应的 32 位无符号整数。

8. BCD 码

BCD 码用 4 位二进制数表示 1 位十进制数，例如，BCD 码 1000 0010 0110 1001 按 4 位一组分别转换，结果是十进制数 8 269，每位 BCD 码中的 4 位二进制码都是有权的，从左到右权值依次是 8、4、2、1，故又被称为 8421 码。这种二-十进制编码是一种有权码。1 位 BCD 码的最小数是 0000，最大数是 1001。

BCD 码的特点是保留了十进制的权，而数字用 0 和 1 的组合来表示。

最常用的 BCD 码是 8421 码。8421 码：用 4 位二进制数来表示 1 位十进制数，且逢十进位。如：（0110）BCD =（6）D，（0001 0101）BCD =（15）D

BCD 码不能与二进制数混淆起来。

例如：（0100 0111）BCD=（47）D

（0100 0111）B=（71）D

1.4 大数据与云计算

2012 年 3 月，美国政府宣布投资 2 亿美元启动“大数据研究和发展计划”，希望增强政府收集、分析和萃取海量数据的能力。美国政府将数据定义为“未来的新石油”，并表示一个国家拥有数据的规模、活性及解释运用的能力将成为综合国力的重要组成部分，未来，对数据的占有和控制甚至将成为陆权、海权、空权之外的另一种国家核心资产。这个由美国政府推动的项目，在全球范围内掀起了“大数据”研究的热潮。

资料表明，2013 年全球每天互联网流量累计达到 1EB，它相当于 1.88 亿张 DVD 光盘的容量。有人作过这样的比较：现在人们一天上传的照片数量就相当于柯达发明胶卷后拍摄的图片总和。人们已经习惯于将工作和生活完全地融入到互联网之中，全面体验着互联网给人们带来的智能生活方式，在互联网上留下我们的“足迹”。

IBM 执行总裁罗睿兰认为：“数据将成为一切行业当中决定胜负的根本因素，最终数据将成为人类至关重要的自然资源。”

根据《中国互联网络发展状况统计报告》（以下简称《报告》）统计结果：“截至 2015 年 12 月，我国网民规模达 6.88 亿，全年共计新增网民 3 951 万人。互联网普及率为 50.3%，较 2014 年底提升了 2.4 个百分点。”

《报告》统计显示：“2015 年，云计算、物联网、大数据技术和相关产业迅速崛起，多种新型服务蓬勃发展，不断催生新应用和新业态，推动传统产业创新融合发展。从认知角度看，超过 50%的企业对这三类新技术有所知晓；从应用角度看，超过 10%的企业已经采用、或计划采用相关技术。”

在互联网的今天，数据正在迅速膨胀变大，数据的容量、处理的速度以及数据的各类正在发生着变化，从互联网时代到移动互联网时代，已经深刻地改变了人们的生活与工作方式，而在大数据时代来临、物联网时代开始时，必将迎来真正的人类社会的智慧生活和更美好的未来。

1.4.1 大数据

1. 大数据的定义

大数据（big data），是相关的数据集合而成的海量数据的总称。大数据是无法在一定时间范围内用常规软件工具进行捕捉、管理和处理的，是需要新的处理模式才能适应海量、高增长率和多样化的信息资产。

在维基百科中对大数据定义如下：所涉及的资料量规模巨大到无法通过目前主流软件工具，在合理时间内达到获取、管理、处理、并整理帮助企业经营决策更积极目的的资讯。

《大数据时代》一书作者、牛津大学网络学院互联网治理与监管专业教授、大数据权威咨询顾问维克托·迈尔·舍恩伯格博士认为，大数据有三个主要的特点：全体、混杂和相关关系。

①全体，即去收集和分析更多的有关研究问题的数据。通过抓住了可能更多的相关数据，才会看到更多的细节。

②混杂，即接受混杂。不追求那种所谓的好数据、高质量的数据，保持数据的自然性。

③相关关系。由于数据更为混杂，因果关系转向相关关系。应该关注的是什么，而不是关注为什么。

大数据具有如下特征：数据量大、速度快、类型繁多、价值密度低、时效性高。

大数据的计量单位主要是 PB、EB 或 ZB。

2. 大数据的挖掘和处理

大数据与云计算有密不可分的关系。大数据必须采用分布式计算架构，依托云计算的分布式处理、分布式数据库、云存储和虚拟化技术等，因此，大数据的处理必须使用云计算等技术。

从互联网发展到大数据时代，数据则呈现出了指数级增长。就目前而言，每年互联网产生的数量比前一年产生的数据量增加 50%。在这些数据中，80%的数据是非结构化的，因此它需要一个程序和方法来从中提取有用信息，并且将其转换为可理解、可用的结构化形式。这就是数据挖掘技术。数据挖掘是一个从未经处理过的数据中提取信息的过程，重点是找到相关性和模式分析。

大数据处理需要分布式计算。目前，在大数据处理方面 Hadoop 得到了广泛应用。Hadoop 是 Apache 软件基金会发起的一个项目。Apache Hadoop 项目是开发一款可靠的、可扩展的、分布式计算的开源软件，是一种开源的适合大数据的分布式存储和处理的平台，Hadoop 是一个能够对大量数据进行分布式处理的软件框架。

Hadoop 擅长存储大量的半结构化的数据集，数据可以随机存放，一个磁盘存储的失败并不会带来数据丢失；它可以存储几百万个大型文件，每个文件的大小可以达到几十 GB，而文件系统的容量可以达到几十 PB。Hadoop 也擅长分布式计算，即以较低的成本、快速地实现多台机器集群处理大型数据集合。

3. 大数据的应用

大数据时代已经来临，大数据可以广泛地应用于各行各业，将人们收集到的海量数据进行分析处理，实现资讯的有效利用以及价值的升华。大数据是对大量、动态、能持续的数据，通过运用新系统、新工具、新模型的挖掘，从而获得具有洞察力和新价值的东西。

1.4.2 云计算

云计算是分布式计算（Distributed Computing）、并行计算（Parallel Computing）、效用计算（Utility Computing）、网络存储（Network Storage Technologies）、虚拟化（Virtualization）、负载均衡（Load Balance）、热备份冗余（High Available）等传统计算机和网络技术发展融合的产物。

1. 云计算的定义

云计算（Cloud Computing）是指将计算任务分布在由大量计算机组成的资源池上，使得用户能够按需获取计算力、存储空间及信息服务。

云计算是一种计算方式，计算资源是动态易扩展而且虚拟化的，往往通过互联网提供。用户不需要了解“云”中基础设施的细节，不必具有相应的专业知识，也无需直接进行控制。

云计算的软件是运行在云平台上，并具有在线租赁服务形式、按用量可伸缩性占用资源、按需要个性化定制等特性的软件。

“云”是网络、互联网的一种比喻说法，用来表示互联网和底层基础设施的抽象。云计算能够让你体验到每秒 10 万亿次的运算能力，能够模拟核爆炸、预测气候变化和市场发展趋势等。

2. 云计算的特点

云计算主要特点如下。

（1）超大规模

企业私有云一般拥有数百台、上千台、上万台甚至几十万台的服务器。Google 云计算已经拥有 100 多万台服务器。“云”能赋予用户超级强大的计算能力。

（2）虚拟化

云计算支持用户在任意位置、使用各种终端获取应用服务。所请求的资源来自“云”，而不是固定的有形的实体。当应用在“云”中某处运行时，用户无需了解、也不用担心应用运行的具体位置，只需要一个终端设备，就可以通过网络服务来实现所需的一切。

（3）高可靠性

“云”使用了数据多副本容错、计算节点同构可互换等措施来保障服务的高可靠性，使用云计算比使用本地计算机更可靠。

（4）通用性

云计算不针对特定的应用，在“云”的支撑下可以构造出千变万化的应用，同一个“云”可以同时支撑不同的应用运行。

（5）高可扩展性

“云”的规模可以动态伸缩，满足应用和用户规模不断增长的需要。

（6）按需服务

“云”是一个庞大的资源池，可以按需购买，实现个性化服务。

（7）极其廉价

由于“云”的特殊容错措施可以采用极其廉价的节点来构成云，“云”的自动化集中式管理又使大量企业无需购买硬件设备及负担日益高昂的数据中心管理成本，使更多的企业及个人用户能够以极其低廉的成本享受优质的“云”服务。

（8）潜在的危险性

云计算服务除了提供计算服务外，还必然提供了存储服务。个人及其他机密数据信息存储在“云”上，必然存在潜在的危险性。

3. 云计算应用

（1）云物联

物联网就是物物相连的互联网，物联网的核心和基础仍然是互联网，是在互联网基础上的延伸和扩展的网络，其用户端延伸和扩展到了任何物品与物品之间进行的信息交换和通信。物联网技术应用已经开始，通过云计算技术实现的智慧交通、智慧物流等。

（2）云安全

云安全（Cloud Security）是一个从“云计算”演变而来的新名词。“云安全”通过网状的大量客户端对网络中软件行为的异常监测，获取互联网中木马、恶意程序的最新信息，推送到 Server 端进行自动分析和处理，再把病毒和木马的解决方案分发到每一个客户端。

（3）云存储

云存储是指通过集群应用、网格技术或分布式文件系统等功能，将网络中大量各种不同类型的存储设备通过应用软件集合起来协同工作，共同对外提供数据存储和业务访问功能的一个系统。当云计算系统运算和处理的核心是大量数据的存储和管理时，云计算系统中就需要配置大量的存储设备，那么云计算系统就转变成为一个云存储系统，所以云存储是一个以数据存储和管理为核心的云计算系统。

（4）云游戏

云游戏是以云计算为基础的游戏方式，在云游戏的运行模式下，所有游戏都在服务器端运行，并将渲染完毕后的游戏画面压缩后通过网络传送给用户。

（5）大数据处理

大数据与云计算有密不可分的关系。大数据是无法用单台的计算机完成数据处理任务的，必须采用分布式计算架构。大数据着眼于对海量数据的挖掘，但它必须依托云计算的分布式处理、分布式数据库、云存储和虚拟化技术来完成对大数据的处理。

1.5 信息与信息技术

信息技术把人们带入了资源丰富、方便快捷的信息社会，同时也带来了计算机病毒、黑客攻击等安全隐患。在掌握信息安全防范措施的同时，信息时代更应重视的是信息素养的培养和信息法规的建设。

1.5.1 信息的概念

信息无时不有、无处不在，然而信息究竟是什么呢?

对“信息是什么”这一重大问题，人们往往从不同学科、不同角度给予定义。信息论创立者香农在研究通信理论时认为，信息是消息。控制论的创始人维纳说：“信息是人们在适应客观世界并使这种适应反作用于客观世界的过程中，同客观世界进行交换的内容的总称。”现代自然科学提出了对信息的一般理解，把信息看作是物质和能量在空间和时间中分布的不均匀程度，而后者又是伴随着宇宙中一切过程而发生变化的。即信息并不是事物本身，而是事物表征，是由事物发出的消息、情报、指令、数据和信号等所包含的内容；一切事物（包括自然界和人类社会）的活动都产生信息，信息是表现事物状态和运动特征的一种普遍形式，是物质的普遍属性，是生物进化和人类社会发展的基础。

目前大家比较容易接受的定义是：“信息是客观存在的一切事物通过物质载体所发出的消息、情报、指令、数据和信号中所包含的一切可传递和交换的内容。”

1.5.2 信息的分类

信息的概念仁者见仁、智者见智，信息的分类也有多种解释。

从信息的性质出发，信息可分为：语法信息、语义信息和语用信息。

从信息的地位出发，信息可分为：客观信息和主观信息。

从信息的作用出发，信息可分为：有用信息、无用信息和干扰信息。

从信息的逻辑意义出发，信息可分为：真实信息、虚假信息和不定信息。

从信息的生成领域出发，信息可分为：宇宙信息、自然信息、社会信息、思维信息等。

从信息的应用部门出发，信息可分为：工业信息、农业信息、军事信息、政治信息、科技信息、经济信息、管理信息等。

从信息源的性质出发，信息可分为：语音信息、图像信息、文字信息、数据信息、计算信息等。

从信息的载体性质出发，信息可分为：电子信息、光学信息、生物信息等。

此外，信息还有其他的分类原则和方法。

1.5.3 信息技术概述

信息技术（Information Technology，IT）的概念已渗透到社会的各个领域，它是当今世界上发展最迅猛、影响最广泛的新兴技术之一，目前，许多人把信息技术理解为计算机技术、网络技术或与此相关的概念，其实信息技术是一个包含多种技术的综合体。

信息技术是以微电子学为基础，研究和设计计算机硬件、软件、外部设备、通信网络设备（光纤通信和卫星通信），以及计算机生产、应用和服务的技术。

信息技术包括通信技术、计算机技术、多媒体技术、自动控制技术、视频技术、遥感技术等。简单地说，信息技术是能够延长或扩展人的信息能力的手段和方法。

1.5.4　信息技术的发展

信息技术的发展历史非常悠久：我国周朝时期就利用烽火台传递边关警报，古罗马地中海城市以悬灯来报告迦太基人进攻的消息等；指南针、烽火台、风标、号角、语言、文字、纸张和印刷术等作为古代传载信息的手段，曾经发挥过重要作用；望远镜、放大镜、显微镜、算盘和手摇机械计算机等则是近代信息技术的产物；它们都是现代信息技术的早期形式。随着计算机与网络技术的迅猛发展，信息技术发生了质的变化，它将人类社会真正带入了信息时代。计算机可以处理与传递大量复杂的信息，可以同时传递文字、声音、图像、动画等多媒体信息，而且具有很强的交互性。现代信息技术的发展缩短了世界的距离，缩短了时空的差距，彻底改变了人们的工作方式和生活方式。

信息技术革命可划分为 5 个阶段：第一阶段是语言的产生，第二阶段是文字的出现，第三阶段是造纸术、印刷术的发明，第四阶段是电报、电话、广播和电视等通信设备的发明，第五阶段即现代信息技术。

现代信息技术是以微电子技术为基础的电子感测技术、电子通信技术、电子计算机技术和电子控制技术（即自动控制技术），它们也可以统称为电子信息技术。电子设备工作速度快、容量大、精度高，信息处理能力强，它将信息技术的发展推向空前的高度。电子信息技术的出现，给科学技术乃至人类的思想观念和社会生活带来了全面的冲击。然而，科学技术的发展是无止境的，近二十多年来，新一代的信息技术——激光信息技术又迅速地发展起来。激光遥感、光纤通信、激光全息存储和激光控制技术的相继问世和激光计算机的研制，将信息技术的发展推向了一个新的高峰。现在又相继出现了更新一代的信息技术——生物信息技术。

我国现代信息技术的发展也紧跟时代潮流，发展迅速，走在世界的前列。以下为中国信息技术方面的大事记。

1956 年，周恩来总理亲自提议、主持、制定我国《十二年科学技术发展规划》，选定了“计算机、电子学、半导体、自动化”作为“发展规划”的四项紧急措施，并制定了计算机科研、生产和教育发展计划。我国计算机事业由此起步。

1980 年 10 月，经中宣部、原国家科委、原四机部批准，中国第一份计算机专业报纸——《计算机世界》报创刊。由此带动了信息技术媒体这个新兴产业的发展。

1983 年 8 月，“五笔字型”汉字编码方案通过鉴定。该输入法后来成为专业录入人员使用最多的输入法。

1987 年，我国破获第一起计算机犯罪大案。某银行系统管理员利用所掌管的计算机，截留贪污国家应收贷款利息 11 万余元。

1994 年 4 月 20 日，中关村地区教育与科研示范网络（NCFC）完成了与因特网的全功能 IP 连接。从此，中国正式被国际上承认是接入因特网的国家。

2002 年 9 月 28 日，中科院计算所宣布中国第一个可以批量投产的通用 CPU“龙芯 1 号”芯片研制成功。此芯片的逻辑设计与版图设计具有完全自主的知识产权。采用该 CPU 的曙光“龙腾”

服务器同时发布。

2004 年 6 月 21 日，美国能源部劳伦斯·伯克利国家实验室公布了最新的全球计算机 500 强名单，曙光计算机公司研制的超级计算机“曙光 4000A”排名第十，运算速度达每秒 8.061 万亿次。

2009 年 8 月，全国掀起了“智慧城市”“智慧交通”“智慧电网”“智能小区”“智能家居”等物联网技术应用的热潮。

2010 年 11 月，国际 TOP500 组织在网站上公布了最新全球超级计算机前 500 强排行榜，中国首台千万亿次超级计算机系统“天河一号”排名全球第一。

2013 年 6 月至 2015 年 11 月，天河二号超级计算机在世界超级计算机 500 强排名中共六次蝉联冠军。

2015 年 3 月 5 日，十二届全国人大三次会议的政府工作报告首次提出“互联网 +”行动计划。全面推动了知识社会以用户创新、开放创新、大众创新、协同创新为特点的创新 2.0，改变了我们的生产、工作和生活方式，也引领了创新驱动发展的“新常态”。

2016 年 6 月 20 日，使用中国自主芯片制造的“神威·太湖之光”超级计算机取代了“天河二号”荣登榜首。其浮点运算速度为每秒 9.3 亿亿次，拥有 10649600 个计算核心、40960 个节点，其运算速度为此前 3 年处在该榜单首位的“天河二号”的两倍以上，大约是目前排名第三的美国超级计算机系统的 5 倍。

尽管现在仍处于信息社会初级阶段，但我们可以预测今后信息技术的发展趋势。

- 高速、大容量：无论是通信还是计算机，都朝着速度越来越快、容量越来越大的趋势发展。
- 综合化：包括业务综合以及网络综合。
- 数字化：一是便于大规模生产，模拟电路每一个单独部分都需要进行单独设计、单独调测，而数字设备是单元式的，设计非常简单，便于大规模生产，可大大降低成本；二是有利于综合，每一个模拟电路的电路物理特性区别都非常大，而数字电路由二进制电路组成，非常便于综合。
- 个人化：即可移动性和全球性。一个人在世界任何一个地方都可以拥有同样的通信手段，可以利用同样的信息资源和信息加工处理的手段。

【本章小结】

本章是计算机应用基础知识。涵盖了计算机发展史、微机系统组成、计算机中数据和常用编码、大数据与云计算以及信息与信息技术基础知识等，是当代大学生必须具备的最基本的 IT 素质。

我们从追寻计算机先驱者的足迹开始，了解近代三百多年计算机相关的发明及闪耀的光芒，从中得到更多的启发与激励，更深入地理解计算机系统的组成及相关的原理。我们应该感谢这些计算机巨人给我们留下了极为珍贵的科学文化，通过他们的苦苦求索，创造了今天的互联网时代。

同时，让我们更加振奋的是，计算机等相关技术发明主要源于美国及欧洲国家，但随着我国的改革与开放及国家总体经济实力的提升，在很多方面也取得了惊人的成果。“银河二号”及“神威·太湖之光”超级计算机荣登世界超级计算机 500 强榜首，这将意味着在大数据时代及物联网时代，中国会更加有所作为，会取得更大的成就。

IBM 公司为我们推出了第一台个人计算机。微软公司为我们设计了界面友好、操作简捷的 Windows 操作系统，让世界上更多的人们可以轻松地使用计算机。

现在的计算机是第四代计算机，第五代计算机应该是人工智能计算机。如果我们全面进入人工智能计算机时代、大数据时代和物联网时代，那应该是一个非常值得期待的全新的世界。

计算机具有计算速度快、计算精度高、存储功能强、具有逻辑判断能力、在程序控制下自动进行处理等特点。事实上，很多时候计算机的功能表现为转换功能，即将相关的数据信息通过相关的硬件和软件转换成我们需要的数据信息。

计算机系统由硬件和软件系统组成。硬件系统主要由运算器、控制器、存储器、输入设备和输出设备组成。

软件分为系统软件和应用软件（用户软件）两大类。

操作系统（Operating System）是最基本、最重要的系统软件。它负责管理计算机系统的各种硬件资源（例如 CPU、内存空间、磁盘空间和外部设备等）及软件资源。

微型计算机的由主机、显示器、键盘、鼠标等几部分组成。主机包括主板、CPU、内存、硬盘、电源等。

CPU 是微型计算机的灵魂，整个计算机系统的联系纽带，内存是 CPU 运算时需要的临时的内部存储空间，硬盘是永久存储数据的外部存储空间。

计算机内部的数据一律采用二进制存储。计算机常用的信息编码有 ASCII、GB2312-80 编码、GBK 编码、BIG5 编码、GB18030 编码、ANSI 编码、Unicode 编码（UTF-8 编码、UTF-16 编码、UTF-32 编码）等。

有人认为，从 2012 年开始，已经进入大数据时代。大数据是相关的数据集合而成的海量数据的总称。大数据时代已经来临，大数据可以广泛地应用于各行各业，

大数据有三个主要的特点：全体、混杂和相关关系。

大数据具有如下特征：数据量大、速度快、类型繁多、价值密度低、时效性高。

大数据与云计算有密不可分的关系。云计算是指将计算任务分布在由大量计算机组成的资源池上，使得用户能够按需获取计算力、存储空间及信息服务。

云计算的软件是运行在云平台上，并具有在线租赁服务形式、按用量可伸缩性占用资源、按需要个性化定制等特性的软件。

云计算具有超大规模、虚拟化、高可靠性、通用性、高可扩展性、按需服务、极其廉价和潜在的危险性等特点。

信息论创立者香农在研究通信理论时认为，信息是消息。控制论的创始人维纳说："信息是人们在适应客观世界并使这种适应反作用于客观世界的过程中，同客观世界进行交换的内容的总称。"

信息技术（Information Technology，IT）是以微电子学为基础，研究和设计计算机硬件、软件、外部设备、通信网络设备（光纤通信和卫星通信），以及计算机生产、应用和服务的技术。

思考与练习

1. 简述计算机的特点。
2. 简述计算机系统的组成及工作原理。
3. 常用的系统软件有哪些？
4. 从外观上看，计算机由哪几部分组成？
5. 计算机采用二进制表示数据有哪些优点？
6. 请将二进制数 101101，1001101，10111011.1011 转换为十进制数。
7. 请将十进制数 135.65 分别转换为二进制数、八进制数及十六进制数。
8. 简述高速缓存的作用。
9. 信息社会有什么特点？

10. IT 代表什么？其内涵是什么？

11. 请简述 ASCII 的功能及特点。

12. GBK 编码有何特点？与 ANSI 编码有何关系？

13. 请简述计算机之父艾伦·麦席森·图灵之生平经历及贡献。

14. 什么是大数据？请简述现实世界中大数据应用的案例。

15. 什么是云计算？云计算给人类社会带来了哪些改变？

16. 根据自己的需求，做一个台式机或笔记本电脑的购置方案。要求从主板、CPU、内存、硬盘、显示配置等方面，以及操作系统与用户软件方面进行选配，并说明选配理由。

第 2 章 Windows 7 操作系统

本章主要内容：

- 认识 Windows 7
- Windows 7 基本操作
- Windows 7 资源管理
- Windows 7 控制面板
- Windows 7 无线网络及设置
- Windows Defender 杀毒程序
- Windows 10 简介

在学习 Windows 7 之前，先来了解一下什么是操作系统。操作系统（Operating System，OS）是管理和控制计算机硬件与软件资源的计算机程序，是直接运行在“裸机”上的最基本的系统软件，任何其他软件都必须在操作系统的支持下才能运行。

Windows 7 操作系统在用户界面、应用程序功能、安全、网络、管理性等方面有了大幅度的改善，同时性能也有大幅度提升。本章主要介绍微软家族中历代操作系统的发展及 Windows 7 的基本操作、资源管理、控制面板、无线网络，以及 Windows Defender 杀毒程序等基本功能的操作方法。学习并掌握 Windows 7 的各种功能与操作方法是学习计算机操作的基本要求，也是为下一步学习 Office 组件的相关操作奠定基础。

2.1 认识 Windows 7

2.1.1 Windows 的发展历史

微软公司自 1985 年推出 Windows 1.0 以来，Windows 系统经历了 30 多年的时间。从最初运行在 DOS 下的 Windows 3.0，到现在风靡全球的 Windows XP、Windows 7、Windows 8 和最近发布的 Windows10。Windows 代替了 DOS 曾经担当的位子。下面将回顾微软 Windows 操作系统的发展史，来见证 Windows 系统发展变化的历程。

Windows 1.0（1985 年 11 月 20 日发布）：微软 Windows 系统的第一个版本，最重要的成绩就是它将图形用户界面和多任务技术引入了个人电脑操作平台。同时自带了一些简单的应用程序，包括日历、记事本、计算器等。

Windows 2.0（1987 年 12 月 9 日发布）：它最大的变化是允许应用程序的窗口在另一个窗口

之上显示，从而构建出层次感或深度感。用户们还可以将应用程序的快捷方式放在桌面上，同时还引进了全新的键盘快捷键功能。

Windows 3.0（1990 年 5 月 22 日发布）：第三个版本的 Windows 在界面、人性化以及内存管理等多方面做了改进。在这个版本中，著名的纸牌游戏 Solitaire 第一次亮相了。

Windows NT（1993 年 7 月 27 日发布）：Microsoft 在 1993 年推出的面向工作站、网络服务器和大型计算机的网络操作系统，也可做 PC 操作系统。它与通信服务紧密集成，基于 OS/2 NT 基础编制。

Windows 95（1995 年 8 月 24 日发布）：Windows 95 第一次引进了“开始”按钮和任务栏，这些元素一直保留在 Windows 后来大多数的产品中。

Windows 98（1998 年 6 月 25 日发布）：Windows 98 附带了整合式 IE 浏览器，标志着操作系统开始支持互联网时代的到来。该操作系统运行速度更快，稳定性更佳。

Windows 2000/ME（2000 年 2 月 17 日和 9 月 14 日发布）：是由微软公司发行的 Windows NT 系列的 32 位视窗操作系统，起初称为 Windows NT 5.0。面向的客户群主要是大型企业。

Windows XP（2001 年 10 月 25 日发布）：Windows XP 是微软公司发布的一款视窗操作系统。它是微软历史上“统计时期”最长的操作系统，是一次飞跃性的产品。在我国市场占有率曾高达 70%以上，随着大数据时代的到来，XP 系统已经不堪重负，更新换代也是势在必行。也正是从这一代 Windows 开始，微软将各种网络服务与操作系统联系到了一起。

Windows Vista（2007 年 1 月 30 日发布）：Vista 系统引发了一场硬件革命，使 PC 正式进入双核、大（内存、硬盘）世代。它对硬件提出更高的要求使其普及率并不高，同时还存在软件的稳定性、对旧软件的兼容性以及升级成本等问题。

Windows 7（2009 年 10 月 22 日发布）：Windows 7 的设计主要围绕五个重点——针对笔记本电脑的特有设计，基于应用服务的设计，用户的个性化、视听娱乐的优化、用户易用性的新引擎，跳跃列表，系统故障快速修复等，这些新功能令 Windows 7 成为最易用的 Windows。

Windows 8（2012 年 10 月 26 日发布）：Windows 8 的界面变化极大。系统界面上，Windows 8 采用 Modern UI 界面，各种程序以磁贴的样式呈现。操作上，大幅改变以往的操作逻辑，提供屏幕触控支持。硬件兼容上，Windows 8 支持来自 Intel、AMD 和 ARM 的芯片架构，可应用于台式机、笔记本、平板电脑上。

Windows 10（2015 年 7 月 29 日发布）：Windows 10 是微软发布的最后一个独立 Windows 版本，是新一代跨平台及设备应用的操作系统。在本章的最后一节将介绍 Windows 10 的新功能。

2.1.2 什么是 Windows 7

Windows 7 是由微软公司（Microsoft）开发的操作系统，内核版本号为 Windows NT 6.1。Windows 7 可供家庭及商业工作环境、笔记本电脑、平板电脑、多媒体中心等使用。Windows 7 延续了 Windows Vista 的 Aero 风格，并且在此基础上增添了些许功能。

1. Windows 7 的配置需求

（1）最低配置：处理器要求 1.8GHz 或更高级别，内存 1GB（32 位）或 2GB（64 位），硬盘空间 25GB（32 位）或 50GB（64 位），带有 WDDM 1.0 或更高版本的驱动程序的 DirectX 9 图形设备。

（2）推荐配置：处理器要求 1.8GHz 双核及更高级别，内存 1GB～3GB（32 位）或 3GB～4GB 及以上（64 位），硬盘 50GB 以上，带有 WDDM1.0 驱动的支持 DirectX 9 且 256MB 以上级别的独立显卡或集成显卡。

提示

Windows 7 包括 32 位及 64 位两种版本，如果用户希望安装 64 位版本，则需要 64 位运算的 CPU 的支持，Core 2 Duo 或 Athon X64 以上的 CPU 可以流畅运行。

2. Windows 7 系统的安装

安装 Windows 7 的方法有很多，最常见的是用安装光盘引导系统安装。首先，将计算机的 BIOS 设置为光驱启动，然后将 Windows 7 安装光盘放入光驱，再重新启动计算机。安装光盘会自动运行安装程序，用户只要按安装提示操作完成即可。

3. Windows 7 的系统特色

（1）易用

Windows 7 做了许多方便用户的设计，如快速最大化、窗口半屏显示、跳跃列表、系统故障快速修复等，这些新功能令 Windows 7 成为最易用的 Windows。

（2）快速

Windows 7 大幅缩减了 Windows 的启动时间，据实测，在 2008 年的中低端配置下运行，系统加载时间一般不超过 20 秒，这比 Windows Vista 的 40 余秒相比，是一个很大的进步。

（3）简单

Windows 7 让搜索和使用信息更加简单，包括本地、网络和互联网搜索功能，直观的用户体验更加高级，还整合自动化应用程序提交和交叉程序数据透明性。

（4）安全

Windows 7 包括了改进的安全和功能合法性，还把数据保护和管理扩展到外围设备。Windows 7 改进了基于角色的计算方案和用户账户管理，在数据保护和坚固协作的固有冲突之间搭建沟通桥梁，同时也会开启企业级的数据保护和权限许可。

（5）更低的成本

Windows 7 可以帮助企业优化它们的桌面基础设施，具有无缝操作系统、应用程序和数据移植功能，并简化 PC 供应和升级，进一步朝完整的应用程序更新和补丁方面努力。

（6）更好的连接

Windows 7 进一步增强了移动工作能力，无论何时、何地、任何设备都能访问数据和应用程序，开启坚固的特别协作体验，无线连接、管理和安全功能会进一步扩展。令性能和当前功能以及新兴移动硬件得到优化，拓展了多设备同步、管理和数据保护功能。

2.1.3　Windows 7 版本

1. Windows 7 家庭普通版

这是简化的家庭版。支持多显示器，有移动中心，限制包括部分支持 Aero 特效，没有 Windows 媒体中心，缺乏 Tablet 支持，没有远程桌面，只能加入而不能创建家庭网络组（Home Group）等。

2. Windows 7 家庭高级版

面向家庭用户，满足家庭娱乐需求，包含所有桌面增强和多媒体功能，如 Aero 特效、多点触控功能、媒体中心、建立家庭网络组、手写识别等，不支持 Windows 域、Windows XP 模式、多语言等。

3. Windows 7 专业版

面向爱好者和小企业用户，满足办公开发需求，包含加强的网络功能，如活动目录和域支持、远程桌面等；另外还有网络备份、位置感知打印、加密文件系统、演示模式（Presentation Mode）、Windows XP 模式等功能。64 位系统可支持更大内存，最大可支持 192GB。

4. Windows 7 企业版

面向企业市场的高级版本，满足企业数据共享、管理、安全等需求。包含多语言包、UNIX应用支持、BitLocker 驱动器加密、分支缓存（BranchCache）等。

5. Windows 7 旗舰版

拥有所有功能，与企业版基本是相同的产品，仅仅在授权方式及其相关应用及服务上有区别。面向高端用户和软件爱好者。

Windows 7 家庭高级版和 Windows 7 专业版是两大主力版本，前者面向家庭用户，后者针对商业用户。

2.2 Windows 7 基本操作

2.2.1 启动和退出

1. Windows 7 的启动

当打开安装有 Windows 7 系统的计算机后，首先进行系统的自检，如果没有发现问题，即进入 Windows 7 系统启动阶段。启动成功后，就会显示图 2-1 的所示 Windows 工作界面。

如果设置了用户名和密码，则在登录时，用户必须输入用户名和密码。忘记本机用户名及密码的用户只能通过重新安装系统才能解决此问题。

2. Windows 7 的退出

关机不会保存用户的工作，因此必须首先保存用户的文件。关闭所有打开的程序，然后单击 Windows 7 界面左下角的“开始”菜单，如图 2-2 所示，单击“关机”按钮即可关闭计算机。

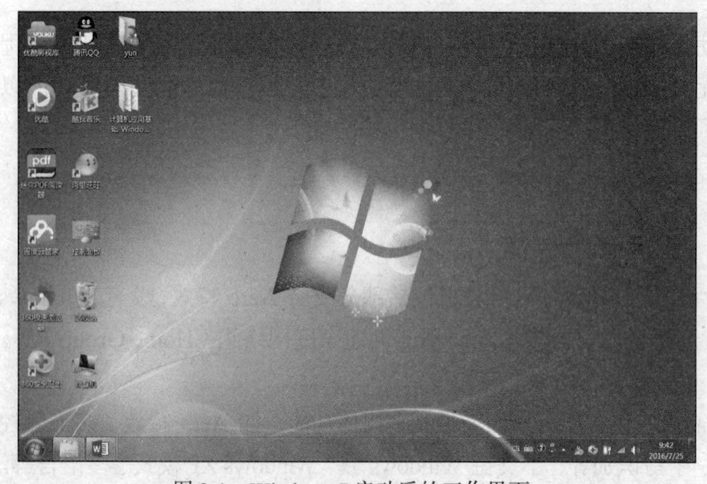

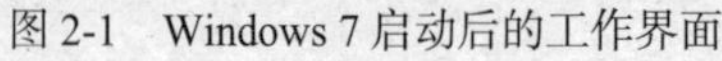
图 2-1　Windows 7 启动后的工作界面

图 2-2　“开始”菜单

2.2.2 鼠标

正像用手与物质世界中的对象进行交互一样，用户可以使用鼠标与计算机屏幕上的对象进行交互。用户可以对对象进行移动、打开、更改、丢弃以及执行其他操作，这一切只需操作鼠标即可。

鼠标一般有两个按钮：左按钮和右按钮。通常情况下使用左按钮较多。大多数鼠标在左右按钮之间还有一个"滚轮"，帮助用户自如地滚动文档和网页。在有些鼠标上，按下滚轮可以用作第三个按钮。高级鼠标可能有执行其他功能的附加按钮。

使用鼠标按钮有以下四种基本方式。

1. 单击

单击通常指单击左键，这个动作常用选定一个具体的项目。

2. 双击

快速地连续按两下鼠标左键。这个动作一般用于实现某个功能操作，如启动一个应用程序。

如果双击时有问题，则可以调整双击的速度（可接受的两次单击间隔时长）。具体操作方法如下：

（1）单击打开"控制面板"中的"鼠标属性"。

（2）单击"鼠标键"选项卡，然后在"双击速度"下移动滑块以提高或降低速度。

3. 单击右键

轻轻按一下鼠标右键，这个动作常用于打开一个快捷菜单。例如，右键单击桌面上的回收站时，Windows 显示可以打开、清空、删除或查看其属性的菜单。如果不能确定如何操作时，则可以右键单击该对象。

4. 拖动

将鼠标指向屏幕某个对象，在按住鼠标左键的同时移动鼠标指针，将屏幕上的该对象移动到目标位置。常常用于将文件和文件夹移动到其他位置，以及在屏幕上移动窗口和图标。

2.2.3　窗口

1. 窗口的各个部分

窗口是 Windows 操作系统的基本对象，Windows 7 的窗口主要由标题栏、菜单栏、最小化按钮、最大化按钮、关闭按钮、滚动栏等组成，如图 2-3 所示。

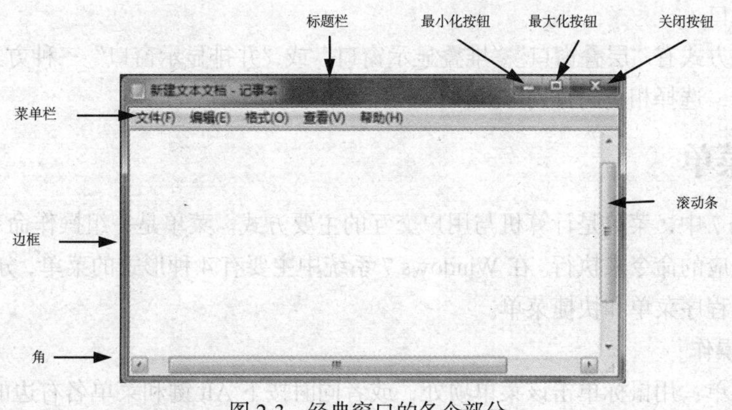

图 2-3　经典窗口的各个部分

（1）标题栏：出现在窗口的顶部，显示文档和程序的名称。

（2）最小化、最大化和关闭按钮：这三个按钮位于窗口的右上角，这些按钮分别可以隐藏窗口、放大窗口使其填充整个屏幕以及关闭窗口。

（3）菜单栏：出现在标题栏的下面，包含程序中可单击进行选择的项目。

（4）滚动条：可以滚动窗口的内容以查看当前视图之外的信息。

（5）边框和角：可以用鼠标指针拖动这些边框和角以更改窗口的大小。

2. 窗口的操作

（1）移动窗口

若要移动窗口，请用鼠标指针 指向其标题栏，然后将窗口拖动到希望放到的位置。最大化的窗口是无法移动的。

（2）更改窗口的大小

- 单击最大化按钮 或者双击该窗口的标题栏，使窗口填满整个屏幕。
- 单击其还原按钮 或者双击该窗口的标题栏，使最大化的窗口还原到以前大小。
- 指向窗口的任意边框或角。当鼠标指针变成双箭头时，拖动边框或角可以缩小或放大窗口。已最大化的窗口无法调整大小，必须先将其还原为原来的大小。

虽然多数窗口可被最大化和调整大小，但也有一些固定大小的窗口，如对话框。

（3）隐藏窗口

隐藏窗口又称为最小化窗口，若要最小化窗口，请单击其最小化按钮 。窗口会从桌面中消失，成为任务栏的一个按钮。若要使最小化的窗口重新显示在桌面上，请单击其任务栏按钮。窗口会准确地按最小化前的样子显示。

（4）关闭窗口

若要关闭窗口，单击关闭按钮 。

（5）在窗口中切换

- 使用任务栏：若要切换到其他窗口，只需单击其任务栏按钮。该窗口将出现在所有其他窗口的前面，成为活动窗口。
- 使用 Alt + Tab：通过按 Alt + Tab 组合键可以切换到先前的窗口。
- 使用 Aero 三维窗口切换：按住 Windows 徽标键 的同时按 Tab 可打开三维窗口切换。

（6）排列窗口

窗口的排列方式有“层叠窗口”“堆叠显示窗口”或“并排显示窗口”三种方式，右键单击任务栏的空白区域，选择相应的排列方式。

2.2.4 菜单

在 Windows 7 中，菜单是计算机与用户交互的主要方式。菜单是一组操作命令的集合，用户可以从中选择相应的命令来执行。在 Windows 7 系统中主要有 4 种形式的菜单，分别是开始菜单、控制菜单、应用程序菜单和快捷菜单。

1. 菜单的操作

（1）打开菜单：用鼠标单击该菜单项处，或者同时按下 Alt 键和菜单名右边的英文字母。

（2）选择菜单命令：用鼠标单击该菜单命令，则进入相应的应用程序。

（3）关闭菜单：在菜单外单击鼠标或按下 Esc 键，则退出菜单。

2. 下拉菜单中各命令项的说明

一个菜单通常包括若干个命令，一个命令对应一种操作。Windows 7 的菜单命令有一些特殊的标记，如表 2-1 所示。

表 2-1　各命令项的标记与说明

表示方法	说明
灰色	表示当前选定的不可用
前带“√”	复选标记，表示该命令有效，再选择一次表示取消选中
前带“●”	单选标记，表示被选中，在分组菜单中，只能选择其中一项
后带“…”	表示选择该命令时会弹出对话框，需要用户提供进一步的信息
后带“▶”	表示该项不是命令，而是会打开其他子菜单
后带组合键	表示是快捷键，使用该快捷键可直接执行相应的命令，不必通过单击菜单操作

2.2.5 对话框

对话框是特殊类型的窗口，可以提出问题，允许用户选择选项来执行任务，或者提供信息。当程序或 Windows 需要用户进行响应它才能继续时，经常会看到对话框。在 Windows 7 对话框中常用的控件有选项卡、文本框、列表框、下拉列表框、复选框等。图 2-4 为“任务栏和「开始」菜单属性”对话框。

对话框与常规窗口不同，多数对话框无法最大化、最小化或调整大小。但是它们可以被移动。

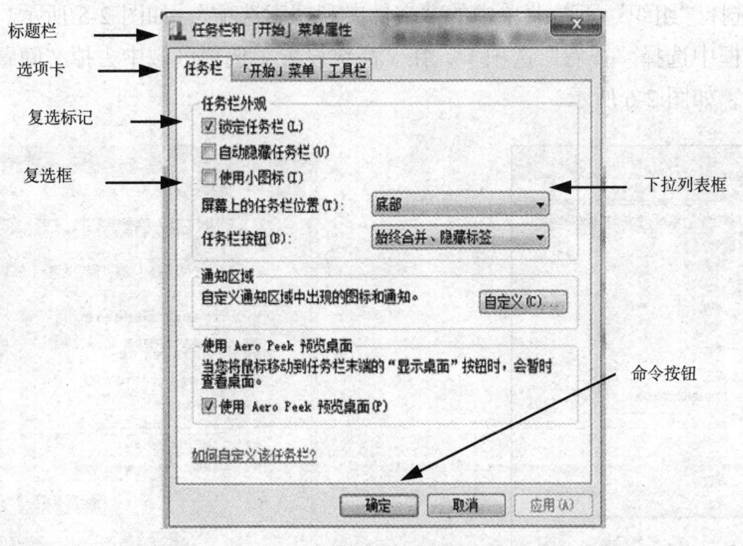

图 2-4　“任务栏［开始］菜单属性”窗口中的控件

2.3　Windows 7 资源管理

在 Windows 7 中，资源管理器是系统提供给用户一个强大的资源管理工具，通过它可以查看、管理计算机中的所有资源，包括收藏夹、库、文件夹和网络等。

2.3.1 文件与文件夹的概念

1. 文件

文件是包含信息（例如文本、图像或音乐）的项。文件打开时，非常类似在桌面上或文件柜中看到的文本文档或图片。在计算机上，文件用图标表示，这样便于通过查看其图标来识别文件类型。文件是操作系统用来存储和管理信息的基本单位，可以用来存放各种信息。一个文件有很多属性，但最重要的是文件名、存储位置、内容、其次还有只读、存档、隐藏、大小等。

在 Windows 7 中，所有文件都是由一个图标和一个文件名进行标识。通常文件名由主文件名和扩展名两部分组成，中间用“.”隔开。文件的组成形式一般为：主文件名.扩展名。例如，一个文件的文件名为 computer.docx，则该文件的主文件名为 computer，扩展名为 docx。

主文件名的命名规则如下：

（1）文件名最长可以使用 255 个字符。

（2）可以是字母、数字、汉字、下划线、空格及其他字符。

（3）允许包括空格和多个点号，但不能出现\ / : ? ”< > | 字符，不区分英文大小写。

（4）查找和显示时可以使用通配符“？”和“*”。其中通配符“？”表示任意一个字符，“*”表示任意的多个字符。例如：*.docx 表示所有扩展名为 docx 的文件，c？.docx 表示主文件名由 c 或者 C 开头的两个字符组成。

（5）Windows 通常会隐藏一些已经文件类型扩展名，如果要显示所有文件的扩展名，可以在“计算机”窗口选择“组织”下拉菜单中的“文件夹和搜索选项”，如图 2-5 所示。在弹出的“文件夹选项”对话框中选择“查看”选项卡，在“高级设置”选项区域中去掉“隐藏已知文件类型的扩展名”勾选，如图 2-6 所示。

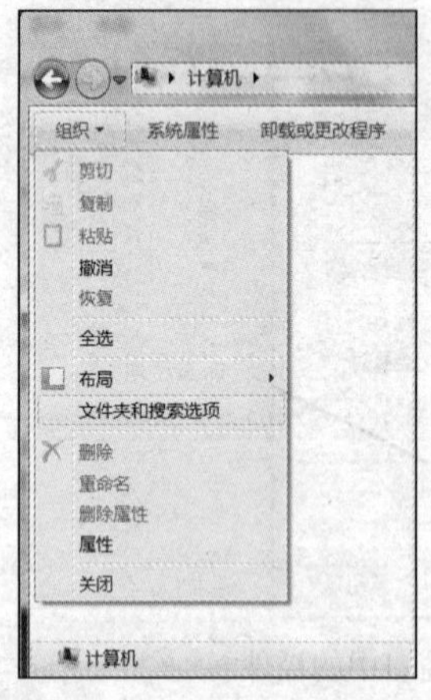

图 2-5 组织—文件夹和搜索选项

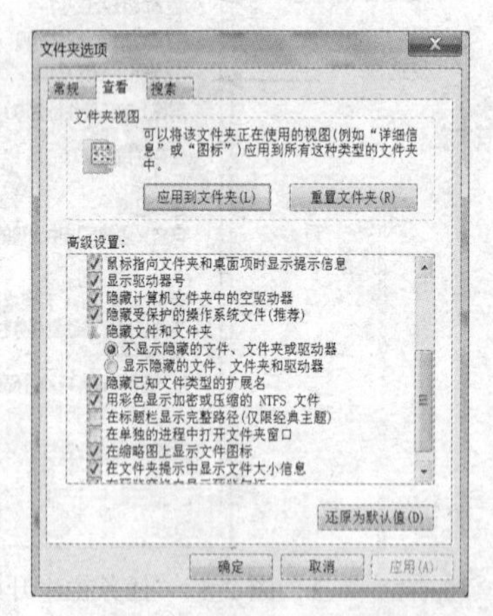

图 2-6 “文件夹选项”窗口

提示 文件的扩展名可以修改，但是这意味着改变文件的类型，如果原文件不能转换为修改类型后的文件，则会出现无法打开的情况。

2. 文件类型

文件的扩展名表示文件的类型，创建文件的应用程序自动创建扩展名。根据文件存储内容的不同，把文件分为各种不同的类型。Windows 7 常用文件类型以及扩展名如表 2-2 所示。

表 2-2 文件类型与对应的扩展名

文件类型	扩展名
文档文件	txt、doc、wps、rtf、pdf
压缩文件	rar、zip、arj
图形文件	bmp、gif、jpg、pic、png、tif
声音文件	wav、aif、au、mp3、ram
动画文件	avi、mpg、mov、swf
系统文件	int、sys、dll、adt
可执行文件	exe、com
语言文件	c、asm、for、lib、lst、msg、obj、pas、wki、bas

3. 文件夹

文件夹是一个文件容器。每个文件都存储在文件夹或“子文件夹”（文件夹中的文件夹）中。可以通过单击任何已打开文件夹的导航窗格（左窗格）中的“计算机”来访问所有文件夹。文件夹的命名规则与文件的命名规则相同。

文件夹下面包含的文件夹通常称为“子文件夹”。文件夹中可以创建任何数量的子文件夹，每个子文件夹又可以容纳任何数量的文件和其他子文件夹。

2.3.2 资源管理器的窗口

1. 启动资源管理器的两种方法

（1）单击“开始”菜单中的“所有程序”/“附件”/“资源管理器”命令。

（2）右键单击任务栏上的“开始”按钮，在弹出的菜单中选择“打开 Windows 资源管理器”命令。

打开的资源管理器窗口，如图 2-7 所示。

图 2-7 “Windows 资源管理器”窗口

资源管理器的工作窗口分为左右两个窗格。左窗格以目录树的形式显示磁盘文组织结构，依次包含收藏夹、库、家庭组、计算机和网络 5 个部分。右窗格是选项内容窗口，用于显示当前文件夹中的内容，其中包括当前文件夹中的子文件夹与文件。如果需要改变左右窗格的尺寸，将鼠标指针移动到中间的拆分线，指针形状为十字箭头后向左右拖动即可。

2．库

库是 Windows 7 引入的一项新功能，其目的是快速访问用户的重要资源，其实现方式有点类似于应用程序或文件夹的“快捷方式”。只要单击库中的链接，就能快速打开添加到库中的文件夹。

系统默认情况下，库中有 4 个子库，分别是“视频库”“图片库”“文档库”和“音乐库”，分别链接到当前用户下的“我的视频”“我的图片”“我的文档”和“我的音乐”。当用户在 Windows 7 提供的应用程序中保存所创建的文件时，其默认的位置是“文档库”所对应的文件夹，从 Internet 下载的图片、歌曲、视频、网页等也会默认分别存放到相应的这 4 个字库中。

（1）创建库

具体操作方法是打开“计算机”窗口，选择左窗格中“库”，在“库”中的工具栏上单击“新建库”按钮，然后输入库的名称，然后按 Enter 键。若要将文件复制、移动或保存到库，必须首先在库中包含一个文件夹，以便让库知道存储文件的位置。此文件夹将自动成为该库的“默认保存位置”。

（2）在库中包含文件夹

具体操作方法是在目标文件夹上单击右键，在弹出的快捷菜单中选择“包含到库中”按钮，在其子菜单中选择希望加到的具体子库中。一个库最多可以包含 50 个文件夹。

在某些方面，库类似于文件夹。例如，打开库时将看到一个或多个文件。但与文件夹不同的是，库可以收集存储在多个位置中的文件。这是一个细微但重要的差异。

（3）删除库中的文件夹

不再需要监视库中的文件夹时，可以将其删除。从库中删除文件夹时，不会从原始位置中删除该文件夹及其内容。

具体操作方法是在“Windows 资源管理器”左窗格中，单击要从中删除文件夹的库。在文件列表上方中，在“包含”旁边，单击“位置”链接。在弹出的对话框中，选择要删除的文件夹，单击右侧的“删除”按钮，然后单击“确定”按钮。

3．工具栏

工具栏在“资源管理器”窗口的菜单栏下面。在“资源管理器”窗口中选择不同的对象，工具栏显示的按钮也是不同的。利用工具栏可以执行一些常见的任务，如更改文件和文件夹的外观、将文件刻录到 CD 或幻灯片放映等。

2.3.3 资源管理器的基本操作

1．查看文件夹的分层结构

（1）展开文件夹

左窗格文件夹图标前有“▷”标记，表示该文件夹下面包含尚未展开的子文件夹，可以单击标记展开子文件夹。

（2）折叠文件夹

左窗格文件夹图标前有“◢”标记，表示该文件夹下面包含的子文件夹已经全部展开。单击“◢”标记将子文件夹折叠。

资源管理器的导航窗格无法直接查看文件。

2. 改变视图显示方式

在打开文件夹或库时，可以更改文件在窗口中的显示方式。例如，可以首选较大（或较小）图标或者首选允许查看每个文件的不同种类信息的视图。如果要改变文件和文件夹的显示方式，在工具栏右边的位置单击“视图”按钮，每次单击“视图”按钮的左侧时都会更改显示文件和文件夹的方式，显示菜单列表如图 2-8 所示。

3. 文件排列方式

为了方便文件或文件夹的操作，可以改变图标的排列方式。在“资源管理器”窗口中，在右窗格的空白处单击鼠标右键，在弹出的菜单项中选择“排列方式”命令，显示下一级菜单，如图 2-9 所示。

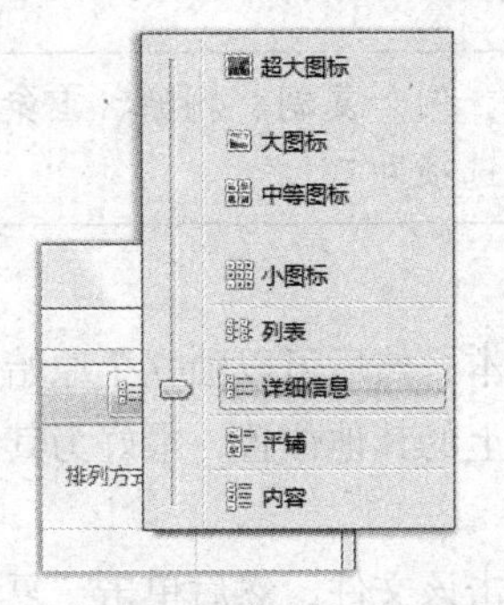

图 2-8　“更改您的视图”选项列表图

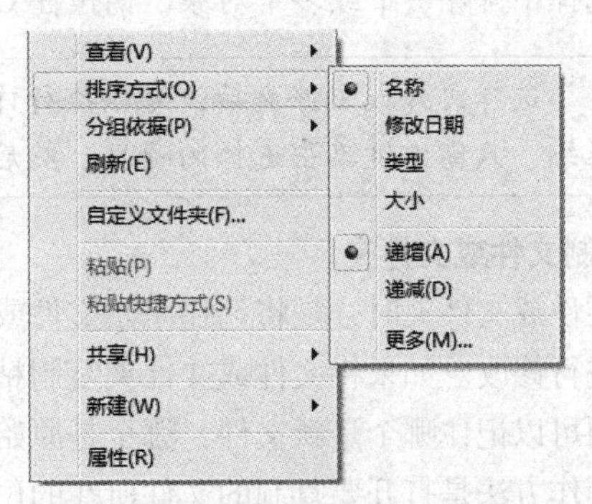

图 2-9　文件或文件夹的排列方式

2.3.4　文件和文件夹操作

1. 创建文件夹

在 Windows 7 中，用户可以创建自己的文件夹。具体操作方法是在桌面、计算机文件夹窗口和库中这三个位置的任意空白处，单击鼠标右键“新建”菜单下的“文件夹”命令，将新建一个名为“新建文件夹”的文件夹，用户可以输入新文件夹的名称，然后按 Enter 键确定。如图 2-10 所示。

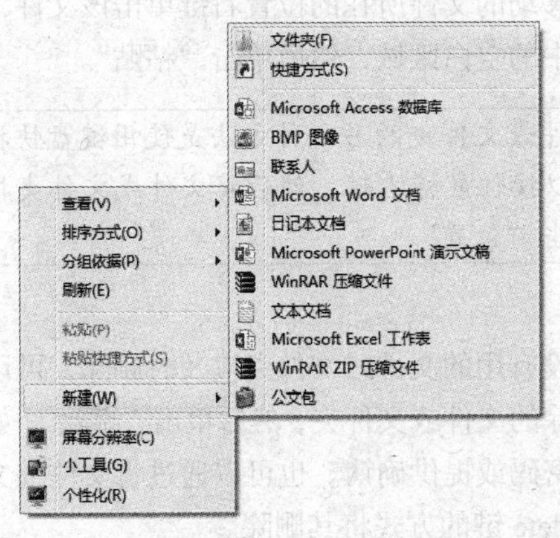

图 2-10　新建文件夹的操作

2. 选定文件或文件夹

在 Windows 7 中，对文件或文件夹的操作之前，一定要先选定要操作的文件或文件夹对象。

（1）选择一个文件或文件夹

直接单击要选定的文件或文件夹。

（2）选择多个文件或文件夹

- 若要选择一组连续的文件或文件夹，单击第一个对象，按住 Shift 键，然后单击最后一个对象。
- 若要选择相邻的多个文件或文件夹，请拖动鼠标指针，通过在要包括的所有对象外围划一个框来进行选择。
- 若要选择不连续的文件或文件夹，请按住 Ctrl 键，然后单击要选择的每个对象。
- 若要选择窗口中的所有文件或文件夹，请在工具栏上单击“组织”下拉菜单中的“全选”。如果要从选择中排除一个或多个对象，请按住 Ctrl 键，然后单击这些对象。

选择文件或文件夹后，可以执行许多常见任务，例如复制、删除、重命名、打印和压缩。只需右键单击选择的项目，然后单击相应的选项即可。

3. 复制文件或文件夹

复制文件或文件夹时，是将创建原始文件或文件夹的副本，然后可以独立于原始文件或文件夹对副本进行修改。如果将文件或文件夹复制粘贴到计算机上的其他位置，最好为其命名不同的名称，以便可以记住哪个是新文件，哪个是原始文件。

具体操作方法是打开要复制的文件所在的位置。右键单击该文件，然后单击“复制”打开要用来存储副本的位置。右键单击该位置中的空白区域，然后单击“粘贴”。

复制和粘贴文件或文件夹的另一种方法是使用键盘快捷方式 Ctrl+C（复制）和 Ctrl+V（粘贴）。还可以按住鼠标右键，然后将文件或文件夹拖动到新位置。释放鼠标按钮后，单击“复制到当前位置”。

4. 移动（剪切）或移动文件

移动文件或文件夹时，是将计算机上某位置的文件或文件夹中的内容移动到一个新的位置存放。移动后，原位置上的文件或文件夹将不再存在。

具体操作方法是打开要移动的文件所在的位置右键单击该文件，然后单击“剪切”。打开要用新的位置。右键单击该位置中的空白区域，然后单击“粘贴”。

移动和粘贴文件或文件夹的另一种方法是使用键盘快捷方式 Ctrl+X（剪切）和 Ctrl+V（粘贴）。还可以按住鼠标右键，然后将文件或文件夹拖动到新位置。释放鼠标按钮后，单击“移动到当前位置”。

5. 删除文件或文件夹

在 Windows 7 中，一些没有用的文件或文件夹应及时删除，可以提高磁盘空间的利用率。具体操作方法是右键单击要删除的文件或文件夹，然后单击“删除”。如果系统提示用户输入管理员密码或进行确认，请键入该密码或提供确认。也可以通过将文件或文件夹拖动到回收站，或者通过选择文件或文件夹并按 Delete 键的方式将其删除。

从硬盘中删除文件或文件夹时，不会立即将其删除。而是将其存储在回收站中，直到清空回收站为止。若要永久删除文件而不是先将其移至回收站，请选择该文件，然后按 Shift + Delete 组合键。

如果从网络文件夹或 USB 闪存驱动器删除文件或文件夹，则可能会永久删除该文件或文件夹，而不是将其存储在回收站中。

如果无法删除某个文件，则可能是当前运行的某个程序正在使用该文件。请尝试关闭该程序或重新启动计算机以解决该问题。

6. 恢复被删除文件或文件夹

从计算机上删除文件时，文件实际上只是移动到并暂时存储在回收站中，此文件一直保存到回收站被清空。因此，可以恢复意外删除的文件，将它们还原到其原始位置。具体操作方法是单击打开“回收站”，若要还原文件，请单击该文件，然后在工具栏上单击“还原此项目”。若要还原所有文件，不要未选择任何文件，然后在工具栏上单击“还原所有项目”。文件将还原到它们在计算机上的原始位置。

回收站通常位于桌面上。如果未看到“回收站”，请不要担心，可能是被隐藏了。单击「开始」按钮 ，在搜索框中键入“桌面”，然后单击“显示或隐藏桌面上的通用图标”。在“桌面图标设置”对话框中，选中“回收站”复选框。单击“确定”。

7. 重新命名文件或文件夹

在 Windows 7 中，更改文件或文件夹的名字是很方便的。选定要更名文件或文件夹，然后单击工具栏的“组织”菜单下的“属性”命令，输入新的名称，然后按 Enter 键。或者右键单击要重命名的文件，单击“重命名”，键入新的名称，然后按 Enter 键。

用户可以一次重命名多个文件，先选择这些文件，然后按照上述步骤进行操作。输入新的名称，然后每个文件都将用该新名称来保存，并在结尾处附带上不同的顺序编号（例如“重命名文件 （2）”、“重命名文件（3）”等）。

2.3.5 磁盘管理与操作

分区是硬盘上的一个区域，能够进行格式化并分配驱动器号。在基本磁盘（最常见的磁盘类型）上，卷是格式化的主分区或逻辑驱动器。术语“卷”和“分区”经常互换使用。系统分区通常标记为字母 C。字母 A 和 B 留给可移动驱动器或软盘驱动器。某些计算机将硬盘分区为单个分区，这样整个硬盘就用字母 C 表示。有些计算机可能有一个包含恢复工具的附加分区，以免 C 分区上的信息被损坏或不可用。磁盘管理与操作包括磁盘清理、磁盘检查、磁盘碎片整理、创建磁盘分区、格式化磁盘等功能。

1. 磁盘清理

Windows 7 系统运行一段时间后，在系统和应用程序运行过程中，会产生许多垃圾文件。如果长时间不清理，垃圾文件会影响文件的读写速度，甚至影响硬盘的使用寿命。为了释放硬盘上的空间，磁盘清理会查找并删除计算机上确定不再需要的临时文件。如果计算机上有多个驱动器或分区，则会提示用户选择希望清理的驱动器。具体操作方法是单击“开始”按钮，在“搜索”框中键入“磁盘清理”，然后在结果列表中双击“磁盘清理”，如图 2-11 所示。

2. 磁盘检查

磁盘检查是通过检查发现硬盘存在的错误，修复错误可以解决某些计算机问题以及改善计算机的性能。此操作可能需要几分钟，这要视硬盘的容量大小而定。具体操作方法是打开“计算机”窗口，右键单击需要检查的磁盘，在弹出的快捷菜单中选择“属性”命令，打开“本地磁盘（C:）属性”对话框，如图 2-12 所示。单击“工具”选项卡，然后在“查错”选项下，单击“立即检查”。

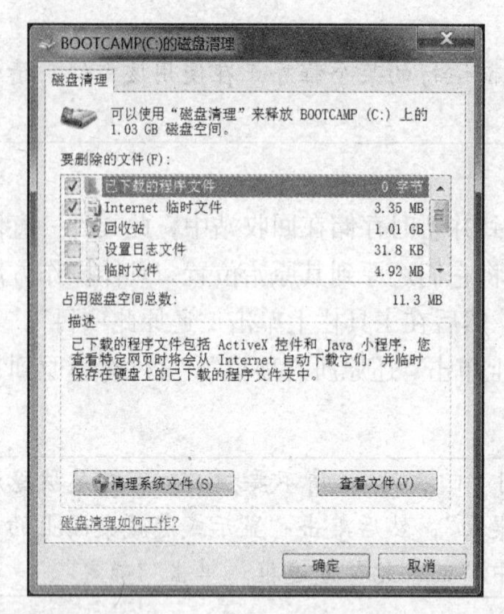

图 2-11 “磁盘清理”窗口

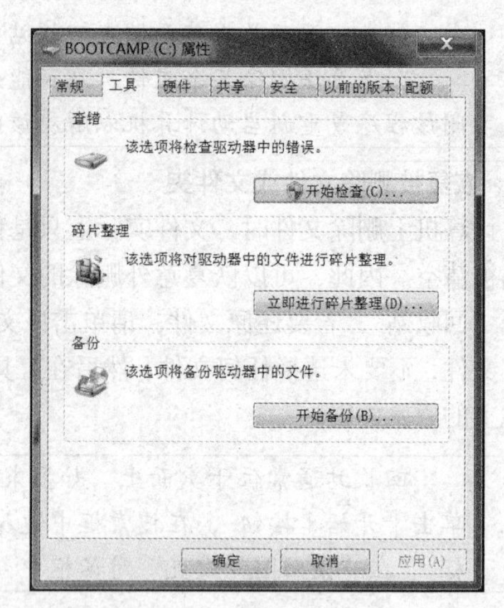

图 2-12 “属性”窗口

3. 磁盘碎片整理

碎片能够降低计算机的执行速度，通过对硬盘进行碎片整理可以提高计算机的性能。可移动存储设备（如 USB 闪存驱动器）也可能产生碎片。磁盘碎片整理程序可以重新排列碎片数据，以便磁盘和驱动器能够更有效地工作。磁盘碎片整理程序可以按计划自动运行，但也可以手动分析磁盘和驱动器以及对其进行碎片整理。具体操作方法如下。

（1）选择“开始”/“所有程序”/“附件”/“系统工具”/“磁盘碎片整理程序”命令，弹出“磁盘碎片整理程序”对话框，如图 2-13 所示。

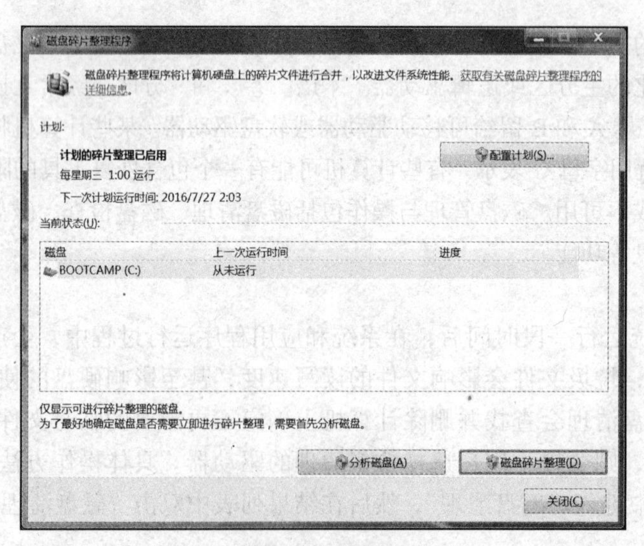

图 2-13 “磁盘碎片整理程序”窗口

（2）在“当前状态”下，选择要进行碎片整理的磁盘。若要确定是否需要对磁盘进行碎片整理，单击“分析磁盘”。在 Windows 完成分析磁盘后，可以在“上一次运行时间”列中检查磁盘上碎片的百分比。如果数字高于 10%，则应该对磁盘进行碎片整理。

（3）单击“磁盘碎片整理”。

磁盘碎片整理程序可能需要几分钟到几小时才能完成，具体取决于硬盘碎片的大小和程度。在碎片整理过程中，仍然可以使用计算机。

4. 创建磁盘分区

若要在硬盘上创建分区，用户必须以管理员身份登录，并且硬盘上必须有未分配的磁盘空间或者在硬盘上的扩展分区内必须有可用空间。如果没有未分配的磁盘空间，则可以通过收缩现有分区、删除分区或使用第三方分区程序创建一些空间。创建磁盘分区的具体操作方法如下。

（1）选择“开始”/“控制面板”/“系统和安全”/“管理工具”/“计算机管理”，命令，弹出“计算机管理”对话框，如图 2-14 所示。

（2）在左窗格中的“存储”下方，单击“磁盘管理”，如图 2-15 所示。

（3）右键单击硬盘上未分配的区域，然后单击“新建简单卷”。

（4）在“新建简单卷向导”中，单击“下一步”。

（5）输入分区大小或接受默认大小，然后单击“下一步”。

（6）为新建分区设置驱动器号，然后单击“下一步”。

（7）选择是否对该分区进行格式化，然后单击“下一步”，最后单击“完成”。

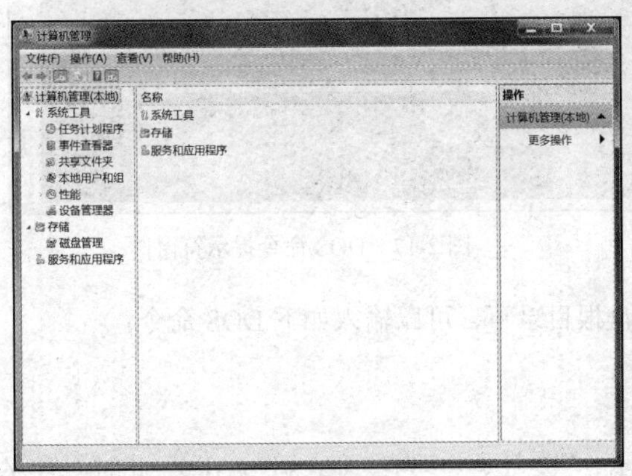

图 2-14 “计算机”窗口

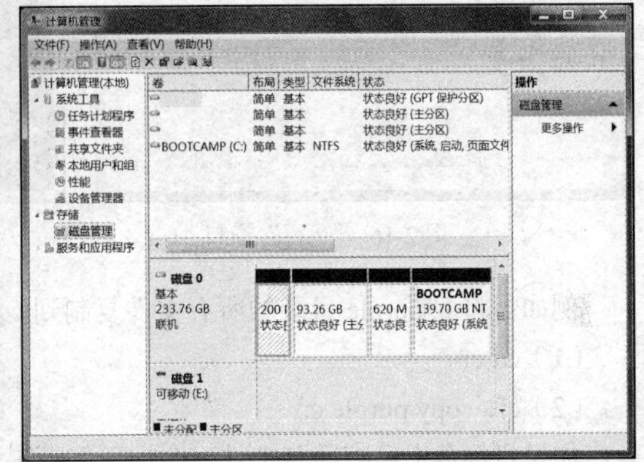

图 2-15 “新建简单卷”窗口

5. 格式化磁盘

格式化将会破坏分区上的所有数据。请先备份所有要保存的数据，然后才开始操作。具体操作方法是打开“计算机管理”窗口，如图 2-14 所示，在左窗格中的“存储”下面，单击“磁盘管理”。右键单击要格式化的卷，然后单击“格式化”。

快速格式化比普通格式化快得多，前者将创建新的文件表，但不会完全覆盖或擦除卷，后者会完全擦除卷上现有的所有数据。

2.3.6 在 Windows 7 下执行 DOS 命令

Windows 7 提供了无需使用 Windows 图形界面，直接利用 DOS 命令进行操作的机制。通常只有高级用户才能使用 DOS 命令提示符。在实际的操作中，利用 DOS 命令可以给用户提供更多的方便。例如，要打印一个文件夹中所有文件夹和文件信息，直接用 Windows 操作就不太方便，利用 DOS 命令中的 dir 命令就可以很容易的解决。DOS 命令更能有效删除计算机中的垃圾文件，这种方法不仅不占用系统资源，而且还非常方便。

在 Windows 系统下执行 DOS 命令，可以单击“开始”按钮。在搜索框中键入“运行”，然后在结果列表中单击“运行”，“运行”对话框如图 2-16 所示。

用户还可以通过按 Windows 徽标键+R 访问“运行”命令。

在“运行”对话框的“打开”文本框中输入“cmd”后，单击“确定”按钮，就会出现“DOS 命令提示符”窗口，如图 2-17 所示，在这个窗口输入命令可以进行 DOS 操作。若要查看常见命令列表，请在命令提示符下键入 help，然后按 Enter 键若要查看有关这些命令中每一个命令的详细信息，请键入 help command name，其中 command name 是了解其详细信息的命令名称。

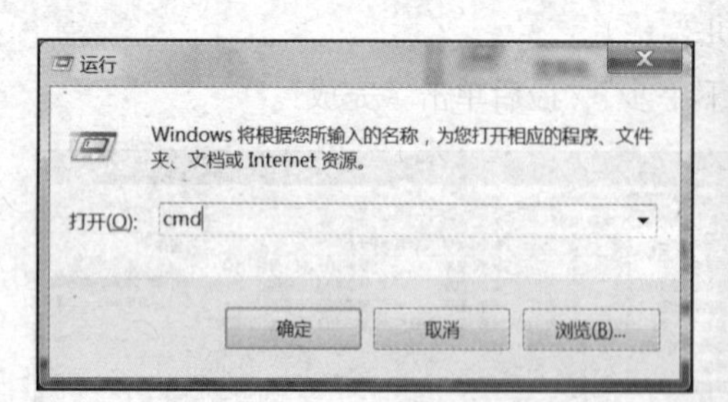

图 2-16 “运行”窗口

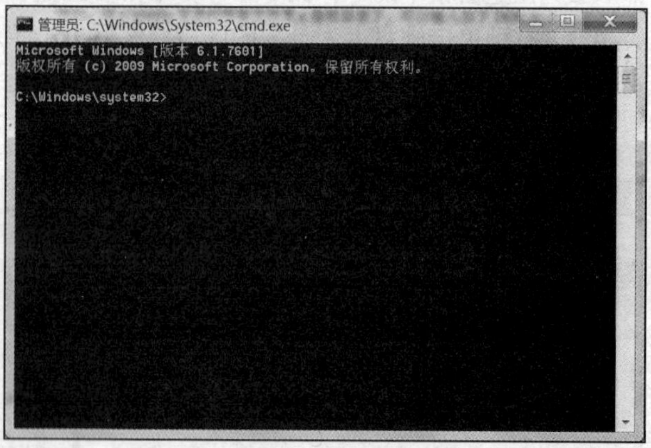

图 2-17 DOS 命令提示符窗口

例如：将 c:\purple 目录的所有文件复制到 c 盘根目录下，可以输入如下 DOS 命令：

（1）cd c:\

（2）c:\>copy purple c:\

如果目标盘上已有同名文件，会出现如下提示，“覆盖×××吗？（Yes/No/All）”此时回答 Y 则覆盖当前文件，N 则保留，A 则覆盖此后的所有文件而不再提问。

显示结果如图 2-18 所示。

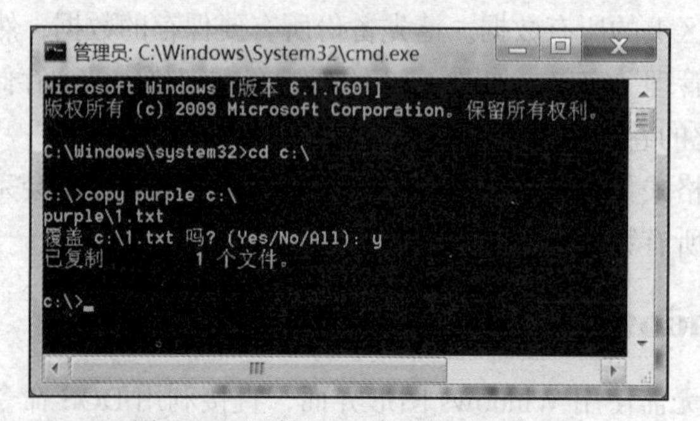

图 2-18 运行 copy 命令提示符窗口

表 2-3 介绍了一些常用的 DOS 命令。

表 2-3　　常用的 DOS 命令

命令名称	说明
dir	显示目录文件和子目录列表。可以使用通配符（?´和 *），? 表通配一个字符，*表通配任意字符
md	创建目录或子目录
cd	进入指定的目录，cd\退回到根目录，cd..退回到上一级目录
del	删除指定文件
rename (ren)	更改文件的名称。例如 ren *.abc *.cba
copy	将一个或多个文件从一个位置复制到其他位置
move	将一个或多个文件从一个目录移动到指定的目录
format	格式化，/q 执行快速格式化。删除以前已格式化卷的文件表和根目录，但不在扇区之间扫描损坏区域。使用 /q 命令行选项应该仅格式化以前已格式化的完好的卷
type	显示文本文件的内容。使用 type 命令查看文本文件或者是 bat 文件而不修改文件
set	显示、设置或删除环境变量。如果没有任何参数，set 命令将显示当前环境设置
cls	清除显示在命令提示符窗口中的所有信息，并返回空窗口，即“清屏”
exit	退出当前命令解释程序并返回到系统
ping	通过发送“网际消息控制协议（ICMP）”回响请求消息来验证与另一台 TCP/IP 计算机的 IP 级连接。回响应答消息的接收情况将和往返过程的次数一起显示出来。ping 是用于检测网络连接性、可到达性和名称解析的疑难问题的主要 TCP/IP 命令
ipconfig	显示所有当前的 TCP/IP 网络配置值、刷新动态主机配置协议（DHCP）和域名系统（DNS）设置。使用不带参数的 ipconfig 可以显示所有适配器的 IP 地址、子网掩码、默认网关。/all 显示所有适配器的完整 TCP/IP 配置信息
shutdown	允许您关闭或重新启动本地或远程计算机。如果没有使用参数，shutdown 将注销当前用户

某些命令可能需要管理员权限才可以运行。单击“开始”按钮 。在搜索框中，键入命令提示符。在结果列表中，右键单击“命令提示符”，然后单击“以管理员身份运行”。

2.4　Windows 7 控制面板

控制面板是用户对计算机系统进行配置和管理的重要工具。用户可以使用“控制面板”进行个性化设置、多用户管理、添加或删除程序、查看硬件设备、进行网络配置等操作。这些设置几乎控制了有关 Windows 外观和工作方式的所有设置。

1. 使用两种不同的方法打开的“控制面板”窗口

- 单击“开始”按钮，在弹出的菜单中选择“控制面板”选项。
- 打开 Windows 7 资源管理器的“计算机”窗口，在工具栏中选择“打开控制面板”按钮。打开的“控制面板”窗口，如图 2-19 所示。

2. 使用下面的两种方法查找“控制面板”项目

- 快速定位到所需要的设置，在搜索框中输入单词或短语。例如，键入“声音”可查找与声卡、系统声音以及任务栏上音量图标的设置有关的特定任务。

图 2-19　“控制面板”窗口

● 单击不同类别下的常用任务来浏览“控制面板”或者在“查看方式”下，单击“大图标”或“小图标”以查看所有“控制面板”项目的列表。

2.4.1　时钟、语言和区域

1. 更改系统日期、时间和时区

在“控制面板”窗口中，选择“时钟、语言和区域”选项，在弹出的窗口中选择“日期和时间”，弹出对话框，如图 2-20 所示。单击“日期和时间”选项卡，然后单击“更改日期和时间”。更改完日期和时间设置后，单击“确定”。

若要更改时区，单击“更改时区”。在“时区设置”对话框中，单击下拉列表中当前所在的时区，然后单击“确定”。

2. 更改日期、时间或数字格式

在“控制面板”窗口中，选择“时钟、语言和区域”选项，在弹出的窗口中选择“区域和语言”，弹出对话框，如图 2-21 所示。在“格式”选项卡中科院根据需要更改日期和时间格式。单击“其他设置”按钮，打开“自定义格式”对话框，可进一步设置数字、货币、时间、日期等格式。

图 2-20　“日期和时间”　窗口

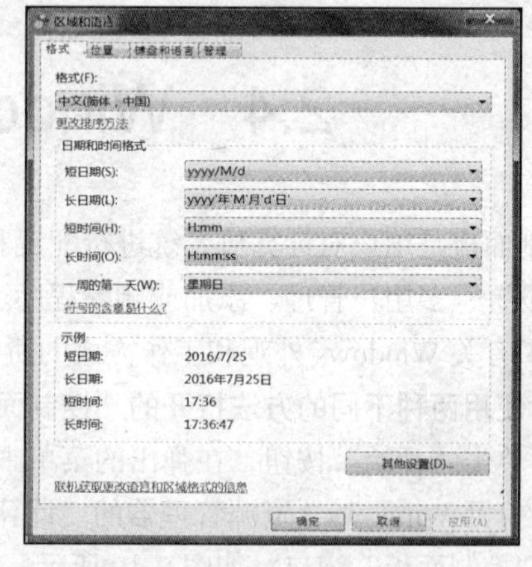

图 2-21“区域和语言”窗口

3. 设置输入法

（1）添加或删除语言

在“区域和语言”对话框中，选择“键盘和语言”选项卡，单击“更改键盘”按钮，弹出“文本服务和输入语言”对话框，如图 2-22 所示。在“已安装的服务”下，单击“添加”。双击要添加的语言，双击“键盘”，选择要添加的文本服务选项，然后单击“确定”。在这个对话框中，也可对 Windows 7 自带输入法进行删除操作。

（2）语言栏

语言栏是一种工具栏，添加文本服务时，它会自动出现在桌面上，例如输入语言、键盘布局、手写识别、语音识别或输入法编辑器（IME）。语言栏提供了从桌面快速更改输入语言或键盘布局的方法。可以将语言栏移动到屏幕的任何位置，也可以将其最小化到任务栏或隐藏它。

在“文本服务和输入语言”对话框中，选择“语言栏”选项卡，可以设置输入法状态栏，如图 2-23 所示。

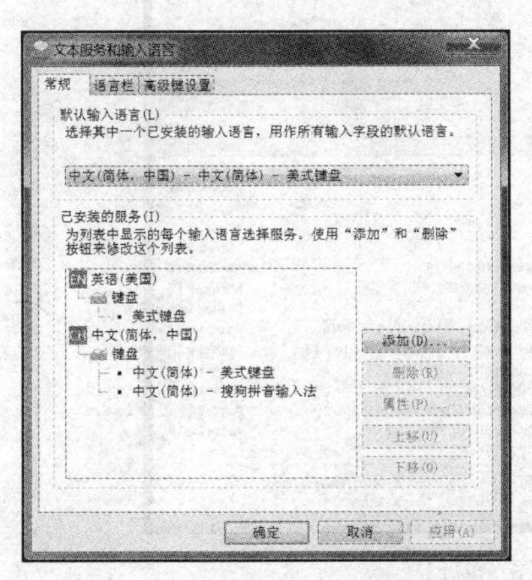

图 2-22 “文本服务和输入语言”窗口

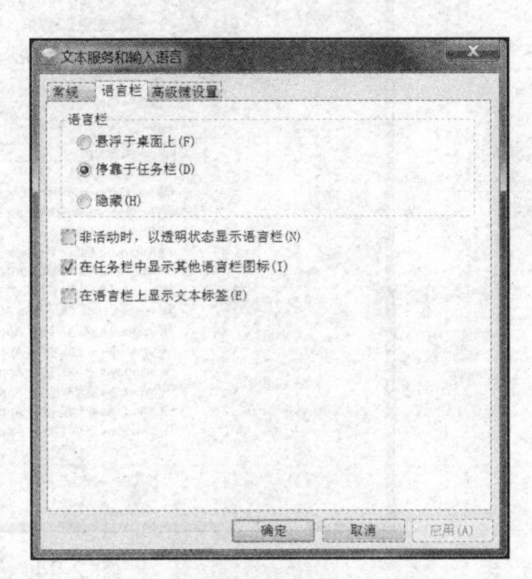

图 2-23 “语言栏”选项卡

（3）切换输入法

用户可以添加中英文多种输入法，可以单击语言栏上的“语言指示器”，在弹出的“语言”菜单中选择所需要的输入法。同样，在 Windows 7 系统中也可以使用快捷键的方法，例如 Ctrl + Space 组合键来打开或关闭中文输入法，Ctrl + Shift 组合键来切换输入法。

2.4.2 程序

一个完整的计算机系统是由软件和硬件组成的，用户在使用 Windows 中附带的程序和功能可以执行许多操作，但可能还需要安装其他程序。如果不再使用某个程序，或者如果希望释放硬盘上的空间，则可以从计算机上卸载该程序。可以使用“程序和功能”卸载程序，或通过添加或删除某些选项来更改程序配置。一般情况下，可执行的安装文件名为 setup.exe 或 install.exe。只有管理员才能进行安装软件和硬件以及更改安全设置等。

1. 安装应用程序

（1）从 CD 或 DVD 安装程序

具体操作方法是将光盘插入计算机，然后按照屏幕上的说明操作。从 CD 或 DVD 安装的许多程序会自动启动程序的安装向导。在这种情况下，将显示“自动播放”对话框，然后可以进行选择运行该向导。如果程序不开始安装，请检查程序附带的信息。该信息可能会提供手动安装该程序的说明。如果无法访问该信息，还可以浏览整张光盘，然后打开程序的安装文件。

（2）从 Internet 安装程序

在浏览器中，单击指向程序的链接，执行下列操作之一。

- 若要立即安装程序，单击“打开”或“运行”，然后按照安装指示进行操作。
- 若要下载后再安装，单击“保存”，然后将安装文件下载到计算机上双击该文件，并按照安装指示进行操作。

2. 卸载或更改程序

具体操作方法是在“控制面板”窗口，选择“程序”类别下的“卸载程序”，然后单击“卸载”。除了卸载选项外，某些程序还包含更改或修复程序选项，但许多程序只提供卸载选项。若要更改程序，请单击“更改”或“修复”，如图 2-24 所示。

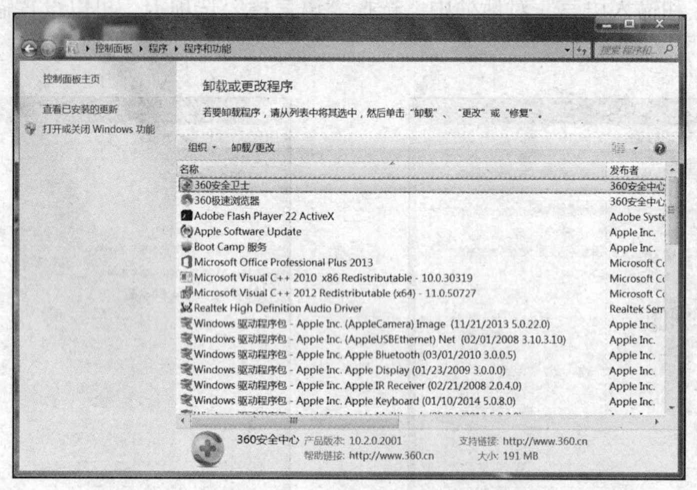

图 2-24 “卸载程序”窗口

在“程序和功能”中仅会显示为 Windows 编写的程序。如果未列出要卸载的程序，大多数程序会自动安装到 C:\Program Files 文件夹中。查看此文件夹，有些程序还包含可以使用的卸载程序。

2.4.3 硬件和声音

1. 添加/卸载硬件

在 Windows 7 中集成了大多数设备的驱动程序，所以安装 Windows 硬件设备并不复杂。目前，大多数厂商生产的硬件或移动设备都支持即插即用的功能。用户只需要将设备连接到计算机，Windows 将自动安装合适的驱动程序。如果驱动程序不可用，则需要手动安装驱动程序。具体操作方法是在“控制面板”窗口中，选择“硬件和声音”选项，在弹出的窗口中选择“设备管理器”，如图 2-25 所示。在计算机名称上单击右键，选择“添加过时硬件”选项，在弹出的“欢迎使用添加硬件向导”对话框中按向导完成其余的步骤。如需卸载硬件，右键点击该设备，在弹出的菜单中选择“卸载”，即完成了硬件的卸载。

2. 添加/删除打印机

打印机是计算机重要的外部设备之一，从早期的针式打印机到喷墨打印机，再到现在的彩色激光打印机。下面介绍如何在 Windows 7 中安装及使用打印机。

（1）添加打印机

首先应确认打印机是否与计算机连接正确，同时应了解打印机的生产厂商和型号。具体操作方法如下。

①在“控制面板”窗口中，选择“硬件和声音”选项，在弹出的窗口中选择“添加打印机”，如图 2-26 所示。可以选择添加本地打印机或者网络打印机等。本书以添加本地打印机为例，单击“下一步”。

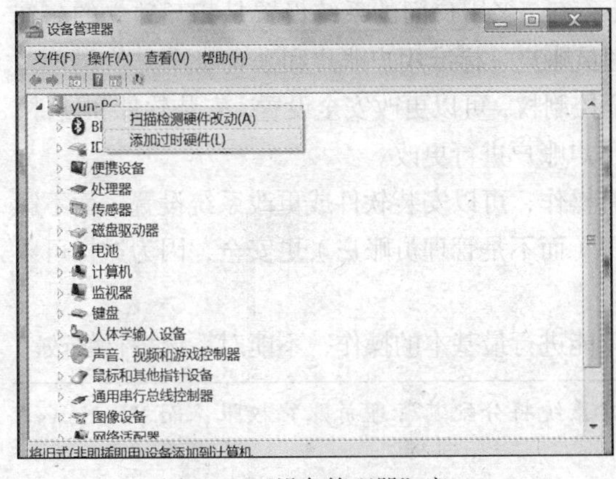

图 2-25　“设备管理器”窗口

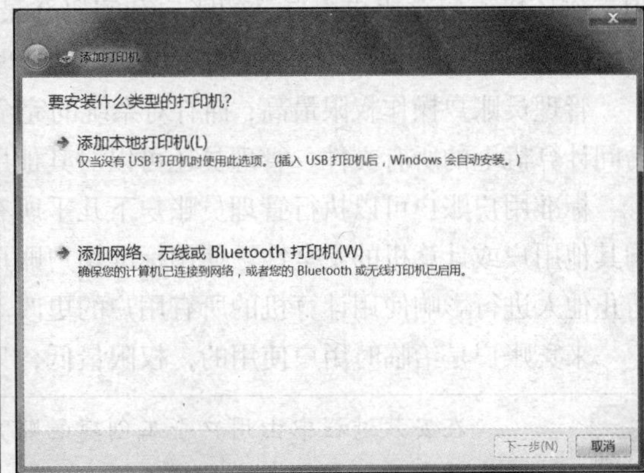

图 2-26　“添加打印机”窗口

②在“选择打印机端口”页上，请确保选择“使用现有端口”按钮和建议的打印机端口，然后单击“下一步”。

③在“安装打印机驱动程序”页上，选择打印机制造商和型号，然后单击“下一步”。

④完成向导中的其余步骤，然后单击“完成”。安装完成后，会在“设备和打印机”窗口中显示已安装好的打印机，如图 2-27 所示。

（2）删除打印机

在“设备和打印机”窗口中，右键单击要删除的打印机，单击“删除设备”，然后单击“是”。

3. 更改计算机声音

用户可以通过“更改计算机声音”设置，来改变 Windows 发生事情时或执行操作时的声音。例如登录到计算机的声音、用户收到 E-mail 时的声音。Windows 附带多种针对常见事件的声音方案（相关声音的集合）。此外，某些桌面主题有它们自己的声音方案。

具体操作方法是在“控制面板”窗口中，选择“硬件和声音”选项，在弹出的窗口中选择“声音”，如图 2-28 所示。单击“声音”选项卡。在“声音方案”列表中，单击要使用的声音方案，然后单击“确定”。

图 2-27　“设备和打印机”窗口

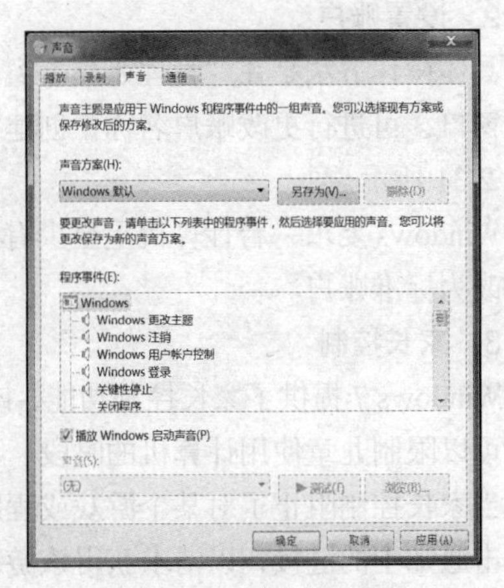

图 2-28　“声音”窗口

2.4.4 用户账户和家庭安全

Windows 7是一个多任务、多用户的操作系统，它允许每个使用计算机的用户建立自己的专用工作环境。每个用户用自己的账户和密码登录系统，多用户间的系统设置是相互独立的。在Windows 7中，提供了三种不同的用户账户：管理员账户、标准用户账户和来宾账户。

管理员账户操作权限最高，拥有对系统的完全控制权，可以更改安全设置，安装软件和硬件，访问计算机上的所有文件。管理员还可以对其他用户账户进行更改。

标准用户账户可以执行管理员账户下几乎所有操作，可以安装软件或更改系统设置，而不影响其他用户或计算机的安全性。使用标准用户账户（而不是管理员账户）更安全，因为这样可以防止他人进行影响使用计算机的所有用户的更改。

来宾账户是给临时用户使用的，权限最低，只能进行最基本的操作，不能对系统进行修改。

在安装过程中由用户手工创建的账户系统将分配其管理员账户权限，而 Windows 7默认禁用管理员与来宾账户。

1. 创建新账户

具体操作方法是单击“开始”按钮，在弹出的菜单中选择“控制面板”，在“用户账户和家庭安全”类别下单击“添加或删除用户账户”命令，在打开的窗口中单击“创建一个新账户”，如图2-29所示。键入要为用户账户提供的名称，单击账户类型，然后单击“创建账户”，如图2-30所示。

图2-29 “管理账户”窗口

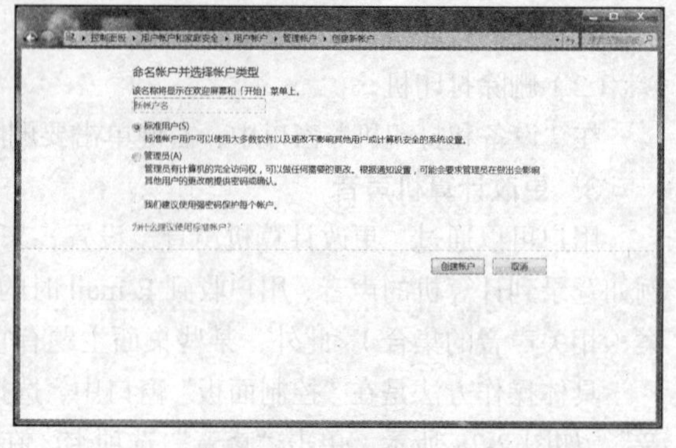

图2-30 “创建新账户”窗口

2. 设置账户

具体操作方法是在“管理账户”窗口中单击要更改的账户（例如user账户），弹出“更改账户”窗口，可进行更改账户名称、创建密码、更改图片、设置家庭控制、更改账户类型等操作，如图2-31所示。

Windows要求一台计算机上至少有一个管理员账户。如果计算机上只有一个账户，则无法将其更改为标准账户。

3. 家长控制

Windows 7提供了家长控制功能，该功能可以对儿童使用计算机的方式进行协助管理。例如，用户可以限制儿童使用计算机的时段、可以玩的游戏类型及可以运行的程序。

当家长控制阻止了对某个游戏或程序的访问时，将显示一个通知声明已阻止该程序。孩子可以单击通知中的链接，以请求获得该游戏或程序的访问权限。用户可以通过输入帐户信息来允许其访问。

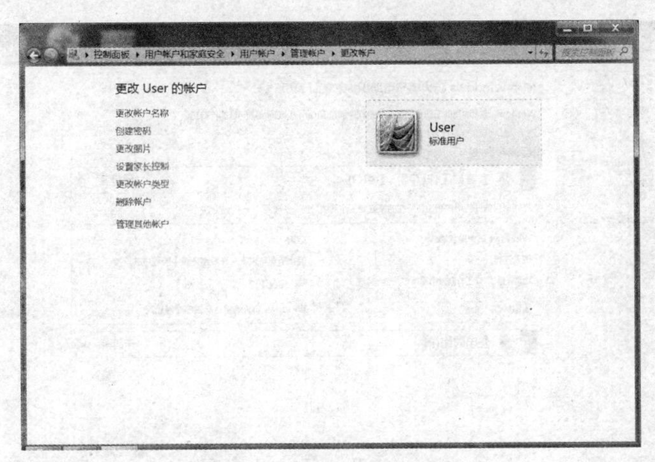

图 2-31　“更改账户”窗口

若要为孩子设置家长控制，家长和孩子必须拥有不同的系统账户，并且家长的账户必须是管理员账户，而孩子的账户必须是标准账户。

2.4.5　系统安全

防火墙可以是软件，也可以是硬件，它能够检查来自 Internet 或网络的信息，然后根据防火墙设置阻止或允许这些信息通过计算机。防火墙有助于防止黑客或恶意软件（如蠕虫）通过网络或 Internet 访问计算机。防火墙还有助于阻止计算机向其他计算机发送恶意软件。对比第一个内置防火墙系统的 Windows XP，Windows 7 革命化的改进，提供了对用户更加友好的功能，并且在移动用户的防火墙方面有明显的改善。本小节介绍 Windows 7 操作系统中防火墙的设置方法。

1. 打开或关闭防火墙

默认情况下，Windows 防火墙在此版本的 Windows 中处于打开状态。如果防火墙处于关闭状态，用户可以选择打开防火墙，具体操作方法如下。

（1）在“控制面板”窗口，单击“系统和安全”链接，弹出“系统和安全”窗口，如图 2-32 所示。

图 2-32　“系统和安全”窗口

（2）在打开的“系统和安全”窗口，单击“Windows 防火墙”链接，弹出“Windows 防火墙”窗口，如图 2-33 所示。

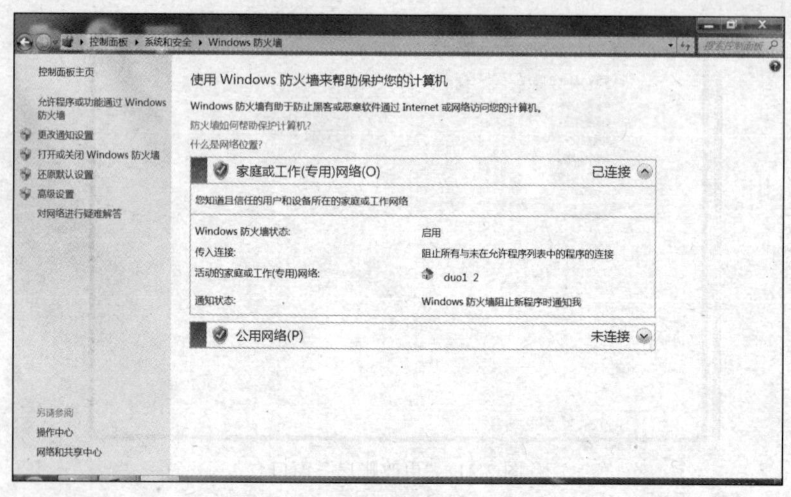

图 2-33 “Windows 防火墙”窗口

（3）在打开的“Windows 防火墙”窗口，单击左窗格中的“打开或关闭 Windows 防火墙”，弹出“自定义设置”窗口，如图 2-34 所示。

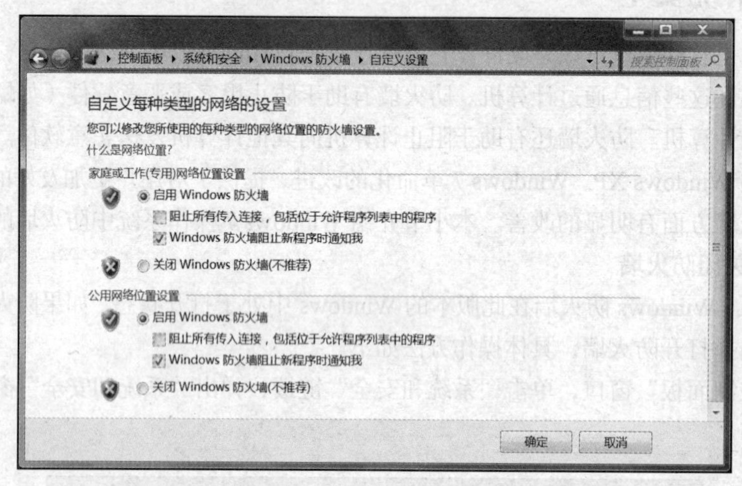

图 2-34 “自定义设置”窗口

（4）在每个网络位置类型下，单击“启用 Windows 防火墙”，然后单击“确定”。

2. 设置防火墙规则

默认情况下，Windows 防火墙会阻止大多数程序，以使您的计算机更安全。防火墙无法阻止邮件病毒和网络钓鱼。某些程序可能需要您允许其通过防火墙进行通信，以便正常工作。具体的操作方法如下。

（1）单击打开“Windows 防火墙”窗口。

（2）在左窗格中，单击“允许程序或功能通过 Windows 防火墙”，弹出“允许的程序”窗口，如图 2-35 所示。

（3）单击“更改设置”按钮。选中要允许的程序旁边的复选框，选择要允许通信的网络位置，然后单击“确定”。

（4）如果在列表框中没有要设置的程序，可以单击“允许运行另一程序”按钮，并在弹出的“添加程序”对话框中选择要添加的程序，如图 2-36 所示。

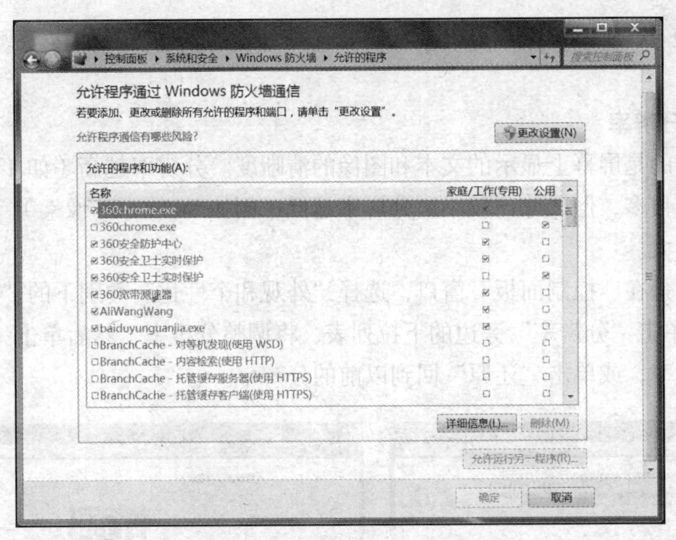

图 2-35 “允许的程序”窗口

（5）单击“网络位置类型”按钮，在弹出的“选择网络位置类型”窗口，如图 2-37 所示，选择一种网络类型，然后按“确定”按钮。

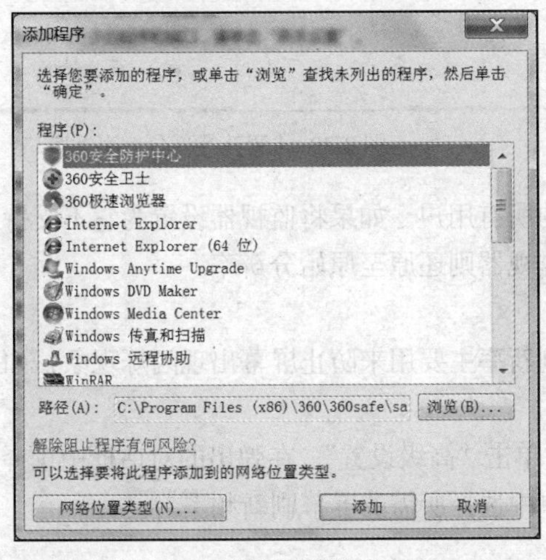

图 2-36 “添加程序”窗口

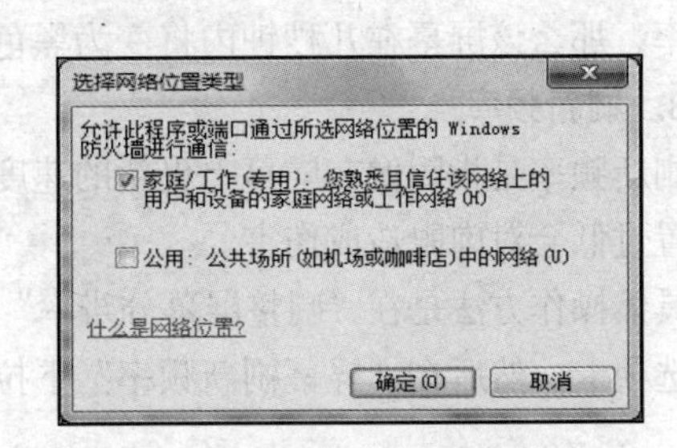

图 2-37 “网络位置类型”窗口

（6）返回“允许的程序”窗口，设置完成后单击“确定”按钮，当再次运行该程序时将不会被防火墙阻止。

2.4.6 外观与个性化

1. 更改主题

主题是计算机上的图片、颜色和声音的组合。它包括桌面背景、屏幕保护程序、窗口边框颜色和声音方案。某些主题也可能包括桌面图标和鼠标指针。

Windows 提供了多个主题，选择 Aero 主题使计算机个性化。如果计算机运行缓慢，可以选择 Windows 7 基本主题。如果希望屏幕更易于查看，可以选择高对比度主题。单击要应用于桌面的主题。

具体操作方法是在“控制面板”窗口中，选择“外观和个性化”选项，在弹出的窗口中选择

“个性化”，如图 2-38 所示。用户可以根据需要选择喜欢的主题。例如将主题更换为“Windows 经典”。

2. 调整屏幕分辨率

屏幕分辨率指的是屏幕上显示的文本和图像的清晰度。分辨率越高（如 1 280×800 像素），在屏幕上显示的项目多，但尺寸比较小。分辨率越低（例如 800×600 像素），在屏幕上显示的项目越少，但尺寸越大。

具体操作方法是在“控制面板”窗口，选择“外观和个性化”类别下的“调整屏幕分辨率”，如图 2-39 所示。单击“分辨率”旁边的下拉列表，将调整分辨率，然后单击“应用”。单击“保留”使用新的分辨率，或单击“还原”回到以前的分辨率。

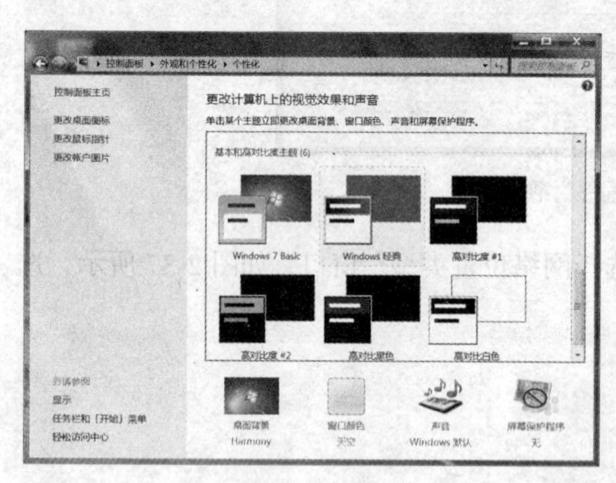

图 2-38 “个性化”窗口

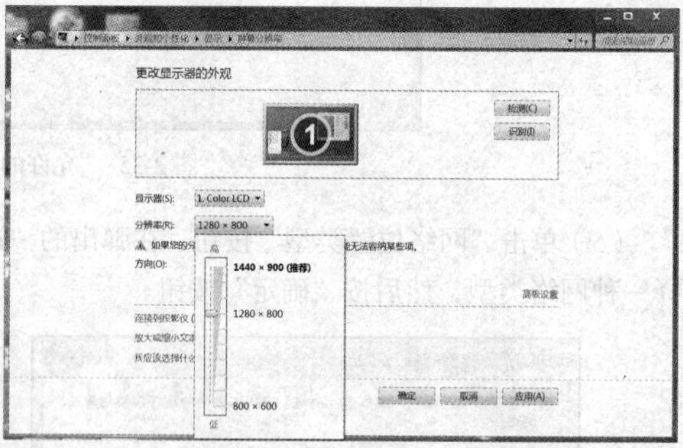

图 2-39 “调整屏幕分辨率”窗口

更改屏幕分辨率会影响登录到此计算机上的所有用户。如果将监视器设置为它不支持的屏幕分辨率，那么该屏幕在几秒钟内将变为黑色，监视器则还原至原始分辨率。

3. 刷新频率

刷新频率是指图像在屏幕上更新的速度，刷新率主要用来防止屏幕出现闪烁现象，如果刷新率设置过低会对肉眼造成伤害。

具体操作方法是在“调整屏幕分辨率”窗口单击“高级设置”。在弹出的对话框中选择“监视器”选项卡，然后在“屏幕刷新频率”下拉菜单中选择所需的屏幕刷新频率。

2.5 Windows 7 无线网络及设置

2.5.1 设置无线网络

随着科技的发展，无线网络技术已经逐渐成熟，相对普通有线网络而言，无线网络不受空间的限制，可随时随地自由上网。无线网络为互联网的灵活性提供了极大方便，Windows 7 设置无线网络具体操作方法如下。

（1）在“控制面板”窗口，单击“网络和 Internet”链接，弹出“网络和 Internet”窗口，如图 2-40 所示。

（2）单击“网络和共享中心”链接，弹出“网络和共享中心”窗口，如图 2-41 所示。

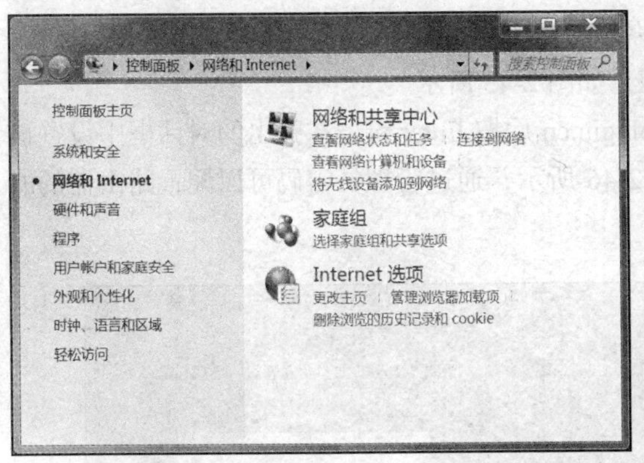

图 2-40　“网络和 Internet”窗口

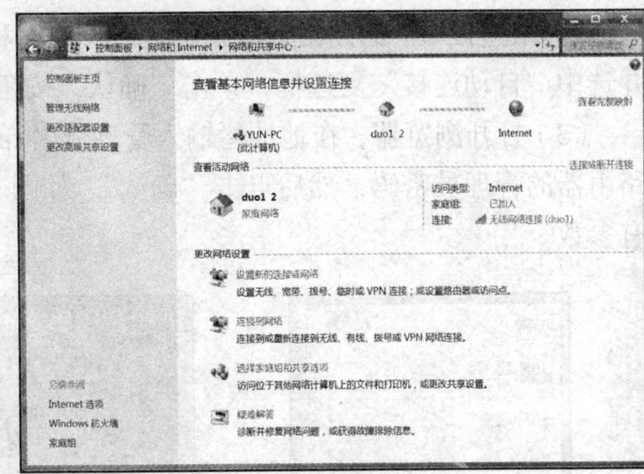

图 2-41　“网络和共享中心”窗口

（3）单击“设置新的连接或网络”链接，弹出“设置连接或网络”窗口，如图 2-42 所示。

（4）如果计算机中没有网络连接，选择“设置新网络”。如果环境中有无线网络，而是重新设置无线网络，则选择“连接到 Internet”，然后单击“下一步”按钮。弹出“连接到 Internet”窗口，如图 2-43 所示。

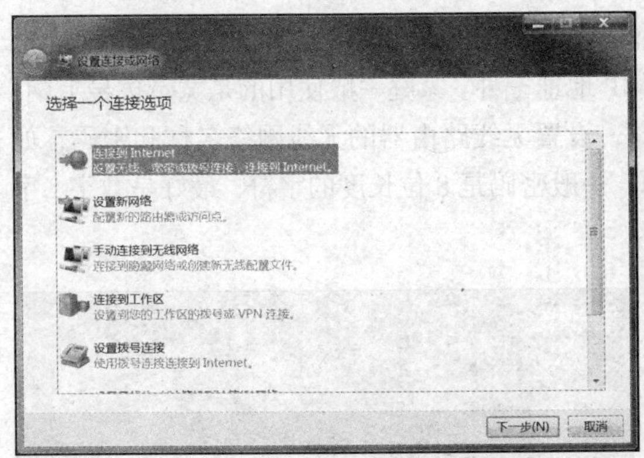

图 2-42　“设置连接或网络”窗口

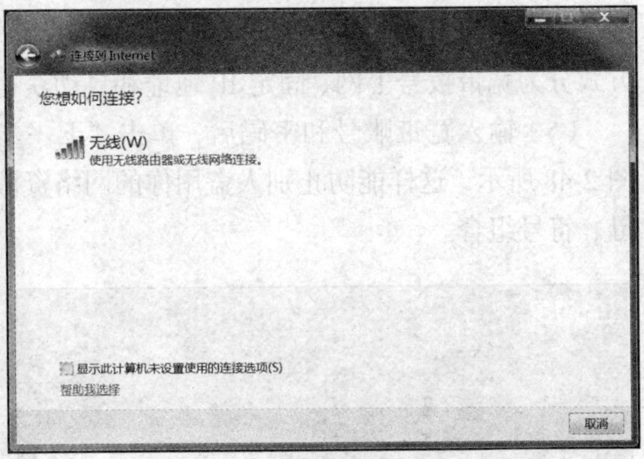

图 2-43　“连接到 Internet”窗口

（5）在“连接到 Internet”窗口，选择使用“无线”进行连接。无线网络连接设置基本完成，接下来回到桌面，在任务栏右下角打开无线网络连接。在弹出的窗口中输入网络名和密钥，单击“确定”。

2.5.2　配置无线路由器

目前无线设备越来越普遍，尤其是大家的智能手机、平板电脑，已经都具备了无线网络功能。多个设备要共用同一网络，那就要用到路由器。无线路由器是应用于用户上网、带有无线覆盖功能的路由器。无线路由器在首次使用前需要设置无线网络名称、访问密码及管理员密码等。本小节以 TP-LINK 300M 无线路由器（型号 TL-WR842N，见图 2-44）举例，介绍具体操作方法。

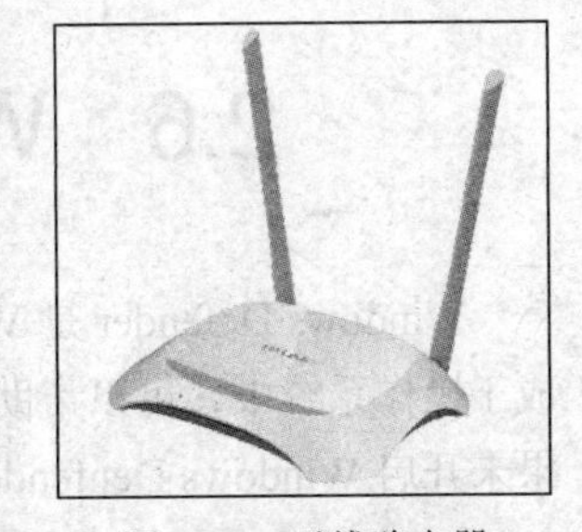

图 2-44　无线路由器

（1）按照如下步骤连接路由器：连接网络→连接电源→连接设备→检查指示灯。

（2）单击任务栏的网络连接图标，在弹出“网络”对话框，选择

“无线网络连接”下的路由器默认的无线网络名称 SSID（TP-LINK_A59C），并单击“连接”按钮，并选中“自动连接”复选框，单击“确认”按钮，如图 2-45 所示。

（3）打开浏览器，在地址栏输入管理域名 tplogin.cn 后按 Enter 键，在弹出的对话框中设置该路由器的管理员密码，然后点击“确认”。如图 2-46 所示，通过管理员密码可以配置路由器的所有参数。

图 2-45　连接到无线网

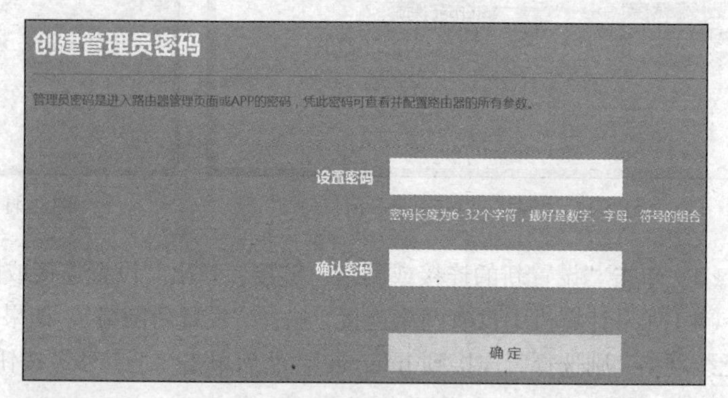

图 2-46　设置向导—创建管理员密码

（4）在弹出的上网设置页面选择上网方式，输入您的宽带账号和密码，如图 2-47 所示。上网方式分为宽带拨号上网、固定 IP 地址和自动获得 IP 地址三种。家庭一般使用的是宽带拨号上网。

（5）输入宽带账号和密码后，单击“下一步”，设置无线路由器的无线网络名称和密码，如图 2-48 所示，这样能防止别人盗用你的网络资源，一般密码是 8 位长度的字符，最好是数字、字母、符号组合。

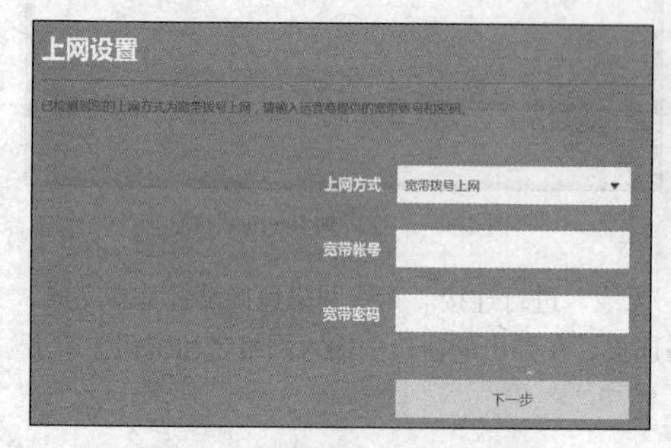

图 2-47　设置向导—上网设置页面

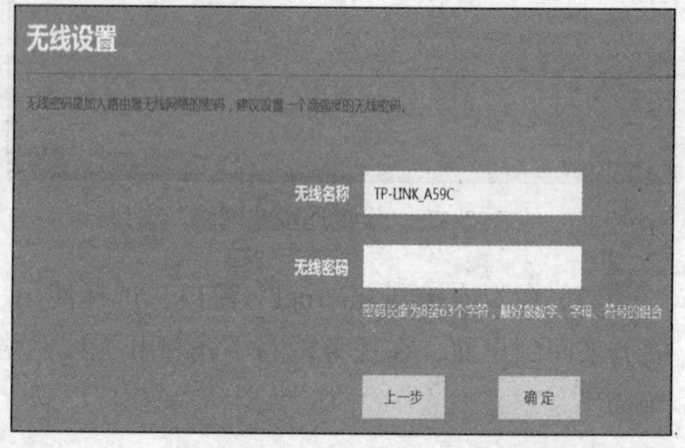

图 2-48　设置向导—无线设置页面

（6）最后设置完成后，有些路由器需要重启后设置生效，就可以使用无线路由器上网了。

2.6　Windows Defender 杀毒程序

Windows Defender 是 Windows 7 附带的一种反间谍软件，当它打开时会自动运行。该软件集成于操作系统中，可以帮助保护用户的计算机免受间谍软件和其他可能不需要的软件的侵扰。如果未开启 Windows Denfender 可能会有出错提示，此时可以打开相应的服务即可。

Windows Defender 提供实时保护和手动扫描两种方法帮助防止间谍软件感染计算机。

1. 实时保护

Windows Defender 会在间谍软件尝试将自己安装到计算机上，并在计算机上运行时向用户发出警告。如果程序试图更改重要的 Windows 设置，它也会发出警报。根据警报等级，可以选择隔离、删除或者允许其中一种操作应用到软件。默认情况下，Windows Defender 对高报警级别的项目采取删除操作。

2. 手动扫描

用户可以使用 Windows Defender 手动扫描可能已安装到计算机上的间谍软件，也可以定期计划扫描，还可以自动删除扫描过程中检测到的任何恶意软件。具体操作方法如下。

（1）在“控制面板”窗口中，单击右上角的“查看方式”，在下拉菜单中选择“大图标”命令。

（2）单击“Windows Defender”，如图 2-49 所示。

（3）打开“Windows Defender”窗口，单击工具栏“扫描”按钮可以开始快速扫描，如图 2-50 所示。

图 2-49　“所有控制面板项”窗口

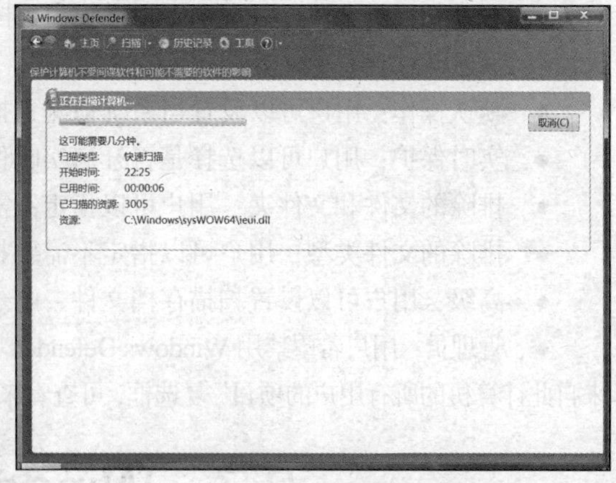

图 2-50　“Windows Defender”窗口

（4）如果单击“扫描”旁边的三角形按钮，会弹出下拉菜单，如图 2-51 所示，可以选择不同的扫描方式。

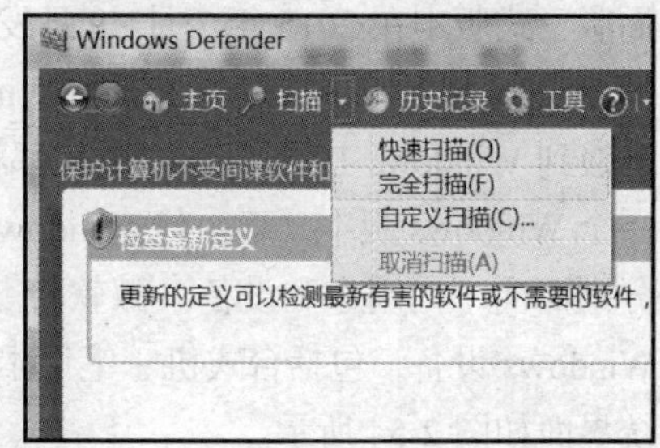

图 2-51　扫描选项菜单

- 快速扫描：快速扫描检查的是计算机上最有可能感染间谍软件的硬盘。
- 完全扫描：检查硬盘上所有文件和当前运行的所有程序，但可能会导致计算机运行缓慢，直到扫描完成。但该方式是对系统最完整、最彻底的扫描。
- 自定义扫描：如果怀疑间谍软件已经感染了计算机的某特定区域，则可以仅选择要检查的驱动器和文件夹进行自定义扫描。

3. 设置 Windows Defender

Windows Defender 自定义选项功能非常强大，用户可以根据自己的需要进行设置。具体操作方法如下。

（1）在“Windows Defender”窗口，单击“工具”按钮，弹出“Windows Defender—工具和设置”窗口，如图 2-52 所示。

（2）单击“选项”链接，弹出“Windows Defender—选项”窗口，如图 2-53 所示。用户在该页面可以进行以下的配置。

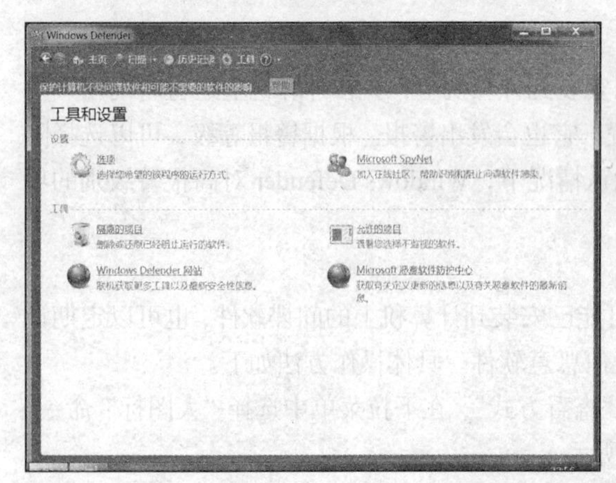

图 2-52 “Windows Defender—工具和设置”窗口

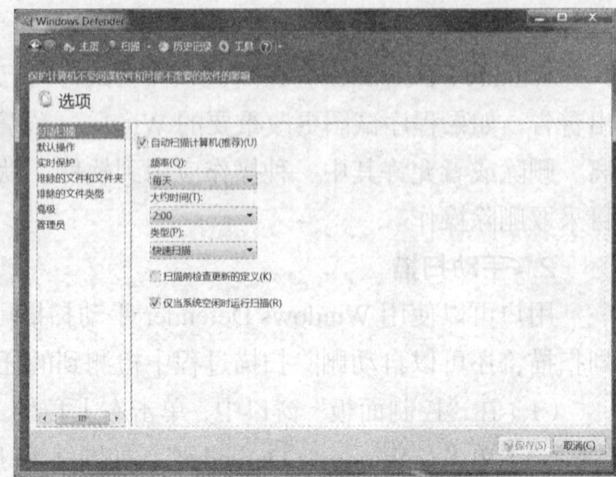

图 2-53 “Windows Defender—选项”窗口

- 自动扫描：用户可以自定义扫描频率、扫描时间、扫描类型等操作，Windows 7 默认是每天凌晨 2 点开始扫描。
- 默认操作：用户可以设置当系统检测到报警级别的项目时，该进行哪种显示或应用操作。
- 实时保护：用户可以选择是否开启实时保护功能。
- 排除的文件和文件夹：用户可以指定不需要扫描的文件和文件夹名称。
- 排除的文件类型：用户可以指定不需要扫描的文件类型。
- 高级：用户可以设置扫描存档文件、电子邮件或可移动驱动器等。
- 管理员：用户希望禁用 Windows Defender 功能，可取消“使用此程序”复选框。而选中“显示来自此计算机的所有用户的项目”复选框，可查看来自所有用户的历史记录、允许的项目和隔离的项目。

2.7 Windows 10 简介

Windows 10 是美国微软公司所研发的新一代跨平台及设备应用的操作系统。该操作系统的桌面版正式版本在 2015 年 7 月 29 日发布并开启下载。在正式版本发布后的一年内，所有符合条件的 Windows 7、Windows 8.1 以及 Windows Phone 8.1 用户都将可以免费升级到 Windows 10。所有升级到 Windows 10 的设备，微软都将提供永久生命周期的支持。Windows 10 是微软发布的最后一个 Windows 版本，下一代 Windows 将作为 Update 形式出现。Windows 10 发布 7 个发行版本，分别面向不同用户和设备。微软将 Windows 10 作为统一品牌名，覆盖所有品类和尺寸大小的 Windows 设备，包括台式机、笔记本、平板、手机等，实现 Windows one。Windows 10 的操作系统界面如图 2-54 所示。

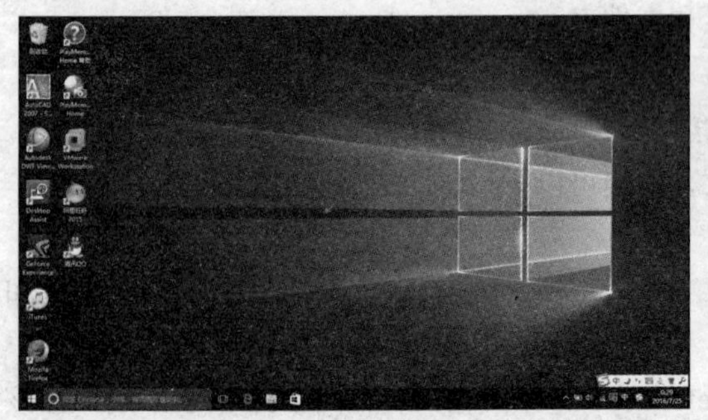

图 2-54 Windows 10 操作系统界面

下面我们介绍一下 Windows 10 的新特征。

（1）新的开始菜单

Windows 10 相比较于 Windows 8 来说最大的修正就是重新让开始菜单出现在了屏幕的左下方。不过与传统的开始菜单不同，Windows 10 的开始菜单除了保留之前的特性外，还将 Windows 8 系统的磁贴元素融入到了其中。单击屏幕左下角的“Windows”键打开开始菜单之后，你不仅会在左侧看到包含系统关键设置和应用程序列表，还会在右侧看到标志性的动态磁贴。用户可以灵活的调整、增加删除动态磁贴，甚至删除所有磁贴，让开始菜单回归经典样式。新的开始菜单可以自由调整大小。

（2）Continuum 模式

微软在 Windows 10 中加入了一个名为 Continuum 的模式，可以在桌面模式和触控模式之间任意切换，而这一切都取决于用户正在使用什么设备。Windows 平板电脑将会默认启动触控模式，而 PC 用户则会启动桌面模式。混合设备的话会根据是否启动外接键盘而选择某种模式。在平板模式下，开始菜单将会被扩大覆盖整个屏幕，并且全屏运行 Metro 应用。另外，如果用户像通过手动切换的话，还可以通过专门的按钮来启动或禁用平板模式。

（3）通知中心

如果您使用过 Windows Phone 8.1，那么您就知道通知中心可以自底部拖动到屏幕顶部。微软在 Windows 10 引入了 Windows Phone 8.1 的这种通知中心功能，允许用户方便地查看来自不同应用的通知。另外，Windows 10 的通知中心底部还提供了一些系统功能的快捷开关，比如平板模式、便签和定位等。

（4）整合虚拟语音助理 Cortana

微软在 Windows 10 中引入 Windows Phone 的私人助手 Cortana，用户可以通过它搜索自己想要访问的文件、系统设置、已经安装的应用程序、自网页中搜索结果以及一系列其他的信息。在 Windows 10 中，Cortana 还可以帮助用户查询天气、跟踪日历、唱歌、讲笑话，记事等。还能跟你进行简单的对话，比如“你是谁”之类的。

（5）Edge 浏览器

Windows 10 中增加了一个全新浏览器 Edge，Edge 整合了微软 Cortana 语音助理的新浏览器有桌面和移动两个版本，并深度融合了 Bing 搜索服务，让用户的搜索体验更加无缝。Edge 除了带来性能的增强外，还支持了地址栏搜索、手写笔记、阅读模式及深度结合 Cortana 助手等的附加功能。Windows 10 的默认浏览器被设置为了 Edge，而老旧的 Internet Explorer 仍然保留，只是被隐藏到了“开始菜单 / 所有应用 / Windows 附件”中，其版本号为 11。

（6）更方便的文件管理

文件夹的图片采用了扁平化的风格，在文件管理中 Windows 也列出了最近的文件及文件夹，以及经常访问的文件位置。一旦拥有这些习惯，您会发现节省了不少的时间。

（7）虚拟桌面

如果用户没有多显示器配置，但依然需要对大量的窗口进行重新排列，那么在 Windows 10 的虚拟桌面功能的帮助下，用户可以将窗口放进不同的虚拟桌面当中，并在其中进行轻松切换。这样一来，原本杂乱无章的桌面也就变得整洁起来。值得注意的是，Alt + Tab 快捷键现在已经不再是应用程序切换试图，而是虚拟桌面切换。

（8）Xbox

在 Windows 10 中，微软加入了 Xbox 应用。Xbox 用户可以通过 Windows 10 进行更多的扩展体验，包括快速查看玩家的 Xbox 资料、游戏存档、最近动态与游戏成就。

【本章小结】

本章着重介绍了 Windows 7 操作系统。主要对 Windows 7 操作系统的基本操作、资源管理、控制面板、无线网络、Windows Defender 这五个方面进行了介绍。本章的最后还简单介绍了当前最新一代的操作系统 Windows 10 的新特征。

Windows 操作系统应掌握它的启动和退出、鼠标、窗口、菜单以及对话框等基本操作。Windows 资源管理应掌握文件与文件的新建、选定、搜索、库以及磁盘管理等基本操作。控制面板是用户对计算机系统进行配置和管理的重要工具，应掌握常用的时间和语言设置、外观和个性化设置、声音和硬件的设置、账户设置以及安全设置等。学习掌握 Windows 7 的无线网络以及路由器的配置也是日常工作和生活必不可少的知识。便捷的网络也会给系统带来一定的风险，掌握 Windows Defender 工具的使用，才能更好的保护系统不受来自网络的攻击。

Windows 7 是一个复杂的操作系统，限于篇幅，对于一些不太常用的功能，如注册表的使用等应用并没有涉及，如果读者想进一步了解这些内容，可以参考系统的帮助功能。

思考与练习

1. 什么是 Windows 7 的桌面？它由哪些基本元素组成？
2. Windows 7 资源管理器有哪些作用？资源管理器窗口由哪几个部分组成？
3. 怎样在 Windows 7 创建一个新文件？
4. 什么是库？与文件夹有何区别与联系？
5. 在 Windows 7 下运行常用的 DOS 命令。
6. 控制面板的功能是什么？主要包括哪些应用程序？
7. 为自己的计算机创建一个管理员账户，并为账户设置密码。
8. 如何添加或删除应用程序？
9. 如何关闭 Windows 防火墙？
10. 如何打开或关闭 Windows Defender？
11. Windows 10 操作系统的特点是什么？

第3章 Word 2013 文字处理软件

本章主要内容：

- Office 2013 功能简介
- Word 2013 新功能介绍
- Word 2013 文字处理基本操作
- Word 2013 文本和段落格式
- Word 2013 页面格式和版式设计
- Word 2013 图文制作与表格
- Word 2013 文档的审阅及打印

随着科技的进步和社会的发展，办公自动化已经越来越普遍。而 Microsoft 公司的 Office 套装软件以其功能强大、操作方便、安全稳定以及协同办公方便等特点，已经成为当前深受广大用户喜爱的办公软件，目前已经在办公自动化软件领域占据了主导地位。

Office 2013 是 Microsoft 公司推出的 Office 系列集成办公软件的新版本。与 Office 之前的版本相比，Office 2013 无论是在用户界面，还是在功能上均有很大的改进，用户的操作也更为方便、快捷。Word 2013 是目前办公领域最常用的、最具优势的文字处理软件，它集文档编辑、文字处理、文档排版、图文混排以及打印输出于一体，使得日常的办公更加简单、便捷、高效。

本章介绍了 Office 2013 的功能及操作，以及 Word 2013 在日常办公中的各种使用技巧和操作方法，以便用户提高工作效率。

3.1 Office 2013 功能简介

作为一款集成软件，Office 2013 由各种功能组件构成，中文版组件包含 Word 2013、Excel 2013、PowerPoint 2013、Outlook 2013、Access 2013、Publisher 2013、InfoPath 2013 和 OneNote 2013 等，常见的程序图标及文档图标如图 3-1 所示。

图 3-1 Office 2013 常见程序图标和文档图标

3.1.1 Office 2013 的常用组件

Office 2013 中最常用的办公组件有以下 7 种。

（1）Word 2013 是文字处理软件，为 Office 套装中的主要组件之一。Word 2013 拥有强大的文字处理能力，可以实现文本的编辑、排版、审阅和打印等功能。使用它能够方便地创建各种图文并茂的办公文档，如企业宣传单、招投标书、各类合同以及行政公文等。

（2）Excel 2013 是一款强大的数据表格处理软件。使用 Excel 2013，可对各种数据进行分类统计、运算、排序、筛选和创建图表等操作。

（3）PowerPoint 2013 可以制作集文字、图形、图像、声音及视频剪辑等多媒体元素于一体的演示文稿，使用 PowerPoint 创建的幻灯片，不仅能够在计算机屏幕和投影仪上放映，还可以用于网络会议或在 Web 上展示。因此，PowerPoint 被广泛应用到报告、演讲、各类会议和产品演示等多种领域。

（4）Outlook 2013 是一款运行于客户端的电子邮件软件，可以直接进行电子邮件的收发、管理联系人信息、任务安排、制订计划和撰写日记等工作。

（5）Access 2013 是用于创建和管理数据库系统的软件，可以在数据库中实现添加、删除、查询和统计数据的功能，也可以设计和生成报表。可以让原本复杂的操作变得方便、快捷，使一些非专业人员也可以熟练地操作和应用数据库。

（6）Publisher 2013 可用于设计、创建和发布各种专业的出版物，如各种宣传册、新闻稿、明信片和 CD/DVD 标签等。使用 Publisher 2013 创建的出版物可用于桌面打印、商业印刷、电子邮件分发及 Web 页查看等。

（7）OneNote 2013 是一种数字笔记本，可以收集笔记和信息，其强大的搜索功能和易用的共享笔记本功能，可使用户迅速找到所需内容，进行有效的管理和协同操作。OneNote 2013 新增和优化了许多功能，如在 SkyDrive 云端储存和共用档案，同步处理电脑等装置上的笔记。OneNote 2013 内嵌了 Excel 电子表格和 Visio 图表等新功能，也可在会议中共用笔记，如果是在平板电脑等触摸设备上，还可绘制、绘图或创建手写笔记。

3.1.2 Office 2013 新增功能

Microsoft Office 2013 不同于旧版本的 Office，它可以配合 Windows 8 触摸屏使用，并可在云端和没有安装 Office 的电脑上使用，方便用户在任意位置随时访问或者共享所存储的重要文档。在使用 Office 2013 之前，先了解一下 Office 2013 新增的功能。

1. 全新的用户界面结构

Office 2013 的常用功能按钮也是存放在功能区，由选项卡和组来分类存储的。选项卡相当于分类中的项目类别，组是项目类别中的子类。新版 Office Ribbon 界面看起来更为平坦。

2. 功能区的显示/隐藏选项

Office 2013 为适应平板电脑等触摸设备，在窗口中新增了“功能区显示选项”按钮，可显示或隐藏功能区，适应编辑的大小需要。可设置自动隐藏功能区、显示选项卡、显示选项卡和命令。

以 Word 2013 为例，在窗口的右上角单击“功能区显示选项”按钮“▣”，选中“自动隐藏功能区”选项，Word 的功能区就自动隐藏了。单击窗口上方的“···”按钮，可重新显示功能区，单击非功能区位置又将隐藏功能区。单击窗口上方的“▣”按钮，可选择重新显示选项卡、或者显示选项卡和命令。

3. “快速访问工具栏”的使用

“快速访问工具栏”位于窗口的左上角。用于放置常用的命令按钮，让用户快速启动这些常用的命令，增加文档、表格等的编辑速度。“快速访问工具栏”的常用按钮可以自己定义。

4. 触摸/鼠标模式

单击“快速访问工具栏”右侧三角形按钮，在弹出的下拉列表中，单击“触摸/鼠标模式”选项，选择“触摸”模式，选项卡会放大，以便用手触摸屏幕。

5. 自定义选项卡

当现有工作界面不符合个人习惯要求时，可以通过新建选项卡和常用组，或者导入已有的设置类更改。

6. “开发工具”选项卡

在“开发工具”选项卡下，可以进行 Word 的一些高级排版，其设置添加的方法为：“文件/选项/自定义功能区/开发工具”，在复选框中打对勾即可。

7. 智能功能区

在操作过程中，会出现与上下文选相关的选项卡。只要选择特定对象，会自动出现相应的选项卡。以图片对象为例，选中文档中的图片，则出现新增的“图片工具”选项卡。

8. 浮动工具栏

选择文本时，会显示“浮动工具栏”，如图 3-2 所示。通过浮动工具栏，可以快速访问格式设置工具。浮动工具栏设置的方法为：“文件/选项”，在打开的“Word 选项”对话框中，选择“常规/选择时显示浮动工具栏”，在复选框中打对勾即可，如图 3-3 所示。

9. 图文混排更方便

Word 2013 进行图文混排的时候，多了一些辅助用户的功能，比如会显示参考线，将图表、照片和图与文本对齐，当完成操作后参考线会立即消失，如图 3-4 所示。

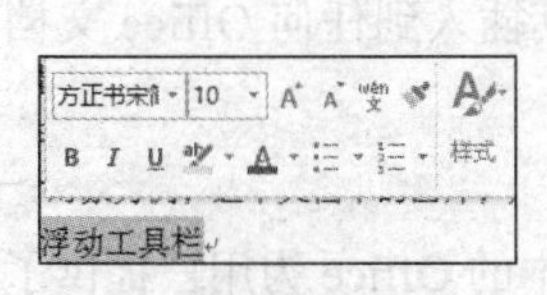

图 3-2 浮动工具栏

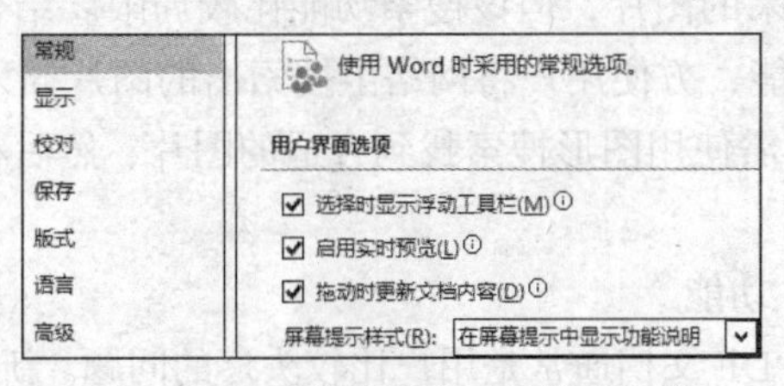

图 3-3 显示/隐藏浮动工具栏的设置

图 3-4 图片对齐参考线条

10. 改进“保存/另存为”和“打开”菜单

Office 2013 改进了“另存为”和“打开”菜单。如图 3-5 所示，当用户执行“另存为”或“打开”命令时，不再直接出现“另存为”或“打开”对话框，而是显示了“文件”选项卡界面，选择相应选项后，再进行保存或打开设置，如图 3-6 所示。

图 3-5 “另存为”命令

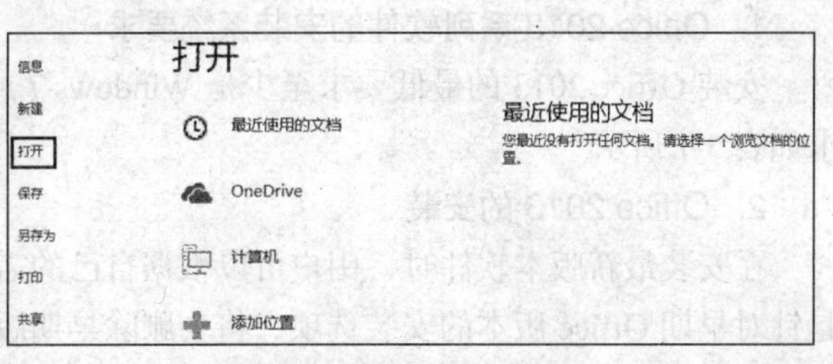

图 3-6 “打开”命令

11. 共享和存储功能

微软在新版本中推出了云存储功能，只要用户保持网络连接，便可以将 Office 文件存储到当前账号中的 OneDrive 或组织网站中。在 OneDrive 或组织网站中，用户既可以访问和共享 Word 文件、Excel 电子表格和其他 Office 文件，又可以与同事共同处理同一个文件。

除了云存储功能之外，新版的 Office 还新增了共享会议功能。当用户加入联机会议并共享 PowerPoint 幻灯片、Word 文档、Excel 电子表格和 OneNote 笔记时，即使没有安装 Office 程序，也一样可以查看这些文件。

另外，用户可以通过新版 Office 中的“文件/共享”命令，通过电子邮件、联机演示或邀请他人等方式，轻松地共享 Office 文件。

12. 自定义 Microsoft 账户

Microsoft 账户是 Office 2013 新增的功能。不仅可以帮助用户实现文件无地域限制的共享，实现 Windows 设置同步功能，还可以实现当前计算机上所进行的个性化和自定义设置共享，或者漫游到任何其他计算机中。只需在 Windows Live 官网上通过邮箱根据向导注册一个属于自己的账户，即可使用账户来完成 Office 的同步工作。

在账户使用过程中，可以轻松更改用户信息，如账户的照片、注销账户、切换账户等，也可以自定义 Office 背景和主题等。选择“文件/账户”，可以进行账户设置，更改账户信息，也可以设置 Office 背景和 Office 主题。

13. 新增书签和搜索功能

Office 2013 中新增加了一项自动创建书签的新功能，该功能可以解决长篇 Word 文档中所遇到的一些添加标记的问题。从而提高用户的工作效率。通过自动创建书签功能，用户可以直接定位在上一次工作或者浏览的页面，无需长时间拖动“滚动条”来查找和定位。

除此之外，新版的 Office 还增加了图形搜索功能。在旧版本的 Office 中，用户可以通过“剪贴画”功能来添加搜索出来的图片，但该搜索功能比较局限。结合旧版本中的不足，新版本增加了“内置图像搜索”功能，方便用户将网络上搜索出的图片插入到 Office 套装中的组件中，在 Office 2013 中，用户只需使用图形搜索找到合适的图片，然后将其插入到任何 Office 文档中即可。

14. 方便阅读的 PDF 功能

在实际工作中，处理 PDF 文档通常是用户比较头疼的问题。新版本的 Office 为用户提供了自动保存为 PDF 文档的功能，方便用户直接将文件转换为 PDF 格式。除此之外，当用户需要从 PDF 文档中获取一些格式化或非格式化的文本时，可以在 Office 套装中的 Word 组件中打开 PDF 格式的文档，并可以随心所欲地对其进行编辑。

3.1.3 Office 2013 的安装

1. Office 2013 系列软件的安装系统要求

安装 Office 2013 的最低要求至少是 Windows 7 或 Windows 8 的操作系统，具体的安装系统要求如表 3-1 所示。

2. Office 2013 的安装

在安装最新版本软件时，用户可以根据自己的需求选择升级安装或者自定义安装。升级安装是针对早期 Office 版本的安装选项，将会删除早期版本，升级到新版本。自定义安装可以选择保留早期的版本，还可以选择需要的软件组合进行安装。

表 3-1　　Office 2013 的安装系统要求

名称	最低配置	建议配置
CPU	1GHz 或更快的 x86 或 x64（采用 SSE2 指令集）	2GHz 或更快的 x86 或 x64（采用 SSE2 指令集）
RAM	1GB RAM（32 位） 2GB RAM（64 位）	2GB RAM（32 位） 4GB RAM（64 位）
硬盘空间	3.0GB 可用空间	3.5GB 以上可用空间
显示器分辨率	1 024 × 576 分辨率	DirectX10 显卡和 1 024 × 576 或更高分辨率
操作系统	Windows 7	Windows 7 或 Windows 8

3.1.4　Office 2013 组件的通用操作

1. 转换“兼容模式”的设置

目前常用的 Office 版本主要有 2003、2007、2010 和 2013。以 Office 2003 和 Office 2013 为例，常见应用组件后缀名的区别如表 3-2 所示。

表 3-2　　Office 不同版本的后缀名

版本	软件名称	后缀名
2003	Word 2003	.doc
	Excel 2003	.xls
	PowerPoint 2003	.ppt
2013	Word 2013	.docx
	Excel 2013	.xlsx
	PowerPoint 2013	.pptx

如果用高版本的办公软件打开低版本的文件时，标题栏会显示“兼容模式”字样，如图 3-7 所示。在“兼容模式”下，某些新功能将会被禁用，为了防止出现问题，可以选择将“兼容模式”升级为最新的文件格式。单击“文件”选项卡，在右侧“信息”窗格区，单击“兼容模式”选项左侧的“转换”按钮，如图 3-8 所示，再单击“Microsoft Word”对话框的“确定”按钮完成转换。转换兼容模式，文件将启用这些功能，但可能会导致布局的更改。

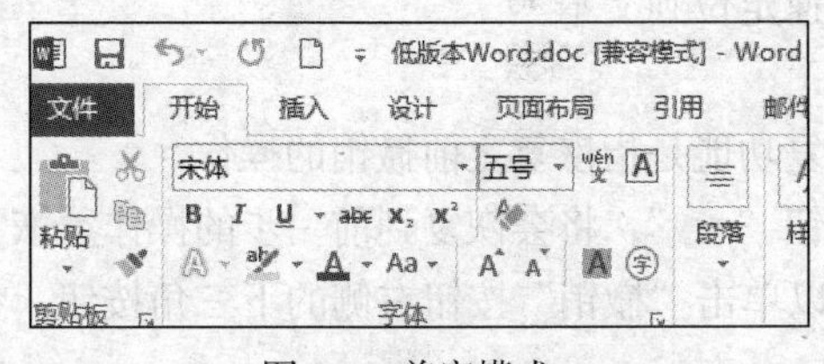

图 3-7　兼容模式

图 3-8　兼容模式转换按钮

2. Office 2013 的“文件”选项卡

以 Word 为例来介绍 Office 2013 的“文件”选项卡。打开一篇 Word 文档，单击“文件”选项卡，进入 Backstage 视图（也称后台视图），也就是“文件”选项卡界面，分为 3 个区域。左侧区域为命令选择区，列出了与文档有关的操作命令选项。在这个区域选择某个选项后，中间区域将显示该类命令选项的可用命令按钮。

在每个选项卡的右侧窗格区域中，可以实现对应的功能或进行相关设置，如“打印”选项卡的右侧窗格中，可设置文档打印的页数、选择打印机、进行打印预览等。

3. 设置自动文档保存恢复功能

Word 2013、Excel 2013 和 PowerPoint 2013 均有自动文档恢复功能，即程序能自动定时保存当前打开的文档。当遇到突然断电或程序崩溃等意外时，程序能够使用自动保存的文档来恢复未来得及保存的文档，这样可以有效避免造成重大损失。Office 2013 中，自动文档恢复功能是可以进行设置的，包括自动保存文档的时间间隔、是否开启自动文档恢复功能和自动恢复文档的保存位置。单击“文件/选项/Word 选项/保存”，如图 3-9 所示，可以设置具体的保存时间间隔和文件的保存位置。

4. “导航窗格”的使用

导航窗格如同文档的浏览指南，提供了标题、页面和搜索结果 3 种模式。单击对应的模式显示相应的结果。导航窗格可以快速浏览文档、调整文档结构和快速搜索文档内容。

在“视图/显示”组中，如图 3-10 所示，选中“导航窗格”复选框可显示导航窗格。在“导航窗格”里面也能使用查找和替换功能。在导航窗格中，单击“快速搜索”文本框右侧的“搜索更多功能”下拉按钮，如图 3-11 所示，选择“高级查找”或“替换”命令，可打开“查找和替换”对话框。

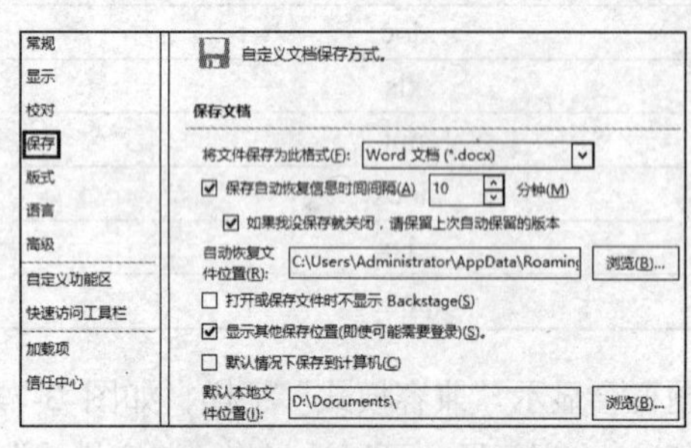

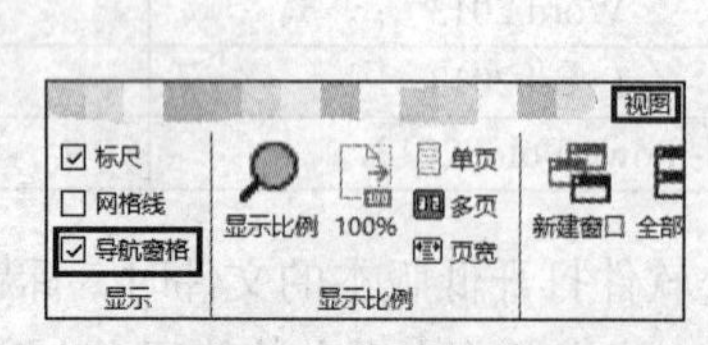

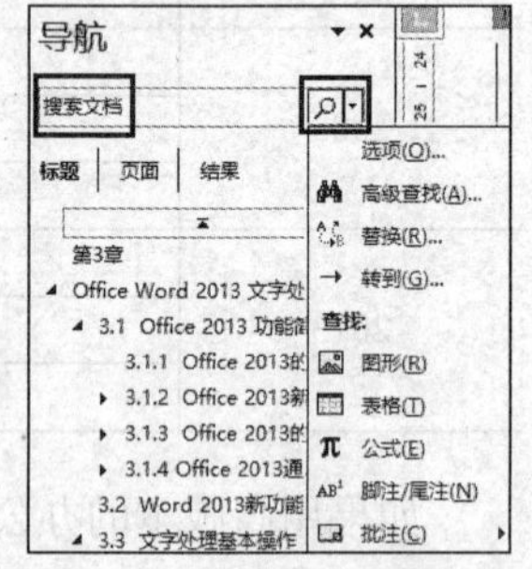

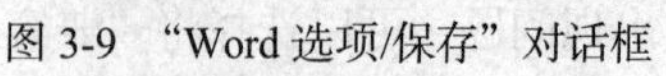

图 3-9 “Word 选项/保存”对话框　　图 3-10 显示/隐藏“导航窗格”　　图 3-11 导航窗格

“导航窗格”主要的功能是定位文本，单击导航窗格中显示的内容，如标题内容或者页面内容，可以直接转跳到相应点击的文档内容区域。操作步骤如下：可在导航窗格的“快速搜索”文本框中，输入关键字，文档就会自动进行搜索，最后的搜索结果会以黄色底纹标记，并在文档区域显示出来。在导航窗格选择这些标记或结果，可快速定位到文本。

5. 撤销和恢复功能的使用

撤销功能是指将当前操作的步骤清除掉，恢复功能是指恢复之前撤销的操作。

在“快速访问工具栏”中，单击“撤销”按钮“↶”，将会恢复到前一步的操作。恢复功能按钮为“↻”。如果要撤销更多之前的步骤，可以单击“撤销”按钮右侧的下三角按钮，在展开的下拉列表中选择要撤销的操作。

6. 使用剪贴板

剪贴板是计算机内存中的一块区域，用来临时存放交换的信息，保存剪切和复制的内容。通过剪贴板，可以在各种应用程序、文档之间传递和共享信息。但是剪贴板只能保留有限的数据，若超过存储的能力，当有新的数据传入时，旧的数据便会被覆盖。因为是在内存中存储，所以停电或退出 Windows，或有意地清除时，会更新或清除其内容。

（1）单击“开始/剪贴板”功能组的对话框启动器按钮“↘”，如图 3-12 所示，打开“剪贴板”

窗格。

（2）在文档中选择要复制或剪切的文本后，按“复制”（Ctrl＋V）或“剪切”（Ctrl＋X）按钮，此时复制或者剪切的对象将按照操作的先后顺序放置于“剪贴板”窗格的列表中。后面复制的对象将位于最上层。

（3）将插入点光标放置在文档中需要粘贴对象的位置，在“剪贴板”窗格中单击需要粘贴的对象，即可将其粘贴到指定位置。

（4）完成对象粘贴后，如果该对象不再需要使用，可单击被粘贴对象右侧的下三角按钮，选择菜单中的“删除”命令可将其从剪贴板中删除，如图 3-13 所示。

（5）在“剪贴板”窗格中单击“全部清空”按钮，将删除剪贴板中的所有内容，单击“全部粘贴”按钮，会将剪贴板中的所有对象同时粘贴到文档中插入点光标所在的位置。

7. 使用“粘贴选项”标记

粘贴有很多种类，单击“开始”/“剪贴板”功能组/“粘贴”下方的三角按钮，在下拉列表中，可以使用“粘贴标记”进行相应的粘贴选择，如图 3-14 所示。

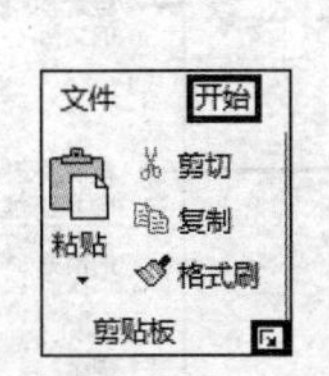

图 3-12　“剪贴板”功能组

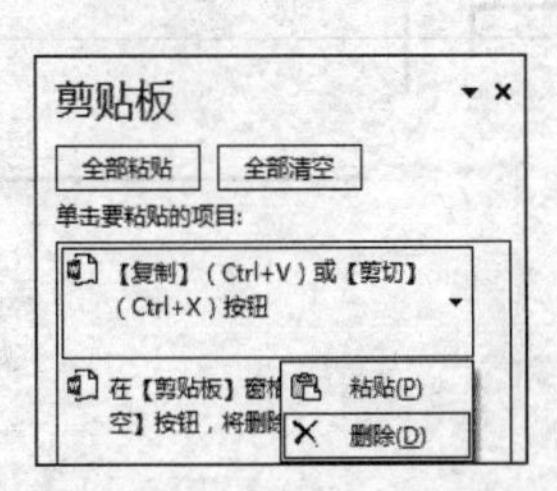

图 3-13　“剪贴板”窗格

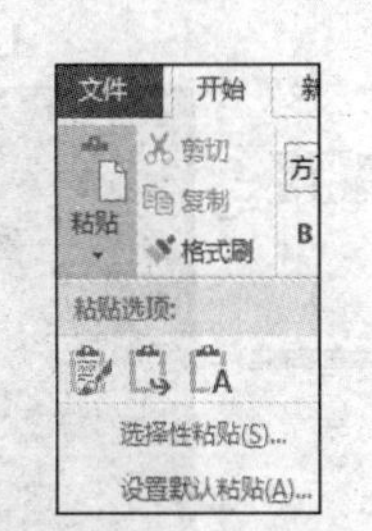

图 3-14　粘贴选项

（1）保留源格式：文本将按照其在原文档中的格式进行粘贴。

（2）合并格式：将以当前文档的格式进行粘贴。

（3）只保留文本：将以纯文本格式进行粘贴。

（4）单击“设置默认粘贴”/“Word 选项”对话框/高级/“选择性粘贴”对话框，可对剪切、复制和粘贴进行设置。

8. 将文档转换为 PDF 和 XPS 文档

PDF 和 XPS 是固定版式的文档格式，可以保留文档格式并支持文件共享。当进行联机查看或打印文档时，文档可以完全保持预期的格式，且文档中的数据不会轻易更改。另外，PDF 文档格式对于使用专业印刷方法进行复制的文档十分有用。Office 2013 已经直接提供了对 PDF 和 XPS 文档的支持，以 Word 为例，将 Office 文档转换为 PDF 和 XPS 的操作方法如下。

（1）打开需要转换的 Word 文档，单击“文件/导出”选项，如图 3-15 所示。

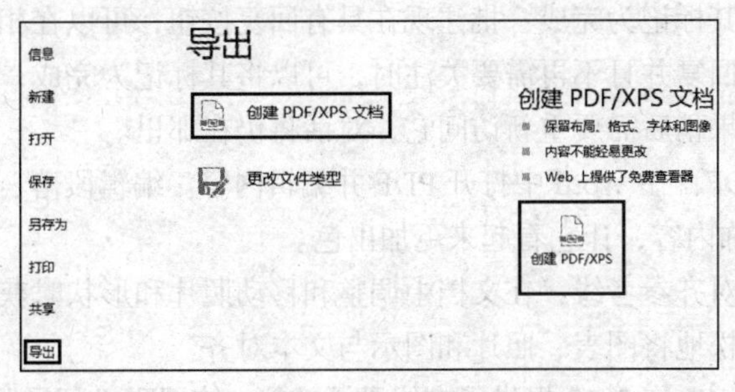

图 3-15　“导出”功能区

（2）在其中选择“创建 PDF/XPS 文档”选项，单击“创建 PDF/XPS”命令按钮，将打开“创建 PDF/XPS 文档”对话框。

（3）在“保存位置”下拉列表中选择文档保存的位置，在“文件名”文本框中输入文档保存时的名称，在“保存类型”下拉列表中选择文档保存类型，选择 PDF 文档。

（4）完成设置后，单击“确定”按钮关闭对话框，然后单击“发布”按钮，即可将文档保存为 PDF 文档。

3.2 Word 2013 新功能介绍

Word 2013 增加了相当多的新功能，如图 3-16 所示，下面简单列出 Word 2013 中新增的功能。

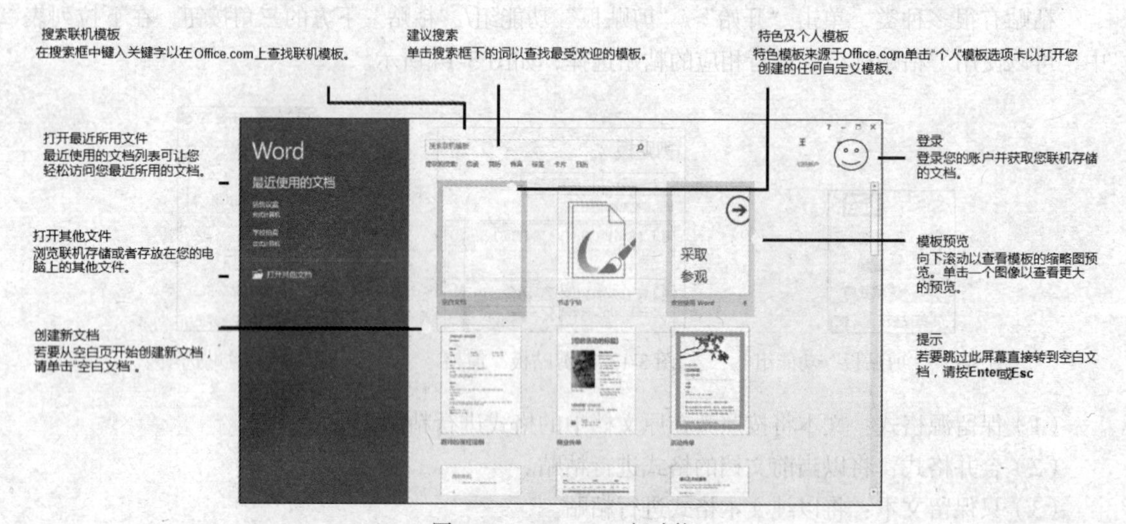

图 3-16　Word 2013 新功能

（1）继续阅读：重新打开文档并在停止处继续阅读。即使从不同的计算机重新打开联机文档，Word 也会记住上次的位置。

（2）联机视频：直接在 Word 中观看联机视频，无需离开文档，使操作者可以专注于内容。

（3）展开和折叠：折叠或展开文档的某些部分，只需单击即可。将摘要放在标题中，并将其留给读者，以便打开该节并根据需要阅读详细信息。

（4）简单标记：全新的修订视图“简单标记”提供文档的整洁简单视图，但是操作者仍然可以在已进行修订的位置看到标记。

（5）回复批注并将其标记为完成：批注现在具有回复按钮；可以在相关文字旁边讨论和轻松地跟踪批注；当批注已回复并且不再需要关注时，可以将其标记为完成；它将呈灰色显示以远离操作者的视线，但是如果稍后需要重新访问它，对话将仍在那里。

（6）打开并编辑 PDF：在 Word 中打开 PDF 并编辑内容。编辑段落、列表和表格，就像熟悉的 Word 文档一样。润饰内容，让它看起来更加出色。

（7）实时的版式和对齐参考线：在文档中调整和移动照片和形状时获取实时预览。新的对齐参考线使操作者可以轻松地将图表、照片和图示与文本对齐。

（8）在线翻译功能：Word 2013 提供了在线翻译功能，使用联机翻译服务翻译文档。选择“审阅/翻译/翻译文档”。

3.3　Word 2013 基本操作

3.3.1　Word 2013 的工作界面

Word 2013 的界面由“文件”选项卡、快速访问工具栏、标题栏、功能区、文档编辑区、状态栏和视图栏等组成，如图 3-17 所示。

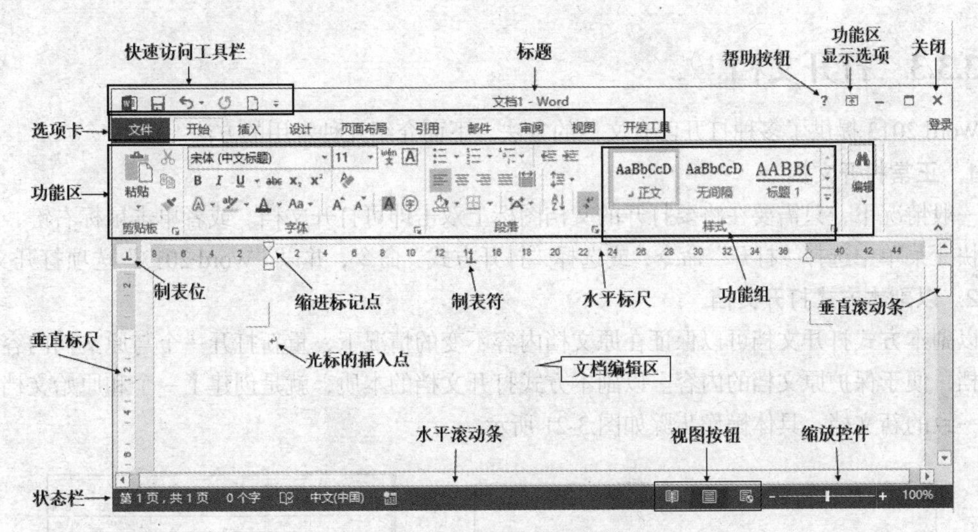

图 3-17　Word 2013 的工作界面

3.3.2　新建文档

在使用 Word 2013 处理文档之前，必须新建文档来保存放置要编辑的内容，新建文档的方法有以下几种。

1. 创建空白文档的操作步骤

（1）点击电脑系统的“开始”菜单，单击 Word 2013 程序选项，打开 Word 2013 的初始界面。

（2）单击 Word“文件/新建/空白文档”按钮，即可创建一个名称为“文档 1”的空白文档。

2. 使用本机上的模板新建文档

Office 2013 系统中有已经预设好的模板文档，用户在使用的过程中，只需在指定位置填写相关的文字即可，例如，对于需要制作一个毛笔临摹字帖的用户来说，通过 Word 2013 就可以轻松实现，如图 3-18 所示，具体的操作步骤如下。

（1）单击“文件”选项卡/“新建”选项。

（2）在“新建”区域选择“书法字帖”按钮，此时打开“增减字符”对话框，如图 3-19 所示。

（3）然后在文档中添加相应的书法字符。

3. 使用联机模式

除了 Office 2013 软件自带的模板外，微软公司还提供了很多精美的专业联机模式。

单击“文件/选项卡/新建”选项，在“搜索联机模板”搜索框中输入想要到模板类型，然后单击“开始搜索”按钮“⌕”，如图 3-20 所示。

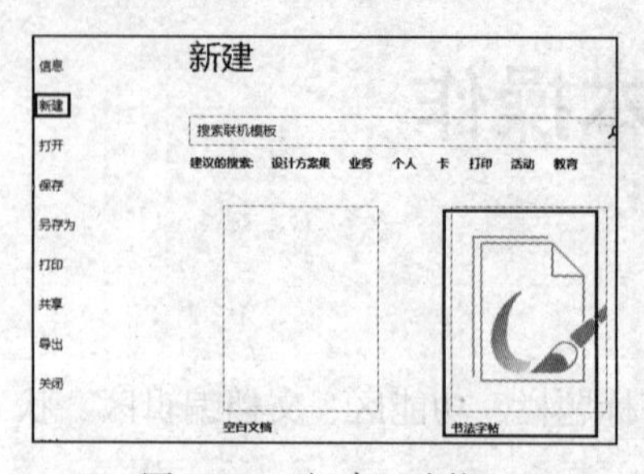

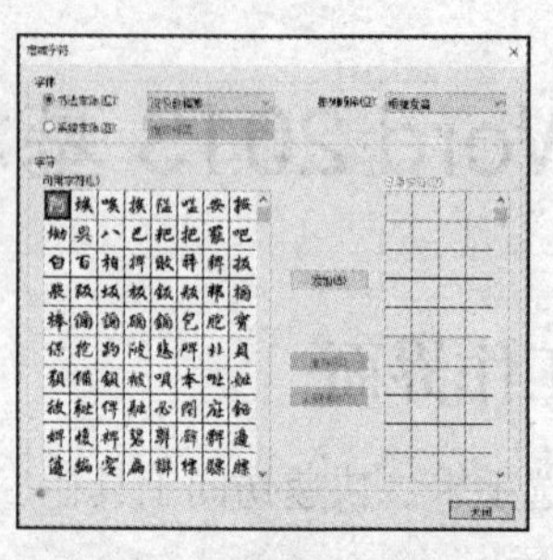

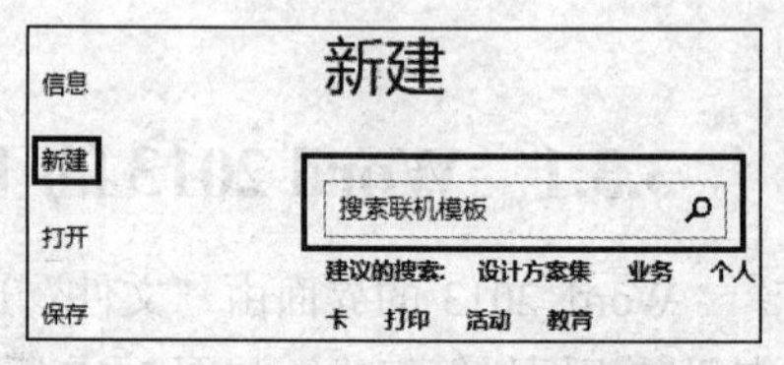

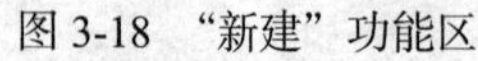

图 3-18 “新建”功能区　　图 3-19 增减字符对话框　　图 3-20 “新建”功能区

3.3.3 打开文档

Word 2013 提供了多种打开已有文档的方法，下面介绍几种常用的方法。

1. 正常打开文档

一般情况下，只需要在将要打开的文档图标上双击即可打开文档。或者单击鼠标右键，在弹出的快捷菜单中选择“打开”命令，或选择“打开方式”命令，并以“Word 2013”选项打开文档。

2. 以副本方式打开文档

以副本方式打开文档可以保证在原文档内容不变的情况下，重新打开一个与原文档内容相同的文档，便于保护原文档的内容。以副本方式打开文档的本质，就是创建了一个和原始文档内容完全一致的新文档，具体操作步骤如图 3-21 所示。

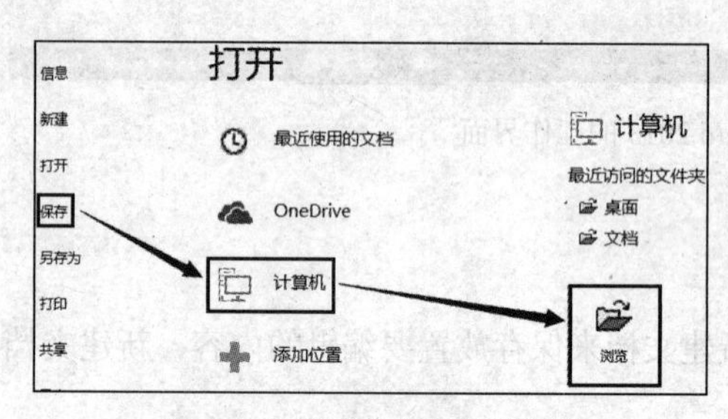

图 3-21 以副本方式打开文档

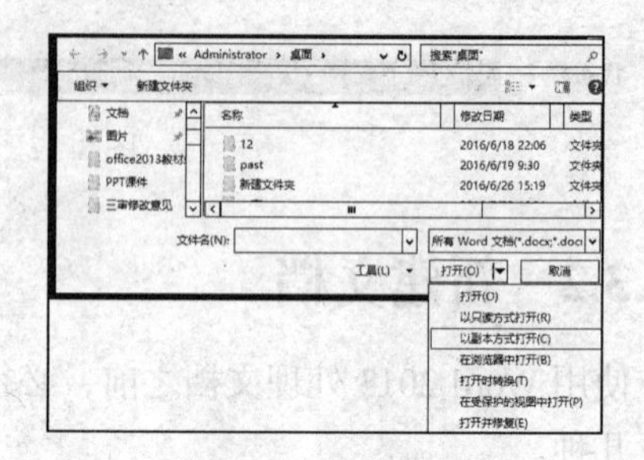

图 3-22 “打开”对话框

（1）单击“开始”选项卡/“打开”选项。

（2）在“打开”区域选择“计算机”选项。

（3）然后单击“浏览”按钮，如图 3-21 所示。

（4）在弹出的“打开”对话框中选择要建立副本的文档，单击“打开”按钮的下三角按钮，在弹出的快捷菜单中选择“以副本方式打开”选项，即可创建一个“副本”文档，如图 3-22 所示。

3. 快速打开文档

单击“文件”选项卡/“打开”选项，在右侧的“最近使用的文档”区域选择将要打开的文件名称，即可快速打开最近使用过的文档。

3.3.4 保存文档

文档的保存是办公工作中非常重要的操作。在工作中，养成随时进行保存操作的习惯，可以避免因为计算机死机、意外断电或误操作等意外情况造成损失。保存文档的常用操作方法有两种，分别为“保存”操作和“另存为”操作。

1．使用“保存”操作

（1）方法一：在快速访问工具栏中单击“保存”按钮。

（2）方法二：单击“文件”按钮，从弹出的菜单中选择“保存”命令。

（3）方法三：使用 Ctrl + S 组合键。

2．使用“另存为”操作

对已经存在的文档，可以在“另存为”对话框中重新设置文档的保存位置，或文件名，或者保存类型，如图 3-23 所示。需要在“保存位置”下拉列表中选择文档需要保存至的文件夹，在“文件名”文本框中输入文件需要使用的名称，在“保存类型”下拉列表中选择文件保存的格式，文档将按照设置进行保存。

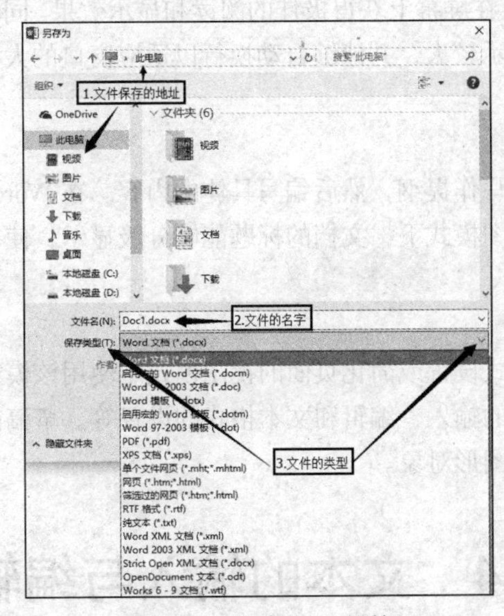

图 3-23　“另存为”对话框

3．“保存”和“另存为”的区别

如果选择“保存”命令，Office 将按照该文档上次保存的方式来对文档进行更新保存。但是当新建的 Word 文档第一次被保存时，需要进行“另存为”设置。

“另存为”命令，可以实现对当前已存在文档的换名保存，也可将该文档保存到其他位置或更改文档的类型格式。

3.3.5　文档的视图

所谓视图，指的是文档窗口的显示方式。Word 2013 的视图模式包括页面视图、阅读视图、Web 版式视图、大纲视图和草稿。在查看文档的格式、对文档进行审阅和编辑或修改时，可以根据需要使用不同的视图模式，以方便操作，选择“视图”选项卡下面的“视图”功能组，可以选择里面的不同视图方式。

1．使用页面视图

页面视图将文档以页面的形式显示，文档在主界面中看上去像是一张纸，其显示效果与实际的打印效果相同。页面视图适合于对图形进行操作和对其他附加内容进行操作。在该视图模式下，能够方便地插入图片、文本框、图文框、媒体剪辑等对象，并可对它们进行操作。

在页面视图下，可以看到文档所在纸的边缘，但看不到普通视图模式下所显示的分页符，页面视图能够显示已经添加的页码、页眉和页脚，在该模式下，页眉和页脚可以进行修改，还可以对页边距进行调整并处理分栏、图形和边框等对象。

将鼠标指针移到页面底部或顶部，变为“⊟”时双击，能够隐藏页面两端的空白区域。在该区域鼠标变为“⊟”时再次双击，可以使空白区域重新显示。

2. 使用阅读视图

使用阅读视图能够非常方便地查看文档。该视图模式将隐藏不必要的选项卡，而以“阅读版式”工具栏来替代。在阅读视图下按 Esc 键可以退出阅读视图。

3. 使用 Web 版式视图

使用 Web 版式视图可以在屏幕上获得极佳的阅读和显示效果。同时能够使联机阅读变得更加容易。该视图模式的正文显示较大，并能够自动换行以适应窗口的大小，而不是以实际打印的页面形式显示。

4. 使用大纲视图

写文章时，首先要列出写作提纲，然后编写具体的内容。在 Word 2013 中，可以使用大纲视图为文档列大纲。在大纲视图模式下，文档的标题能够分级显示，使得文档的结构层次分明，更易于理解和编辑处理。

5. 使用草稿

草稿是一种显示文本格式设置或简化页面的视图模式。使用该模式能够对文档进行大多数的编辑和格式化操作。如文本的输入、编辑和文本格式的设置等。草稿简化了页面布局，不显示页边距、页眉、页脚、背景及图形对象。

3.4 文本的输入与编辑

文本的输入功能非常简便，输入的文本都是从光标插入点开始的，闪烁的垂直光标“|”就是插入点。光标定位确定后，即可在光标位置处输入文本，输入过程中，光标不断向右移动。

3.4.1 文本的基本输入

用户在编辑文档时，主要是输入文字、日期、时间和符号等内容，此外自动更正也是 Word 2013 输入文本的一种非常方便的技巧。

1. 中英文输入

选择合适的中英文输入法，当输入文字到达文档编辑区的右边界时，不要按回车键，在结束一段文本的输入时才需要按回车键。在输入完一段文字后，按回车键，标示段落结束。这时在该段末尾会留下一个向左弯的段落标记箭头“↵”，即段落标记符，是一种非打印字符。该字符包含在 Word 文档中，但在文档打印时不会显示出来。

2. 显示/隐藏格式标记

在文本的输入中，可以显示，或者隐藏文档的格式设置标记符号，如段落标记符等。

（1）设置显示/隐藏格式标记的方法：单击“开始”选项卡/“段落”功能组/“显示隐藏标记”按钮，可以实现格式标记符号的显示或者隐藏，如图 3-24 所示。

（2）始终在屏幕上显示这些格式标记的设置：单击“文件”选项卡/“选项”选项，打开“Word 选项”对话框/“显示”选项，在右侧窗格中在“始终在屏幕上显示这些格式标记”内容区域进行复选框的勾选，勾选的内容将会始终在屏幕上显示这些对应的格式标记，如图 3-25 所示。

图 3-24　“段落/显示/隐藏格式标记”按钮

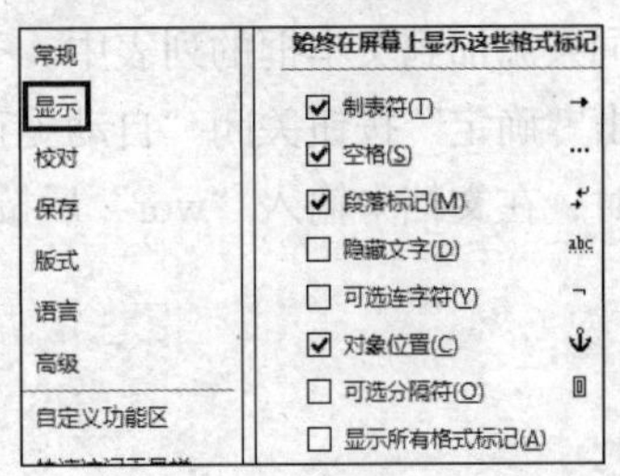

图 3-25　“Word 选项/显示”

3. 日期和时间的输入

日期和时间类型数据输入的操作步骤如下：单击“插入”选项卡/“文本”选项组/“时间和日期”按钮，打开“日期和时间”对话框，先进行日期和时间的格式设置，然后再输入具体数据。

4. 符号和特殊符号的输入

除了键盘上的常用符号，还可以插入一些特殊符号，具体操作步骤如下：单击“插入”选项卡/“符号”选项组/“其他符号”选项，如图 3-26 所示，此时打开“符号”对话框，如图 3-27 所示，查找需要的符号点，选中符号点后单击“插入”按钮即可将符号插入到文档中。

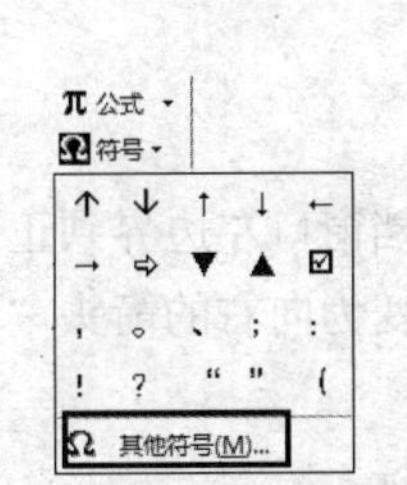

图 3-26　插入符号选项

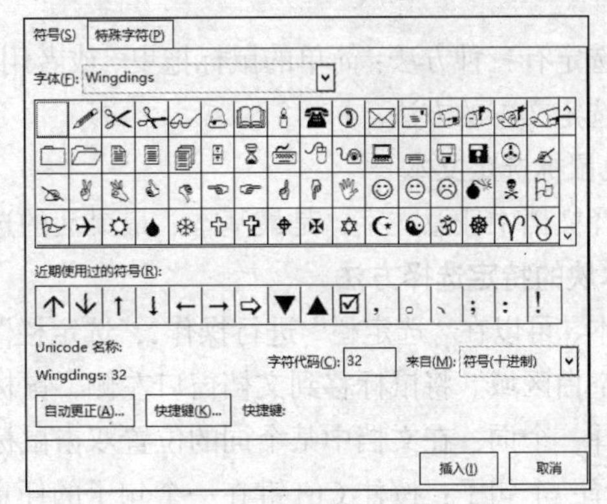

图 3-27　“符号”对话框

5. 输入数学公式

数学公式在编辑数学方面的文档时使用非常广泛，在 Word 2013 中，可以直接使用“公式”按钮来输入数学公式，具体操作步骤如下：单击“插入”选项卡/“公式”功能组中相应的按钮，返回 Word 文档中即可看到插入的公式，并且窗口停留在“公式工具”选项卡下，工具栏中提供了一系列的工具模板按钮，用户可根据自己的需要进行更多操作。

6. 自动更正

输入文本时，Word 会自动实现对单词、符号和中文文本或图形进行指定的更正，即以设定的内容替换文档中输入的内容。要想实现对特定文本自动更正，需要对自动更正的文本进行设置。

进行文本输入时，常常需要输入固定的特殊词组。比如，在编写本书时，常需要输入“Word 2013”这个词，如果每次都逐个字母的输入，输入效率会很低。如果能够在每次输入“wor”的时候，会自动生成“Word 2013”的输入，这样就会显著提高输入的效率和速度。设置方法如下。

（1）单击“文件/选项/“Word 选项”对话框。

（2）在对话框中单击左侧的“校对”选项/“自动更正选项”，如图 3-28 所示，打开“自动更正”对话框，如图 3-29 所示。在“自动更正”选项卡/“替换”文本框中，在“替换”的文本框中输入文字“wor”，在“替换为”文本框中输入用于替换的文字“Word 2013”，单击“添加”按钮，即可将词条添加到文本框的列表中。

（3）单击“确定”按钮关闭“自动更正”对话框，然后单击“确定”按钮关闭“Word 选项”对话框。此时，在文档中输入“wor”后按空格键，文档会自动将其转换为“Word 2013”。

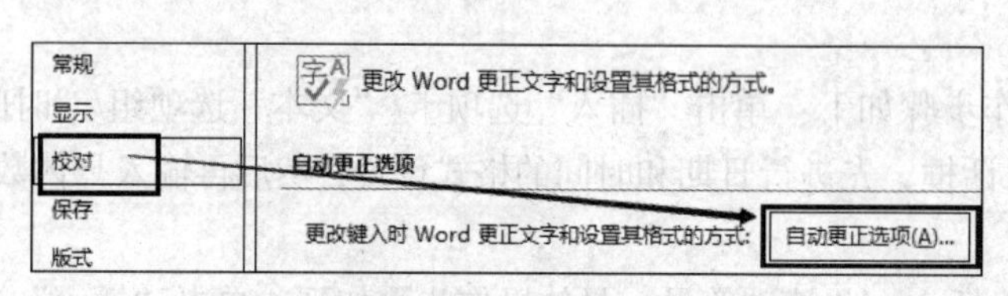

图 3-28 “Word 选项/校对”功能区

图 3-29 自动更正对话框

3.4.2 文本的选择

文本的选定有三种方法：简单的鼠标拖曳，或者用鼠标结合键盘的特定按键完成特殊的选定，还有用键盘选定文本的方法。

1. 拖曳鼠标选定文本

可以选择文档中任意文字，是最基本、最灵活的选取方法。

2. 文本块的特定选择方法

选定文本，可以在“选定栏”进行操作，“选定栏”指的是在文档窗口左边界到正文左边界间的长方形的空白区域。将鼠标移到文档窗口左侧，鼠标光标会自动变为向右的箭头“ ”。

（1）选择一个词：在文档中某个词的位置双击鼠标。

（2）选择一个句子：按住 Ctrl 键在一个句子的任意位置单击鼠标。

（3）选择一行：鼠标指针移到文档左侧的选定栏，当鼠标指针变成右向箭头时，单击鼠标。

（4）选择连续的多行：将鼠标指针移到选定栏中，按住鼠标左键向上火向下拖动鼠标，则鼠标拖动过的行将被同时选择。

（5）选择较大区域连续性的文本块：先选择文本块的开始处，然后将鼠标指向需要选择的文本块结束的位置，按住 Shift 键的同时单击鼠标，此时从开始处到结束处之间的文本将会被选中。

（6）选择一个段落：在文档的任意一个段落中的同一个位置将鼠标单击三次，能够将单击处所在的整个段落选择。

（7）选择多个不连续的行：在“选定栏”先选择需要的其中一行，然后按住 Ctrt 键，同时在需要选择的其他行前依次单击鼠标，单击过的文本行均会被选择。

（8）整篇文档的选择：将鼠标指针移到选定栏中，按住 Ctrl 键单击鼠标（此外，Ctrl + A 组合键也可实现整篇文档的选择）。

（9）选择文本块：按住 Alt 键，在文档的文本上拖动鼠标指针，鼠标指针拖动区域中的文本将被选择，如图 3-30 所示。

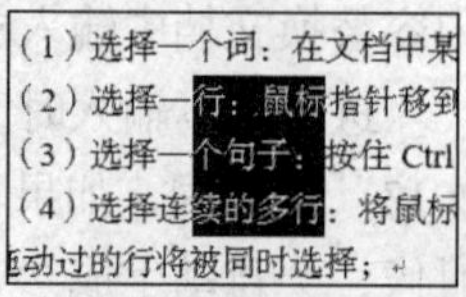

（1）选择一个词：在文档中某
（2）选择一行：鼠标指针移到
（3）选择一个句子：按住 Ctrl
（4）选择连续的多行：将鼠标
拖动过的行将被同时选择；

图 3-30 选择文本块

3. 用键盘选定文本

利用键盘选择文本，可以在输入文本的同时，手不离开键盘，这样可以有效地节省操作时间，提高办公效率。Word 2013 提供了以整套利用键盘进行文本选择的方法，其主要利用功能键（Shift 键、Ctrl 键和 Alt 键）与键盘上的方向键相结合来进行操作，方法如下：

（1）按 Shift + ↑或 Shift + ↓快捷键，可选择从插入点光标开始向上或向下的一个整句。

（2）按 Shift + Home 或 Shift + End 快捷键，可选择从当前插入点光标到本行行首或行尾间的文字。

（3）按 Shift + PgUp 或 Shift + PgDn 快捷键，可选择从当前插入点光标到文档开始或结尾之间的所有内容。

此外，Word 2013 为方便内容的选取提供了丰富的快捷键。如：Ctrl + Shift +↑或 Ctrl + Shift+↓快捷键，可以选择插入点光标至段首或短尾间的所有文字。

3.4.3　文本的删除、插入及改写

进行文档编辑时，往往需要将多余的文本删除掉，同时插入遗漏的文本，或者将错误的文本替换为正确的文本。

1. 删除文本

（1）在文档中选择需要删除的文字，按 Delete 键，或 Backspace 键，或空格键及字母键都可以将选择的文本删除或替换。

（2）在文档中单击鼠标，将插入点光标放置到需要删除的文字后面，按 Backspace 键，插入点光标前面的字符将被删除。此外，按 Delete 键时，将会删除光标插入点后面的字符。

2. 文本的插入和改写

Word 2013 中，文本的输入有改写和插入两种模式。进行文档编辑时，如果需要在文档的任意位置插入新的内容，可以使用插入模式进行输入。如果对文档中某段文字不满意，则需要删除已有的错误内容，然后再在插入点位置重新输入新的文字，此时快捷的操作方法是使用改写模式。

使用键盘上的 Insert 键可以在插入模式和改写模式间进行切换。

也可以用“文件/选项/Word 选项/自定义”功能区，添加“改写”指示器按钮到新建选项卡里面，过程如图 3-31 所示。使用“改写”指示器按钮也可以在插入模式和改写模式间进行切换，如图 3-32 所示。

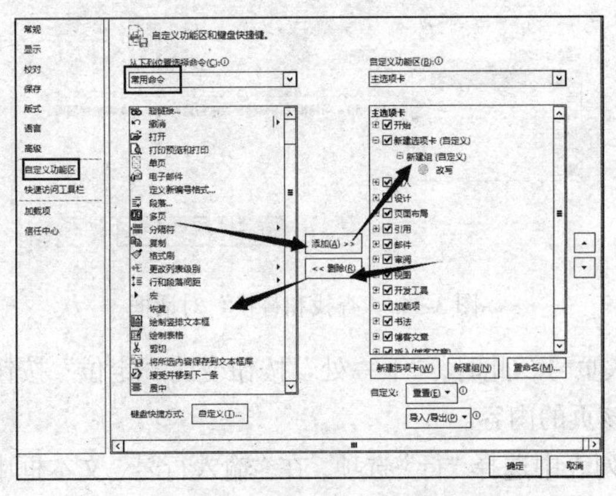

图 3-31　添加“改写”按钮

图 3-32　改写指示器按钮

3.4.4 文本的移动和复制

1. 文本的移动

移动文本实际上是将文档中选择的文字从一个地方放置到另一个地方，原来位置的文字将被删除。实现文本的移动主要有两个方法。

（1）方法一：文档中的文字通过“剪切”操作删除，然后再“粘贴”到目标位置，这相当于对文本进行了移动操作。

（2）方法二：选择需要移动的文本内容，将鼠标指针放置于所选的文本区域上，当鼠标箭头为“ ”时，拖曳鼠标到目标位置，释放鼠标后，选择的文本即可移动到目标位置了。

2. 文本的复制

文本的复制：是将文档中某部分内容复制到文档的另一位置，获得原文本的一个副本，两段文字同时存在。实现文本的复制主要也有两个方法。

（1）方法一：“复制”和“粘贴”命令可实现文本的复制操作。

（2）方法二：选择需要复制的文本内容，将鼠标指针放置于所选的文本区域上，当鼠标箭头为“ ”时，按住 Ctrl 键，同时拖曳鼠标到目标位置，释放鼠标后，选择的文本即可复制到目标位置了。

3.4.5 Word 2013 文本的快速定位

对于较长的文档，是不可能在文档窗口中全部显示出来的。当窗口中的内容很多以至于超过一屏时，除了可以使用垂直滚动条上的滑块，拖动垂直滚动条可以实现文档的翻页操作。还可以使用 Word 的定位文档功能来查看文档。

Word 2013 提供了一个“定位”命令，该“定位”命令可以通过指定页码、节标题和行号快速定位到文档的指定位置。其操作方法如下：

（1）在功能区中，单击“开始”选项卡/“编辑”功能组/“查找”按钮的下三角按钮，在打开的菜单中选择“转到”命令，如图 3-33 所示。

（2）此时打开“查找和替换”对话框，在对话框中单击“定位”标签，打开“定位”选项卡，在“定位目标”栏中选择定位目标。比如选择以页作为定位目标，单击“下一处”按钮，文档将下翻一页显示，如图 3-34 所示。

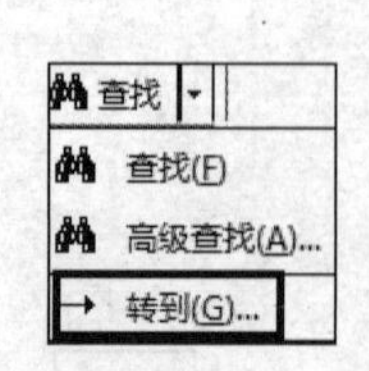

图 3-33 “定位”命令

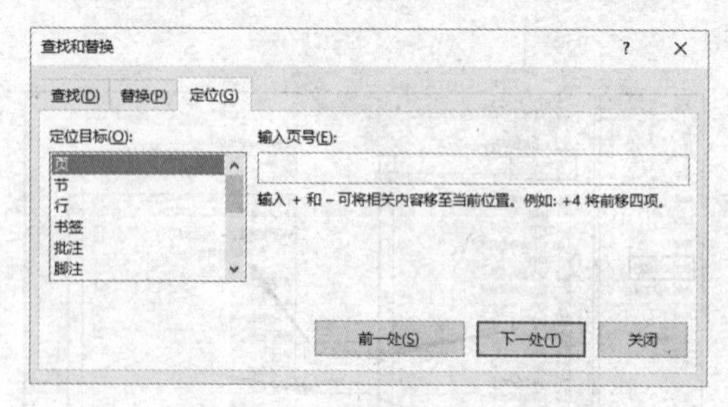

图 3-34 “查找和替换”对话框

（3）在“输入页号”文本框中输入页号，此时，“下一处”按钮变为“定位”按钮，单击该按钮，文档将定位到相应的页，并显示该页的内容。

（4）以此类推，如果“定位目标”列表中选择“行”选项，在“输入行号”文本框中输入“+5”，单击“定位”按钮，则光标的插入点将移到当前位置下方 5 行的位置。

（5）在“输入行号”文本框中输入 p2L5，单击“定位”按钮，文档将定位到第 2 页的第 5 行。

（6）在按页定位时，除了可以指定页号之外，还可以指定节号，如果需要定位到第 1 节的第 2 页，可以输入 p2S1 或 s1P2。

3.4.6　查找和替换

查找和替换功能，能够对文档中的内容进行快速查找，并对查找到的内容替换为需要的内容。

1. 查找

（1）单击“开始”选项卡/“编辑”功能组/“查找”按钮，打开“导航”窗格。

（2）在窗格的“搜索文档”输入框中输入需要查找的文字，单击“搜索”按钮。

（3）在右侧的“导航”窗口中将列出文档中包含查找文字的段落，同时查找的文字在文档中将突出显示。

2. 高级查找

（1）单击“搜索文档”输入框右侧的下三角按钮，如图 3-35 所示，在打开的菜单中选择“高级查找”命令，此时打开了“查找和替换”对话框。另外，“查找和替换”对话框的打开，也可以单击“开始”选项卡/“编辑”功能组/“替换”按钮实现。

（2）单击“查找和替换”对话框中的“更多”按钮，使对话框完全显示，在“搜索选项”栏中对文档搜索进行设置。如图 3-36 所示。

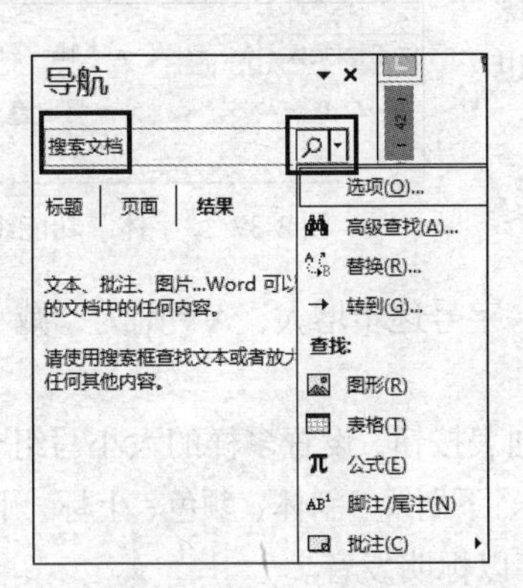

图 3-35　“导航窗格”查找选项

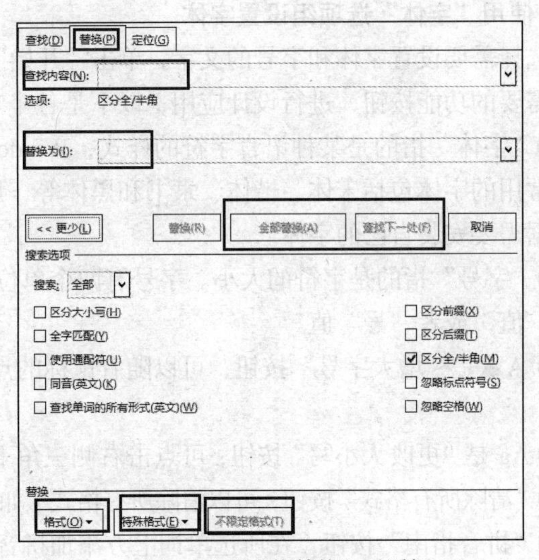

图 3-36　“查找替换”对话框

（3）在对话框的“查找内容”文本框中输入需要查找的文字，将光标置于“替换为”文本框中再输入需要替换的文字，单击“全部替换”按钮进行一次性全部替换，或者单击“查找下一处”，Word 将把文档中找到的内容逐个高亮显示，单击“替换”按钮进行逐个查找替换。

（4）单击“全部替换”按钮后，Word 会给出提示对话框，提示查找到的对象个数。

3. 使用搜索代码

Word 2013 在查找的时候，可以使用通配符“？”和“*”。其中通配符“？”表示任意的一个字符，“*”表示任意的多个字符。

查找和替换功能是强大的，不仅可以查找文本和特殊格式，还可以通过使用搜索代码查找文档中的特殊对象。比如：搜索代码 “^g”表示搜索图片；代码“#”表示匹配 0～9 的数字；代码

“^$”表示任意的字母；代码“^?”表示匹配任意字符。

提示

“查找和替换”对话框中，单击“格式”按钮，可以从获得的菜单中选择相应的命令来设置查找或替换格式，如字体、段落格式或样式等。

此外，如果单击“不限定格式”按钮，将取消设定的查找或替换的格式。

3.5 文字和段落格式

Word 文档中往往包含一个或多个段落，每个段落都由一个或多个字符构成。这些段落或字符都需要设置固定的外观效果，这就是所谓的格式。文字的格式包括文字的字体、字号、颜色、字形、字符边框或底纹等，而段落的格式包括段落的对齐方式、缩进方式以及段落或行的边距等。

3.5.1 设置文字格式

文字是文档的基本构成要素，字体外观的设置，直接影响到文本内容的阅读效果，美观大方的文本样式可以给人以简洁、清晰、赏心悦目的阅读感觉。进行文档编辑操作时，一般需要先选择要进行设置的文本，然后再设置字体的格式以改变文字的外观。

1. 使用“字体”选项组设置字体

先选择需要设置字体和字号的文字，单击“开始”选项卡，如图 3-37 所示，选择“字体”功能组中需要的功能按钮，进行设计应用，以下是各个功能按钮的介绍：

（1）“字体”指的是某种语言字符的样式，Windows 操作系统常用的字体包括宋体、楷体、隶书和黑体等，用户也可以根据需要安装自己的字体。

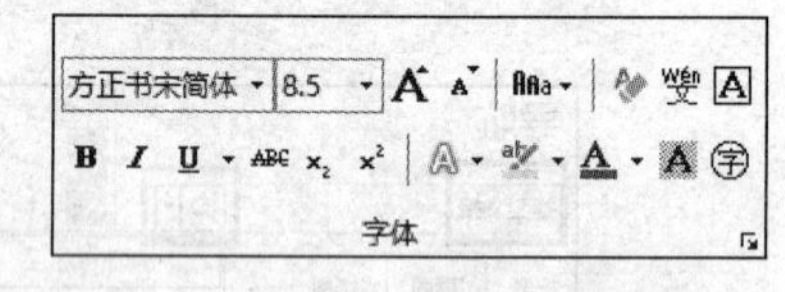

图 3-37 “字体”功能组

（2）“字号”指的是字符的大小。字号有两个单位标准，为“磅”值，或者“号”值。

（3）A▲是“增大字号”按钮，可以随着鼠标的点击，字号逐步增大，A▼则为“减小字号”按钮。

（4）Aa 是“更改大小写”按钮，可点击右侧三角下拉列表按钮，设置多样的大小写组合样式。

（5）“清除所有格式”按钮，可以清除所有格式（如加粗、下划线、斜体、颜色、上标、下标等）。

（6）“拼音指南”按钮，在所选单词上方添加拼音文字以标明发音。

（7）“字符边框”按钮，在一组字符或句子周围应用边框；如：中国 ⇨ 中国。

（8）“字形”设置选择区域，从左到右依次为“加粗”“倾斜”“下划线”三个常用按钮。“下划线”按钮右侧三角形下拉列表，有更多下划线种类的选择。

（9）“删除线”按钮，将在文本中间画一条线。主要用于对文本进行批阅修改，以显示需要删除内容的操作。如：错误 ~~删除~~。

（10）“下标”按钮，以数字“52”为例，选中“2”并设置为下标，则“52” ⇨ “5_2”；

（11）“上标”按钮，以字符“X3”为例，选中“3”并设置为上标，则“X3” ⇨ “X^3”；

（12）“文本效果和版式”按钮，按钮右侧三角形下拉列表中，可有更多设置。

（13）“突出显示文本”按钮，将以选择设定的亮色突出显示文本内容。

（14）“字体颜色”按钮，按钮右侧三角形下拉列表中，可选择更多的色彩，甚至是渐变类型。

（15）“字符底纹”按钮，可以添加简单的底纹背景，如果需要更丰富的设计，需要打开“设计/页面边框/边框和底纹”对话框进行设计。

（16）“带圈字符”按钮，在字符周围放置圆圈或边框加以强调，“中”可以设计为“㊥”。

2. 使用“字体”对话框设置字体

在“开始/字体”功能组中，单击“字体”对话框启动器按钮“◲”，打开“字体”对话框，如图 3-38 所示，可以调整文字字体、字型、字号设置。在“效果”区域，可以进行更为详细的设置，在底部的“预览”区域可以查看设计效果。

字符的高级设置，在对话框中选择“高级”选项卡，可对“字符间距”等进行设置，如图 3-39 所示，字符间距指的是文档中两个字符间的距离，需要设置间距的缩放、间距类型及具体间隔的距离，以“磅”为设置单位标准。

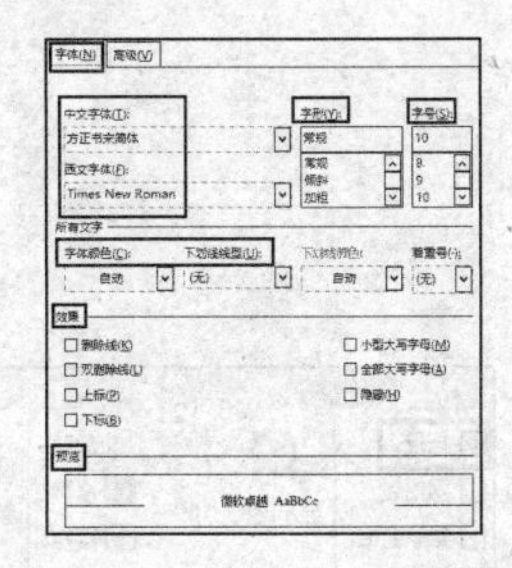
图 3-38　“字体”对话框

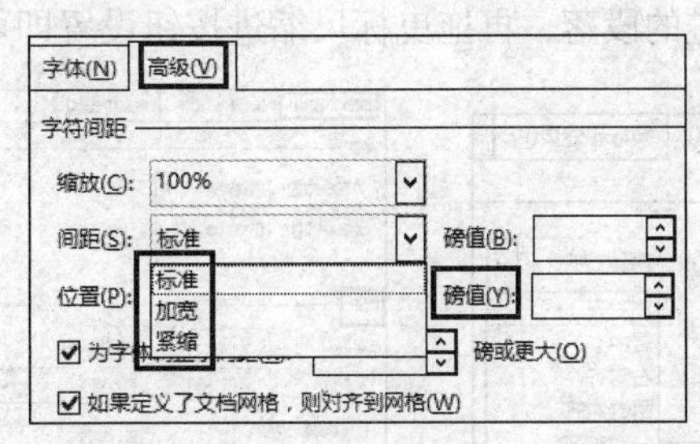

图 3-39　“字体”对话框的“高级”选项

3.5.2　设置段落格式

段落指的是一个或多个包含连续主题的句子。在输入文字时，按 Enter 键，Word 会自动插入一个段落标识，并开始一个新的段落。一定数量的字符和其后面的段落标识组成了一个完整的段落，即在两个段落标识之间的内容就是一个段落。段落格式包含的方面很多，主要包括文字对齐方式、段落缩进、行距等。

1. 使用“段落”选项组设置段落格式

先选择需要设置格式的段落内容，可以在“开始”选项卡/“段落”功能组中进行选择，如图 3-40 所示，以下是各个功能按钮的介绍。

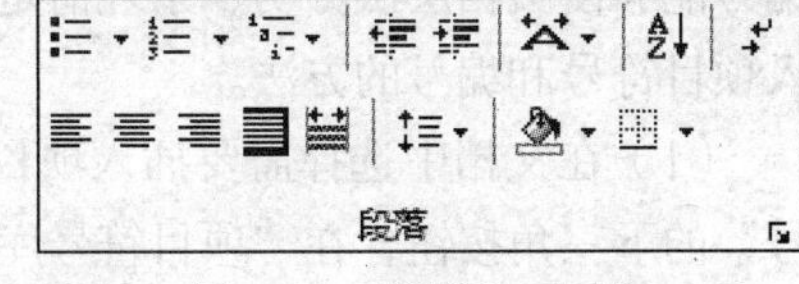

图 3-40　“段落”对话框

（1）“项目符合”“编号”和“多级列表”选项功能。

（2）“减少缩进量”和“增加缩进量”；减少和增加段落的缩进级别。

（3）“中文版式”按钮，包括“纵横混排”“合并字符”和“双行合一”等选项。

（4）“排序”按钮。

（5）“显示/隐藏编辑标记”按钮，显示或隐藏段落标记和其他隐藏的格式符号。

（6）“边框”按钮，在下拉列表中可以选择“边框和底纹”选项，开启“边框和底纹”对话框。

（7）“底纹”按钮。

（8）“行和段落间距”按钮。

（9）5 种“段落对齐方式”按钮。

2. 设置段落对齐方式

Word 2013 中，段落的对齐方式共有 5 种，分别是左对齐、右对齐、居中对齐、两端对齐、分散对齐。可以使用“开始”选项卡的“段落”功能组中的对齐工具按钮来进行设置。也可以单击“段落”功能组右下角的“段落”对话框启动器按钮“◳”。打开“段落”对话框，进行设计，如图 3-41 所示。

3. 设置段落缩进

段落缩进指一个段落首行、左边和右边距离页面左右两侧以及相互之间的距离关系。段落缩进一般包括左缩进、右缩进、首行缩进和悬挂缩进 4 种方式，有两种方法设置段落缩进。

（1）方法一：打开“段落”对话框，进行设计，如图 3-42 所示。

（2）方法二：使用界面上标尺的缩进标记进行设置。

先调出显示标尺，在“视图”选项卡/“显示”功能组，在“标尺”前面打钩，如图 3-43 所示。在标尺上一共有三个缩进的按钮。分别是左缩进“⌂”、首行缩进“▽”和右缩进“△”。先选择要设置缩进的段落，再拖曳标尺缩进按钮设置即可。

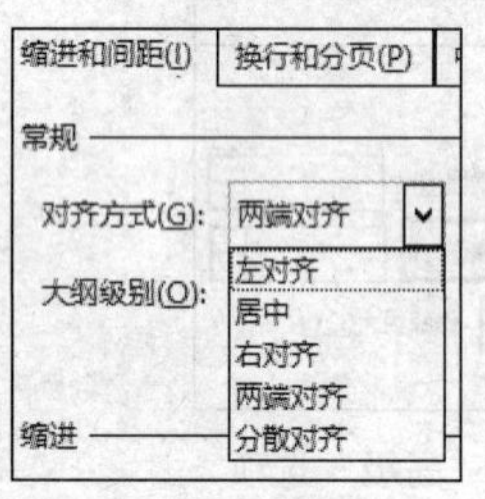

图 3-41 段落对齐

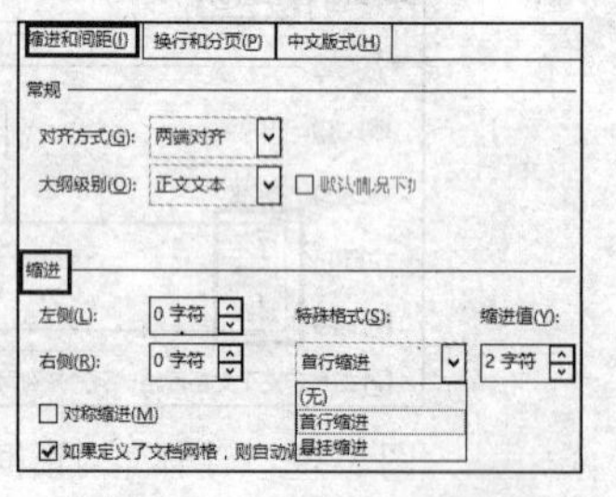

图 3-42 “段落”对话框

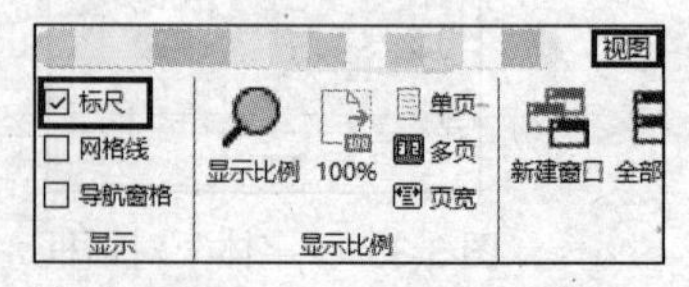

图 3-43 “视图/标尺”选项

4. 设置段间距和行间距

段间距指的是段落与段落之间的间距，而行间距指的是段落中行与行之间的间距。

先选择要设置的段落，使用“开始”选项卡/“段落”功能组/“行距和段落间距”按钮进行设置，如图 3-44 所示，或者打开“段落”对话框进行设置，如图 3-45 所示。

5. 设置项目符号和编号

如果文档中存在一组并列关系的段落，可在各个段落前添加项目符号。如果一组同类型段落有先后关系，或者需要对并列关系的段落进行数量统计，则可以使用项目编号。使用项目符号和编号能够使文档层次分明、条理清楚且容易阅读编辑。下面以添加项目符号为例介绍在文档中插入项目符号和编号的方法。

（1）在文档中选择需要插入项目符号的段落。在“开始”选项卡/“段落”功能组/“项目符号”的下三角按钮，在“项目符号库”列表中选择需要使用的项目符号，选择的段落将被添加项目符号。如图 3-46 所示。

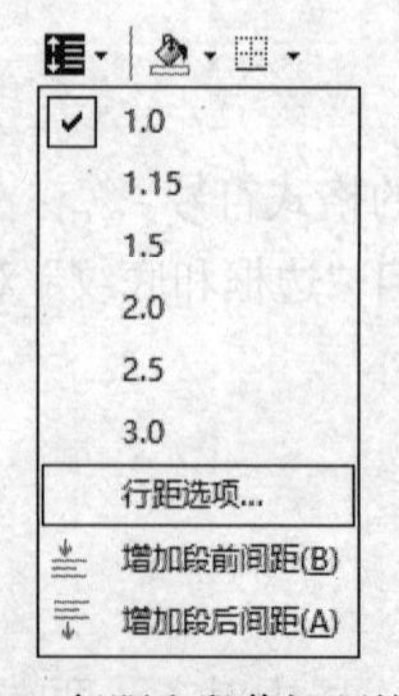

图 3-44 行距和段落间距按钮

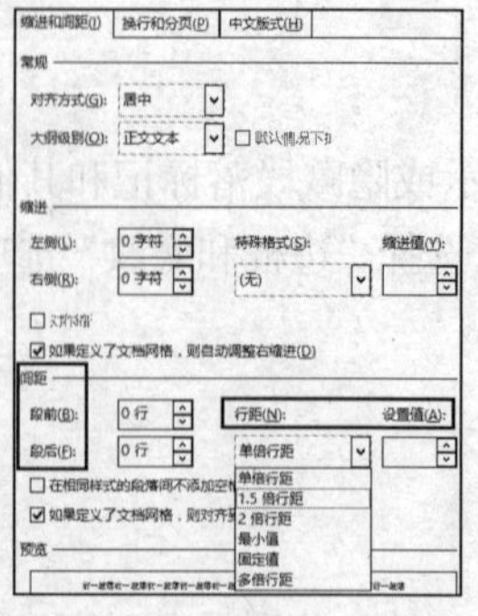

图 3-45 “段落”对话框

图 3-46 插入项目符号

（2）如果打开的“项目符号库”中没有需要的项目符号，可以单击“定义新项目符号”选项，打开“定义新项目符号”对话框，如图 3-47 所示，在对话框中单击“符号”按钮，此时可以打开“符号”对话框，可在对话框中选择特定的符号作为项目符号插入。单击“确定”按钮关闭“符号”对话框。除了符号，也可以单击“图片”和“字体”按钮进行相应的设计。

（3）单击“确定”按钮关闭“定义新项目符号”对话框，此时指定的符号作为项目符号添加到段落中。

设置编号的方法与使用项目符号的方法一样，在“开始”选项卡/“段落”功能组/“编号”按钮旁的下三角按钮，可以选择编号样式并将其应用到段落中。

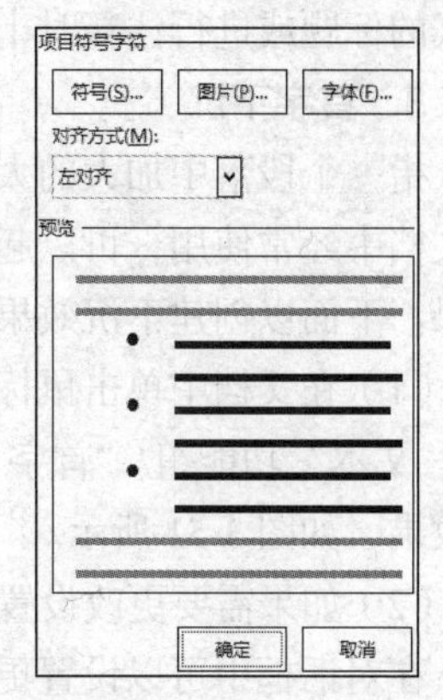

图 3-47　定义新项目符号对话框

3.5.3　特殊的中文版式

针对一些特殊场合的需要，Word 提供了许多具有中文特色的特殊文字样式，如可以将文本以竖直方式进行排版、为中文添加拼音以及首字下沉等。

1. 文字竖排

中文排版时，有时需要以竖直方式进行排版，比如输入古诗词。下面以一首古诗词为例介绍文字竖排的方法步骤。

（1）选择整段古诗，单击“页面布局”选项卡，在“页面设置”功能组下的“文字方向”按钮，单击下拉列表中的“垂直”选项，如图 3-48 所示，此时选择的段落将变为竖排样式，如图 3-49 所示。

（2）设置文字方向的其他途径：在“页面设置”组中单击“文字方向”按钮，在下拉列表中选择“文字方向选项”，打开“文字方向”对话框，如图 3-50 所示。文字竖排效果在“方向”栏中单击相应的按钮设置文字的排版方向，在“应用于”下拉列表中选择“整篇文档”选项，完成设置后单击“确定”按钮关闭对话框，此时，文字将再次恢复为水平排列。

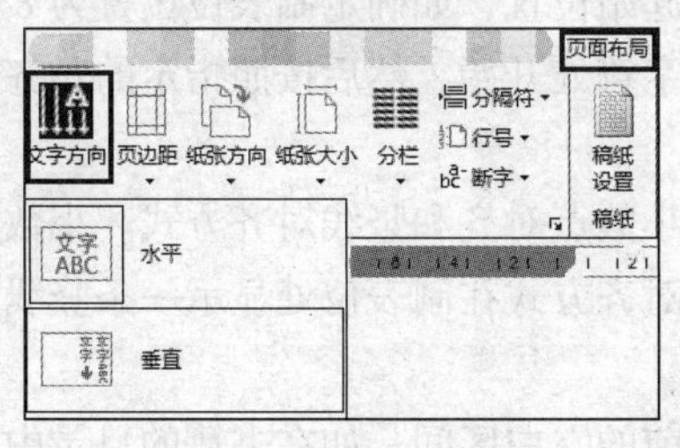

图 3-48　设置文字竖排

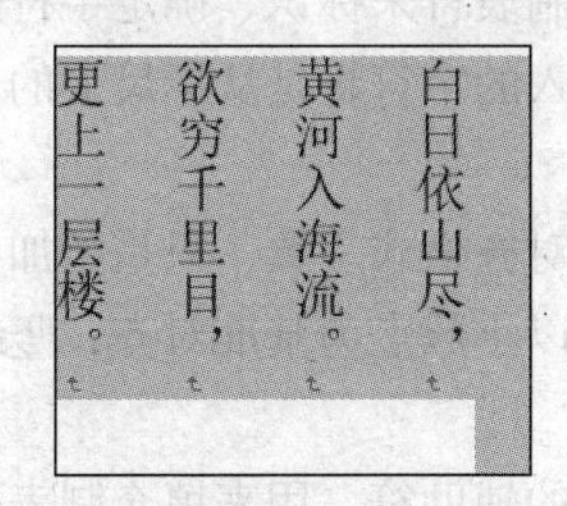

图 3-49　文字竖排效果

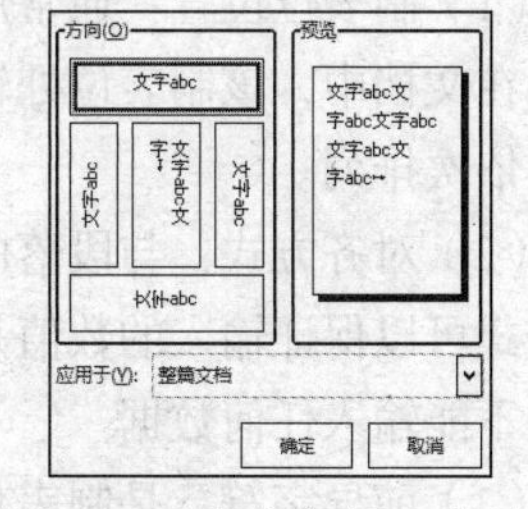

图 3-50　“文字方向”对话框

2. “中文版式”

“中文版式”主要有 3 种排版方式，分别为纵横混排、合并字符、双行合一。这 3 种功能都是在“开始”选项卡下的“段落”功能组里，选择“中文版式”按钮的下拉列表中选择进行设置。

（1）纵横混排：使用纵横混排功能可以在横排的段落中插入竖排的文本，从而制作出特殊的段落效果。

（2）合并字符：合并字符功能能够使多个字符只占有一个字符的宽度。

（3）双行合一：双行合一功能可以将两行文字显示在一行文字的空间中，该功能在制作特殊格式的标题或进行注释时十分有用。

3. 首字下沉

指一个段落中加大的大写首字符。首字下沉常用于文档或章节的开头，在新闻稿或请帖等特殊文档中经常使用，可以起到增强视觉效果的作用。Word 2013 的首字下沉包括下沉和悬挂两种效果。下面以创建下沉效果为例介绍创建方法。

（1）在文档中单击鼠标，将插入点光标放置到需要设置首字下沉的段落中，再“插入”选项卡/“文本”功能组/“首字下沉”按钮，在下拉列表中选择“下沉”选项，此时段落获得首字下沉效果，如图 3-51 所示。

（2）如果需要更改设置，选择“首字下沉选项”选项打开“首字下沉”对话框，如图 3-52 所示。在对话框中可以设置更为具体的首字下沉效果。

图 3-51 “首字下沉”设置

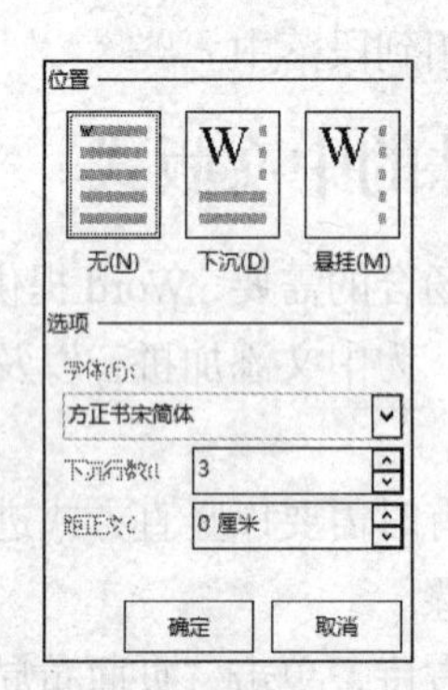

图 3-52 “首字下沉”对话框

3.5.4 设置文档制表位

1. 制表位

制表位是指水平标尺上的位置，在 Word 文档中进行排版时，可以通过制表位对不连续的文本进行整齐排列，制表位有以下 3 个要素。

（1）制表位位置：通常用制表符来标识、确定字符的起始位置，如确定制表位位置为 8 字符时，在文档中，该制表位处输入的字符将是从标尺上的 8 字符处开始，然后按照指定的对齐方式向右依次排列。

（2）对齐方式：与段落的对齐格式一致，只是增加了小数点对齐和竖线对齐方式。小数点对齐方式可以保证输入的数值是以小数点为基准对齐；竖线对齐方式在制表位处显示一条竖线，在此处不能输入任何数据。

（3）前导字符：是制表位的辅助符，用来填充制表位前的空白区间。如在书籍的目录中，就经常利用前导字符来索引具体的标题位置。前导字符有实践、粗虚线、细虚线和点画线 4 种样式。

2. 制表符的使用方法

下面以在文档中创建填充区域为例介绍制表符的使用方法：

（1）打开需要进行编辑的文档。单击水平标尺左侧的制表符按钮，每次单击都会改变制表符（制表符有 5 种，如表 3-53 所示），直到出现右对齐制表符为止。在水平标尺上合适的位置单击鼠标，即可插入相应的制表符，如图 3-54 所示，从第 2 个字符开始，然后每隔 6 个字符的位置，插入一次制表符，一共插入 3 个制表符。如果要取消插入的制表符，用鼠标将制表符直接拖曳到文本区即可删除。

图 3-53　制表符

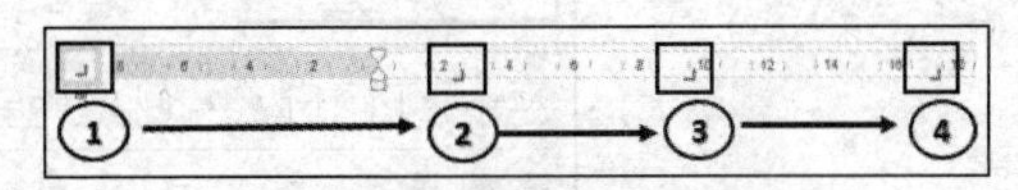

图 3-54　制表符应用步骤

（2）双击水平标尺上任意一个制表符，即可打开“制表位”对话框，如图 3-55 所示。在“制表位位置”列表中依次选择要设置的制表位，每次单击选中“前导符”栏中的“4___”单选按钮，为所有的制表符添加好前导符，完成设置后单击“确定”按钮关闭“制表位”对话框。

（3）在新段落开始处输入“班级:”然后按 Tab 键，鼠标将会定位到一个制表位，同时即可添加需要的下划线，然后依次输入其他文字和下划线，如图 3-56 所示。

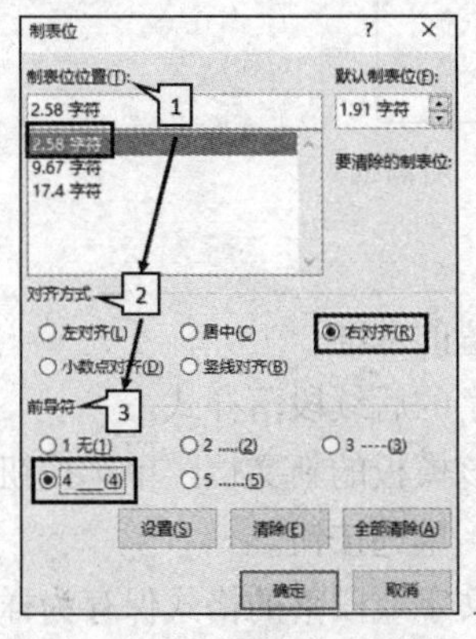

图 3-55　“制表符”对话框

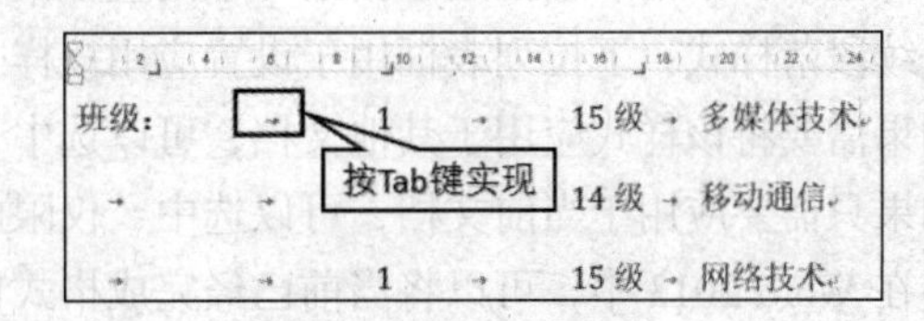

图 3-56　应用制表符

（4）在标尺上拖动创建的制表符，可以对制表位进行修改。

3.5.5　使用样式

样式是一组定义好的字符和段落格式的集合，它可以作为一组排版格式被整体使用。在文档中，如果存在多处文本需要使用相同的格式设置，可以将这些格式定义为一种样式，在使用时直接将这种定义好的样式应用到文本中，可以减少重复性操作，而且还可以快速地格式化文档，确保文本格式的一致性。

1．新建样式

一段文字的格式设置包括多个方面，如字体、字号、行间距和段间距等。如果文档中有多处不相邻的文本需要使用同一种格式，就可以将这些相同的格式定义为一种样式，在需要时应用这种样式即可快速设置各个方面的格式内容。

Word 2013 自带的标题样式、正文样式等为内置样式。也可以新建自定义样式，方法如下。

（1）打开“开始”选项卡，单击“样式”功能组/“样式”对话框启动器按钮“⊡”，在右侧打开“样式”窗格，其中停留了 Word 2013 内置的样式供用户使用。将鼠标放置在“样式”窗格中列表的某个选项上的时候，将显示该项对应的字体、段落和格式的具体设置情况。

（2）在“样式”窗格的下方单击“新建样式”按钮“⊡”，打开“根据格式设置创建新样式”对话框，如图 3-57 所示，在对话框中进行设置。

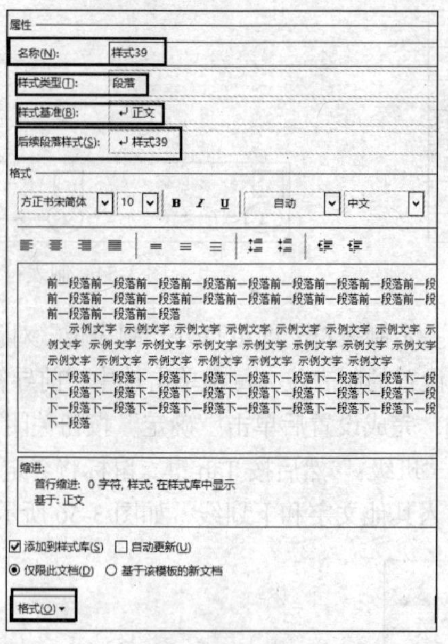

图 3-57 “根据格式设置创建新样式”对话框

①样式类型：下拉列表框用于设置样式使用的类型。

②样式基准：下拉列表框用于指定一个内置样式作为设置的基准。

③后续段落样式：下拉列表框用于设置应用该样式的文字的后续段落样式。

④如果需要将该样式应用于其他文档，可以选中“基于该模板的新文档”单选按钮。

⑤如果只需要应用于当前文档，可以选中“仅限此文档”单选按钮。

（3）在 Word 2013 中，可以将当前已经完成格式设置的文字或段落的格式保存为样式，放置到样式库中，以便以后使用，只要在“根据格式设置创建新样式”对话框的左下角区域，勾选“添加到样式库”选项，这样新建的样式将被保存到快速样式库中。

（4）单击“确定”按钮，关闭“根据格式设置创建新样式”对话框，此时新建的新样式已经添加到“样式”窗格的列表中。

2. 应用样式

先选择要应用样式的文本内容，单击“样式”列表中的内置样式或者创建的新样式，如图 3-58 所示，文字或段落将应用该样式。

如果需要清除样式，可以单击“样式”功能组中，样式集下拉列表中选择“清除格式”命令。

3. 修改样式

对于自定义的快速样式，用户可以随时对其进行修改。下面以对“样式”窗格中列出的样式进行修改为例，介绍修改样式的具体方法。

（1）打开“样式”窗格，将鼠标指针放置到窗格中需要修改的样式选项上，单击其右侧出现的下三角按钮，在下拉列表中单击“修改”选项，如图 3-59 所示。

（2）此时打开“修改样式”对话框，对设置的样式进行修改，如图 3-60 所示，“修改样式”对话框和“根据格式设置创建新样式”对话框基本一致，设置方法一样。

（3）在“修改样式”对话框中，也可以单击“格式”按钮，在弹出的菜单中选择相应的命令，可以进行更为详细的格式修改。

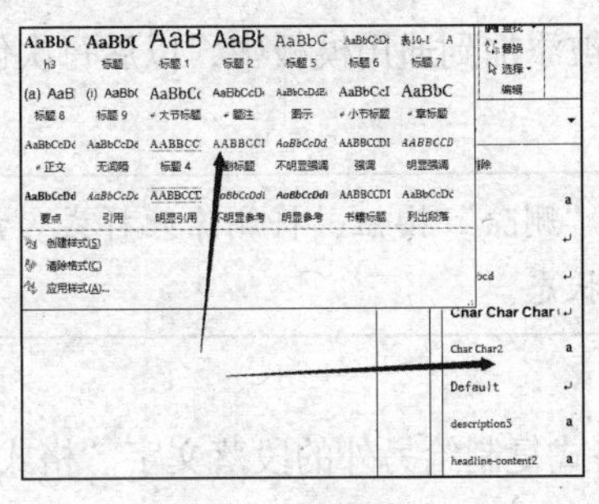
图 3-58　样式集

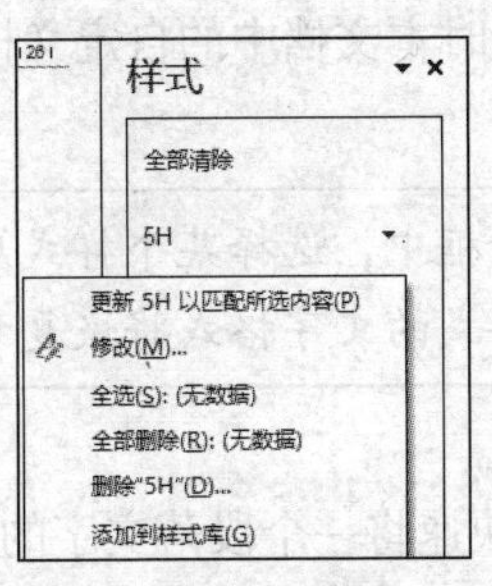

图 3-59　样式窗格

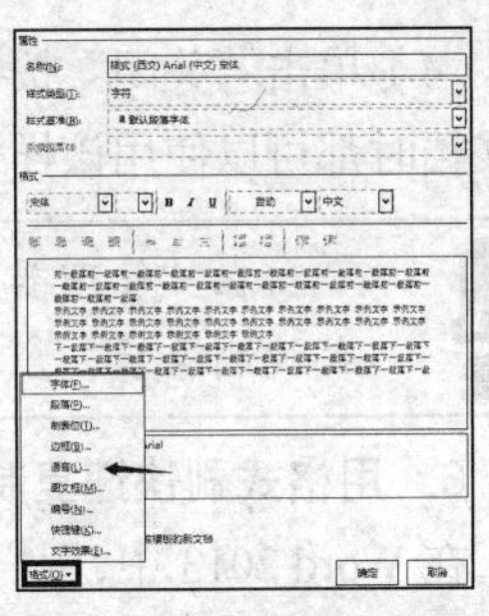
图 3-60　修改样式对话框

如果单击"从样式库中删除"命令，将删除选择的样式。但 Word 的内置样式是无法删除的。此外，如图 3-59 所示，如果修改了样式 5H，选择"更新 5H 以匹配所选内容"命令，则带有该样式的所有文本都将自动更改以匹配新样式。

4. 使用样式集

Word 2013 中新增加了"文档格式"功能，在"设计"选项卡下。主要包括主题、样式集、颜色和字体等功能。

（1）主题样式

选择"设计"选项卡/"主题"的下三角按钮，在下拉列表中选择一种选项，即可设置当前文档的主题样式。设置完主题效果后，可执行"主题/保存当前主题"命令，保存自定义主题。

（2）设置主题字体、颜色和主题效果

选择"设计"选项卡，在"文档格式"功能组里面，单击"字体"的下三角按钮，在下拉列表中选择一种字体，或者选择"自定义字体"选项，设置字体。同样的方法可设置颜色和效果。

5. 管理样式

Word 2013 提供了专门的"管理样式"对话框来实现对文档中使用样式的管理。下面介绍使用"管理样式"对话框修改和复制样式等操作的方法。

（1）在"样式"窗格中，单击下方区域的"管理样式"按钮"[icon]"，打开"管理样式"对话框，在"选择要编辑的样式"列表中选择需要进行编辑的样式，单击"修改"按钮，打开"修改样式"对话框，对选择的样式进行修改。

（2）单击"确定"按钮，依次关闭"修改样式"对话框和"管理样式"对话框，可以看到应用该样式的文本段落格式的变化。

（3）在"管理样式"对话框中，单击"导入/导出"按钮，打开"管理器"对话框，"样式"选项卡中左侧的列表将列出当前文档中的所有样式，选择一种样式后单击"复制"按钮，该样式将被添加到右侧的"到 Normal.dotm"列表中，如图 3-61 所示。可实现文档的自定义样式添加到通用模板中。

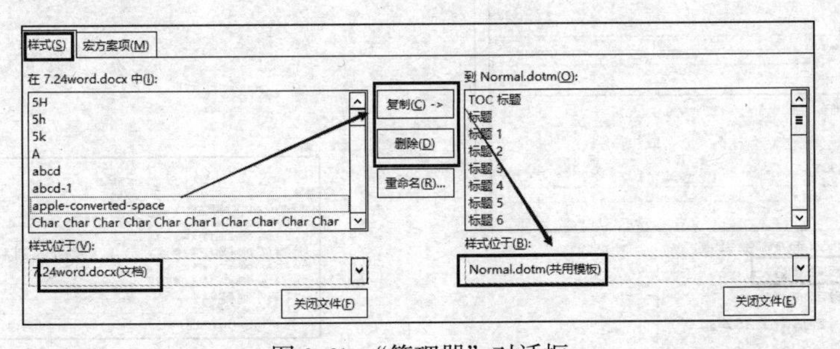

图 3-61　"管理器"对话框

（4）单击“关闭”按钮，此时本文档中的自定义样式将被添加到通用模板中，以后每次创建新文档时都可以使用该样式。

注意 在“管理器”对话框中，选择某个样式后单击“删除”按钮，将删除此样式。该样式被删除后，应用该样式的文字格式将恢复到默认状态。

6. 用格式刷快速复制样式

在 Word 2013 中，用户可以快速将一个段落文字的排版格式复制给另外的段落文字。“格式刷”就是专门的一个格式复制工具，下面介绍“格式刷”的使用方法。

（1）在源文本段落中，即需要复制文档格式的段落区域单击鼠标，放置插入点光标在此段落中，在“开始/剪贴板”功能组中，单击“格式刷”按钮“格式刷”。

（2）此时鼠标的指针变为刷子形状“”，将鼠标指针放置到需要复制格式的段落中，在段落中单击或者拖曳文本内容，源文本段落的格式将被复制到该段落。

注意 如果需要复制文本的格式，可以选择文字后再使用“格式刷”进行多次复制。选定源文本后，双击“格式刷”按钮，鼠标可以对格式进行多次复制。按 Esc 键或再次单击“格式刷”按钮，将停止格式的复制。

3.5.6 制作文档目录

在 Word 2013 中，如果文本的内容应用了标题样式，如标题 1、标题 2 和标题 3 等，插入目录时，Word 2013 会自动搜索这些标题，将标题内容生成目录。目录有预设目录样式和自定义目录样式。制作目录的过程如下。

1. 制作使用预设目录样式

（1）打开需要创建目录的文档，此时文档中的标题已经应用了各个级别的标题样式。将插入点光标放置在需要添加目录的位置，在功能区中打开“引用”选项卡，如图 3-62 所示。

（2）单击“目录”功能组中的“目录”按钮，在下拉列表中，选择一款自动目录样式，此时在插入点光标处，将会获得所选择样式的目录，如图 3-63 所示。

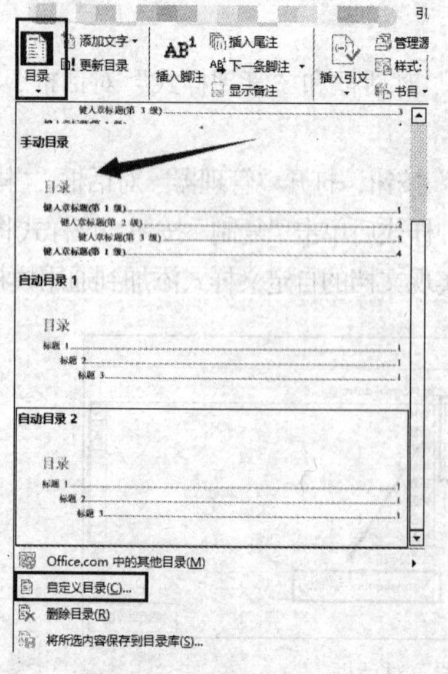

图 3-62 生成目录选项

图 3-63 目录效果

2. 自定义目录的设置

（1）单击“目录”功能组中的“目录”按钮，在下拉列表中，选择“自定义目录”选项，打开“目录”对话框，在对话框中可以对目录的样式进行设置，如制表符的样式。

（2）在“目录”对话框中，单击“选项”按钮，打开“目录选项”对话框，设置采用目录形式的样式内容。

（3）在“目录”对话框中，单击“修改”按钮，打开“样式”对话框，对目录的样式进行修改，在对话框的“样式”列表中选择需要修改的目录，单击对话框中的“修改”按钮，此时打开“修改样式”对话框，对目录的样式进行修改。

（4）依次单击“确定”按钮，关闭“修改样式”对话框，“样式”对话框和“目录”对话框，此时 Word 会提示是否替换所选目录，单击“是”按钮关闭该对话框，目录的样式得到修改。

3. 目录的更新

单击“目录”选项组中的“更新目录”按钮，即可更新当前目录。

3.6　页面格式和版式设计

对一篇设计精美的文档，除需要对字符和段落的格式进行设置之外，还需要有美观的视觉外观。这就需要对文档的整个页面进行设计，如页面大小、页边距、页面版式布局及页眉页脚等。

3.6.1　页面设置

页面设置指的是对文档页面布局的设置。页面设置包括设置页边距、纸张大小、页面方向和版式等几个方面。

1. 页面设置的几个方面

（1）页边距：是页面的正文区域和纸张边际之间的空白距离。页边距太小会影响文档的修订，太大又会影响文档的美观且浪费纸张。

（2）设置页面大小：是选择需要使用的纸型，可以选择使用 Word 内置的文档页面纸型，也可以自定义纸张的大小。

（3）纸张方向：页面方向分为“纵向”或“横向”两种。

2. 页面设置的方法主要有两种

（1）单击“页面布局”选项卡，在“页面设置”功能组中，可以选择“页边距”“纸张方向”“纸张大小”，进行设置，如图 3-64 所示。

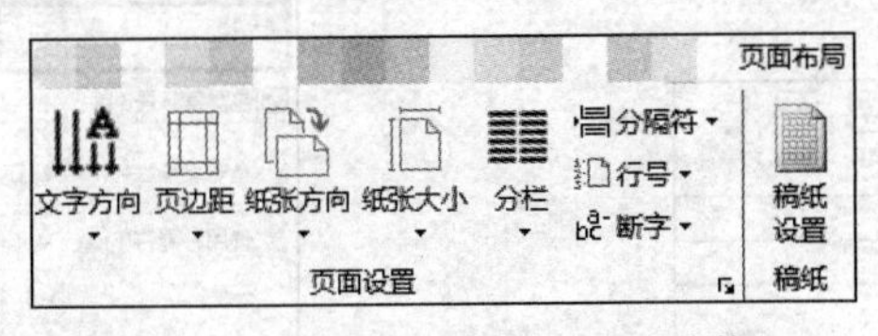

图 3-64　“页面布局/页面设置”功能组

（2）单击“页面设置”对话框启动器，打开“页面设置”对话框，如图 3-65 所示。在“页面设置”对话框中，也可进行设置。

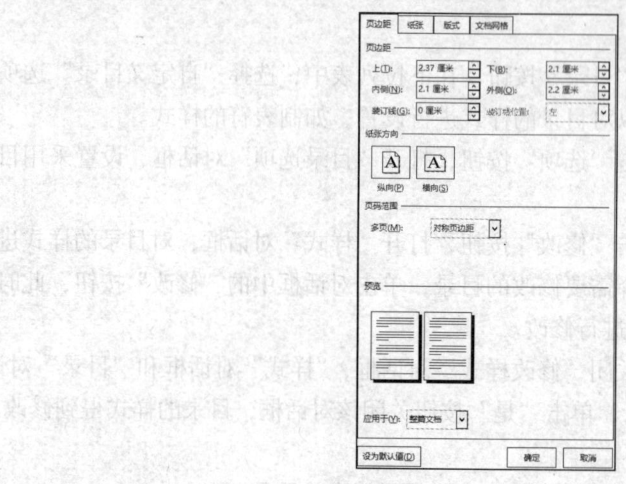

图 3-65 “页面设置”对话框

3.6.2 设计页眉和页脚

现实生活中，绝大多数书籍或杂志的每一页顶部或底部，都会有一些因书而异、但各页都相同的内容，如书名、该页所在章节的名称或出版信息等。同时，在书籍每页两侧或底部会出现页码，这就是所谓的页眉和页脚。页眉出现在页面的顶部，页脚出现在页面的底部。

在使用 Word 进行文档编辑时，页眉和页脚并不需要每添加一页都分别创建一次，可以在进行版式设计时直接为全部的文档添加页眉和页脚。在页眉和页脚区域插入对象的操作与在文档中的操作是完全一样的。用户可以在页眉和页脚中插入文本或图形，如添加时间、日期、公司徽标、文档的标题、文件名或作者姓名等信息。对于多页文档来说，通常需要为文档添加页码。如果只是单纯地进行页码编排，可以直接使用“插入/页码”来添加页码以提高工作效率。

1. 添加页眉页脚的操作步骤

（1）以添加“页眉”为例，单击“插入”选项卡，选择“页眉和页脚”功能组中的页眉下三角按钮，在下拉列表中选择一款内置的页眉，即可在文档中插入页眉，如图 3-66 所示。

（2）此时进入了页眉的编辑状态，并且在选项卡中，新增加了一个新的选项卡，是“页眉和页脚”的“设计”选项卡，在这个选项卡里面，可以对页眉进行更为详细的设置。

2. 添加页码

添加页码的方法与添加页眉和页脚的方法类似。打开“插入/页眉和页脚/页码”，在下拉列表中，选择“设置页码格式”选项，打开“页码格式”对话框，如图 3-67 所示。设置编号格式及页码编号的起始页码，可以得到更为灵活的页码表现形式。

图 3-66 插入页眉页脚

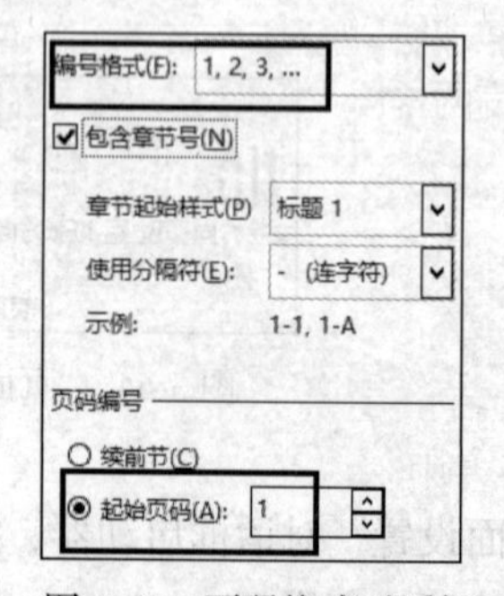

图 3-67 页码格式对话框

完成页眉和页脚的创建后，如果需要对页眉和页脚进行修改编辑，可以在页眉或页脚区域双击鼠标，进入页眉和页脚的编辑状态。同理，退出页眉和页脚的编辑状态，只需要在文本编辑区域的任意位置双击即可退出。

如果需要去除添加的页眉或页脚，可以在“设计”选项卡中单击“页眉”按钮或“页脚”按钮，然后在下拉列表中选择“删除页眉”或“删除页脚”命令即可。

3.6.3 分栏

当文档中一行文字比较长不便于阅读时，可以使用分栏排版的方式将版面分成多栏。同时，对于杂志、报纸和宣传手册等出版物，常常需要将同一页面上的内容分成多栏，使整个页面更具特色和观赏性。

在 Word 2013 中，可以很容易地对文档进行分栏排版，并可使不同的章节具有不同的栏数和格式。

1. 分栏的设置

分栏的栏数、栏宽和分割线，相关操作如下：

先选择要进行分栏的文本内容，单击“页面布局”选项卡/“页面设置”功能组/“分栏”按钮，在下拉列表中选择需要的分栏形式，如图 3-68 所示。也可以选择“更多分栏”命令打开“分栏”对话框，进行自定义设置，如图 3-69 所示。

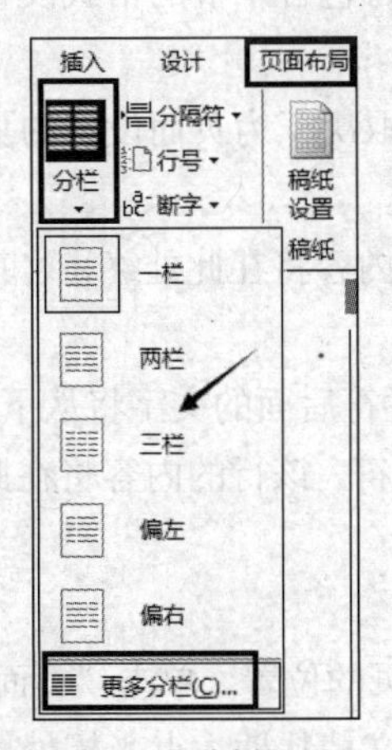

图 3-68 “分栏”设置

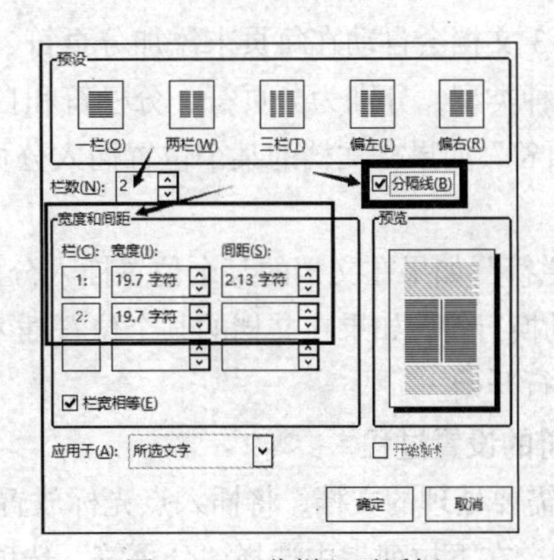

图 3-69 “分栏”对话框

2. 分栏符的使用

单击“页面布局/页面设置/分隔符”的下三角按钮，在下拉列表中选择“分栏符”选项，此时，插入点光标前后两段文字被分别放置在两个分栏中。

3. 分栏均等

（1）默认情况下，分栏后的内容会先将第一栏排满后再从第二栏开始，这样有可能会产生左右两栏行数不均等的情况，这样栏间不平衡，从而影响了页面的美观，如图 3-70 所示。

（2）将插入点光标放置到分栏后文档的末尾。在“页面设置”功能组/“分隔符”的下三角按钮，在下拉列表中选择“连续”选项，如图 3-71 所示。此时，页面中两栏行数变得大致相同。

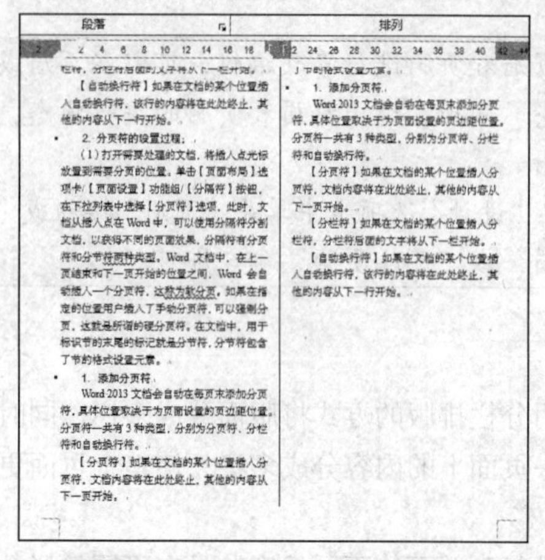

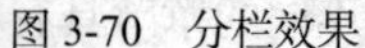
图 3-70　分栏效果

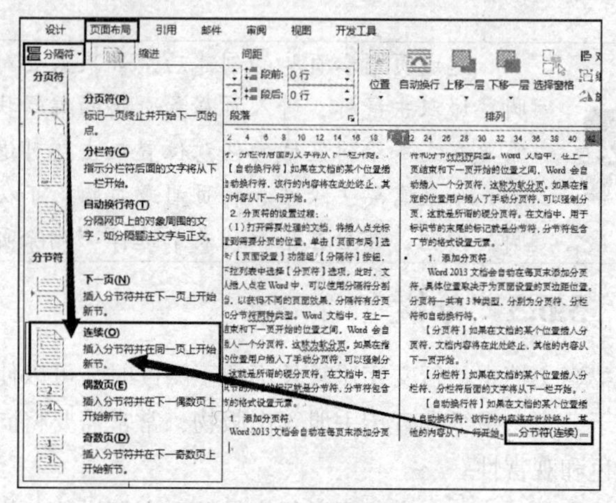

图 3-71　设置两栏行数相同

3.6.4　分页和分节

在 Word 中，可以使用分隔符分割文档，以获得不同的页面效果，分隔符有分页符和分节符两种类型。Word 文档中，在上一页结束和下一页开始的位置之间，Word 会自动插入一个分页符，这称为软分页。如果在指定的位置用户插入了手动分页符，可以强制分页，这就是所谓的硬分页符。在文档中，用于标识节的末尾的标记就是分节符，分节符包含了节的格式设置元素。

1. 添加分页符

Word 2013 文档会自动在每页末添加分页符，具体位置取决于为页面设置的页边距位置。分页符一共有 3 种类型，分别为分页符、分栏符和自动换行符。

（1）“分页符”如果在文档的某个位置插入分页符，文档内容将在此处终止，其他的内容从下一页开始。

（2）“分栏符”如果在文档的某个位置插入分栏符，分栏符后面的文字将从下一栏开始。

（3）“自动换行符”如果在文档的某个位置插入自动换行符，该行的内容将在此处终止，其他的内容从下一行开始。

2. 分页符的设置过程

（1）打开需要处理的文档，将插入点光标放置到需要分页的位置。单击“页面布局/页面设置/分隔符”按钮，在下拉列表中选择“分页符”选项，此时，文档从插入点光标处插入分页符，同时完成分页。

（2）单击“开始”选项卡/“段落”功能组的对话框启动器，打开“段落”对话框/“换行和分页”选项卡中，勾选“段中不分页”复选框，这样文档中将会按照段落的起止来分页，避免了同一段落放在两个页面上的情况，如图 3-72 所示。

3. 添加分节符

在 Word 中，一篇文档默认情况下是一个“节”，设置某一页的版式，其他的页面也会以相同的版式显示。如果把一篇文档分为多节，则可按节分别设置多种不同的页面版式，分节符可以改变文档中的一个或多个页面的版式和格式。使用分节符可以分隔文档中的各章，使章的页码编号单独从 1 开始。另外，使用分节符还可以为文档的章节创建不同的页眉和页脚。

单击“页面布局/页面设置/分隔符”，在下拉列表中有 4 种选项，是分节符的 4 种不同的类型，如图 3-73 所示。

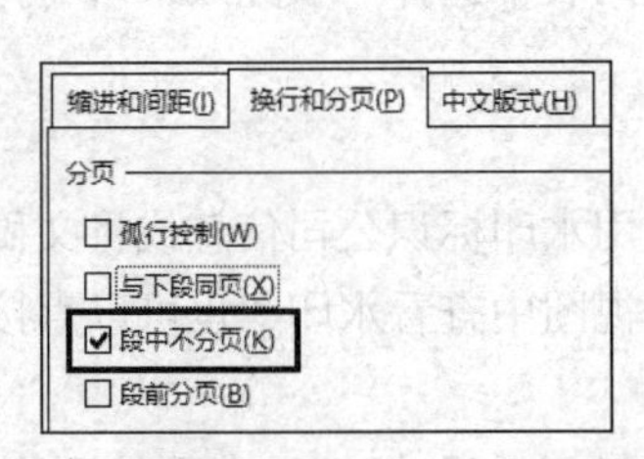

图 3-72　段落不分页的设置

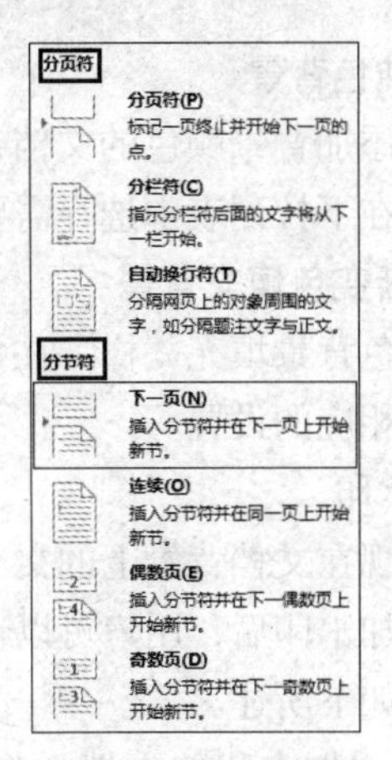

图 3-73　分隔符

（1）“下一页”在当前文本插入点处插入分节符，从下一页开始新的节，常用于在文档中开始新的章节。如果想在不同页面上分别应用不同的页码样式、页眉和页脚，或想改变页面的纸张方向、纸型、纵向对齐方式，可使用这种分节符。

（2）“连续”在当前文本插入点处插入一个分节符，但不会强制分页，新节将在分节符后开始，如果分节符前后的页面设置不同，选择使用“连续”分节符后，Word 就会在分节符所在的位置强制文档分页。

（3）“偶数页”在当前文本插入点处插入分节符后，并在下一个偶数页上开始新节。

（4）“奇数页”在当前文本插入点处插入分节符后，并在下一个奇数页上开始新节。

如果要删除分隔符，将插入点定位到分隔符标记之前，按“Delete”键即可。

3.6.5　边框和底纹

在 Word 文档中，对于文字内容以及段落都是可以添加边框和底纹的。以添加文字边框为例，文字边框的添加和设置可以通过“边框和底纹”对话框/“边框”选项卡设置来实现，其操作与文档边框的添加相类似，操作如下。

先选择需要添加边框的内容，单击“设计/页面背景/页面边框”按钮，打开“边框和底纹”对话框，切换到“边框”选项卡，进行设置，在右下角可以选择“文字”或“段落”，边框的作用范围和效果将不同，如图 3-74 所示。

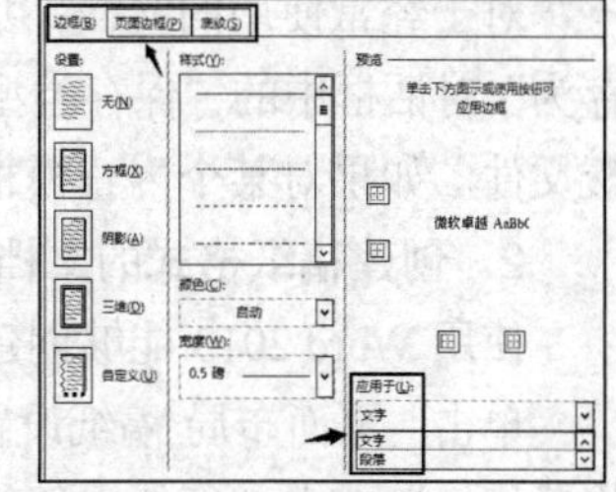

图 3-74　“边框和底纹”对话框

此外，单击“开始”选项卡/“段落”功能组/“下框线”按钮“⊞ ▾”，在下拉列表中选择“边框和底纹”命令同样可以打开“边框和底纹”对话框，进行相关设置。

3.6.6　设置文档背景

Word 2013 能够给文档添加背景以增强文档页面的美观性，使文档易于阅读。设置文档的背景，除了可以给背景填充颜色外，还包括填充过渡色、纹理、图案以及文字或图片水印等。

1．使用纯色背景

打开需要添加背景颜色的文档，打开“设计”选项卡，单击“页面背景”功能组中的“页面颜色”按钮，在下拉列表中选择需要使用的颜色。

2．使用渐变色填充背景

步骤和纯色背景填充一样，在“页面颜色”下拉列表中选择“填充效果”，打开“填充效果”对话框，进行相应的设置。

3．添加水印

水印是出现在文档背景上的文本或图片。比如使用水印标识公司信息或将文稿标记为绝密档案等，文档中加水印后，用户可以在页面视图或阅读视图中查看水印，也可以直接打印出来，水印的添加方法如下所述。

打开需要添加水印的文档，单击“设计/页面背景/水印”按钮，在下拉列表中选择需要使用的水印样式。或者选择“自定义水印”选项，打开“水印”对话框，在对话框中进行设置。删除水印只需要单击“设计/页面/背景/水印”按钮，再下拉列表中选择“删除水印”即可。

注意

为文档添加纯色或填充效果后，只能在页面视图、Web 版式视图和阅读视图模式下才能显示出来。

3.6.7　特殊版式文档的创建

使用 Word 2013 能够方便地创建各种具有特殊需要的文档格式，如字帖、稿纸格式的文档、信封以及公文和宣传册等专业文档。

1．使用模板

模板是一个已经创建完成的文档，其包含某种类型文档中的通用部分，如文字、图片及特定需要文字的通用格式等。新建这种相同类型的文档时，可以直接使用模板，套用其内置的格式，只对不需要的内容进行修改。这样能快速创建各种专业文档，大大提高工作效率。下面以创建个人简历为例介绍 Word 2013 中模板的使用方法。

（1）单击“开始/新建/可用模板”列表中选择需要使用的模板，选择“简历”模板。

（2）此时 Word 2013 会列出模板的分类列表。选择需要使用的模板类型，这里选择“简历”，此时窗格中能预览模板并显示该模板的有关信息，然后单击“创建”按钮。

对于经常使用的文档，可以将其定义为模板。创建该文档后单击“文件/另存为”命令，在“另存为”对话框中的“保存类型”下的级联菜单中，选择“Word 模板”选项，可将该文档保存为模板文件。如果对某个内置模板不满意，可以在 Word 中对其进行修改，然后再次保存它。

2．创建稿纸格式的文档

使用 Word 2013 能够创建稿纸格式的文档，设置方法如下。

单击“页面布局/稿纸设置”按钮，打开“稿纸设置”对话框，在“格式”下拉列表中选择“方格式稿纸”或者“行线式稿纸”选项，在“网格颜色”下拉列表中选择稿纸网格颜色，勾选“允许标点溢出边界”复选框后，单击“确定”按钮关闭“稿纸设置”对话框。

3．创建封面

Word 2013 为创建特殊格式的文档提供了很多实用的工具。插入封面的功能就是这些众多实用工具中的一个，用户可以使用这个工具为文档创建精美的封面。创建封面的方法如下。

（1）打开需要创建封面的文档，在“插入”选项卡/“页面”功能组/“封面”按钮，在下拉列表中选择需要使用的封面样式，这里选择“边线型”。

（2）选择的封面被插入文档的首页，分别在封面的“标题”和“副标题”文本框中单击，输入文档的标题和副标题。在“选取日期”区域单击鼠标，单击其右侧出现的下三角按钮，在下拉列表中选择日期。如果是当天，可单击“今日”按钮。

（3）在需要设置的文本框中输入文本。如果需要删除项目对象，单击区域上的标签，按 Delete 键可以将该段文字删除，然后依次进行其他的格式设置即可。

3.7　图文制作与表格

全部是文字的文档会使阅读者感到单调，很快就会产生阅读疲劳。在文档中插入适当的图片会使文档更具有感染力，在丰富版面内容的同时，也能够使文档更容易阅读，使读者更容易理解。同样，表格作为一种简明扼要的表达方式，不仅结构严谨、效果直观，而且包含的信息量大，能够比文字更为清晰且直观地描述内容。

3.7.1　使用图片

Word 2013 对图像文件的支持十分优秀，其可以支持当前流行的所有格式的图像文件，如 BMP 文件、JPG 文件和 GIF 文件等。同时，用户还可以使用 Microsoft 剪辑管理器来插入格式为 WMF 的剪贴画。在文档中插入的图片，使用 Word 2013 能方便地对其进行简单的编辑、样式的设置和版式的设置。

1. 在文档中插入图片

Word 2013 允许用户在文档的任意位置插入常见格式的图片，插入图片的方法如下。

（1）打开需要插入图片的文档，将插入点光标放置到需要插入图片的位置。单击“插入”选项卡，在“插图”功能组中单击“图片”按钮，如图 3-75 所示。

图 3-75　“插入图片”选项

（2）此时打开“插入图片”对话框，在“查找范围”下拉列表中选择图片所在的文件夹，在对话框中选择需要插入文档中的图片，然后单击“插入”按钮。选择的图片将被插入到文档的插入点光标处。

（3）此外，还可以在“插入图片”对话框中，选择图片，单击“插入”按钮的下三角按钮，在下拉菜单中选择“链接到文件”命令，此时图片将以链接文件的形式插入文档中。

单击“插入”按钮插入图片，图片将嵌入文档中，成为文档的一部分。此时的图片和源图像没有任何关联，即使从磁盘上删掉源图片，文档中的图片仍然存在。

选择“链接到文件”以链接方式插入图片时，图片作为副本插入文档中，原图像和插入图像之间仍然存在着一定的联系，如果更改源图像的信息，将影响到文档中的文件。如删除图像文件或改变图像文件在磁盘上的存放位置，再次打开文档时，图片将无法显示。使用链接的方式插入图像，可以减小文档的大小。

2. 插入剪贴画

剪贴画是 Office 2013 提供的图片，这些图片一般是 WMF、EPS 或 GIF 格式。Office 将剪贴画放置在剪辑库中。

（1）单击“插入/插图/联机图片”按钮，将打开“插入图片”窗格，如图 3-76 所示。

（2）在窗格的“Office.com 剪贴画”文本框中输入要查找的剪贴画的名称。在“搜索范围”下拉列表框和“结果类型”下拉列表中设置搜索范围和文件的类型后，单击“🔎”搜索按钮，在窗格的列表中将显示所有找到的符合条件的图像，如图 3-77 所示。鼠标先选择窗格中合适的剪贴画，然后单击下方的“插入”按钮，图片将会被插入到文档光标插入点。

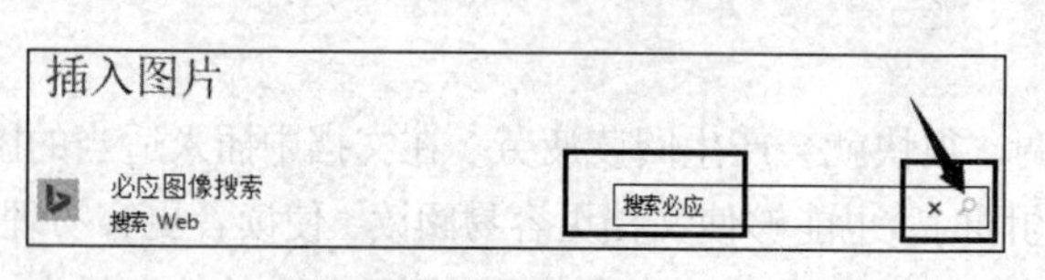

图 3-76 “插入图片”窗格

图 3-77 图片搜索结果对话框

3. 插入屏幕截图

编写某些特殊文档时，经常需要向文档中插入屏幕截图。第三方截图软件很多，如 QQ 截图、Windows 系统自带的截图方式等。Office 2013 提供了屏幕截图功能。用户编写文档时，可以直接截取程序窗口或屏幕上某个区域的图像，这些图像会自动输入到当前插入点光标所在的位置，操作方法如下。

（1）截取窗口：单击“插入/插图/屏幕截图”按钮，打开的“可用视窗”列表中将列出当前打开的所有程序窗口。选择需要截图的窗口，此时该窗口的截图将被插入到文档的插入点光标处。

（2）截取屏幕区域：单击“屏幕截图/屏幕剪辑”选项，此时当前文档的编辑窗口将最小化，屏幕将灰色显示，拖动鼠标框选出需要截取的屏幕区域，释放鼠标，框选区域内的屏幕图像将被插入到文档中。

4. 旋转图片和调整图片大小

在文档中插入图片后，可以对其大小和放置角度进行调整，以使图片适合文档排版的需要。调整图片的大小和放置角度，可以通过拖动图片四周的控制点及顶部上方的“控制柄”实现，也可以通过功能区设置项来进行精确设置。

（1）单击图片，拖动图片框上的控制柄，可以改变图片的大小，将鼠标指针放置到图片框顶部的控制柄上，拖动鼠标将会对图像进行旋转操作，如图 3-78 所示。

（2）选择插入的图片，在“格式”选项卡/“大小”功能组/“高度”和“宽度”增量框中输入数值，可以精确调整图片在文档中的大小。

（3）单击“大小”功能组下的对话框启动器按钮，此时打开“布局”对话框，也可以修改图片的高度和宽度等属性。

5. 裁剪图片

较之以前的版本，Word 2013 的图片裁剪功能更为强大，不仅能够实现常规的图像裁剪，还可以将图像裁剪为不同的形状。

（1）单击“大小”功能组/“裁剪”下三角按钮中的下拉列表，选择需要裁剪的形状，如图 3-79 所示。

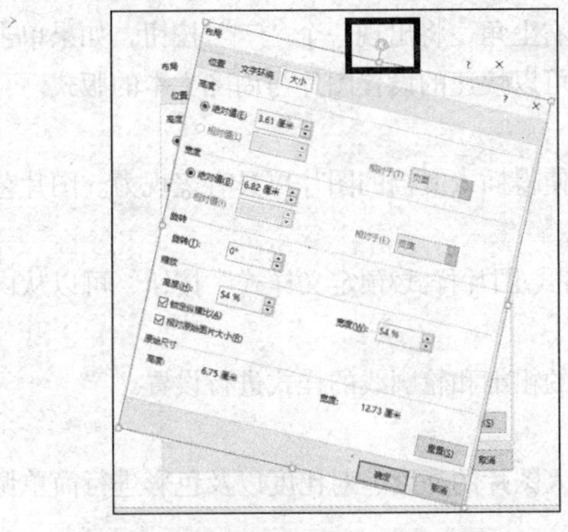

图 3-78　图片旋转设置

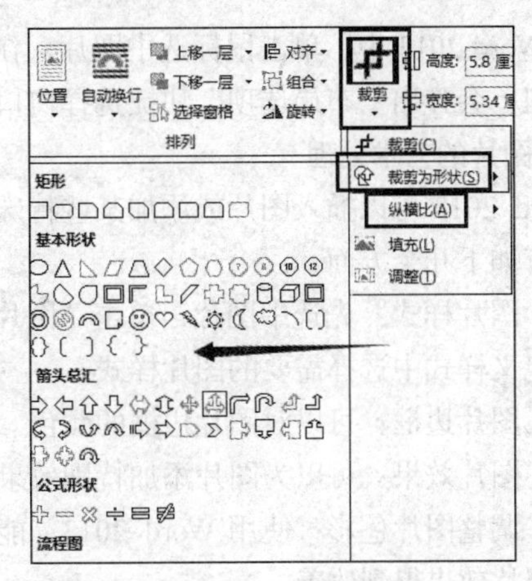

图 3-79　图片裁剪

（2）然后拖动裁剪图片上的裁剪控制柄“┏”、“┃”或“━”，可以对图片进行裁剪操作。

6. 设置图片的版式

图片版式指的是插入文档中的图片与文档中的文字间的相对关系，如图 3-80 所示。

（a）图片的位置

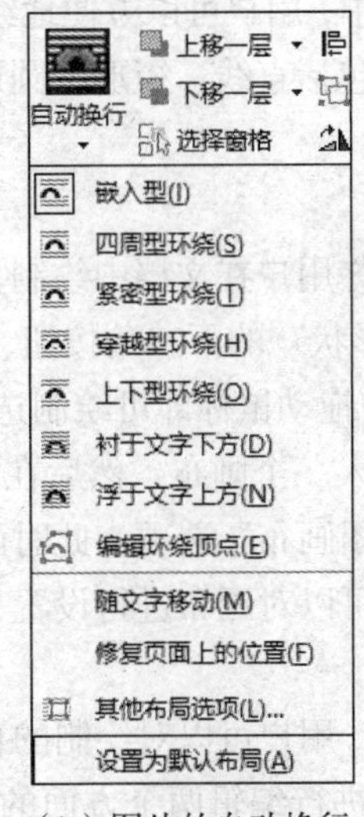

（b）图片的自动换行

图 3-80　图片“版式”

（1）使用“图片工具格式/排列/位置”按钮，设置图片在页面中的位置。

（2）使用“图片工具格式/排列/自动换行”按钮，设置文字相对于图片的环绕方式。

在文档中，图片和文字的相对位置有两种情况。一种是嵌入型的排版方式，此时图形和正文不能混排，也就是说正文只能显示在图片的上方和下方；可以使用“开始/段落”功能组，选择“左对齐”“居中”，或“右对齐”等命令来改变图片的位置。

另一种排版方式是非嵌入式，也就是在“文字环绕”列表中除“嵌入式”之外的方式，在这种情况下，图片和文字可以混排，文字可以环绕在图片周围或在图片的上方或下方。此时，拖动图片可以将图片放置到文档中的任意位置。

此外，单击“图片工具/格式/排列/位置”按钮，或者“自动换行”按钮的下三角按钮，在下拉列表中选择“其他布局选项”，此时打开“布局”对话框，可以进行更为详细的设置。

在 Word 2013 中，单击鼠标选中图片，在图片的右上角，将出现一个“ ”按钮，如果单击这个按钮，会弹出“布局选项”快捷选择窗口，这样可以快速的设置图片与周围文本的版式。

7. 图片的艺术处理

Word 2013 可以插入图片或添加某些特殊效果，使得插入文档的图片更具有表现力。图片艺术处理有如下几个方面。

（1）图片样式：先选中图片，单击“图片工具/格式/图片样式/预定义样式”按钮，可以从内置的预定义样式中选择需要的图片样式。

（2）图片边框：可以对图片边框的颜色、轮廓线的粗细和轮廓线的样式进行设置。

（3）图片效果：可以为图片添加特别效果。

（4）调整图片色彩：使用 Word 2013，能够对插入图片的亮度、对比度以及色彩进行简单调整，使照片效果得到改善。

（5）为图像添加特效或样式效果后，如果对获得的效果不满意，可以单击“图片工具/格式/调整/“重设图片”按钮“重设图片 ▾”，将图片恢复到插入时的原始状态。

3.7.2 自选图形的绘制和设置

在 Word 2013 文档中，用户可以方便地绘制各种自选图形，并可对自选图形进行编辑和设置。在 Word 中，自选图形包括直线、矩形、圆形等基本图形，同时还包括各种线条、连接符、箭头和流程图符号等。

1. 绘制自选图形

Word 2013 能够允许用户在文档中绘制自选图形，同时可以对绘制的自选图形的形状进行修改。单击“插入/插图/形状”的下三角按钮，在下拉列表中选择需要绘制的形状，此时鼠标成为“十字”形状，在文档中拖动鼠标即可绘制选择的图形。

此外，也可以先插入一个画布，然后在画布上绘制图形。选择“插入/插图/形状”下拉列表中，最下面的“新建绘图画布”选项，此时画布被打开。在画布上面绘制自选图形，这样绘制的图形将成为一个整体，可以对画布进行设置，移动和复制都很方便。

2. 修改自选图形

绘制好自选图形后，用户可以对绘制的自选图形进行编辑修改，编辑修改包括更改绘制的自选图形和对图形的形状进行编辑两个方面的操作。单击自选图形，在增加的选项卡“绘图工具/格式/插入形状”功能组下，可以修改图形的形状。

3. 设置形状样式、设置图形的形状效果

在 Word 2013 中，可以为自选图形添加形状样式，还有形状效果，比如阴影、外发光和三维旋转等图形效果。在“绘图工具/格式”选项卡下，Word 2013 为这些效果提供了预设样式，用户可以直接选择使用。

4. 为图形添加文字

用户可以在自选图形上添加文字，选中图形，单击鼠标右键，在弹出的快捷菜单中选择“添加文字”选项即可，文字作为自选图形的一个部分能够随着图形的移动而移动。同时，图形上的文字能够像普通文字那样设置样式，并能快速创建艺术字效果。

5. 图形的组合及层次结构

按住 Ctrl 键，再结合鼠标单击，可同时选中几个自选图形。在选中的自选图形上，单击鼠标右键，在弹出快捷菜单中选择“组合”选项，可以将几个图形组合成为一个图形。而快捷菜单中

“置于顶层”或“置于底层”选项，则可以设置几个图形之间的相对层次位置。

3.7.3　在文档中使用文本框

文本框是一种比较特殊的对象，它可以被置于页面中的任何位置，而且可以在文本框中输入文本、插入图片和艺术字等对象，其本身的格式也可以进行设置。使用文本框，用户可以按照自己的意愿在文档页面中的任意位置放置文本框，这对于排版报纸类文档是十分有用的。

1. 插入内置文本框

Word 2013提供了功能强大的文本框样式库，可以直接选择使用具有特定用途的文本框。文本框分为横排文本框和竖排文本框两种，单击“插入/文本”功能组中的“文本框”下三角按钮，选择需要的文本框样式，文本框会被自动添加到文档中，此时输入点光标会自动放置在文本框中，在文本框中输入文字，完成文本框的创建。

2. 设置文本框格式

文本框可以看作是一个特殊的自选图形，文本框的版式、大小、填充颜色、边框线条的设置以及阴影效果和三维效果的设置与自选图形的设置方法基本相同。选择文档中的文本框，在新增的“绘图工具/格式”选项卡中，可以选择需要的格式选项，进行文本框的格式设置。

文本框内的段落和文字的设置方法与页面中段落和文字的设置方法是一样的，可以在“开始”选项卡中进行设置。

3.7.4　插入SmartArt图形

SmartArt图形是信息的视觉表示形式，相对于常规的图形，它具有更高级的图形功能。使用SmartArt图形可以从多种不同布局中进行选择。从而快速轻松地创建示意图、组织结构图、流程图，以及其他现实中存在的各种图示，高效地传达信息和观点。

在Office 2013中，系统提供了多种样式的SmartArt图形，可分为列表、流程、循环、层次结构、关系、矩阵、棱锥图和图片8种类型。

1. 快速插入SmartArt图形

打开“插入”选项卡，单击“插图”功能组中的“SmartArt”按钮，此时打开“选择SmartArt图形”对话框，可以选择需要的SmartArt图形。

2. 编辑SmartArt图形的形状

插入SmartArt图形后，会打开“SmartArt工具”选项卡，可编辑SmartArt图形，在“SmartArt工具/设计”选项卡下，可创建图形、设置布局、选择SmartArt样式等。在“SmartArt工具/格式”选项卡下，可更改形状，选择形状样式以及设置艺术字样式等。

（1）添加形状：单击自选图形中的一个形状对象，选择“SmartArt工具/设计/创建图形”功能组里面，单击“SmartArt工具/设计”选项卡，在“创建图形”功能组里面，单击“添加形状”选项右侧的下三角按钮，在下拉列表中选择添加形状的位置。

（2）单击“SmartArt工具/设计/创建图形”组中的“文本窗格”按钮，此时SmartArt图形左侧出现了“在此处键入文字”对话框，选择需要添加形状的各个分支，按“Enter”键可在该分支后面添加相应形状，按“Delete”键可删除形状。

（3）此外，也可以更改SmartArt图形的布局、颜色及样式。方法是选择“SmartArt工具/设计”选项卡，在“布局”功能组和“SmartArt样式”组中，选择设置。

3. 在 SmartArt 图形中输入文字

选择 SmartArt 图形时，先显示占位符，如“•[文本]”，可直接单击形状对象，文本插入点将定位到该形状中，然后输入文字；也可单击“SmartArt 工具/设计/创建图形”组中的“文本窗格”按钮，打开“在此处键入文字”对话框，在其中的各个分支输入文字内容。

3.7.5 插入艺术字

在 Word 中可制作色彩绚丽、形状奇特的具有艺术效果的文字，并对所制作的艺术字进行编辑和设置，使文档呈现出不同的效果，让其看起来既轻松，又美观。

1. 快速创建艺术字

如果要将文档中已经存在的文字转换为艺术字，可以选中该文字，然后单击“插入”选项卡下的“文本”功能组，选择“艺术字”按钮，在其下拉列表中直接选择艺术字样式即可。

直接点击“插入/艺术字”也可以快速地创建艺术字，先输入艺术字内容再设置艺术字效果。

2. 编辑艺术字的样式

插入艺术字后，会打开“绘图工具/格式”选项卡，可设置插入的艺术字样式，以及对艺术字的文本框形式进行设置。

3.7.6 插入和编辑表格

表格是一种简捷直观的表达方式，表格是由多个单元格按行、列的方式组合而成的，在单元格中不仅可以输入文字，还可以插入图片。Word 2013 具有强大的表格编排能力，用户可以轻松地在文档中创建各类美观的专业表格。

1. 插入表格

在 Word 2013 文档中插入表格的方式有两种，一种是通过“插入表格”按钮来快速插入 8 行 10 列的任意表格，如图 3-81 所示；另一种是单击“插入/表格/插入表格”选项，使用“插入表格”对话框来实现表格的定制插入，如图 3-82 所示。

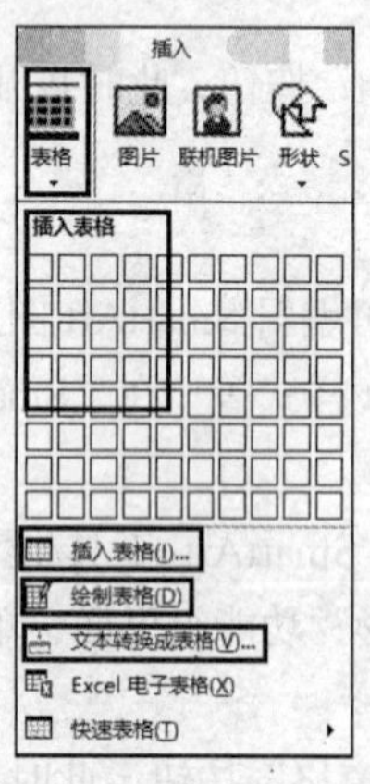

图 3-81 插入表格设置

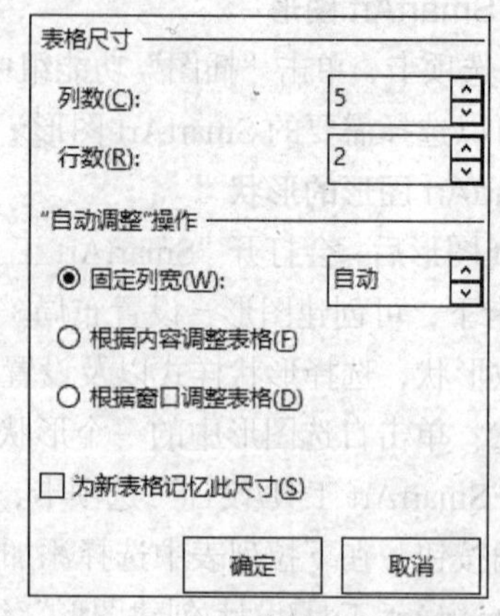

图 3-82 “插入表格”对话框

2. 绘制表格

在 Word 2013 中，可以用鼠标手动绘制表格，这种方法创建不规则表格非常的方便，如绘制包含不同高度的单元格或每行包含不同列数的表格等。

单击“插入/表格”的下三角按钮，在下拉列表中选择“绘制表格”选项，此时光标变成铅笔样式“✎”按住鼠标左键即可绘制表格。绘制结束可以按 Esc 退出铅笔的绘制状态。

3. 将文本转换成表格

在文档编辑过程中，可以直接将编辑好的文本转换为表格，这里的文本包括带有段落标记的文本段落、以制表符或空格分隔的文本等。

先用鼠标选择需要转换的文本内容，单击“插入”选项卡/“表格”功能组/“表格”的下三角按钮，在下拉列表中选择“文本转换成表格”选项，此时打开“将文字转换成表格”对话框，进行详细的设置。

4. 将表格转换成文本

先选择表格，单击“表格功能”选项卡/“布局”选项卡/“数据”功能组/“转换为文本”按钮，此时打开“表格转换成文本”对话框。设置“文字分隔符”后点击“确定”按钮即可。

5. 在文档中编辑表格

插入表格后，就可以在表格的单元格中输入文本、插入图片等。表格的每个单元格中自动出现段落标记，要在表格中输入内容等操作首先要定位文本输入点。在表格中定位文本输入点有以下几种方法。

（1）按“→”“←”“↑”或“↓”方向键可以将文本输入点移到相应方向的单元格中。

（2）按“Tab”键可以逐行由左向右依次切换单元格。

（3）表格的选取和添加行与列，如图 3-83 所示。

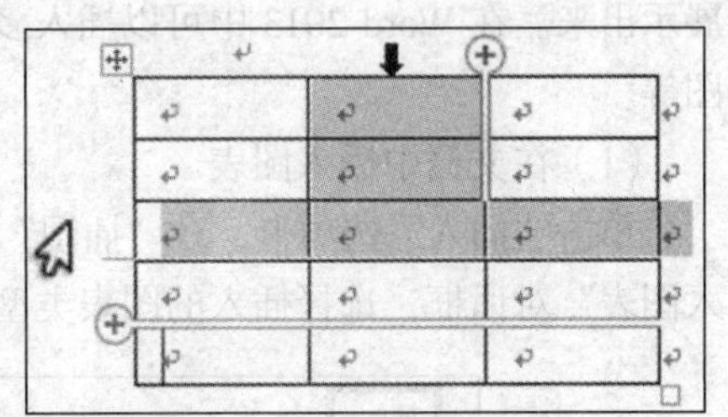

图 3-83 表格的相关操作

①⊞点击这个按钮后，会选择整张表格。

②在表格的左侧选择区，当鼠标指针变为这个形状后，单击则会选择相应位置的表格行。

③⬇在表格的顶端，当鼠标指针变为这个形状后，单击则会选中对应的表格列。

④⊕鼠标在表格的左侧外侧或者表格的顶端边框外侧移动，指针指向表格的内边框，当出现这个“⊕”标记时，可以给表格添加新的一行，或者添加新的一列。

此外，也可以用“表格工具”选项卡下的“布局”选项卡，在“行和列”组及“合并”组中，可以对表格进行删除、插入以及单元格合并或者拆分的操作。合并单元格就是将几个单元格合成为一个单元格，拆分单元格就是将一个单元格分为若干个大小相同的单元格。

6. 设置表格属性

为了使表格在整个文档页面中的位置合理，可以通过设置表格的属性来进行调整。表格属性的设置包括对表格中的行列宽度调整、对单元格的设置和对整个表格的设置。

选择“表格工具/布局/单元格大小/对齐方式”组，可以对表格属性进行设置。其中“单元格大小/自动调整”功能也可以快速的调整表格的属性。

此外，选择“表格工具/布局/单元格大小”，单击对话框启动器，打开“表格属性”对话框，可以进行更详细的设置。

7. 表格格式化

单击“表格工具”选项卡，在“表格样式”组和“边框”组中使用工具可以设计表格的边框属性，应用表格样式。单击“边框”组的对话框启动器，打开“边框和底纹”对话框，可以进行更详细的设置表格的属性。

8. 管理表格数据

Word 虽然在数据处理方面没有 Excel 那么强大，但仍可以对表格数据进行一些简单的处理，如排序数据，对数值进行求和运算等，如图 3-84 所示。单击“表格工具/布局”选项卡下的“布局”选项卡，在“数据”组中，也可以使用“排序”按钮对表格数据进行排序操作；另外，可以使用“数据”组中的“*fx* 公式”命令，可以插入函数，对数据求和、统计次数以及求平均数等，如图 3-85 所示。

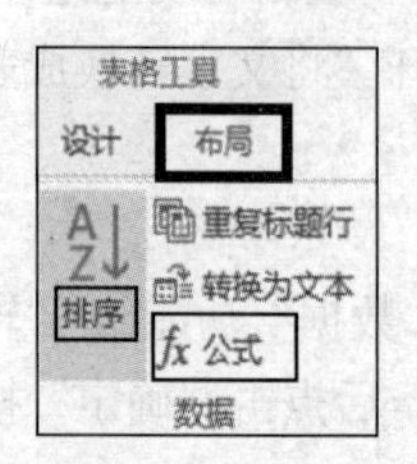

图 3-84 “表格工具”的数据功能组

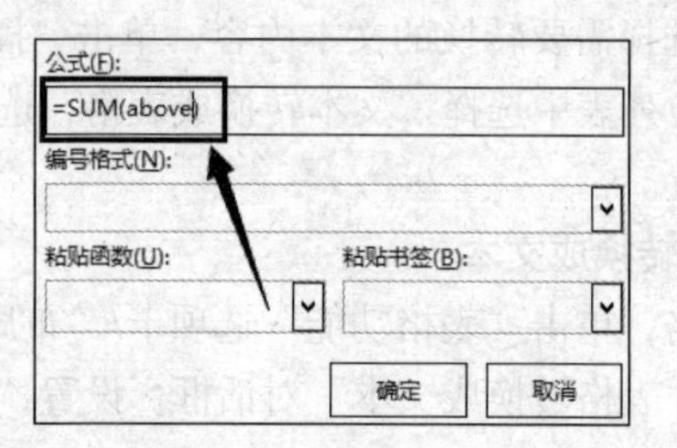

图 3-85 表格中插入公式

9. 在 Word 中使用图表

图表可以直观展示统计信息属性（时间性、数量性等），能够将对象属性的数据直观、形象地展示出来。在 Word 2013 中可以插入多种图表类型，包括柱形图、折线图、饼图、条形图、面积图等。

（1）在文档中插入图表

单击“插入”选项卡，在“插图”功能组中，如图 3-86 所示。单击“图表”按钮，打开“插入图表”对话框，选择插入的图表类型，如图 3-87 所示，单击“确定”按钮。

图 3-86 “插入/插图”功能组

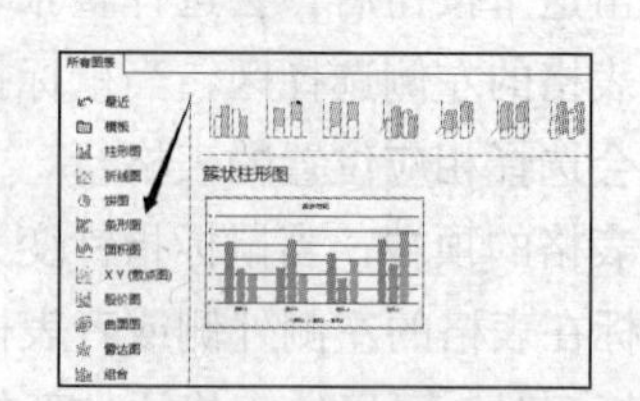

图 3-87 插入图表设置

此时所选中的图表类型将被插入到文档中，如图 3-88 所示，插入图表的同时，会自动打开一个嵌入的 Excel 表格数据，如图 3-89 所示。图表都是依据表格数据产生的，没有数据，也就没有图表的展示对象。编辑 Excel 表格中的数据，就相当于改变了图表，图表会随着 Excel 数据的变化而变化。

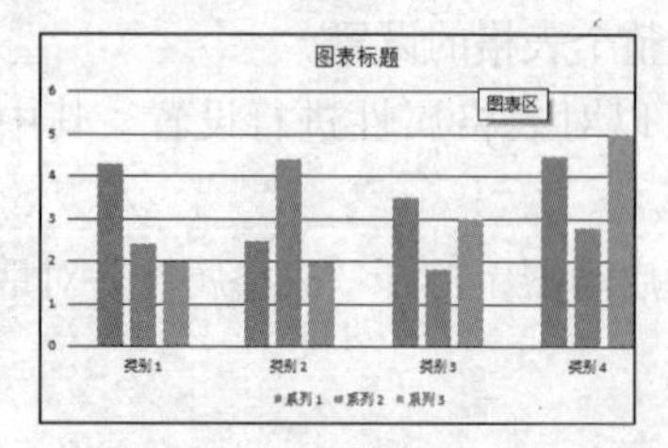

图 3-88 插入的图表

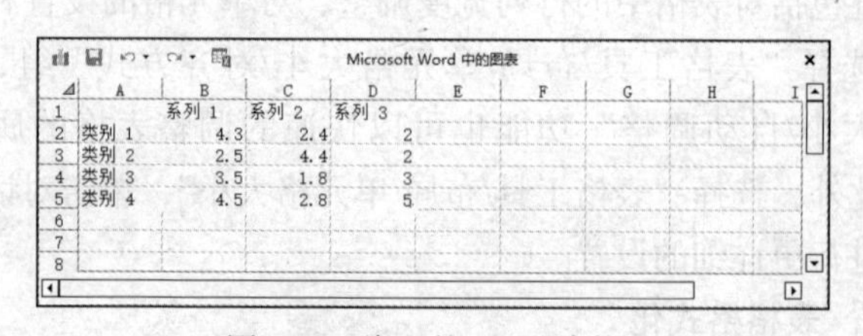

	A	B	C	D
1		系列 1	系列 2	系列 3
2	类别 1	4.3	2.4	2
3	类别 2	2.5	4.4	2
4	类别 3	3.5	1.8	3
5	类别 4	4.5	2.8	5

图 3-89 嵌入的 Excel 表格

（2）设置图表样式

①图表样式

插入图表后，会打开相应的“图表工具”选项卡组，其中“设计”和“格式”两个选项卡，与表格样式的设置一样，在“图表工具/设计”选项卡下，有一个供选择的图表样式库。

②快速布局及图表元素

如果要更改图表的整个布局，可在“图表工具/设计”选项卡下，“图表布局”功能组里面，可以设置图表的布局方式。另外也可添加修改图表元素，如图 3-90 所示。

③修改图表的数据及图表类型

图表一旦生成，数据是可以改变的，单击“图表工具/设计”选项卡下，在“数据”功能组里面，选择“编辑数据”按钮，可以重新打开图表所对应的 Excel 表格，输入修改数据，如图 3-91 所示。Excel 表格中的数据输入结束之后，无需保存，直接关闭表格。图表直接完成了相应的改变。

④同样的方法，图表类型也可以重新修改。

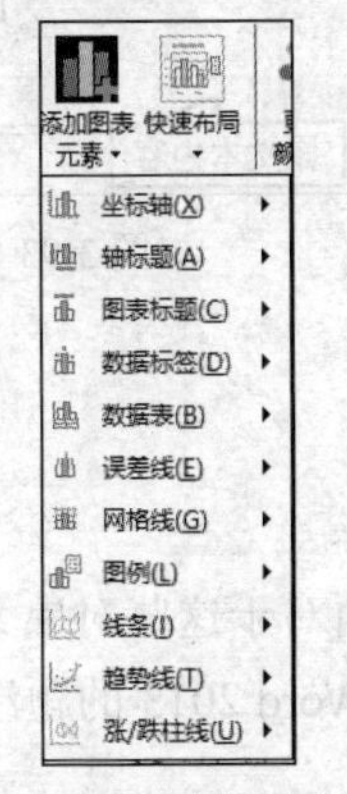

图 3-90　图表元素

图 3-91　编辑数据选项按钮

3.8　文档的打印及其他

3.8.1　文档的打印

在 Word 中，文档的打印一般需要经过打印选项的设置、打印效果预览和文档的打印输出这几个步骤。进行文档打印前，可以先对要打印的文档内容进行设置。在 Word 2013 中，打开“文件/选项/Word 选项”对话框，能够进行文档的“打印选项”设置。

Word 具有文档的打印预览功能，该功能可以根据文档打印的设置，模拟文档被打印在纸张上的效果。单击“文件/打印”选项，可以打印预览或进行相关设置。

3.8.2　文档的校对与语言的转换

在 Word 2013 中，可以很方便地对文档进行校对，从而提升文档的准确性。除此之外，还可以对文档的语言进行转换。常用的有检查文档拼写和语法、统计文档字数和对文档进行简繁互换等。

选择“审阅”选项卡，在“校对”功能组和“语言”组中选择相应的功能按钮进行设置。如图 3-92 所示。

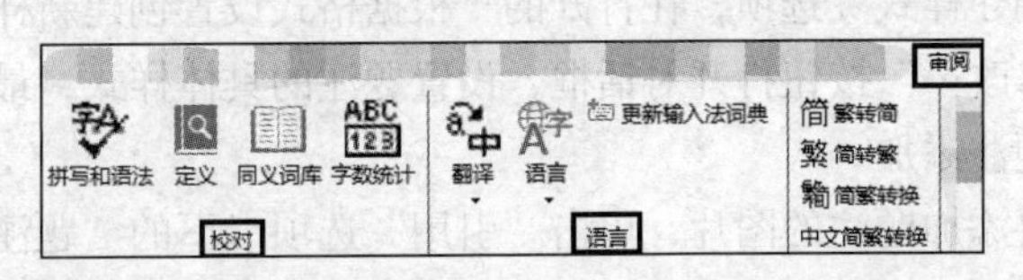

图 3-92　“审阅”的“校对”和“语言”功能组

3.8.3 文档的批注

批注是审阅者根据自己对文档的理解为文档的注解和说明文字。批注可以用来存储其他文本、审阅者的批评建议、研究注释及其他对文档有用的帮助信息等内容，可以作为交流意见、更正错误、提问或向共同开发文档的同事提供信息。这些批注是审阅者添加到独立的批注窗口中的文档注释或者注解。审阅者只是评论文档，而不直接修改文档，批注并不影响文档的内容。

在文档中插入批注的方法很简单，选择需要批注的文字或其他对象，在“审阅”选项卡下，选择“批注”功能组中的“新建批注”按钮，然后输入批注内容即可，如图 3-93 所示。

图 3-93 插入批注

如果需要删除批注，选择要删除的批注，单击“批注”功能组中的“删除”按钮即可。

3.8.4 创建题注和索引

在 Word 文档中经常会使用图像、表格和图表等对象，而对于这些对象又常常需要对其进行编号，有时还需要添加文字对其进行识别，这些都可以利用 Word 2013 的题注功能来实现。

1. 使用题注

在 Word 文档中，题注有两种插入方法，即手动插入题注和自动插入题注，这两种方法插入的题注都可以进行自动更新。以图片为例。

（1）手动插入题注

①将插入点光标放置在图片的下方，在“引用”选项卡的“题注”功能组中，单击“插入题注”按钮。在打开的“题注”对话框中进行设置。

②单击“新建标签”按钮，打开“新建标签”对话框进行设置，然后单击“确定”按钮返回“新建标签”对话框，再单击“编号”按钮，打开“题注编号”设置编号的格式。此时在图片下方插入了一个题注。如果有说明文字内容，可以在“题注”对话框里面添加，也可以在生成的题注后面手动输入。

（2）自动插入题注

①选择“引用/题注/插入题注”按钮，在打开“题注”对话框中，也可以单击“自动插入题注”按钮，打开“自动插入题注”对话框，先选择要插入题注的对象类型，比如选择“bitmap image”选项，即为位图图像。

②在“自动插入题注”对话框中，分别单击“新建标签”和“编号”按钮，进行设置，与手动插入题注的方法一致。

（3）题注样式的设置

实现题注的添加后，在选中题注的内容部分，单击“开始”选项卡，在样式功能组中的下拉列表中，可以选择“创建样式”选项，在打开的“根据格式设置创建新样式”对话框中，输入样式的名称后，单击“修改…”按钮打开对话框，设置题注的具体样式，最后保存题注样式。

（4）其他图片的题注添加

依次选择其他需要添加题注的图片，单击“引用”选项卡下的“题注”按钮，可以依次添加题注，题注编号自动将会随之更新。

2. 创建索引

索引指的是在打印文档中出现的单词或短语列表，能够方便用户对文档中的信息进行查找。索引的创建可分为标记索引项和创建索引两步。

（1）标记索引项：选择“引用/索引/标记索引项”按钮，打开“标记索引项”对话框。在文档中选择作为索引项的文本内容，单击“主索引项”文本框，选择的文字内容将被添加到文本框中，单击“标记”按钮标记索引项，依次设置其他的索引项，最后关闭对话框。

（2）创建索引：将插入点光标放置到需要创建索引的位置。选择“引用/索引/插入索引”按钮，打开“索引”对话框，在对话框中进行索引创建的设置。完成设置后关闭“索引”对话框，文档中即可添加索引。

3.8.5 邮件合并

进行邮件合并的文档是由一个主文件和一个数据源组成。主文件中包含了每个分类文档所共有的标准文字和图形，数据源中包含了需要变化的信息。当主文件和数据源合并时，Word 能够用数据源中相应的信息代替主文件中的对应域，生成合并文档。合并邮件的功能除了能够批量处理信函和信封这些与邮件有关的文档之外，还可以快捷地用于批量制作标签、工资条和成绩单等。在批量生成多个具有类似功能的文档时，邮件合并功能能够大大提高工作效率。

邮件合并的步骤如下。

1. 数据源：可使用已有的 Excel 或 Access 数据作为数据源。

2. 创建主文档：如果创建的是信封和标签，可以使用“邮件”选项卡下面的“创建”功能组，单击“信封”或“标签”按钮即可。

3. 邮件合并：就是要将数据源合并到主文档中，在“邮件”选项卡的“编辑和插入域”组中单击“插入合并域”按钮，将建立的数据源字段插入到插入点。

4. 预览合并的效果：单击“预览结果”按钮，所插入的合并域自动匹配字段中的内容，并预览合并的效果。

5. 完成邮件合并：单击“完成合并”按钮，选择如果完成邮件合并，如选择“编辑单个文档”命令，在打开的对话框中单击“确定”按钮，可完成邮件合并。

6. 邮件合并分布向导：此外，邮件合并也可利用“邮件合并分布向导”完成整个合并过程。

【本章小结】

本章介绍了 Office 2013 及其新增组件的功能和特点，使用户对 Office 2013 有个初步的认识。Office 2013 是 Microsoft 公司推出的 Office 系列集成办公软件的较新版本。与 Office 以前的版本相比，Office 2013 无论是在用户界面（Metro）还是在功能上均有很大的改进，用户的操作也更为方便、快捷。

本章也介绍了使用 Word 2013 进行文字编辑和文档格式化操作的知识和技巧。重点讲解了 Word 2013 中的页面设置以及中文版式的设置，帮助读者掌握 Word 2013 的高级排版功能，使读者能够设计出称心如意的文档版式。在 Word 文档中往往包含一个或多个段落，每个段落都由一个或多个字符构成。这些段落或字符都需要设置固定的外观效果，这就是所谓的格式。文字的格式包括文字的字体、字号、颜色、字形、字符边框或底纹等，而段落的格式包括段落的对齐方式、缩进方式及段落或行的边距等。对于一篇设计精美的文档，除需要对字符和段落的格式进行设置之外，还需要有美观的视觉外观，这就需要对文档的整个页面进行设计，如页面大小、页边距、页面版式布局以及页眉页脚等。

除此之外，还涉及在 Word 文档中使用图形和表格的有关知识。在文档中插入适当的图片会使文档更具有感染力，在丰富版面内容的同时，也能够使文档更容易阅读，使读者更容易理解。同样，表格作为一种简明扼要的表达方式，不仅结构严谨、效果直观，而且包含的信息量大，能够比文字更为清晰且直观地描述内容。

Microsoft Word 2013 是一款功能强大的通用字处理软件，Word 在创建各种专业文档方面具有非常出色的能力，可用于创建各种类型的文档，如备忘录、信函、传真、报告、合同、简历、手册、论文和书籍等。

最后本章对 Word 文档的打印、文档审阅的操作等有关知识进行了简单的介绍，帮助读者快速掌握 Word 中各种实用工具的使用技巧。

思考与练习

1. 如何在快速访问工具栏中添加常用命令？
2. 文档中的段落标记能否隐藏？
3. 如何使用“查找”功能进行定位？
4. 如何使用“格式刷”连续多次复制格式？
5. 如何改变字符间距？
6. 段落的对齐方式有几种？如何设置段落的对齐方式？
7. 如何统计文档字数？
8. 如何合并和拆分单元格？
9. 如何设置表格在文档中的环绕方式？
10. 如何裁剪与旋转图片？
11. 如何使用导航窗格？
12. 如何调整页边距？
13. 能否让奇偶页应用不同的页码样式？比如奇数页用数字、偶数页用字母。
14. 如何在大纲视图下指定标题级别？
15. 如何自动生成目录页？
16. 如何插入或删除分页符和分节符？
17. 如何调整页面显示比例？
18. 样式是什么？请说明主要的作用和使用方法。
19. 如何同时选中多个形状图片？
20. 如何调整行间距？

第 4 章 Excel 2013 电子表格软件

本章主要内容：

- Excel 2013 新功能介绍
- Excel 2013 表格基本操作
- Excel 2013 公式与常用函数
- Excel 2013 数据处理与分析
- Excel 2013 表格的格式化及打印

Excel 2013 包含在 Microsoft Office 2013 套件中。它是目前最强大的电子表格软件之一，作为主流的电子表格软件，广泛地应用于管理、金融、统计财经等众多领域。它不仅能够轻松地完成表格中数据的录入、编辑、筛选及产生图表等工作，而且具有强大的数据组织、计算、分析和统计功能，还可以通过图表、图形等多种形式对处理结果加以形象地展示，更能与 Office 2013 其他组件相互调用数据，实现资源共享。

4.1 Excel 2013 基本操作

4.1.1 认识 Excel 2013 基本对象

Excel 2013 基本对象包括工作簿、工作表与单元格，它们是构成 Excel 2013 的框架，本节将详细介绍工作簿、工作表、单元格以及它们之间的关系。

1. 启动界面

Excel 2013 的启动界面如图 4-1 所示，以纯绿色为背景，白色字体。与往常的 Excel 不同的是该界面是选择模板后再进入 Excel 工作簿的。在这里有很多种常用的模板，只需单击选择，即可进入该模板工作簿进行编辑。

2. 工作主界面

在启动界面通常会选择单击“空白工作簿”，来进入主工作界面。它除了具有与其他 Office 软件相同的标题栏、菜单栏、工具栏、水平滚动条、垂直滚动条、状态栏等组件外，还具有许多特有的组件，如编辑栏、工作表编辑区、工作表标签、行号与列标等，如图 4-2 所示。

Excel 2013 的工作界面和 Word 2013 工作界面相似的元素，在此不再重复介绍，仅介绍一下 Excel 2013 特有的编辑栏、工作表编辑区、工作表标签、行号与列标这 5 个元素。

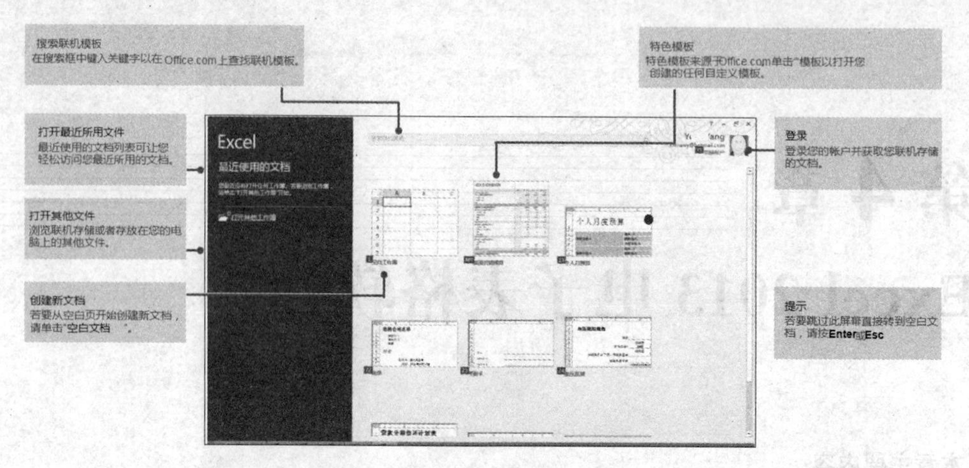

图 4-1　Excel 2013 的启动界面

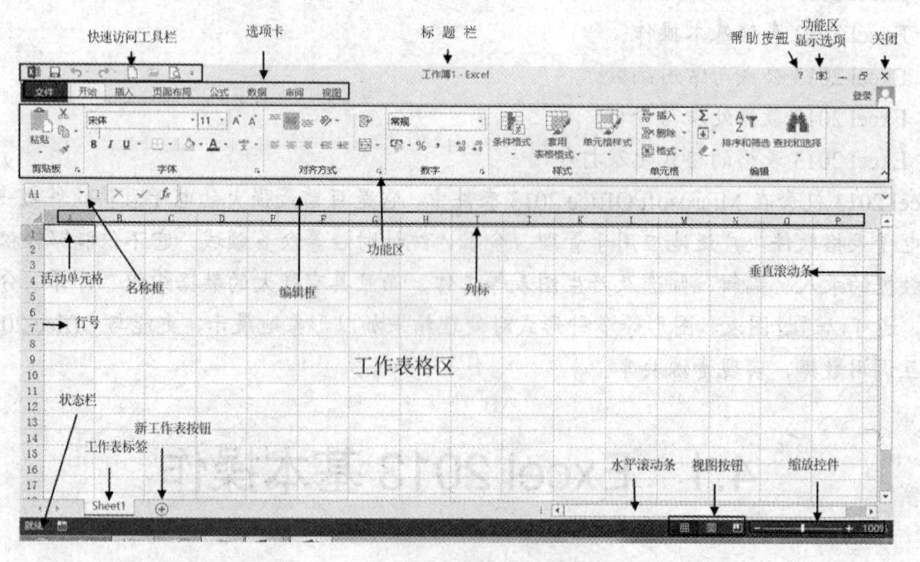

图 4-2　Excel 2013 工作界面的常用元素

（1）编辑栏

位于工具栏的下方，主要显示的是名称框、编辑框和插入函数按钮，如图 4-3 所示。

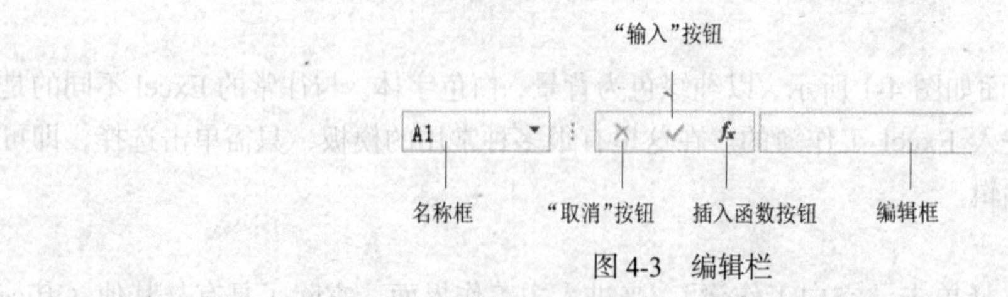

图 4-3　编辑栏

①名称框：我们可以在名称框里给一个或一组单元格定义一个名称，也可以从名称框快速定位单元格和区域。

②编辑框：选中单元格后可以在编辑框中输入或编辑单元格的内容，如公式或文字及数据等。对于较长的数据的输入，用编辑框更方便。

③插入函数按钮：在编辑框和名称框之间有三个按钮：左边的 × 是"取消"按钮，它的作用

是恢复到单元格输入以前的状态；中间的✓是“输入”按钮，就是确定输入栏中的内容为当前选定单元格的内容了，也可按 Enter 键实现该功能；fx 是“插入函数”按钮，可以插入相关函数。

（2）行号与列标

行号与列标是确定单元格位置的重要依据，也是显示工作状态的导航工具。其中，行号由阿拉伯数字组成，列标由大写英文字母组成。

（3）工作表编辑区

相当于 Word 的文档编辑区，是 Excel 的工作平台和编辑表格的重要场所，在中间呈网格状。

（4）工作表标签

在一个工作簿中可以有多个工作表，工作表标签表示的是每个工作表对应的名称。

3. 工作簿

Excel 使用工作簿文件完成工作，工作簿是保存 Excel 文件的基本单位。需要多少工作簿就可以创建多少工作簿。工作簿文件有单独的窗口，是 Excel 存储在磁盘上的最小单位，默认情况下，工作簿使用的扩展名为.xlsx。

4. 工作表

每个工作簿都包含工作表，默认情况下一个工作簿只有一个工作表。它是用于存储和处理数据的主要文档，也是工作簿的重要组成部分，位于窗口的底部，由多个标签构成，每个标签代表一个工作表。通过单击标签，实现工作表的切换。在使用时，只有一个工作表处于当前活动状态。

Excel 2013 的一个工作簿中，理论上可以制作无限多个工作表，仅受电脑内存大小的限制。

5. 单元格

工作表是由单元格组成，每个单元格都有独一无二的名称，由行号和列标来完成。其中又分为单个单元格的命名和单元格区域的命名两种。

①单个单元格的命名是选取列标 + 行号的方法。例如 D5 单元格指的是第 D 列，第 5 行相交叉的单元格，如图 4-4（a）所示。

②单元格区域的命名规则是，单元格区域中左上角的单元格名称:单元格区域中右下角的单元格名称。例如 A1:D5 指的是如图 4-4（b）所示的区域。

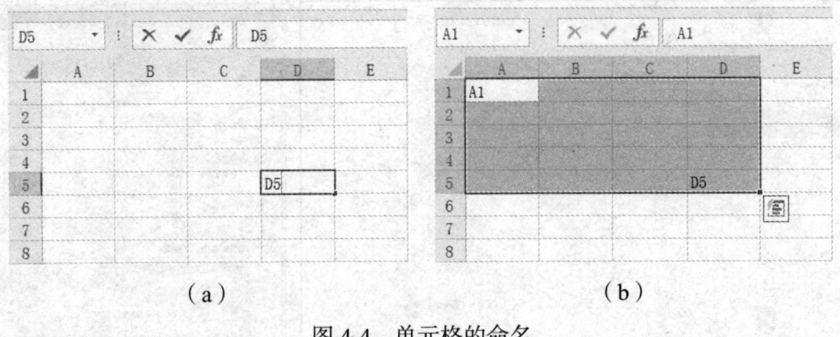

图 4-4　单元格的命名

当前正在使用的单元格为“活动单元格”，用黑色粗边框围起，此时可以对该单元格进行编辑。活动单元格在当前工作表中有且仅有一个。

三者之间的关系：工作簿、工作表和单元格之间的关系是包含与被包含的关系，即工作簿包含一个或多个工作表，工作表包含多个单元格，其关系如图 4-5 所示。

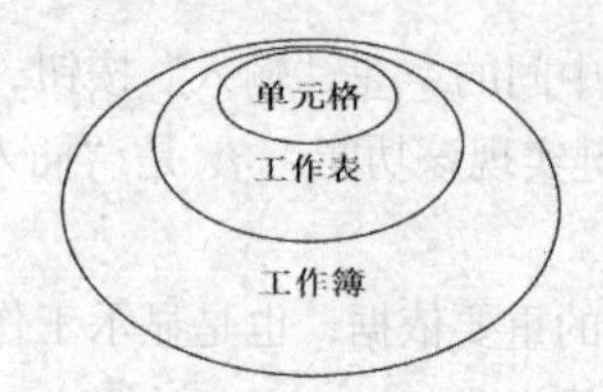

图 4-5　工作簿、工作表和单元格的关系

4.1.2　工作簿的基本操作

1. 创建工作簿

启动 Excel 时可以自动创建一个空白工作簿。除了启动 Excel 新建工作簿以外，在编辑过程中可以直接创建空白工作簿，也可以根据模板来创建带有样式的新工作簿，如图 4-6 所示。

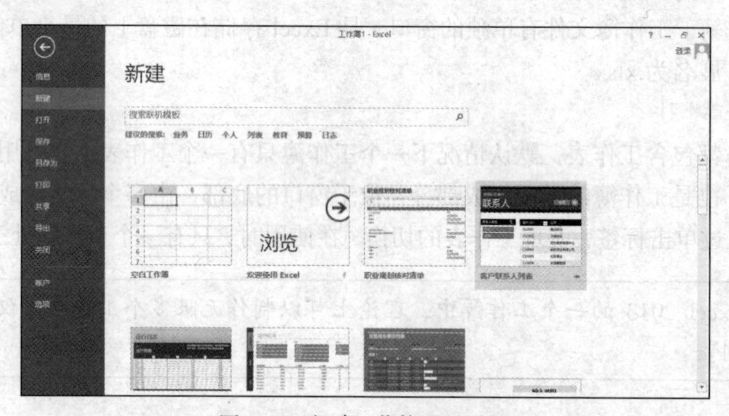

图 4-6　“新建工作簿”对话框

2. 保存工作簿

完成工作簿中数据的编辑，还需要对其进行保存。要养成及时保存 Excel 工作簿的习惯，以免由于一些突发状况而丢失数据。

当 Excel 第一次被保存时，会自动打开“另存为”对话框。在对话框中可以设置工作簿的保存位置、名称及保存类型等，如图 4-7 所示。

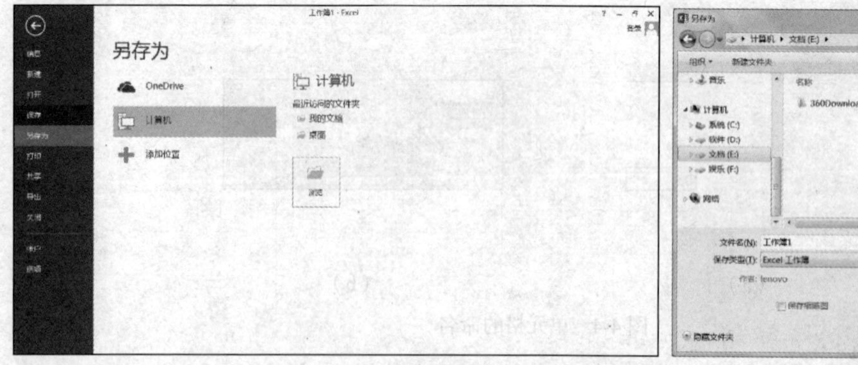

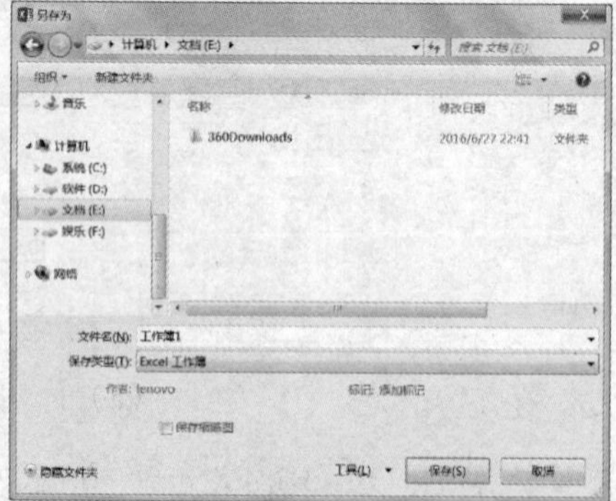

图 4-7　“另存为”对话框

3. 打开工作簿

当工作簿被保存后，即可在 Excel 2013 中再次打开该工作簿，要对已经保存的工作簿进行浏

览或者编辑操作，首先要在 Excel 中打开该工作簿，方法同 Word 2013。

4. 关闭工作簿

编辑完工作簿中的工作表后，可以单击窗口右上角的 × 将工作簿关闭。

4.1.3 工作表的基本操作

1. 选定工作表

由于一个工作簿中往往包含多个工作表，因此操作前需要选定工作表。选定工作表的常用操作包括以下几种。

（1）选定一张工作表：单击工作表标签栏中相应的标签，即可选定该工作表。

（2）选定相邻工作表：单击第一个要选择的工作表标签，按住 Shift 键，再单击最后一个工作表标签即可。

（3）选定不相邻工作表：单击第一个要选择的工作表标签，按住 Ctrl 键，再依次单击其他工作表标签即可。

（4）选定所有工作表：右键单击任意一个工作表标签，在弹出的菜单中选择“选定全部工作表”命令即可。

2. 插入工作表

如果工作簿中的工作表不够用，可以在工作簿中插入工作表，插入工作表的方法有以下几种。

（1）单击“插入工作表”按钮：工作表切换标签的右侧有一个“插入工作表”按钮⊕，单击该按钮可以快速新建工作表。

（2）选择功能区中的命令：选择“开始/单元格/插入”下拉按钮 插入 ▾，在弹出的菜单中选择“插入工作表”命令，即可插入工作表。

（3）使用右键快捷菜单：右键单击当前活动的工作表标签，选择“插入/常用/工作表”选项，然后单击“确定”按钮，即可在该工作表之前插入一个新的工作表。

3. 删除工作表

根据实际工作的需要，有时可以从工作簿中删除不需要的工作表，删除工作表的操作是永久性的，不能撤销。要删除一个工作表，有下面几种方法。

（1）单击工作表标签，选定该工作表，单击“开始/单元格/删除”按钮后的倒三角按钮 删除 ▾，在弹出的快捷菜单中选择“删除工作表”命令，即可删除该工作表。此时，它右侧的工作表将自动变成当前的活动工作表。

（2）选择所要删除的工作表标签并单击鼠标右键，从快捷菜单中选择“删除”命令即可。

在删除工作表的过程中，如果工作表不是空白的，而是有内容在里面，则系统弹出如图 4-8 所示的删除提示对话框，单击“确定”按钮，就永久性删除了工作表，即被删除的工作表不能再恢复；单击“取消”按钮，可取消当前的删除操作。

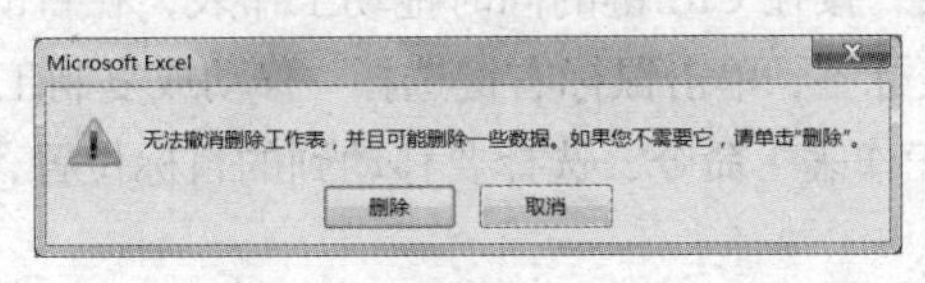

图 4-8 删除提示对话框

4. 重命名工作表

在 Excel 2013 中，工作表的默认名称为 Sheet1、Sheet2、Sheet3……。为了便于记忆与使用工作表，可以重新命名工作表，方法有以下几种。

（1）双击选中的工作表标签，这时工作表标签以反白显示，直接输入新名称按 Enter 键即可。

（2）选中要重命名的工作表标签并单击鼠标右键，从快捷菜单中选择“重命名”命令，此时标签反白显示，重新输入工作表名，按 Enter 键确认。

（3）选中要重命名的工作表标签，单击“开始/单元格/格式”按钮，从弹出的菜单中选择“重命名工作表”命令，输入新的名称并按 Enter 键即可。

表名称最多可以使用 31 个字符，并且允许使用空格，但不允许使用【；/ \ [ ] ? *】等符号。

5. **移动和复制工作表**

在使用 Excel 2013 进行数据处理时，经常把描述同一事物相关特征的数据放在一个工作表中，而把互相之间具有某种联系的不同事物安排在不同的工作表或不同的工作簿中，这时就需要在工作簿内或工作簿间移动或复制工作表。

（1）在工作簿内移动或复制工作表

①移动

- 选定要移动的工作表标签，沿工作表标签行拖动选定的工作表标签到目的位置，释放鼠标即可。
- 选定要移动的工作表标签，单击鼠标右键选择“移动或复制工作表”命令，如图 4-9（a）所示，或者单击“开始/单元格/格式”按钮，如图 4-9（b）所示，从弹出的菜单中，选择“移动或复制工作表”命令，弹出“移动或复制工作表”对话框，如图 4-9（c）所示，选择要移动到的目标位置，单击“确定”按钮即可。

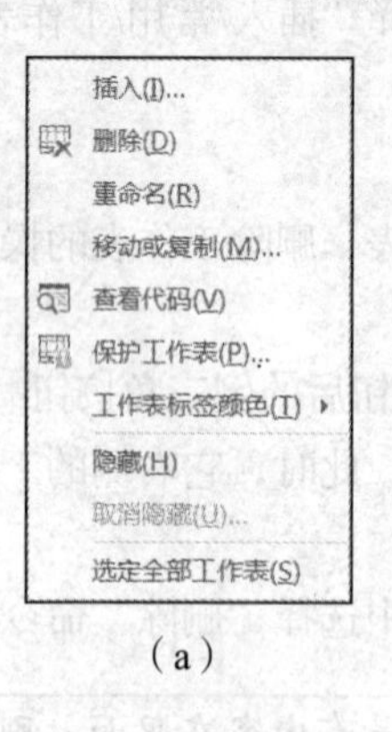

（a）

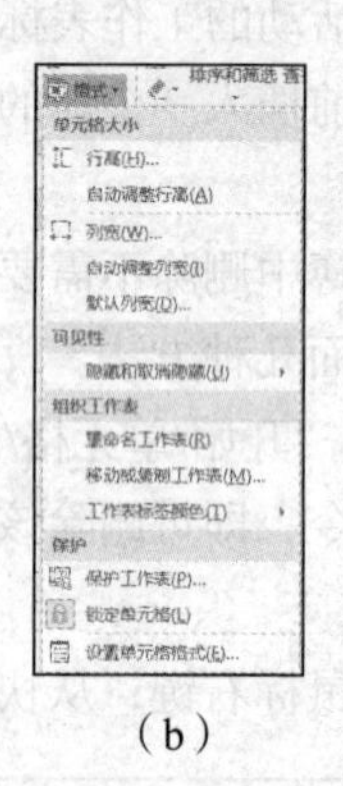

（b）

（c）

图 4-9　移动或复制工作表

②复制

- 选定要复制的工作表，按住 Ctrl 键的同时拖动工作表，在目的地释放鼠标和键盘即可。
- 选定要移动的工作表标签，单击鼠标右键选择“移动或复制工作表”命令，或者单击“开始/单元格/格式/移动或复制工作表”命令，选择要移动到的目标位置，选择“建立副本”复选框，单击“确定”按钮。

（2）在工作簿间移动或复制工作表

在两个或多个不同的工作簿之间移动或复制工作表，方法同上，但要求源工作簿和目标工作簿必须同时处于打开状态。

6．隐藏或取消隐藏工作表

选中要隐藏的工作表，单击“开始/单元格/格式/隐藏或取消隐藏工作表”命令，如图 4-10 所示。选择“隐藏工作表”命令即可隐藏。反之，即可让隐藏的工作表显示出来。

7．保护工作表

在 Excel 中，可以为工作表设置密码，防止其他用户私自更改工作表中的内容、查看隐藏的数据行或列、查阅公式等。

要为工作表设置密码，可先选定该工作表，单击“审阅/更改/保护工作表”按钮，打开如图 4-11 所示对话框。选中“保护工作表及锁定的单元格内容”复选框，在下面的密码文本框中输入保护密码，在“允许此工作表的所有用户进行”列表框中设置允许用户的操作，然后单击“确定”按钮。随后打开“确认密码”对话框，在对话框中再次输入密码，单击“确定”按钮，即可完成密码的设置。

图 4-10　隐藏或取消隐藏工作表

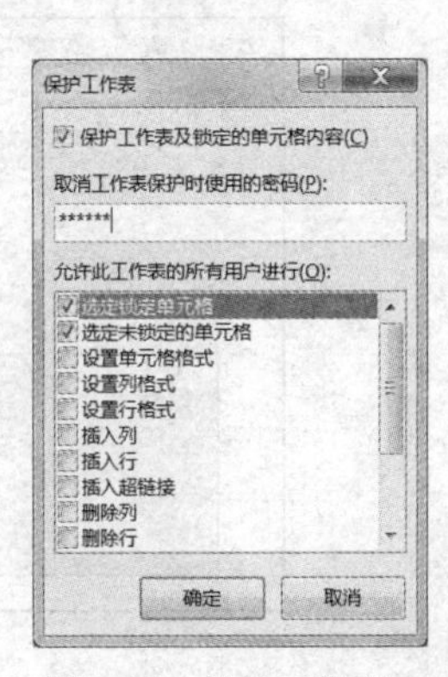

图 4-11　保护工作表

工作表被保护以后，用户只能查看工作表中的数据和选定单元格，而不能进行任何修改操作，若要撤销工作表保护，单击“审阅/更改/撤销工作表保护”按钮。输入密码，然后单击“确定”按钮即可撤销。

4.1.4　单元格的基本操作

1．选定单元格

要对单元格进行操作，首先要选定单元格。选定单元格的操作主要包括以下三种。

（1）选定单个单元格：单击该单元格即可，如图 4-12（a）所示。

（2）选定连续单元格区域：按住鼠标左键拖动到目的位置即可，如图 4-12（b）所示。

（3）选定不连续单元格区域：按住 Ctrl 键的同时单击所需的单元格，或者选定一个连续的单元格区域，如图 4-12（c）所示。

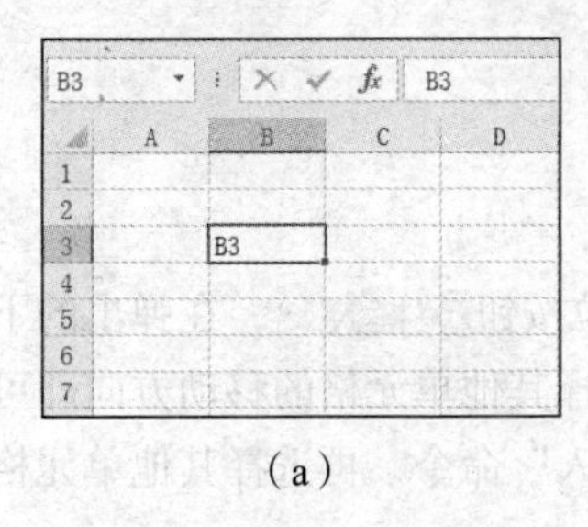

（a）

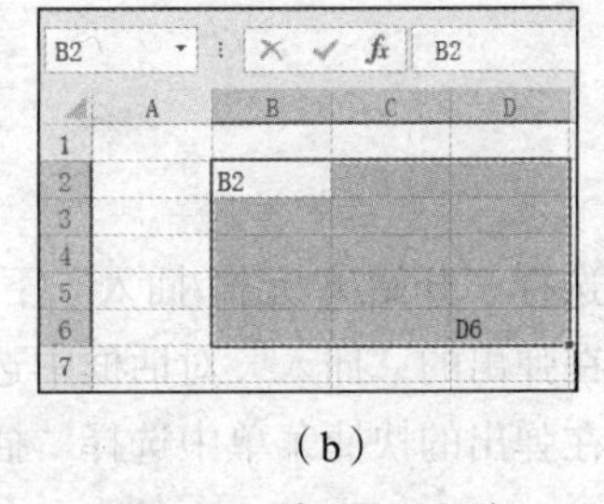

（b）

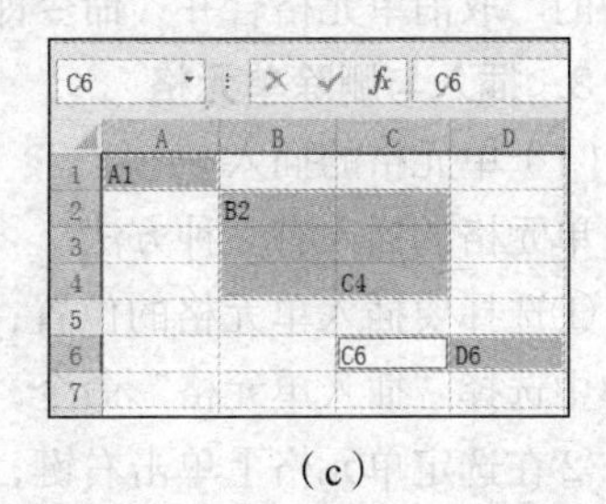

（c）

图 4-12　单元格的选定

注意 单击工作表中的行号，可选定整行；单击工作表的列标，可以选定整列；单击工作表左上角行号和列标的交叉的全选按钮，即可选定整个工作表。

2. 合并与拆分单元格

在编辑表格的过程中，有时需要对单元格进行合并或者拆分操作。合并单元格是指将选定的连续单元格区域合并为一个单元格，而拆分单元格则是合并单元格的逆操作。

（1）合并单元格

合并单元格有两种方法。

第一种方法：选定需要合并的单元格区域，单击“开始/对齐方式/合并后居中”按钮右侧的倒三角按钮，在弹出的下拉菜单中有 4 个命令，如图 4-13 所示。这些命令的含义如下。

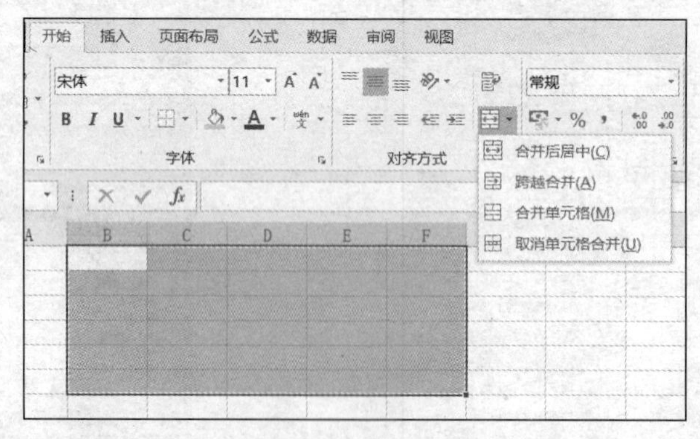

图 4-13 合并单元格

①合并后居中：将选定的连续单元格区域合并为一个单元格，并将合并后单元格中的内容居中显示。

②跨越合并：行与行之间相互合并，而上下单元格之间不参与合并。

③合并单元格：将选定的连续单元格区域合并为一个单元格。

④取消单元格合并：合并单元格的逆操作，即恢复到初始状态。

第二种方法：选定要合并的单元格区域，在选定区域中单击右键，在弹出的快捷菜单中选择“设置单元格格式”命令。在打开的“设置单元格格式”对话框中选择“对齐/文本控制/合并单元格”复选框，单击“确定”按钮后即可。

（2）拆分单元格

只有合并过的单元格才能拆分。

选定合并后的单元格，再次单击“合并后居中”按钮，或者单击“合并后居中”按钮下拉菜单中的“取消单元格合并”命令即可。

3. 插入与删除单元格

（1）单元格的插入

单元格的插入有三种方法。

①选择要插入单元格的位置，选择“开始/单元格/插入”下拉按钮插入，在弹出的下拉菜单中选择“插入单元格”命令，在弹出的“插入”对话框中选择其他单元格的移动方向即可。

②在选定单元格上单击右键，在弹出的快捷菜单中选择“插入”命令，再选择其他单元格的移动方向即可。

③首先选定行、列、单元格或区域，将鼠标指针指向右下角的区域边框，按住 Shift 键并向外进行拖动。拖动时，有一个虚框表示插入的区域，释放鼠标左键，即可插入虚框中的单元格区域。

（2）单元格的删除

工作表的某些内容不需要时，可以将它们删除，这里的删除与按下 Delete 键删除单元格或区域的内容不一样，按 Delete 键仅清除单元格内容，其空白单元格仍保留在工作表中；而删除行、列、单元格或区域，其内容和单元格将一起从工作表中消失，空的位置由周围的单元格补充。

删除单元格的方法有两种。

①选择要删除的单元格，单击“开始/单元格/删除”下拉按钮 删除 ▾，在弹出的下拉菜单中选择“删除单元格”命令，在弹出的“删除”对话框中选择其他单元格的移动方向即可。

②在选定单元格上单击右键，在弹出的快捷菜单中选择“删除”命令，再选择其他单元格的移动方向即可。

注意

清除和删除操作的区别：

“清除”是指清除选定单元格中的信息，这些信息可以是全部、格式、内容、批注或者超级链接，并不删除单元格，也不会清除表格的背景颜色。“删除”是指将信息及选定的单元格本身一起从表格中删掉。“清除”位于“开始/编辑/清除”。

4. 冻结拆分单元格

（1）冻结窗格

当工作表中的内容超过一个屏幕时，需要使用滚动条来浏览工作表中更多的内容，这时如果想把工作表左边或上边的某些数据固定在窗口中，而工作表右边或下边的数据可以自动滚动，就可以使用冻结窗格的功能来实现。

冻结窗格分为以下 3 种不同的情况。

①冻结行。要冻结前 n 行，可用鼠标选中第 $n+1$ 行的第一个单元格或选择整个 $n+1$ 行，再选择“视图/窗口/冻结窗格/冻结拆分窗格”命令。

②冻结列。要冻结前 n 列，可用鼠标选中第 $n+1$ 列的第一个单元格或选择整个 $n+1$ 列，再选择“视图/窗口/冻结窗格/冻结拆分窗格”命令。

③冻结行和列。要冻结前 n 行 m 列，可选中第 $n+1$ 行和 $m+1$ 列交叉的单元格，再选择“视图/窗口冻结窗格/冻结拆分窗格”命令。如果要撤销冻结，可选择“窗口/取消冻结窗格”命令。

图 4-14 所示为冻结学生成绩表前两行的效果图。

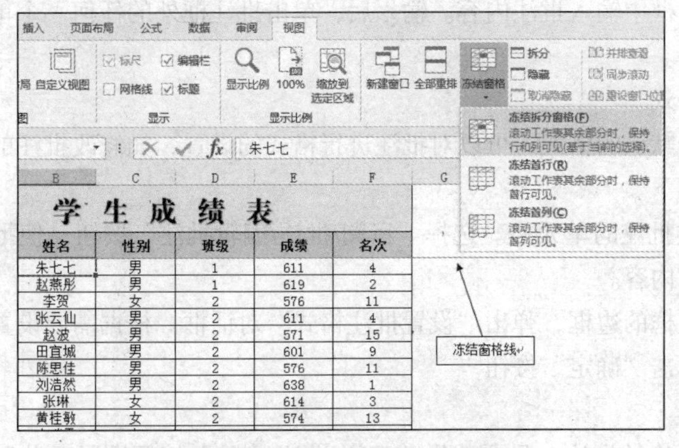

图 4-14 冻结前两行效果图

（2）拆分窗口

若要将工作表所在窗口分成 2 个或 4 个窗口时，可以使用拆分窗口功能来实现。拆分后的每个窗口都显示同一个工作表内的数据，可以在每个窗口中使用滚动条来浏览内容，使各拆分后的窗口显示所需内容。拆分窗口也可以分为以下 3 种不同的情况。

①水平拆分窗口。要拆分前 n 行，可选中第 $n+1$ 行的第一个单元格或选择整个 $n+1$ 行，再选择“视图/窗口/拆分”按钮即可。

②垂直拆分窗口。要拆分前 n 列，可选中第 $n+1$ 列的第一个单元格或选择整个 $n+1$ 列，再选择“视图/窗口/拆分”按钮即可。

③水平和垂直拆分。要拆分前 n 行和 m 列，可选中第 $n+1$ 行和 $m+1$ 列交叉的单元格，再选择“视图/窗口/拆分”按钮即可。

如果要撤销拆分，可再选择“视图/窗口/拆分”命令。

图 4-15 所示为拆分销售业绩表为 4 个窗口的效果图。

5. 使用批注

（1）添加批注

批注可以对单元格进行注释，添加的批注一般都是简短的提示性文字。当在某个单元格中添加批注后，会在该单元格的右上角出现一个小红三角，只要将鼠标指针移到该单元格中，就会显示出添加的批注内容，效果如图 4-16 所示。操作步骤如下。

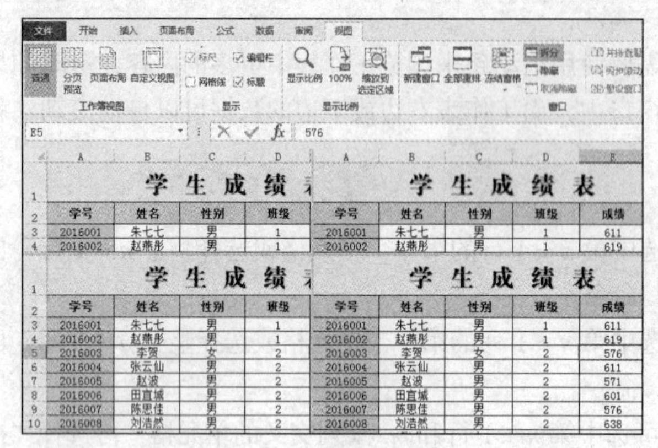

图 4-15 拆分窗口效果图

图 4-16 在单元格中添加批注

①选定需要添加批注的单元格。选择“审阅/批注/新建批注”按钮，此时会出现一个批注框。

②在出现的批注框中输入批注内容。输入后，单击批注框外的任何一个单元格即可关闭批注框，完成批注的添加。

（2）设置批注格式

添加的批注采用默认的格式，可以对批注进行格式的设置，如修改批注的字体、字号、对齐等。具体操作步骤如下。

①选定需要修改批注的单元格。选择“审阅/批注/编辑批注”按钮，使批注进入编辑状态，可以重新输入批注的内容。

②右键单击批注框的边框，弹出“设置批注格式”对话框。根据需要设置批注格式的各个选项，设置完毕后，单击“确定”按钮。

（3）删除批注

如果要删除单元格的批注，只要选择“审阅/批注/删除”按钮即可，此时该单元格右上角的红色三角消失，单元格中的批注被删除。

如果要一次性删除工作表中的所有批注，其操作步骤是：选择“开始/编辑/查找和选择/定位条件/批注”，单击“确定”按钮；选择“审阅/批注/删除”按钮。

单击右键也可以添加、编辑和删除批注以及设置批注的显示/隐藏。

4.1.5　数据的输入

Excel 的主要功能是处理数据，在对 Excel 有了一定认识并熟悉了单元格的基本操作后，就可以在 Excel 中输入数据了。Excel 中的数据可分为 3 种类型：一类是各种数字构成的数值数据；一类是普通文本和特殊符号；还有一类是公式类型。当然工作表也可包含图表、图示、图片、按钮和其他对象，但这些对象不在单元格中，而是位于绘制层中。绘制层是每个工作表上方的一个不可见的层。根据数据类型不同，其输入方法也不同。

1．数值型数据的输入

在 Excel 中输入数值型数据后，数据将自动采用右对齐的方式显示。如果输入长度超过 11 位，则系统会将数据转换成科学计数法的形式显示（如 2.45E + 10）。无论输入的数值位数有多少，只保留 15 位的数值精度，多余的数字将舍掉取零。

另外，还可在单元格中输入特殊型的数值型数据，如货币、小数、日期等。

2．输入普通文本和特殊符号

普通文本和特殊符号的输入和 Word 中输入文本相同，方法不再赘述。另外还可以通过编辑框在单元格中输入文本。默认情况下文本将采用左对齐的方式显示。如果单元格的宽度容纳不下文本，可以占相邻单元格的显示位置，如果相邻单元格中已经有数据，就截断显示。

3．输入公式类型

在 Excel 中可以输入功能强大的公式，利用单元格中的值计算结果。本书将在 4.2 节介绍。

4.1.6　数据的快速填充与自动运算

当需要在连续的单元格中输入相同或者有规律的数据时，可以使用快速填充数据功能来实现。

1．填充柄

当选择一个单元格时，在这个单元格的右下角会出现一个与单元格边框不相连的黑色小方块，拖动这个小方块或者在上面双击即可实现数据的快速填充。这个黑色的小方块就叫“填充柄”。

2．填充相同的数据

在处理数据的过程中，有时候需要输入连续且相同的数据，这时可以通过快速填充功能来简化操作。

3．填充有规律的数据

在输入数据和公式的过程中，如果输入的数据具有某种规律，例如“星期一、星期二……”，以及天干、地支和年份等数据。用户可以通过使用 Excel 特殊类型数据的填充功能进行快速填充。

例如在 A1 单元格中输入文本“一月”，然后将鼠标指针移动到 A1 单元格右下角的填充柄上，当鼠标变成实心的“+”字时，按住鼠标左键不放并拖动鼠标至 A12 单元格，释放鼠标，即可在 A1:A12 单元格区域中填充序列“一月、二月、三月……十二月”。

对于星期、月份等有规律的数据，Excel 会自动对其进行识别，用户只需要输入其中的一个即可使用自动填充功能进行快速填充。

4．填充序列

在 Excel 中经常会遇到填充等差数列和等比数列的情况。例如序号 1，2，3…，此时就可以使用 Excel 的“序列”功能来进行填充了。步骤如下。

（1）在填充区域的第一个单元格中输入数据序列的初始值。选定即将填充的填充区域。

（2）打开“开始/编辑/填充”下拉按钮，在弹出的下拉菜单中选择“序列”命令，如图 4-17 所示。

（3）在“序列”对话框中选择相应方向及类型，输入步长值和终止值，单击“确定”即可。

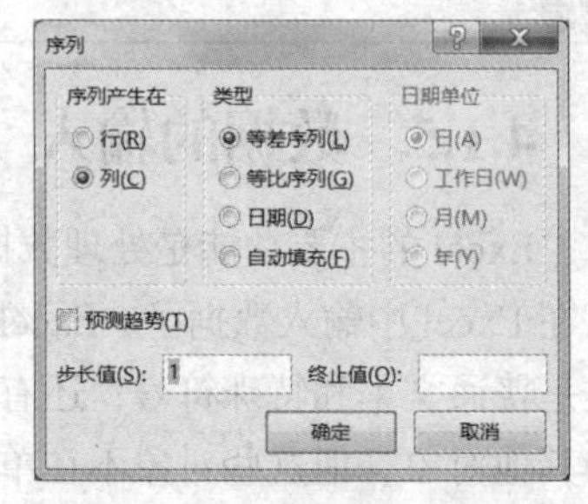

图 4-17 “序列”对话框

拖动填充柄时按住鼠标右键不放，会显示一个快捷菜单，其中包含了更多填充选项。

5．数据的自动计算

当需要即时查看一组数据的某种统计结果时，如求和、平均值、最大值或者个数等，可以使用 Excel 2013 提供的状态栏计算功能进行查看。步骤如下。

（1）选定需要计算的区域。

（2）在状态栏的任意位置单击右键，弹出快捷菜单。

（3）从快捷菜单中选择任意一种计算方式，计算结果将显示在状态栏中，如图 4-18 所示。

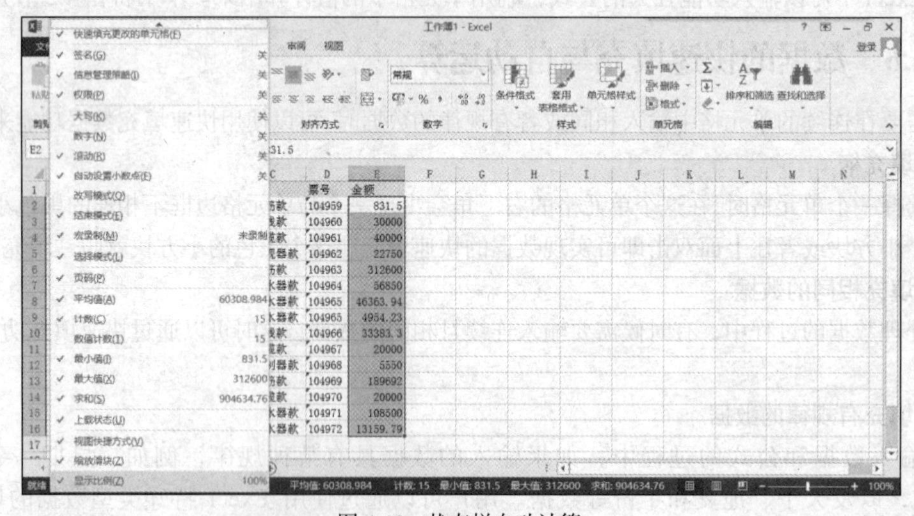

图 4-18 状态栏自动计算

4.1.7 特殊类型数据的输入

在 Excel 2013 输入过程中，常常需要输入一些特殊数据，比如负数、分数、身份证号等，用户可以用一些非常规的方法进行输入操作。

1. 输入负数

要在单元格内输入负数，比如-5，可以直接在单元格属于-5，也可以输入（5）。

2. 输入分数

要在单元格内输入分数，比如 3/4，正确的输入方式是：先输入“0”和一个空格，再输入“3/4”。如果直接输入，Excel 会把输入的数字当作日期格式来处理，会默认存储为“3 月 4 日”。

如果用户输入的分数的分子大于分母，Excel 会自动进位转算。比如输入 0 17/4，将会显示 4 1/4。

3. 输入身份证号

我国的身份证正常为 18 位，由于 Excel 能够处理的数字精度最大为 15 位，因此所有超过 15 位的数字会被当作 0 保持，而大于 11 位的数字默认以科学计数法来表示。要想正确显示身份证号码，可以让 Excel 以文本型数据来显示。一般有以下这些方法来将数字强制转换为文本：

（1）在输入身份证号码前，先输入一个英文状态下的单引号“'”。该符号用来表示其后面的内容为文本字符串。

（2）单击“开始/数字/数字格式”下拉按钮，选择“文本”命令，然后再输入身份证号。

输入身份证号的方法还适用于各种长数据和以 0 开头的数据。

4. 输入日期

如果想在单元格中输入 3 月 4 日，可以输入：3/4，3-4，或者 3 月 4 日。

5. 自动输入小数点

有一些数据报表中有大量的数值数据，如果这些数据保留的最大小数位数是相同的，可以使用系统设置来免去小数点的输入操作。

例如，如果希望所有输入的数据最大保留 2 位小数位数，可以选择“文件/选项”命令，打开“Excel 选项”对话框，选择“高级”选项卡，在“编辑选项”区域选中“自动插入小数点”复选框，在右侧的“位数”微调框内调整为 2，最后单击“确定”按钮，即可完成设置。

如果设置了小数点预留位数，这种格式将始终保留，直到取消选择“自动设置小数点”复选框为止。如果输入的数据后面有相同个数的“0”，计算机也可以在数字后自动添零，方法是在“位数”微调框中指定一个负数作为需要的零的个数。例如，在“位数”微调框中输入“-2”，若要在 3 个单元格中分别输入“300”“4500”和“27000”，只要在相应的单元格中输入“3”“45”“270”即可，这样可节省时间。

4.1.8　常用的数据输入技巧

1. 用导航键代替 Enter 键

当完成输入后，可不按 Enter 键，改按导航键完成输入。因为按 Enter 键后，Excel 会自动将单元格指针移到下面一个单元格。可以直接按上下左右键来选择下一个要输入数据的单元格，甚至还可以用 Page Up 键和 Page Down 键。

2. 输入数据前先选择输入区域

先选中一个区域，再开始输入数据，按回车键，再输入……在第一列最后一个单元格输入完成后自动跳到第二列第一个单元格。要跳过一个单元格，可直接按回车，返回上一个按 Shift + Enter 组合键。

3. 使用新增的“快速填充”功能

在一个工作表中，已有部分数据，想要在相邻单元格里面合并、分离、加 0 或提取相关信息，只需要在第一个单元格输入完整数据，当第二个单元格输入部分后，就会自动提示，按 Enter 键就可以完成全部填充。如图 4-19 所示为快速填充的各种情况。

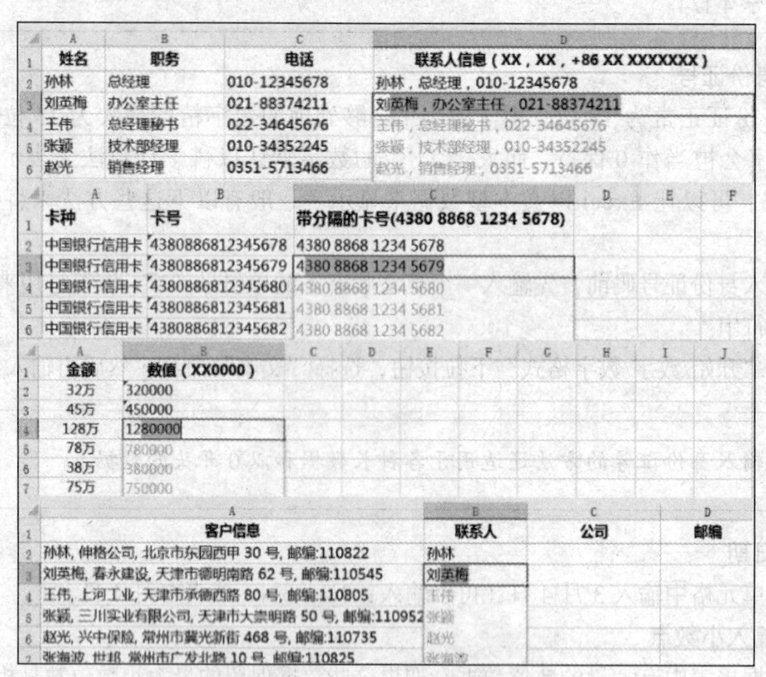

图 4-19　新增的快速填充功能

4. 在多个单元格中输入同样的信息

先选择要输入的范围，输入数据后按 Ctrl + Enter 组合键。

5. 使用“记忆式键入”自动输入数据

第一次在一个单元格中输入一个文本，比如“abcde”，以后在同一列再想输入这个文本时，Excel 就会通过识别前几个字母辨别该名称并自动完成输入，不用全部输入，减少按键次数。“记忆式键入”只对列有效。而且中间一旦有了空行，会从空行下面的开始记忆。

6. 使用“自动更正”速记数据输入

如果你经常输入“海口经济学院”，可以将其创建为一个“自动更正”条目。“文件/选项/校对/自动更正选项”，在对话框中输入：替换“hkc”为“海口经济学院”，以后只需要输入“hkc”就会显示全称。

7. 文本强制换行显示

如果文字太多想分行显示，则需要在换行的位置按 Alt + Enter 组合键。

8. 输入当前的日期和时间

输入系统当时的日期按 Ctrl + ;（分号），当时的时间按 Ctrl + Shift + ;（分号）。

4.2　Excel 2013 公式与常用函数

要分析和处理 Excel 工作表中的数据，就离不开公式和函数，公式和函数可以帮助用户快速并准确地计算表格中的数据并输出结果，达到事半功倍的效果。本节就来详细介绍如何使用公式与函数计算电子表格中的数据。

4.2.1　公式的使用

在 Excel 中，用户可以用公式对工作表数值进行加、减、乘、除等运算。只要输入正确的计算公式，就会立即在单元格中显示计算结果。当数据源变动，结果也会随之变动。

1. 认识公式

在 Excel 中，公式是对工作表中的数据进行计算和操作的等式。

（1）公式的基本元素

Excel 中的公式是以等号开头的式子，可以包含各种运算符、常量、变量、函数、单元格引用等，其语法为："=表达式"。其中"="也叫赋值符号，如图 4-20 所示。

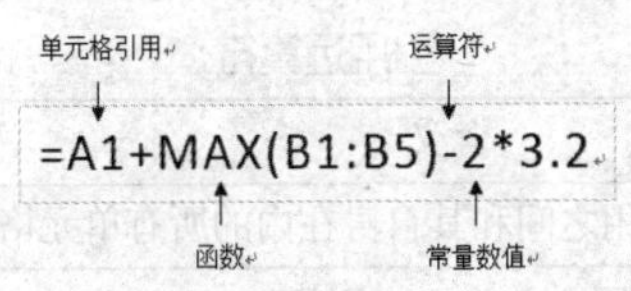

图 4-20　公式的基本元素

①运算符：对公式中的元素进行特定的运算，或者用来连接需要运算的数据对象，并指明哪种运算，例如加"+"、减"−"、乘"*"、除"/"等。

②常量数值：常量数值用于输入公式中的值、文本。

③单元格引用：利用公式引用功能对所需的单元格中的数据进行引用。

④函数：Excel 的函数或者参数，可返回相应的值。

（2）公式运算符的类型

运算符用于对公式中的元素进行特定类型的运算，分为 4 类，下面将分别来介绍。

①算术运算符：如果要完成基本的数学运算可以使用表 4-1 所示的算术运算符。

表 4-1　算术运算符

算术运算符	含义	示例	显示结果
+（加号）	加法运算	3 + 3	6
−（减号）	负数或减法运算	-5 或者 8−5	-5 或者 3
*（乘号）	乘法运算	3*3	9
/（除号）	除法运算	9/3	3
^（乘幂）	乘方运算	3^2	9

②文本连接运算符：Excel 的文本运算符只有一个，就是"&"，如表 4-2 所示。

表 4-2　　文本运算符

文本运算符	含义	示例	显示结果
&（和号）	将两个文本值连接或者串联起来以产生一个连续的文本	"Excel" & "电子表格软件" "中国" & "海南" & "海口"	Excel 电子表格软件 中国海南海口

③比较运算符：可以比较两个对象。比较的结果是一个逻辑值：TRUE 或 FALSE。TRUE 表示比较的条件成立，FALSE 表示比较的条件不成立，如表 4-3 所示。

表 4-3　　比较运算符

比较运算符	含义	示例	显示结果
=（等号）	等号	3=2	FALSE
>（大于号）	大于	3>2	TRUE
<（小于号）	小于	3<2	FALSE
>=（大于等于号）	大于等于	3>=2	TRUE
<=（小于等于号）	小于等于	3<=2	FALSE
<>（不等号）	不等于	3<>2	TRUE

④引用运算符：单元格引用是用于表示单元格在工作表上所处位置的坐标集，如表 4-4 所示。

表 4-4　　引用运算符

引用运算符	含义	示例
:（冒号）	区域运算符，对两个引用之间和其自身在内的所有单元格进行引用	A1:A3
,（逗号）	联合运算符，将多个引用合并为一个引用	SUM（A1:A3，B2:D4）
空格（ ）	交叉运算符，产生对同时隶属于两个引用的单元格区域的引用	SUM（B5:B12　A7:D4）

（3）运算符的优先级

如果公式中同时用到多个运算符，Excel 2013 将会依照运算优先级来完成运算，如表 4-5 所示，为运算符优先级由上到下依次降低。

表 4-5　　运算符的优先级

运算符	含义
:（冒号）　单个空格（ ）　,（逗号）	引用运算符
-	负号
%	百分比
^	乘幂
*和/	乘和除
+和-	加和减
&	文本连接符
=　>　<　>=　<=　<>	比较运算符

注意

如果要更改求值的顺序，可以将公式中需要优先计算的部分用括号括起来，或把相同优先级的计算按想要的执行运算顺序由左到右排列。

2. 输入公式

在 Excel 中通过输入公式进行数据的计算可以避免烦琐的人工计算，提高工作效率，输入公式的方法有手动键盘输入和鼠标单击输入两种。

（1）手动键盘输入

手动键盘输入公式与在 Excel 中输入数据的方法一样，用户在输入公式之前，提前输入一个等号（赋值符号），然后直接输入公式内容即可。

（2）鼠标单击输入

当公式中需要引用一些单元格地址时，通过鼠标单击输入的方式可以有效地提高用户的工作效率，并且能够避免手动键盘输入可能出现的错误。

在单元格输入公式后，按 Tab 键可以在计算出结果的同时，选中其右侧单元格；按 Ctrl + Enter 键可以在计算出结果的同时，保持当前单元格的选中状态。另外，在输入公式时，不区分单元格地址字母的大小写。

3. 编辑公式

在 Excel 中，用户有时候需要对输入的数据进行编辑。编辑包括修改公式、删除公式和复制公式等操作。

（1）修改公式：用户可以在公式所在的单元格或者编辑框中对公式进行修改。

①在单元格中修改公式：双击需要修改公式的单元格，选中公式中的错误，不用删除，直接输入正确公式即可。

②在编辑栏中修改公式：选中需要修改公式的单元格，然后单击编辑框，选中公式中的错误，不用删除，直接输入正确公式即可。

（2）删除公式：单击选中需要修改公式的单元格，按 Delete 键即可。

（3）复制公式：方法与复制数据的方法相似，可以快速地在其他单元格输入数据。但在 Excel 中，复制公式往往与单元格的引用结合使用，以提高工作效率。

（4）显示公式：默认设置下，单元格只显示结果，不显示公式，公式本身在编辑框中显示。有时为了检查公式的正确性，可以设置在单元格中显示公式，方法是先选中包含公式的单元格，选择“公式/公式审核/显示公式”即可。或者直接选中单元格，按 Ctrl + ～ 组合键，如图 4-21 所示。

1月	2月	3月	季合计
52	97	90	=SUM(A2:C2)
68	57	41	=SUM(A3:C3)
100	81	80	=SUM(A4:C4)
84	98	82	=SUM(A5:C5)
42	62	83	=SUM(A6:C6)
92	33	44	=SUM(A7:C7)

图 4-21　显示公式

4.2.2　函数的使用

Excel 中的函数和公式一样，都可以快速计算数据。公式是由用户自行设计的表达式，而函数则是在 Excel 中已经定义好的公式。

1. 认识函数

Excel 中的函数是运用一些被称为参数的特定数据按特定的顺序或者结构进行计算的公式。

（1）结构：Excel 提供了大量的内置函数，可以有一个或多个参数，并能返回一个结果。函数的构成为“=函数名（参数 1，参数 2……）”。其中，函数名为需要执行运算的函数名称。参数为函数使用的单元格或数值。

（2）分类：Excel 函数包括“自动求和”“最近使用的函数”“财务”“逻辑”“文本”“日期和

时间”“查找与引用”“数学和三角函数”及“其他函数”这 9 大类的上百个具体函数，每个函数的含义各不相同。常用的函数如表 4-6 所示。

表 4-6　Excel 提供的常用函数

函数	格式	功能
求和函数	=SUM(number1,number2,…)	计算单元格区域中所有数值的和
平均函数	=AVERAGE(number1,number2,…)	返回其参数的算术平均数；参数可以是数值或包含数值的名称、数组或引用
计数函数	=COUNT(value1,value2,…)	计算包含数字的单元格以及参数列表中的数字的个数
最大值函数	=MAX(number1,number2,…)	返回一组数值中的最大值，忽略逻辑值及文本
最小值函数	=MIN(number1,number2,…)	返回一组数值中的最小值，忽略逻辑值及文本
条件函数	=IF(Logical_test,value_if_true,value_if_false)	判断一个条件是否满足，如果满足返回一个值，如果不满足则返回另一个值
日期函数	=DATE(year,month,day)	返回在 Microsoft Office Excel 日期时间代码中日期的数字
时间函数	=TIME(hour,minute,second)	返回特定时间的序列数

（3）参数：可以是常量、逻辑值、数组、错误值、单元格引用或者嵌套函数等，其指定的参数都必须为有效参数值。

①常量：指的是不进行计算且不会发生改变的值。

②逻辑值：即 TRUE（真值）或 FALSE（假值）。

③数组：用于建立可生成多个结果或可对在行和列中排列的一组参数进行计算的单个公式。

④错误值：即“#N/A”“空值”或“_”等值。

⑤单元格引用：用于表示单元格在工作表中所处位置的坐标集。

⑥嵌套函数：嵌套函数就是将某个函数或公式作为另一个函数的参数使用。

2. 输入函数

在 Excel 2013 中，大多数函数的操作都是在“公式”选项卡的“函数库”选项组中完成的。如图 4-22 所示。

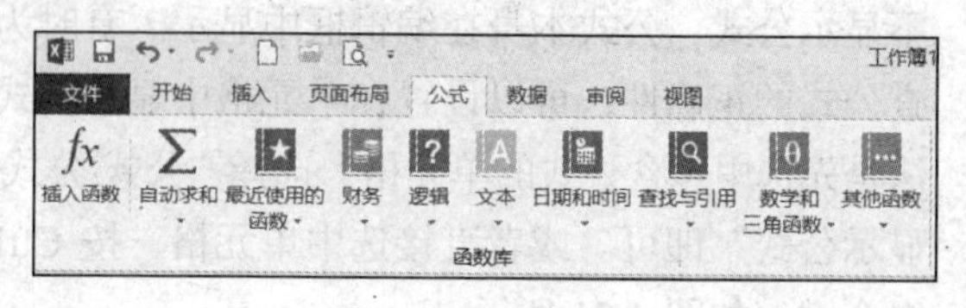

图 4-22　函数库组

插入函数的方法非常简单，在“函数库”组中选择要插入的函数，然后设置函数参数的引用单元格即可。如果对函数非常熟悉，也可以使用直接输入法。

（1）函数库中插入函数：使用这种方法可以确保输入的函数名不会出错，特别是一些很难记的函数，其操作步骤如下。

①选定要输入函数的单元格。

②单击“公式/函数库/插入函数”菜单，弹出“插入函数”对话框，如图 4-23（a）所示。

③在“插入函数”对话框中可以输入搜索函数或选择类别，然后在选择函数列表框中选择要使用的函数，此时列表框的下方会出现关于该函数功能的简单提示。比如，“选择函数”列表框中选择的是求和函数“SUM”。

④单击“确定”按钮，弹出如图 4-23（b）所示的“函数参数”对话框。

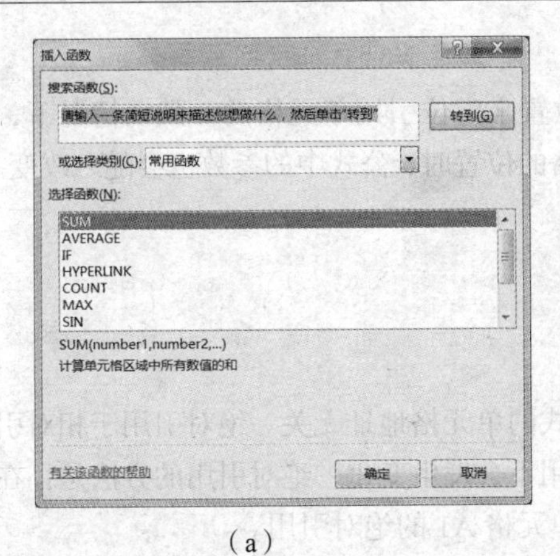

（a）

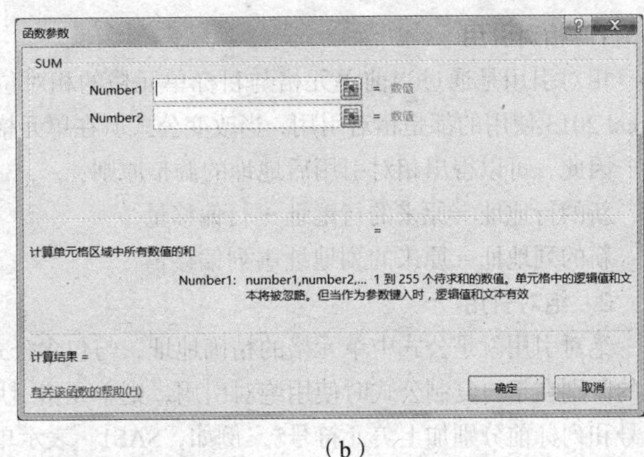

（b）

图 4-23 “插入函数”和“函数参数”对话框

⑤为函数添加参数。方法是：单击“函数参数”对话框中的各参数框，在其中输入数值、单元格或单元格区域引用等（或者单击参数框右边的红色按钮使选项对话框隐藏，然后在工作表中选定区域，再单击红色按钮使选项对话框还原）。参数输入完成后，函数计算的结果将出现在对话框最下方“计算结果 = ”的后面。

⑥单击“确定”按钮，计算结果将显示在所选择的单元格中。

（2）直接输入函数

即单击要输入函数的单元格，依次输入等号、函数名、左括号、具体参数和右括号，输入完成后单击编辑栏中的“输入”按钮或按 Enter 键，就可以在当前单元格中显示运算结果。

3. “自动求和”按钮

在 Excel 2013 中，“函数库/自动求和”按钮可以扩展，其中包含常用计算和连接所有函数功能的命令按钮。同时在“开始/编辑”组中也有“自动求和”按钮Σ ▾。

使用该按钮计算的操作步骤如下。

（1）选定要存放计算结果的单元格。单击工具栏中的“自动求和”按钮右侧的下拉按钮，如图 4-24 所示。

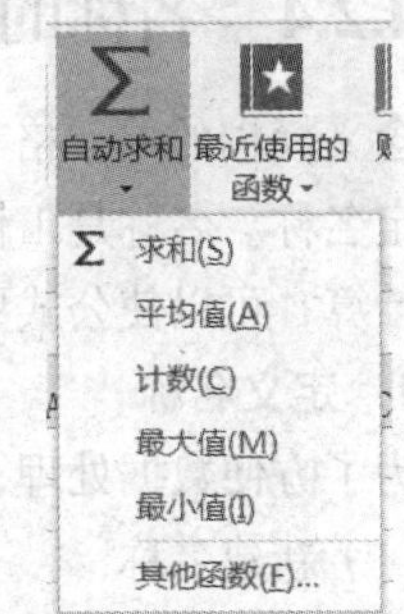

图 4-24 “自动求和”下拉列表

（2）在弹出的下拉列表中包含常用的计算命令“求和”“平均值”“计数”“最大值”“最小值”及连接所有函数的“其他函数”命令。

（3）若选择下拉列表中的“其他函数…”命令，则可使用 Excel 的所有函数。

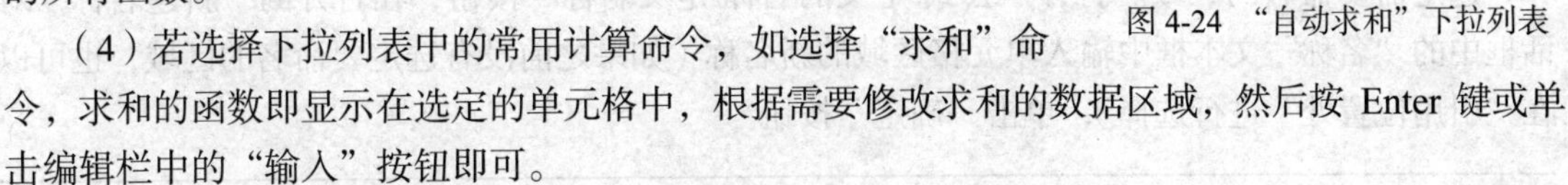

（4）若选择下拉列表中的常用计算命令，如选择“求和”命令，求和的函数即显示在选定的单元格中，根据需要修改求和的数据区域，然后按 Enter 键或单击编辑栏中的“输入”按钮即可。

4.2.3 单元格的引用

在 Excel 公式中经常要引用各单元格的内容，引用的作用是标识工作表上的单元格或单元格区域，并指明公式中所使用数据的位置。通过引用，可以在公式中使用工作表中不同部分的数据，或者在多个公式中使用同一个单元格的数据。还可以引用同一个工作簿中其他工作表中的数据。在 Excel 中，单元格的引用分为相对引用、绝对引用和混合引用 3 种。

1．相对引用

相对引用是通过当前单元格与目标单元格的相对位置来定位引用单元格的。默认情况下，Excel 2013 使用的都是相对引用，当改变公式所在单元格的位置时，公式中的参数也会随之改变。

因此，可以得出相对引用后地址的调整原则：

新的行地址 = 原来的行地址 + 行偏移量

新的列地址 = 原来的列地址 + 列偏移量

2．绝对引用

绝对引用就是公式中单元格的精确地址，与包含公式的单元格地址无关。绝对引用于相对引用的区别在于：复制公式时使用绝对引用，则单元格引用不会发生变化，绝对引用的方法是：在行号和列标前分别加上美元符号$，例如，$A$1。表示单元格 A1 的绝对引用。

3．混合引用

混合引用是指行采用相对引用而列采用绝对引用，或行采用绝对引用而列采用相对引用。例如，$A5、A$5 均为混合引用。

例如，如果 B5 单元格中输入了公式“=$F4 + H$3”，则单击该单元格，按下 Ctrl + C 组合键后，再用鼠标单击 E7 单元格，然后按下 Ctrl + V 组合键，则该单元格中的公式为?

答：先找已知条件和未知条件的关系，然后再写结果，如图 4-25 所示。

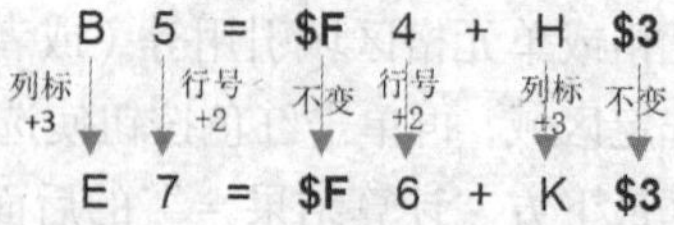

B 5 = $F 4 + H $3

列标 +3　行号 +2　不变　行号 +2　列标 +3　不变

E 7 = $F 6 + K $3

图 4-25　混合引用

若公式或函数中使用相对引用，则单元格引用会自动随着移动的位置相应变化；若公式或函数中使用绝对引用，则单元格引用不会发生变化；若公式或函数中使用混合引用，则该引用地址中相对引用的位置会变化，绝对引用的位置则不变。

4.2.4　名称的定义与使用

含义模糊的单元格和单元格区域的地址有时很难处理数据，Excel 允许为单元格和单元格区域指定名称。名称是工作簿中某些项目或数据的标识符。在公式或函数中使用名称代替数据区域进行计算，可以使公式更为简洁，从而避免输入错误。

1．定义名称

为了方便数据处理，可以将一些常用的单元格区域定义特定的名称，有如下操作方法。

（1）新建名称

选定需要命名的区域。打开“公式/定义的名称/定义名称”按钮，在打开的“新建名称”对话框中的“名称”文本框中输入单元格区域的新名称（如果之前没有选定要命名的区域，也可以在“引用位置处”进行选择），单击“确定”按钮。

定义名称时需要注意：名称的最大长度为 255 个字符，不区分大小写；名称必须以字母、文字或者下划线开始，名称的其余部分可以使用数字或者符号，但不能有空格；不能使用运算符和函数名。

（2）以选定区域创建名称

打开如图 4-26（a）所示的工作表，选中 A3:B6 单元格区域。打开“公式/定义的名称/根据所选内容创建”按钮，在打开的“以选定区域创建名称”对话框，如图 4-26（b），选择“最左列”，单击“确定”，即可创建名称。效果如图 4-26（c）所示。

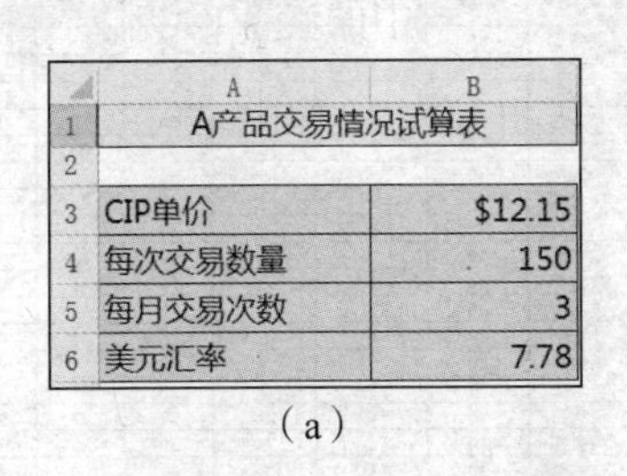

（a）

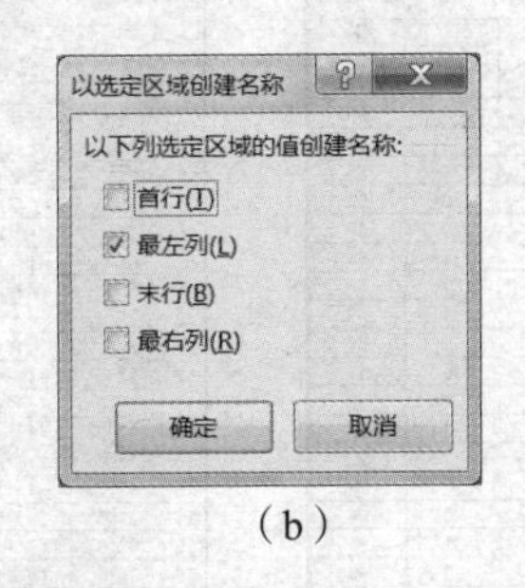

（b）

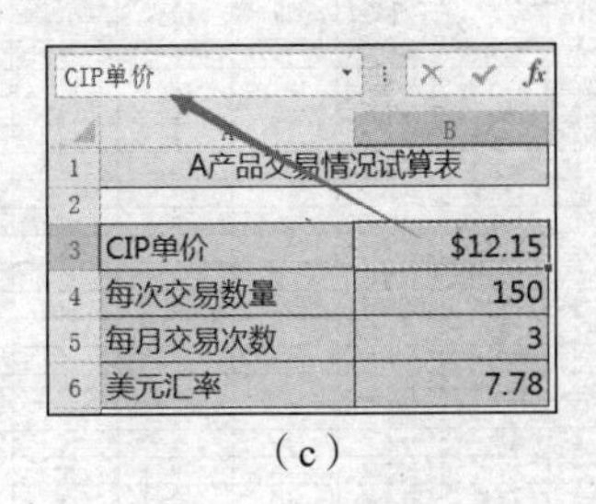

（c）

图 4-26　以选定区域创建名称

2. 使用名称

定义了单元格名称后，可以使用名称来代替单元格的区域进行计算，以便用户输入。

4.3　Excel 2013 数据处理与分析

Excel 2013 在对数据进行及排序、筛选、分类汇总以及使用图表分析等方面都具有强大的功能，可以帮助用户更容易地管理和分析电子表格中的数据。本节将详细介绍在 Excel 2013 中管理和分析电子表格数据的方法和技巧。

4.3.1　数据的排序

数据的排序是指按一定的规则对数据进行整理、排列，这样可以为数据的进一步处理做好准备。Excel 2013 提供了多种方法对数据清单进行排序，可以按升序、降序的方式，也可以由用户自定义排序。

1. 快速排序

对 Excel 中的数据清单进行排序时，如果对单列的内容进行排序，则可以打开“数据”选项卡，在“排序和筛选”组中单击升序按钮和降序按钮即可。这种排序属于一种单条件排序。

注意

在“排序警告”对话框中，选中“以当前选定区域排序”单选按钮，Excel 只会将选定区域排序，而其他位置的单元格保持不变。这里排序的数据与数据的记录不是对应的。一般情况下我们选择“排序警告”中的“扩展选定区域”按钮进行排序。

2. 多条件排序

使用快速排序时，只能使用一个排序条件，为了满足用户的复杂排序需求，Excel 提供了多条件排序功能。使用该功能用户可设置多个排序条件，当主关键字相等时，参考第二个关键字排序。

例如，在对图 4-27（a）所示的“员工年度考核表”工作簿中的数据，按总成绩从高到低排列，如果总成绩相同，则按工号从低到高排序，结果如图 4-27（b）所示。

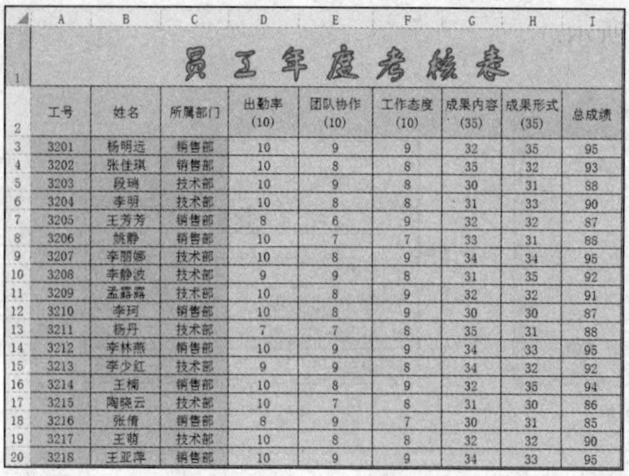

员工年度考核表

工号	姓名	所属部门	出勤率(10)	团队协作(10)	工作态度(10)	成果内容(35)	成果形式(35)	总成绩
3201	杨明远	销售部	10	9	9	32	35	95
3202	张佳琪	销售部	10	8	8	35	32	93
3203	段瑞	技术部	10	9	8	30	31	88
3204	李明	技术部	10	8	8	31	33	90
3205	王芳芳	销售部	8	6	9	32	32	87
3206	姚静	销售部	10	7	7	33	31	88
3207	李丽娜	技术部	10	8	9	34	34	95
3208	李静波	技术部	9	9	8	31	35	92
3209	孟露露	技术部	10	8	9	32	32	91
3210	李珂	销售部	10	8	9	30	30	87
3211	杨丹	技术部	7	7	8	35	31	88
3212	李林燕	销售部	10	9	9	34	33	95
3213	李少红	技术部	9	9	8	34	32	92
3214	王楠	销售部	10	8	9	32	35	94
3215	陶晓云	技术部	10	7	8	31	30	86
3216	张倩	销售部	8	9	7	30	31	85
3217	王萌	技术部	10	8	8	32	32	90
3218	王亚萍	销售部	10	9	9	34	33	95

（a）

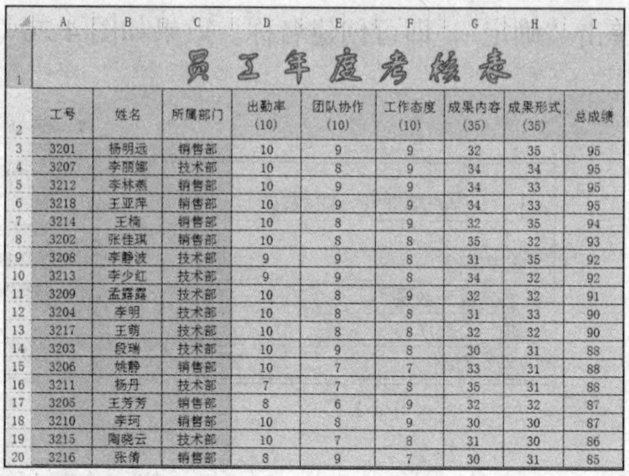

员工年度考核表

工号	姓名	所属部门	出勤率(10)	团队协作(10)	工作态度(10)	成果内容(35)	成果形式(35)	总成绩
3201	杨明远	销售部	10	9	9	32	35	95
3207	李丽娜	技术部	10	8	9	34	34	95
3212	李林燕	销售部	10	9	9	34	33	95
3218	王亚萍	销售部	10	9	9	34	33	95
3214	王楠	销售部	10	8	9	32	35	94
3202	张佳琪	销售部	10	8	8	35	32	93
3208	李静波	技术部	9	9	8	31	35	92
3213	李少红	技术部	9	9	8	34	32	92
3209	孟露露	技术部	10	8	9	32	32	91
3204	李明	技术部	10	8	8	31	33	90
3217	王萌	技术部	10	8	8	32	32	90
3203	段瑞	技术部	10	9	8	30	31	88
3206	姚静	销售部	10	7	7	33	31	88
3211	杨丹	技术部	7	7	8	35	31	88
3205	王芳芳	销售部	8	6	9	32	32	87
3210	李珂	销售部	10	8	9	30	30	87
3215	陶晓云	技术部	10	7	8	31	30	86
3216	张倩	销售部	8	9	7	30	31	85

（b）

图 4-27 “员工年度考核表”排序前后对比图

其操作步骤如下。

（1）选择需要排序的数据清单中的任意单元格。

（2）选择“数据/排序和筛选/排序”按钮，弹出如图 4-28 所示的“排序”对话框。

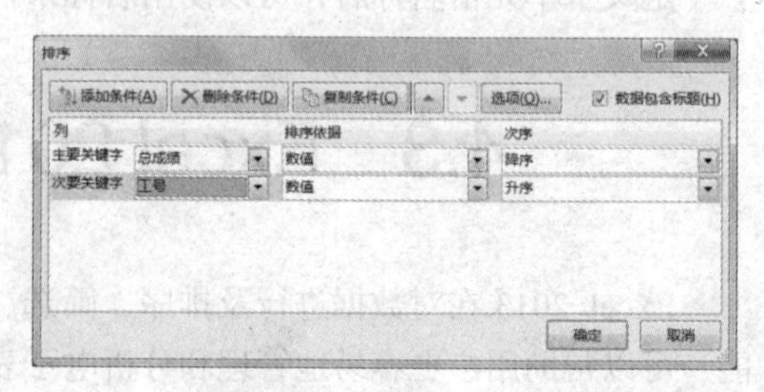

图 4-28 “排序”对话框

（3）打开“排序”对话框，在“主要关键字”下拉列表中选择“总成绩”选项，在“排序依据”下拉列表框中选择“数值”选项，在“次序”下拉列表框中选择“降序”选项，然后单击“添加条件”按钮。

（4）此时添加新的排序条件，在“次要关键字”下拉列表中选择“工号”选项，在“排序依据”下拉列表框中选择“数值”选项，在“次序”下拉列表框中选择“升序”选项，然后单击“确定”按钮。

在“排序”对话框中，选项栏中选中“数据包含标题”前的单选按钮，则表示排序后的数据清单保留字段名行。如果不选中“数据包含标题”前的单选按钮，则表示标题行也参与排序。

3. 自定义排序

Excel 2013 还允许用户对数据进行自定义排序，通过“自定义序列”对话框可以对排序的依据进行设置。

例如，在对图 4-27（a）所示的“员工年度考核表”工作簿中的数据，按所属部门“销售部”在前，“技术部”在后的顺序进行排序，其操作步骤如下。

（1）选择需要排序的数据清单中的任意单元格。

（2）选择“数据/排序和筛选/排序”按钮。在“主要关键字”下拉列表中选择“所属部门”选项，在“次序”下拉列表框中选择“自定义序列”选项，弹出图 4-29（a）所示对话框。

（3）在“输入序列”列表框中输入“销售部”和“技术部”，然后单击“添加”按钮。

（4）在“自定义序列”列表框中选择刚添加的“销售部”和“技术部”序列，单击“确定”按钮，完成自定义序列操作。

（5）返回“排序”对话框，单击“确定”按钮，完成排序，结果如图 4-29（b）所示。

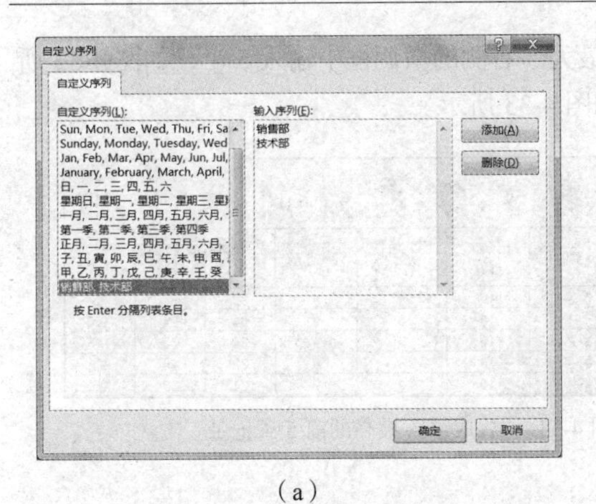

（a）

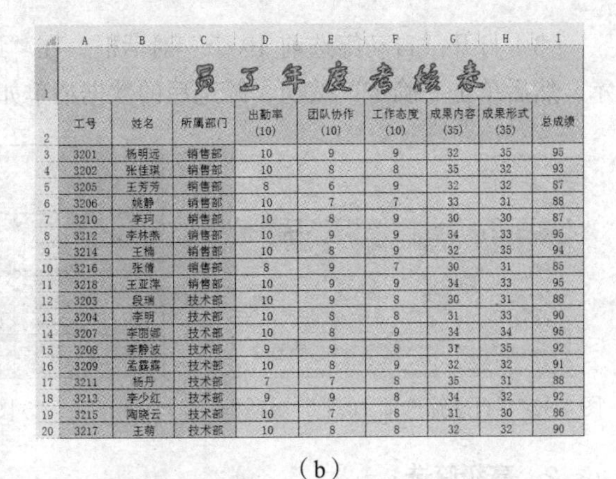

工号	姓名	所属部门	出勤率(10)	团队协作(10)	工作态度(10)	成果内容(35)	成果形式(35)	总成绩
3201	杨明远	销售部	10	9	9	32	35	95
3202	张佳琪	销售部	10	8	8	35	32	93
3205	王芳芳	销售部	8	6	9	32	32	87
3206	姚静	销售部	10	7	7	33	31	88
3210	李珂	销售部	10	8	9	30	30	87
3212	李林燕	销售部	10	9	9	34	33	95
3214	王楠	销售部	10	8	9	32	35	94
3216	张倩	销售部	8	9	7	30	31	85
3218	王亚萍	销售部	10	9	9	34	33	95
3203	段瑞	技术部	10	9	8	30	31	88
3204	李明	技术部	10	8	8	31	33	90
3207	李丽娜	技术部	10	8	9	34	34	95
3208	李静波	技术部	9	9	8	31	35	92
3209	孟露露	技术部	10	8	9	32	32	91
3211	杨丹	技术部	7	7	8	35	31	88
3213	李少红	技术部	9	9	8	34	32	92
3215	陶晓云	技术部	10	7	8	31	30	86
3217	王萌	技术部	10	8	8	32	32	90

（b）

图 4-29　添加“自定义序列”及自定义排序结果

如何按行对数据进行排序？

在工作表中打开“数据/排序和筛选/排序”按钮，在对话框中，单击“选项”按钮，在对话框中，选中“按行排序”单选按钮，然后单击“确定”。再按之前学过的内容操作即可。

4.3.2　数据的筛选

筛选是一种快速查找数据的方法。筛选后的数据清单只显示符合条件的数据行，不符合条件的数据行被隐藏起来而不是从数据清单中删除。当筛选条件被删除时，隐藏的数据便会恢复显示。

1．快速筛选

筛选为用户提供了从具有大量记录的数据清单中快速查找符合某种条件的记录的功能。使用筛选功能筛选数据时，字段名称将变成一个下拉列表框的框名。

例如，要求对图 4-27（a）所示的“员工年度考核表”进行自动筛选，将数据清单中总成绩最高的 5 条记录筛选出来，其操作步骤如下。

（1）单击要进行筛选的数据清单中的任意一个单元格。选择“数据/排序和筛选/筛选”按钮，此时进入了筛选模式，列标题单元格中添加用于设置筛选菜单的下拉菜单按钮，如图 4-30 所示。

（2）单击“总成绩”旁的下拉菜单按钮，选择“数字筛选/前 10 项”命令，如图 4-31 所示。

员工年度考核表

工号	姓名	所属部门	出勤率(10)	团队协作(10)	工作态度(10)	成果内容(35)	成果形式(35)	总成绩
3201	杨明远	销售部	10	9	9	32	35	95
3202	张佳琪	销售部	10	8	8	35	32	93
3203	段瑞	技术部	10	9	8	30	31	88
3204	李明	技术部	10	8	8	31	33	90
3205	王芳芳	销售部	8	6	9	32	32	87
3206	姚静	销售部	10	7	7	33	31	88
3207	李丽娜	技术部	10	8	9	34	34	95
3208	李静波	技术部	9	9	8	31	35	92
3209	孟露露	技术部	10	8	9	32	32	91
3210	李珂	销售部	10	8	9	30	30	87
3211	杨丹	技术部	7	7	8	35	31	88
3212	李林燕	销售部	10	9	9	34	33	95
3213	李少红	技术部	9	9	8	34	32	92
3214	王楠	销售部	10	8	9	32	35	94
3215	陶晓云	技术部	10	7	8	31	30	86
3216	张倩	销售部	8	9	7	30	31	85
3217	王萌	技术部	10	8	8	32	32	90
3218	王亚萍	销售部	10	9	9	34	33	95

图 4-30　使用自动筛选功能后的数据清单

图 4-31　“总成绩”下拉列表框

（3）打开“自动筛选前 10 个”对话框，在“最大”右侧的微调框中输入 5 个，如图 4-32 所示，然后单击“确定”按钮，筛选后的数据清单如图 4-33 所示。

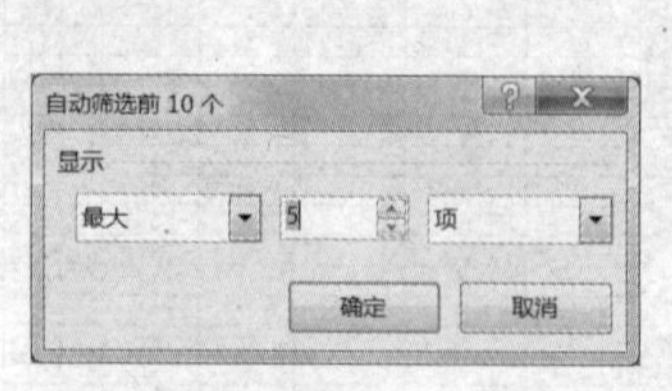

图 4-32 “自动筛选前 10 个”对话框

员工年度考核表

工号	姓名	所属部门	出勤率(10)	团队协作(10)	工作态度(10)	成果内容(35)	成果形式(35)	总成绩
3201	杨明远	销售部	10	9	9	32	35	95
3207	李丽娜	技术部	10	8	9	34	34	95
3212	李林燕	销售部	10	9	9	34	33	95
3214	王楠	销售部	10	8	9	32	35	94
3218	王亚萍	销售部	10	9	9	34	33	95

图 4-33 “总成绩”最高的前 5 条记录

2. 高级筛选

如果数据清单中筛选的条件比较多，自动筛选功能不能满足筛选的要求，可以使用高级筛选功能来处理。首先须建立一个条件区域，来指定筛选的数据所需的条件。条件区域的第 1 行为筛选条件的字段名，这些字段名与数据清单中的字段名要一致，条件区域的其他行则输入筛选条件。

条件区域和数据清单不能连接，必须用一行空行将其隔开。

例如，要求对图 4-27（a）所示的“员工年度考核表”进行高级筛选，将数据清单中总成绩低于 90 分的技术部员工记录筛选出来，其操作步骤如下。

（1）在 B22:C23 单元格区域中输入筛选条件，如图 4-34 所示。

（2）在工作表中选择 A2:I20 单元格区域（也可以在数据区域单击任意单元格后按 Ctrl + A 组合键），然后打开“数据/排序和筛选/高级”按钮，打开“高级筛选”对话框，如图 4-35 所示。

15	3213	李少红	技术部	9
16	3214	王楠	销售部	10
17	3215	陶晓云	技术部	10
18	3216	张倩	销售部	8
19	3217	王萌	技术部	10
20	3218	王亚萍	销售部	10
21				
22		所属部门	总成绩	
23		技术部	<90	
24				
25				
26				

图 4-34 使用自动筛选功能后的数据清单

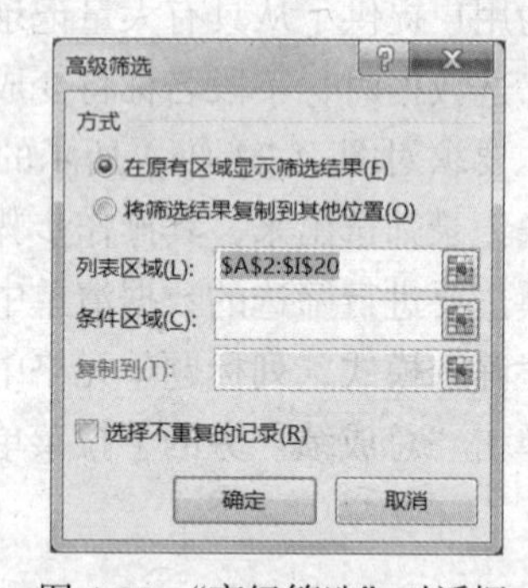

图 4-35 “高级筛选”对话框

（3）单击“条件区域”后面文本框，在工作簿中选择已经输入号的筛选条件区域，即 B22:C23，单击“确定”按钮，筛选后的数据清单如图 4-36 所示。

	A	B	C	D	E	F	G	H	I
2	工号	姓名	所属部门	出勤率(10)	团队协作(10)	工作态度(10)	成果内容(35)	成果形式(35)	总成绩
5	3203	段瑞	技术部	10	9	8	30	31	88
13	3211	杨丹	技术部	7	7	8	35	31	88
17	3215	陶晓云	技术部	10	7	8	31	30	86
21									
22		所属部门	总成绩						
23		技术部	<90						

图 4-36 使用高级筛选功能后的结果

3．模糊筛选

有时筛选的条件可能不够精确，只知道其中某一个字或内容。此时用户可以用通配符（? 和*）来模糊筛选表格内的数据（通配符只能用于文本型数据，对数值和日期型数据无效）。

例如，要求对图 4-27（a）所示的“员工年度考核表”进行筛选，将数据清单中姓“王”，且名字是三个字的员工记录筛选出来，其操作步骤如下。

（1）单击需要进行筛选的数据清单中的任意一个单元格。选择“数据/排序和筛选/筛选”按钮，此时进入了筛选模式。

（2）单击“姓名”单元格旁边的下拉菜单按钮，在弹出的菜单中选择“文本筛选/自定义筛选”命令，打开“自定义筛选”对话框，如图 4-37（a）所示。

（3）在选择条件类型为“等于”，后面的文本框内输入“王??”，然后单击“确定”按钮，筛选的结果如图 4-37（b）所示。

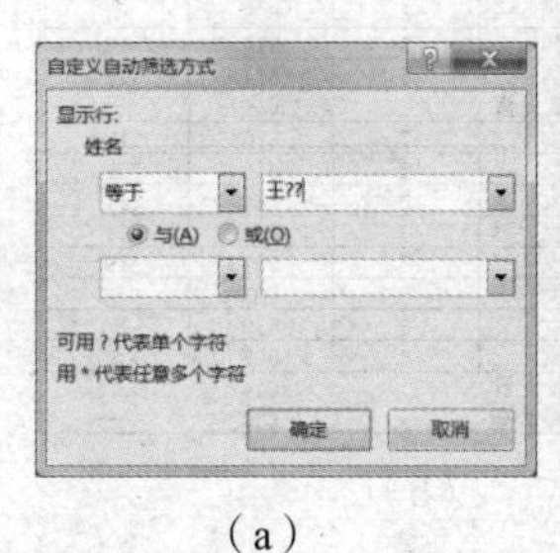

（a）

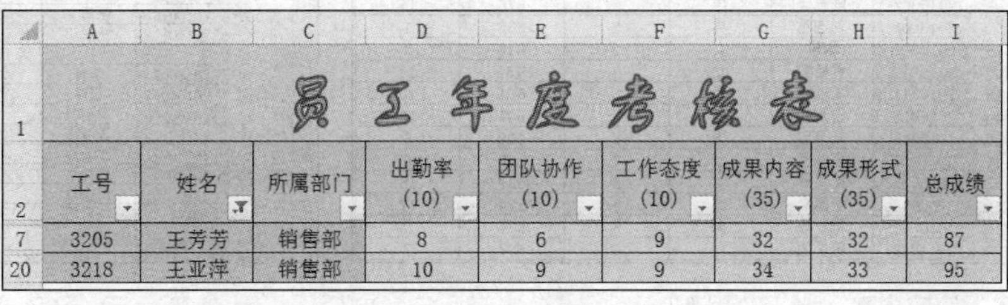

	A	B	C	D	E	F	G	H	I
1	员工年度考核表								
2	工号	姓名	所属部门	出勤率（10）	团队协作（10）	工作态度（10）	成果内容（35）	成果形式（35）	总成绩
7	3205	王芳芳	销售部	8	6	9	32	32	87
20	3218	王亚萍	销售部	10	9	9	34	33	95

（b）

图 4-37　模糊筛选

如果要清除各类筛选操作，重新显示电子表格的全部内容，只需要单击“数据/排序和筛选/清除”按钮即可。如果仅仅是让筛选按钮隐藏或显示，可以用 Excel 2013 的新功能，单击“设计/表格样式选项/筛选按钮”前的复选框即可。

4.3.3　数据的分类汇总

分类汇总是对数据清单进行数据分析的一种方法。它对数据库中指定的字段进行分类，然后统计同一类记录的信息。统计内容可以由用户指定，可统计记录的条数、求和、求平均值等。

1．认识分类汇总

Excel 可自动计算数据清单中的分类汇总和总计值。当插入自动分类汇总时，Excel 将分级显示数据清单，以便为每个分类汇总显示和隐藏明细数据行。通过单击分级显示符号可以隐藏明细数据而只显示汇总的数据，这样就形成了汇总报表。

若要插入分类汇总，必须先将数据清单排序，以便将要进行分类汇总的行组合到一起。然后，为包含数字的列计算分类汇总。

要确保分类汇总的数据为数据清单格式：第一行的每一列都有标志，并且同一列中应包含相似的数据，在数据清单中不应有空行或空列。

2．创建分类汇总

用户指定需进行分类汇总的数据项、待汇总的数值和用于计算的函数即可。如果要使用自动分类汇总，工作表必须组织成具有列标志的数据清单。在分类汇总的结果中，还可以再进行汇总。

例如，要求对图 4-38（a）所示的“学生成绩表”进行分类汇总，将数据清单中“性别”作为分类字段，“最大值”作为汇总方式，对“成绩”进行分类汇总，结果如图 4-38（b）所示。

其操作步骤如下。

（1）选择“性别”所在列的任意含有数据的单元格，选择“数据/排序和筛选”组中单击任意一种排序按钮（如“升序”按钮A↓Z），将数据清单按性别的升序排列。

（2）打开的“排序提醒”对话框，选择“扩展选定区域排序”，单击“排序”按钮完成排序。

	A	B	C	D	E	F
1	学 生 成 绩 表					
2	学号	姓名	性别	班级	成绩	名次
3	2016001	朱七七	男	1	611	4
4	2016002	赵燕彤	男	1	619	2
5	2016003	李贺	女	2	576	11
6	2016004	张云仙	男	2	611	4
7	2016005	赵波	男	2	571	15
8	2016006	田宜城	男	2	601	9
9	2016007	陈思佳	男	2	576	11
10	2016008	刘浩然	男	2	638	1
11	2016009	张琳	女	2	614	3
12	2016010	黄桂敏	女	2	574	13
13	2016011	李瑞霞	女	3	581	10
14	2016012	王云仙	女	3	501	18
15	2016013	张子欣	男	3	608	6
16	2016014	崔兰兰	女	3	603	8
17	2016015	周雪玲	女	3	539	16
18	2016016	张博文	男	3	524	17
19	2016017	杨双双	男	3	574	13
20	2016018	陈紫函	女	3	607	7

（a）

	A	B	C	D	E	F
1	学 生 成 绩 表					
2	学号	姓名	性别	班级	成绩	名次
3	2016001	朱七七	男	1	611	5
4	2016002	赵燕彤	男	1	619	3
5	2016004	张云仙	男	2	611	5
6	2016005	赵波	男	2	571	16
7	2016006	田宜城	男	2	601	10
8	2016007	陈思佳	男	2	576	12
9	2016008	刘浩然	男	2	638	1
10	2016013	张子欣	男	3	608	7
11	2016016	张博文	男	3	524	18
12	2016017	杨双双	男	3	574	14
13			男 最大值		638	
14	2016003	李贺	女	2	576	12
15	2016009	张琳	女	2	614	4
16	2016010	黄桂敏	女	2	574	14
17	2016011	李瑞霞	女	3	581	11
18	2016012	王云仙	女	3	501	19
19	2016014	崔兰兰	女	3	603	9
20	2016015	周雪玲	女	3	539	17
21	2016018	陈紫函	女	3	607	8
22			女 最大值		614	
23			总计最大值		638	

（b）

图 4-38　分类汇总前后对比图

（3）选择“数据/分级显示/分类汇总”按钮，打开“分类汇总”对话框，如图 4-39 所示。

（4）在“分类字段”下拉列表中，选择需要用来分类汇总的数据列，这里选择“性别”选项。在“汇总方式”下拉列表中，选择所需用于计算分类汇总的函数，这里选择“最大值”选项。在“选定汇总项”列表框中，选中汇总计算列所对应的复选框，这里选择“成绩”复选框。

（5）单击“确定”按钮，即可在数据清单中插入分类汇总，效果如图 4-38（b）所示。

在进行分类汇总操作时，一定要先按分类的字段进行排序。否则，做出来的分类汇总结果可能很乱，不是期望的整齐的汇总结果。因为 Excel 只对连续相同的数据进行分类汇总。

3. 多重分类汇总

在 Excel 2013 中，有时需要同时按照多个分类项来对表格数据进行汇总计算，这就要用到多重分类汇总。要遵循以下 3 个原则。

（1）按分类项的优先级别顺序对表格中相关字段排序。

（2）分类项的优先级顺序多次执行“分类汇总”命令，并设置详细参数。

（3）第二次执行“分类汇总”命令开始，要取消选中“分类汇总”对话框中的“替换当前分类汇总”复选框。

例如，要求对图 4-38（a）所示的“学生成绩表”进行分类汇总，求在不同性别下，成绩的最大值，以及班级成绩之和，其操作步骤如下。

（1）选择任意含有数据的单元格，选择“数据/排序和筛选/排序”按钮。

（2）打开的“排序”对话框，主要关键字选择“性别”，其他保持默认设置，单击“添加条件”按钮，在次要关键字里选择“班级”，如图 4-40 所示，单击“确定”完成排序。

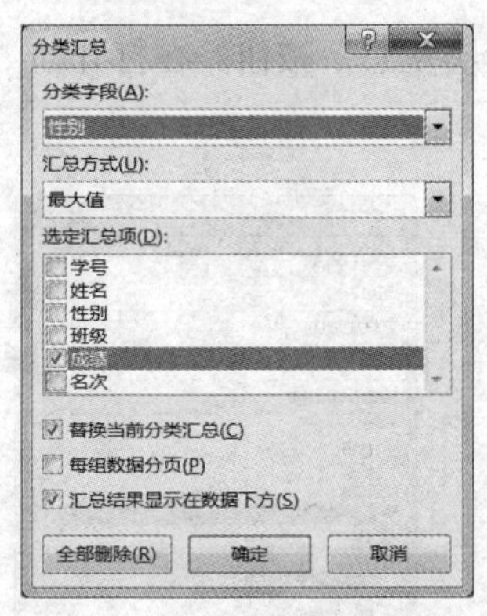

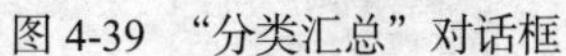

图 4-39　“分类汇总”对话框

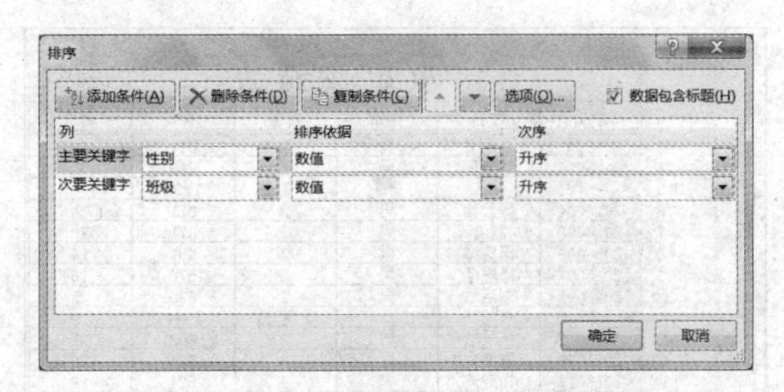

图 4-40　“多条件排序”对话框

（3）选择“数据/分级显示/分类汇总”按钮，打开“分类汇总”对话框。在“分类字段”下拉列表中，选择“性别”选项。在“汇总方式”下拉列表中，选择“最大值”选项。在“选定汇总项”列表框中，选择“成绩”复选框。单击“确定”按钮，完成第一次分类汇总。

（4）再次打开“分类汇总”对话框。在“分类字段”下拉列表中，选择“班级”选项。在“汇总方式”下拉列表中，选择“求和”选项。在“选定汇总项”列表框中，选择“成绩”复选框，然后把“替换当前分类汇总”复选框前面的✓去掉，如图 4-41 所示。

（5）单击“确定”按钮，完成所有类汇总。最终效果如图 4-42 所示。

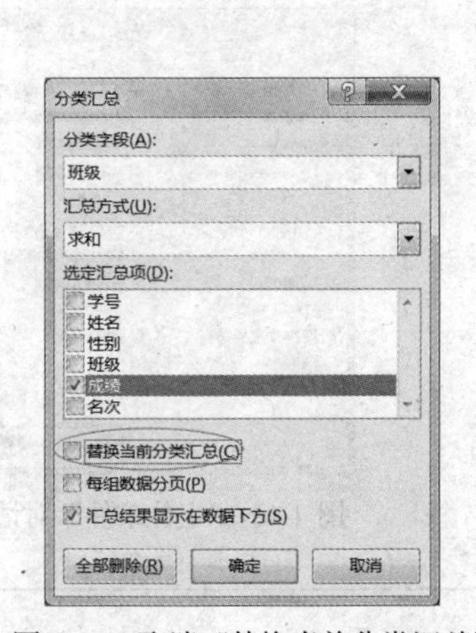

图 4-41　取消“替换当前分类汇总”

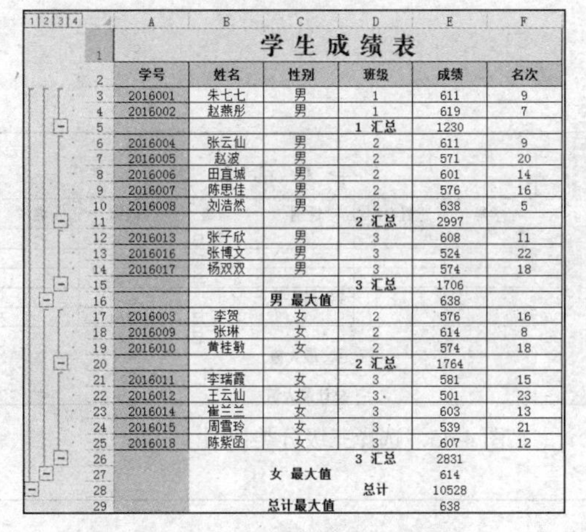

	A	B	C	D	E	F
1	学生成绩表					
2	学号	姓名	性别	班级	成绩	名次
3	2016001	朱七七	男	1	611	9
4	2016002	赵燕彤	男	1	619	7
5				1 汇总	1230	
6	2016004	张云仙	男	2	611	9
7	2016005	赵波	男	2	571	20
8	2016006	田直城	男	2	601	14
9	2016007	陈思佳	男	2	576	16
10	2016008	刘浩然	男	2	638	5
11				2 汇总	2997	
12	2016013	张子欣	男	3	608	11
13	2016016	张博文	男	3	524	22
14	2016017	杨双双	男	3	574	18
15				3 汇总	1706	
16			男 最大值		638	
17	2016003	李贺	女	2	576	16
18	2016009	张琳	女	2	614	8
19	2016010	黄桂敏	女	2	574	18
20				2 汇总	1764	
21	2016011	李瑞霞	女	3	581	15
22	2016012	王云仙	女	3	501	23
23	2016014	崔兰兰	女	3	603	13
24	2016015	周雪玲	女	3	539	21
25	2016018	陈紫函	女	3	607	12
26				3 汇总	2831	
27			女 最大值		614	
28				总计	10528	
29			总计最大值		638	

图 4-42　两次分类汇总结果

4. 隐藏分类汇总

为了方便查看数据，可将分类汇总后暂时不需要使用的数据隐藏起来，减小界面的占用空间。当需要查看隐藏的数据时，再将其显示。

例如，在刚才做好的“学生成绩表”分类汇总结果中，隐藏所有女生的分类数据，操作步骤为：选中“女 最大值”所在的 C27 单元格，选择“数据”选项卡，在“分级显示”组中单击“隐藏明细数据”按钮，即可隐藏所有女生的分类数据，如图 4-43 所示。

如果想要显示隐藏的数据，可以选择“数据”选项卡，在“分级显示”组中单击“显示明细数据”按钮。

5. 删除分类汇总

查看完分类汇总，当用户不需要分类汇总，或者分类汇总操作错误时，可以删除分类汇总，将电子表格恢复到初始工作状态。可选择“数据/分级显示/分类汇总”按钮。在打开的“分类汇总”对话框中，单击“全部删除”按钮即可，如图 4-44 所示。

	A	B	C	D	E	F
1	学生成绩表					
2	学号	姓名	性别	班级	成绩	名次
3	2016001	朱七七	男	1	611	9
4	2016002	赵燕彤	男	1	619	7
5				1 汇总	1230	
6	2016004	张云山	男	2	611	9
7	2016005	赵波	男	2	571	20
8	2016006	田宜城	男	2	601	14
9	2016007	陈思佳	男	2	576	16
10	2016008	刘浩然	男	2	638	5
11				2 汇总	2997	
12	2016013	张子欣	男	3	608	11
13	2016016	张博文	男	3	524	22
14	2016017	杨双双	男	3	574	18
15				3 汇总	1706	
16			男 最大值		638	
27			女 最大值		614	
28				总计	10528	
29			总计最大值		638	

图 4-43　隐藏分类汇总

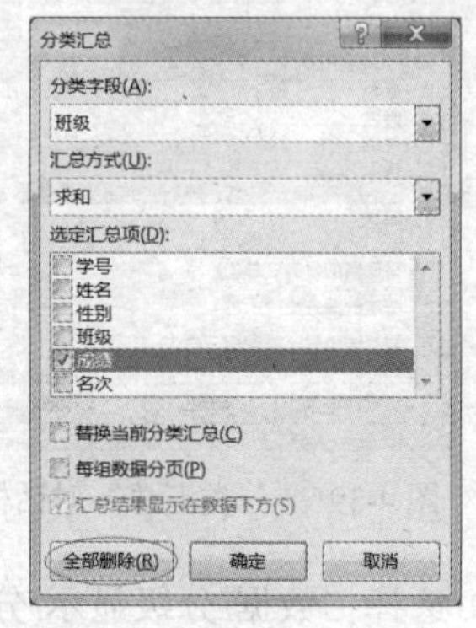

图 4-44　删除分类汇总

6. 复制分类汇总

点击如图 4-45 所示左上角的三级视图按钮。选中汇总的三级视图中的数据区域，即 A1:F29，按 F5 键打开“定位”对话框。单击“定位条件”按钮，如图 4-46 所示。选中“可见单元格”单选按钮，然后单击“确定”，返回工作表。按 Ctrl + C 组合键复制，找到要粘贴的位置，按 Ctrl + V 组合键粘贴即可。

	A	B	C	D	E	F
1	学生成绩表					
2	学号	姓名	性别	班级	成绩	名次
5				1 汇总	1230	
11				2 汇总	2997	
15				3 汇总	1706	
16			男 最大值		638	
20				2 汇总	1764	
26				3 汇总	2831	
27			女 最大值		614	
28				总计	10528	
29			总计最大值		638	

图 4-45　选择三级分类视图

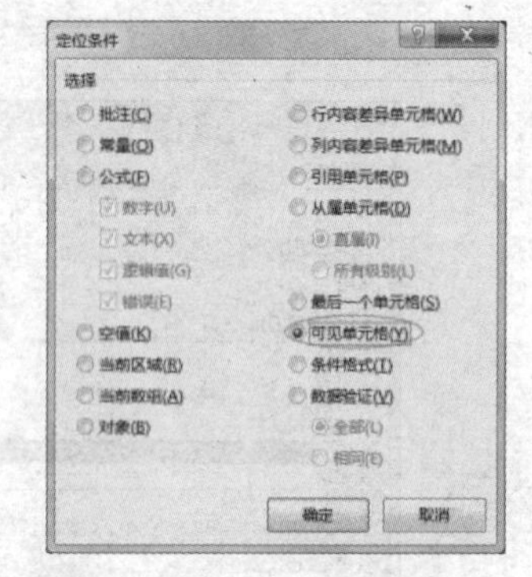

图 4-46　“定位条件”对话框

如果对工作表应用了“自套用格式”功能（4.5.3 内容），则无法进行“分类汇总”。

4.3.4　使用图表分析数据

使用 Excel 对工作表中的数据进行计算、统计等操作后，得到的计算和统计结果还不能很好地显示出数据的发展趋势或分布状况。为了解决这一问题，Excel 能将所处理的数据生成多种统计图表，可将数据转换成富有意义的图像，这样就能够把所处理的数据更直观地表现出来。

1. 图表的基本组成

在 Excel 2013 中存放图表的方式有两种：一种是嵌入式图表，另一种是独立式图表。嵌入式图表将图表看作是一个图形对象，并作为工作表的一部分进行保存，它与工作表的数据一起显示，如图 4-47（a）所示。独立式图表是工作簿中具有特定工作表名称的独立工作表，用于显示要独立于工作表查看或编辑的大而复杂的图表，如图 4-47（b）所示。

无论是嵌入式图表还是独立式图表，创建图表的依据都是工作表中的数据。当工作表中的数据发生变化时，图表便会自动更新。且图表的基本结构都是由图表标题、图表区、绘图区、坐标轴、网格线、图例等部分组成的，如图 4-47（b）所示。

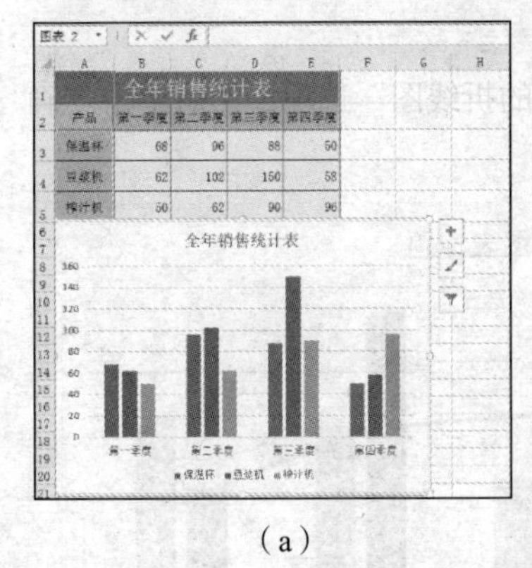

（a）

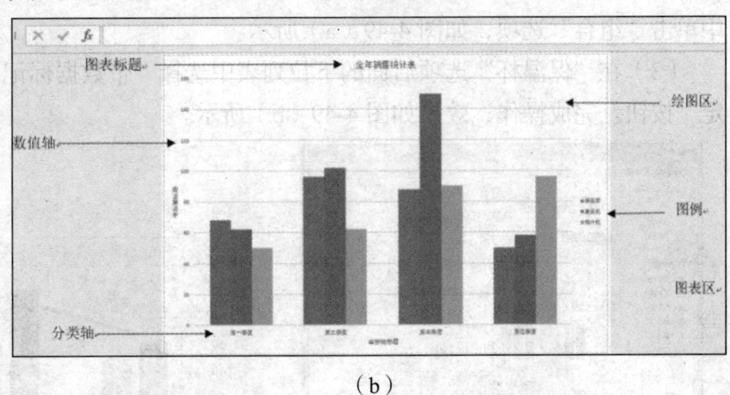

（b）

图 4-47　两种图表类型

2. 创建图表

使用 Excel 2013 提供的图表向导，可以方便、快速地创建一个标准类型或自定义类型的图表。而且在向导中创建图表的每一步都可以在创建完成后继续修改，使整个图表更完善。

例如，依据“全年销售统计表”工作簿，创建如图 4-47（b）所示的簇状柱形图表，其操作步骤如下。

（1）打开“全年销售统计表”工作簿的 sheet1 工作表，选中表格中任意有数据的单元格。

（2）选择“插入/图表”组中单击对话框启动器按钮 ，打开“插入图表”向导对话框。

打开“插入图表”向导对话框，出现的选项卡是“推荐的图表”。它是 Excel 2013 新功能，包含一列适用于所选数据的推荐的图表类型，可针对您的数据推荐最合适的图表，通过快速一览查看数据在不同图表中的显示方式，然后选择合适的图表。如图 4-48 所示。

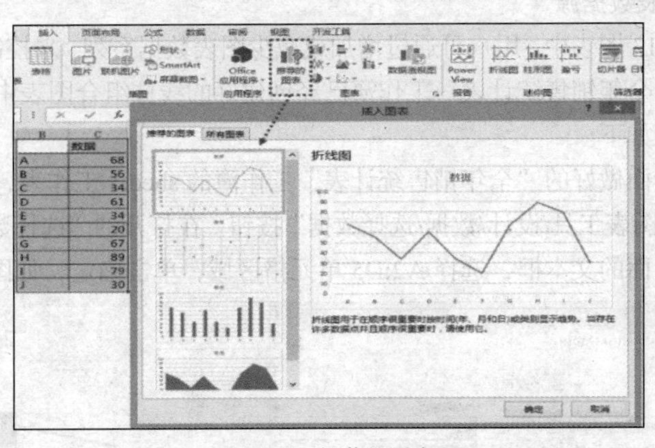

图 4-48　推荐的图表

（3）单击“所有图表”选项卡，在左侧的导航窗格中选择图表类型，并在右侧的列表框中选择一种图表类型，单击“确定”按钮。

3. 创建组合图表

有时在同一个图表中需要同时使用 2 种图表类型，即为组合图表。

例如，依据“全年销售统计表”工作簿，创建线柱组合图表，其操作步骤如下。

（1）打开做好的“全年销售统计表”工作簿的 sheet1 工作表，单击图表中表示保温杯的任意蓝色柱体，则会选中所有有关保温杯的数据柱体，被选中的数据柱体 4 角上显示小圆圈符号。

（2）打开“图表工具/类型/更改图表类型”按钮。在打开的对话框中的“所有图表”选项卡中单击“组合”选项，如图 4-49（a）所示。

（3）在“保温杯”选项后面的下拉列表中选择“带数据标记的折线图”选项，然后单击“确定”按钮。完成操作，效果如图 4-49（b）所示。

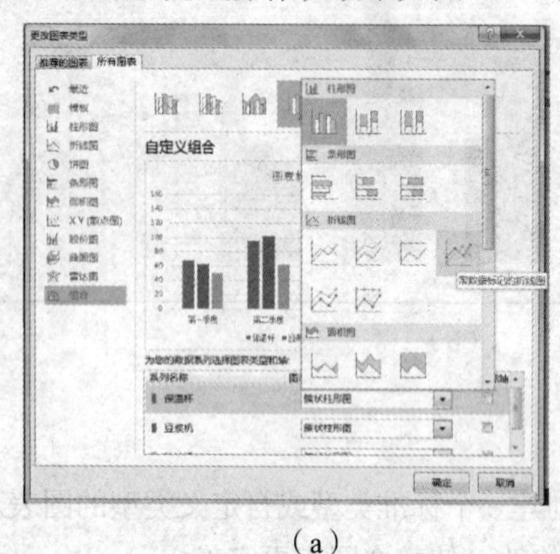

（a）

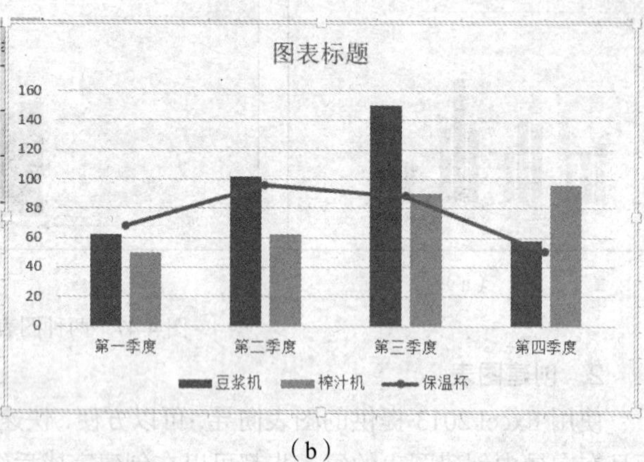

（b）

图 4-49　线柱组合图表

4. 添加图表注释

在创建图表时，为了便于理解，有时需要添加注释来解释图表内容。图表的注释就是一种浮动的文字，可以使用“文本框”功能来添加。

5. 更改图表类型

如果用户对插入图表的类型不满意，则可以更改图表类型来解决。

首先选中图表，然后打开“图表工具/设计/类型/更改图表类型”按钮修改即可。

6. 更改图表数据源

在 Excel 2013 图表中，用户可通过增加或减少图表数据系列，来控制图表中显示数据的内容。

例如，在“全年销售统计表”工作簿已经创建好的线柱组合图表中，使其不显示第四季度记录，其操作步骤如下。

（1）打开上面做好的“全年销售统计表”工作簿的 sheet1 工作表，选中图表。

（2）打开“图表工具/设计/数据/选择数据”按钮。在打开的“选择数据源”对话框中单击“图表数据区域”后面的文本框，选择 A2:D5 单元格区域，单击确定，如图 4-50 所示。

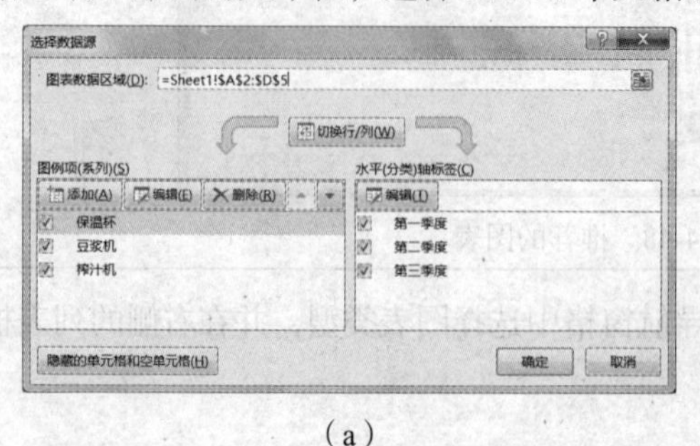

（a）

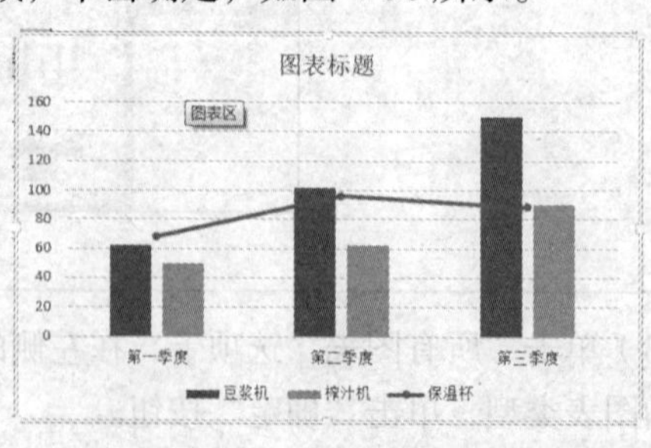

（b）

图 4-50　更改图表数据源

7. 迷你图

在 Excel 2013 中，有一种在单元格内显示的微型图表，称之为“迷你图”，它可以使用户快速地识别随时间变化的趋势或者数据的变化。因为迷你图小巧玲珑，所以经常使用。选择单元格“插入/迷你图”即可。效果如图 4-51 所示。

图书名称	1月	2月	3月	4月	5月	6月	7月	8月	9月	10月	趋势图
Excel 2007锦囊妙计	10	40	34	87	26	45	122	45	116	62	
Excel函数在办公中的应用	99	82	16	138	237	114	198	149	185	66	
Excel商务图表在办公中的应用	87	116	89	59	141	170	291	191	56	110	
Excel数据统计与分析	104	108	93	48	36	59	91	58	61	68	
Office高手——商务办公好帮手	126	3	33	76	132	41	135	46	42	91	
PowerPoint商务演讲	141	54	193	103	106	56	28	30	41	38	
Word 2007在办公中的应用	116	133	285	63	110	154	33	59	315	27	
电子邮件使用技巧	88	74	12	21	146	73	33	94	54	88	
总计	895	610	755	595	934	712	931	642	870	550	

图 4-51 迷你图

8. 新图表功能区

Excel 2013 增加了新图表功能区，它具有更加简洁的“图表工具”功能区。其中只有“设计和格式”选项卡，您可以更加轻松地找到所需的功能，如图 4-52 所示。

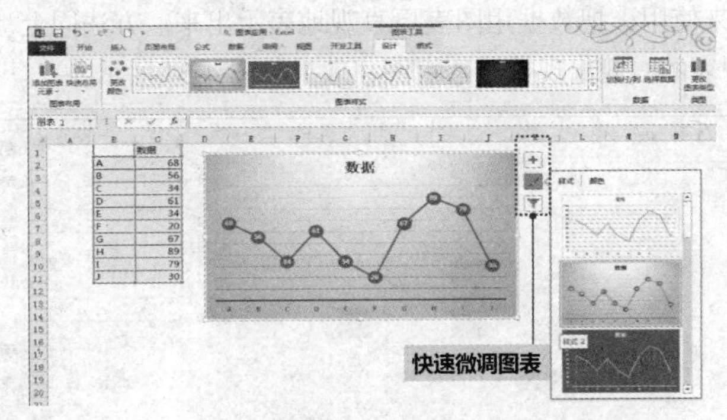

图 4-52 新图表功能

4.3.5 创建数据透视表和数据透视图

1. 数据透视表

用户建立的数据清单只是流水账，如果想使一个静态的、原始数据记录的工作表活动起来，从中找出数据间的内在联系，挖掘更有用的数据，这就需要用到数据透视表。

面对一个数据清单，用户只需指定自己感兴趣的字段、表的组织形式以及运算和种类，系统就会自动生成一个用户要求的视图。数据透视表是一种动态的交互式的工作表，可以转换行和列以查看源数据的不同汇总结果，也可以显示不同页面以筛选数据，还可以根据需要显示所选区域中的明细数据。

例如，在图 4-53（a）所示的“职工工资表”工作表中，利用数据透视表的功能统计出不同性性别的实发工资平均值，其操作步骤如下。

（1）选中“职工工资表”工作表中任意一个有数据的单元格。

（2）选择“插入/表格/数据透视表”按钮，弹出的“创建数据透视表”对话框，点击“确定”，即可在一个新的工作表中创建出数据透视表。

（3）在“数据透视表字段列表”任务窗格中设置字段布局，图 4-53（b）工作表中的数据透视表就会进行相应的变化，结果如图 4-53（c）所示。

职工工资表						
姓名	性别	基本工资	津贴	房补	水电费	实发工资
张雨涵	女	4200	1400	50	400	5250
王文辉	男	3800	1100	80	220	4760
张磊	男	3300	800	100	650	3550
张在旭	男	3200	600	100	315	3585
王力	男	3000	500	100	180	3420
杨海东	男	2800	520	300	220	3400
黄立	男	2500	450	300	330	2920
李英	女	2600	500	350	120	3330
陈琳	女	2500	350	350	380	2820
吕优优	女	1800	300	400	100	2400

（a）

（b）

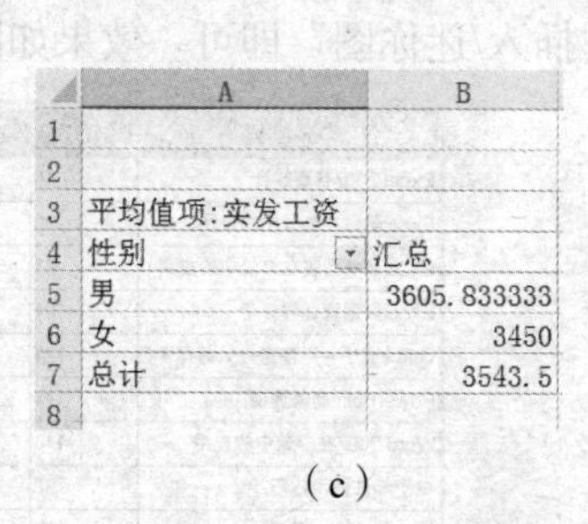

平均值项:实发工资	
性别	汇总
男	3605.833333
女	3450
总计	3543.5

（c）

图 4-53　数据透视表

Excel 2013 增加了“推荐的数据透视表”，它可为我们选取的数据提供最适合数据的一组自定义数据透视表。有时候这个功能很有用，可以择优选择。

2. 数据透视图

配合数据透视表来使用，把数据用图表更直观地表示出来。方法同上“插入/图表/数据透视图”，结果在数据透视表的右侧出现数据透视图，效果如图 4-54 所示。

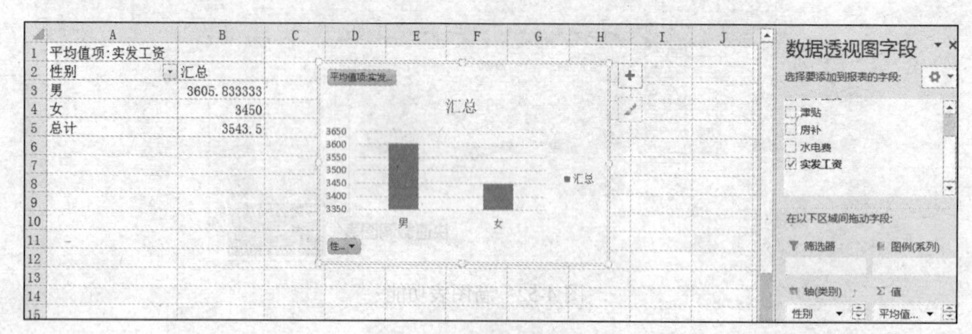

图 4-54　数据透视图

4.3.6　快速分析简介

Excel 2013 新增的“快速分析”工具，又叫做“即时分析”，它可以在两步或更少步骤内将数据转换为图表或表格。预览使用条件格式的数据、图表、汇总、数据透视表或迷你图，并且仅需一次点击即可完成选择，如图 4-55 所示。

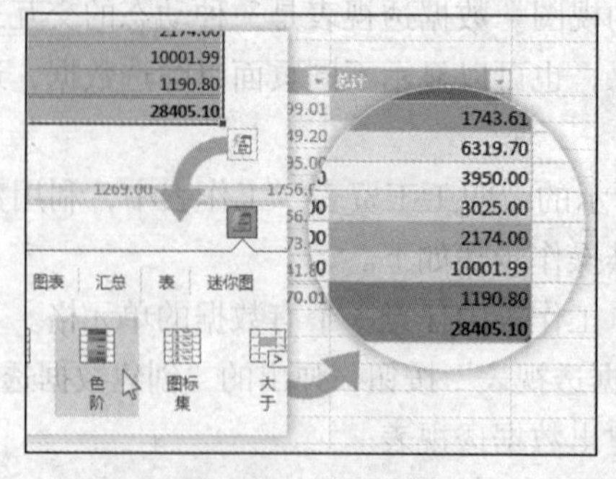

图 4-55　快速分析

4.4　Excel 2013 表格的格式化及打印

Excel 2013 提供了丰富的格式化命令，利用这些命令可以对工作表与单元格的格式进行设置，帮助用户创建更加美观的电子表格。此外用户还可以根据需要将制作好的表格打印出来以方便查看和保存。

4.4.1　设置单元格格式

根据用户对单元格数据的不同要求，可以在工作表中设置相应的格式，如设置单元格数据类型、文本的对齐方式、字体、边框和底纹等，从而达到美化单元格的目的。

1. 设置数字格式

在数字格式的设置对话框中，在“数值”数据类型选项中可以设置小数位数，使用千位分隔符、负数表示方式等；在“货币”数据类型选项中可以设置货币符号；在“文本”数据类型选项中可以将数字作为文本处理，如设置单元格编号为 0001、0002…时，就可以将编号区域设置成文本单元格格式；在“日期”数据类型选项中可以设置日期的显示方式等。

在“开始”选项卡的“数字”组中，使用相应的工具按钮可以完成简单的数字格式设置工作，若对数字格式设置有更高要求，可以点击“数字”组右下角的◲，打开“设置单元格格式”对话框的“数字”选项卡，如图 4-56（a）所示。在该选项卡中按照需要详细设置即可。

2. 设置对齐方式

所谓对齐，是指单元格中的内容在显示时，相对单元格上下左右的位置。通过“开始/对齐方式”组中的命令按钮，可以快速设置单元格的对齐方式。如果要设置复杂的对齐操作，可以点击“对齐方式”组右下角的◲，打开“设置单元格格式/对齐”选项卡来完成，如图 4-56（b）所示。

3. 设置字体格式

对不同的单元格设置不同的字体，可以使工作表中的某些数据醒目和突出，也使整个电子表格的版面更为丰富。在“开始/字体”组中，使用相应的工具按钮可以完成简单的字体格式设置工作，若对字体格式设置有更高要求，可以点击“字体”组右下角的◲，打开“设置单元格格式/字体”选项卡，在该选项卡中按照需要进行字体、字形、字号等详细设置，如图 4-56（c）所示。

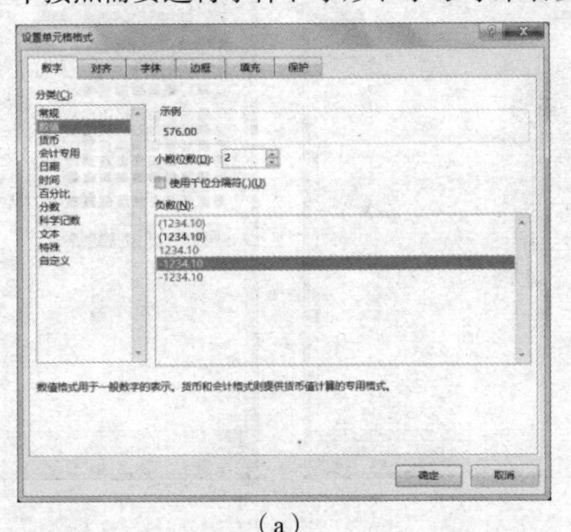

（a）

图 4-56　设置单元格格式

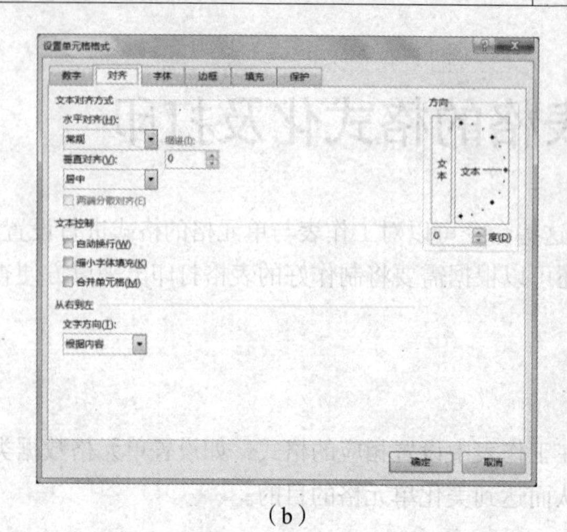

（b）

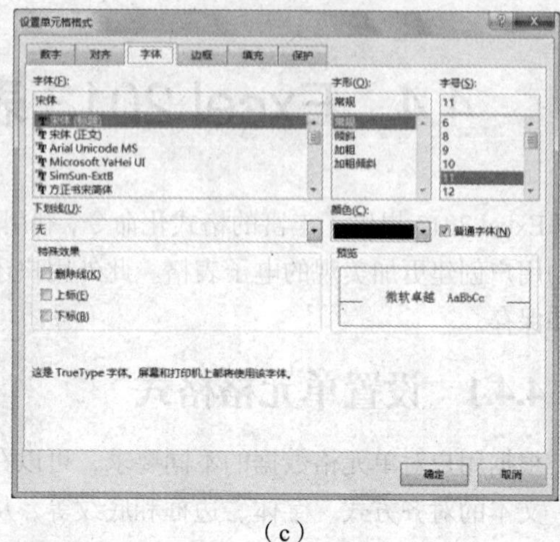

（c）

图 4-56　设置单元格格式（续）

4. 设置边框

默认情况下，Excel 并没有给单元格设置边框，工作表中的框线在打印时并不显示。但在一般情况下，用户在打印工作表或突出显示某些单元格时，都需要手动添加一些边框以使工作表更美观和容易阅读。

在“开始/字体”组中，使用相应的工具按钮可以完成简单的边框设置工作，若对边框设置有更高要求，可以点击“字体”组右下角的，打开“设置单元格格式/边框”选项卡，在该选项卡中按照需要进行详细设置即可，如图 4-57（a）所示。

5. 设置背景颜色和底纹

为单元格添加背景颜色和底纹，可以使电子表格突出显示重点内容，区分工作表不同部分，使工作表显得更加美观和容易阅读。在“开始/字体”组中，使用相应的工具按钮可以完成简单的填充设置工作，若对填充设置有更高要求，可以点击“字体”组右下角的，打开“设置单元格格式/填充”选项卡，如图 4-57（b）所示。在该选项卡中按照需要进行详细设置即可。

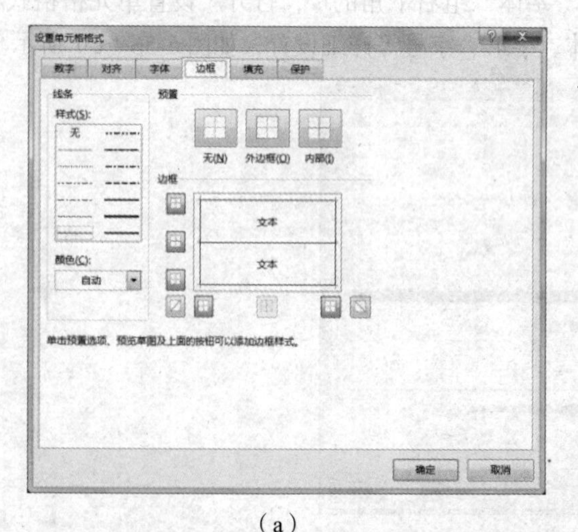

（a）

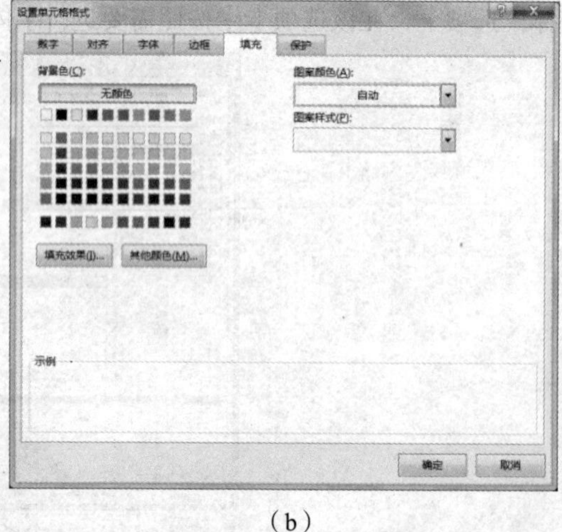

（b）

图 4-57　设置单元格格式

在 Excel 2013 中，选中要设置的单元格区域，在区域上单击右键，也可以打开“设置单元格格式”对话框。

4.4.2　设置行高和列宽

在向单元格输入文字或数据时，经常会有这样的情况：单元格中的文字只显示了一半；单元格中出现了一串#等。出现这些情况的原因在于单元格的宽度或者高度不够，不能完整的显示全部内容。此时，就需要对单元格的高度和宽度进行适当的设置了，达到完美的效果。

1. 使用鼠标拖动设置

当鼠标指针移动到两个行号（列标）之间时，鼠标指针会变成“÷（╫）”形状，此时按住鼠标不放，上下（左右）拖动鼠标，即可调整相应单元格的行高（列宽）。

如果想要调整多行（多列）的行高（列宽），首先要选中要调整的行（列）区域，然后再把鼠标放到任意两行（列）之间，按上面操作即可。

2. 使用对话框设置

如果需要精确的调整行高和列宽，就需要用到“行高”和“列宽”对话框来完成。

首先，选定要调整的单元格区域。然后在“开始”选项卡的“单元格”组中，单击“格式”按钮，选择“行高”或者“列宽”命令，在打开的对话框中输入相应的参数，单击“确定”即可。

也可以在行号或者列标区域单击右键设置“行高”或“列宽”。

3. 设置最合适的行高和列宽

有时表格中的数据内容长短不一，看上去较为凌乱，用户可以设置最合适的行高和列宽，来提高表格的美观程度。单击“开始/单元格/格式”按钮，选择“自动调整行高”或者“自动调整列宽”命令即可。此外还有一种更快速的调整，即把鼠标放在行号或者列标之间的线上，当鼠标变成双向箭头的时候，双击即可。

4.4.3　套用单元格样式

利用“功能区”的工具栏可对工作表中的单元格或单元格区域逐一进行设置，但如果格式是一样的，重复设置就太烦琐了。为了提高工作效率，Excel 2013 提供了很多种单元格样式，用户可以根据需要选择不同的样式来使用。

1. 套用内置单元格样式

要使用 Excel 2013 的内置单元格样式，可以先选中需要设置样式的单元格或者单元格区域，然后单击“开始/样式/单元格样式”下拉列表，如图 4-58 所示。选择想要使用的样式即可。

2. 自定义单元格样式

除了套用内置的单元格样式外，用户还可以创建自定义的单元格样式，并将其应用到指定的单元格或单元格区域中。

单击“开始/样式/单元格样式”下拉列表，选择“新建单元格样式”命令，在打开的对话框中，在“样式名”中输入新名称，然后单击“格式”按钮，在打开的对话框中设置相应的格式，单击两次“确定”即可。

3. 合并单元格样式

使用合并单元格样式功能，用户可以从其他工作簿中提取想要的样式，共享给当前工作簿。

例如，要在工作簿 1 中使用工作簿 2 中的单元格样式，可以先打开这两个工作簿。切换至工作簿 1，单击“开始/样式/单元格样式”下拉列表，选择“合并样式”命令，在打开的对话框中，选中“工作簿 2.xlsx”选项，然后单击“确定”即可。

4. 删除单元格样式

如果不再需要单元格的样式，可以把它删除。

在单元格样式菜单中，右键单击要删除的样式，如图 4-59 所示，选择“删除”命令即可。

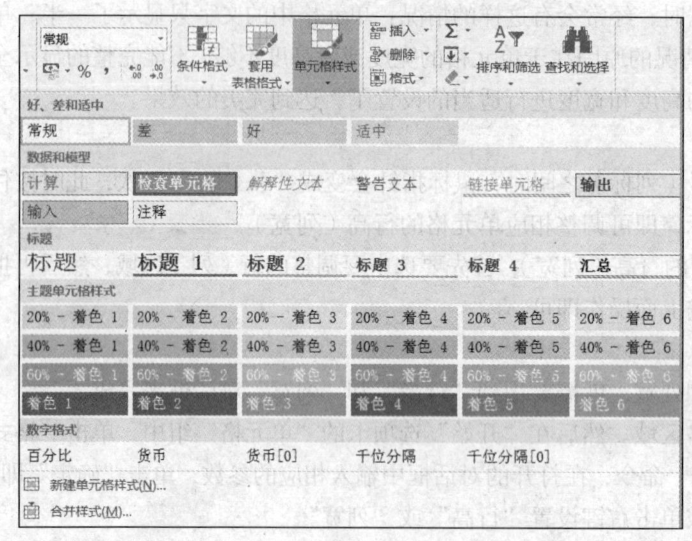

图 4-58 单元格样式

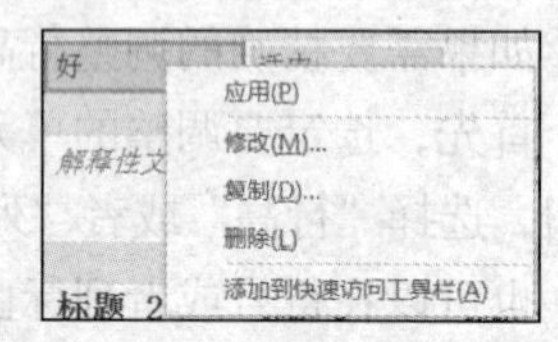

图 4-59 “单元格样式”的删除

4.4.4 设置工作表样式

除了通过格式化单元格来美化电子表格以外，在 Excel 2013 中用户还可以通过设置工作表样式和工作表标签颜色等来达到美化工作表的目的。

1. 套用预设工作表样式

在 Excel 中，预设了一些工作表样式，套用这些工作表样式可以大大节省格式化表格的时间。选中工作表，选择“开始/样式/套用表格格式”下拉列表，如图 4-60 所示，选择样式即可。

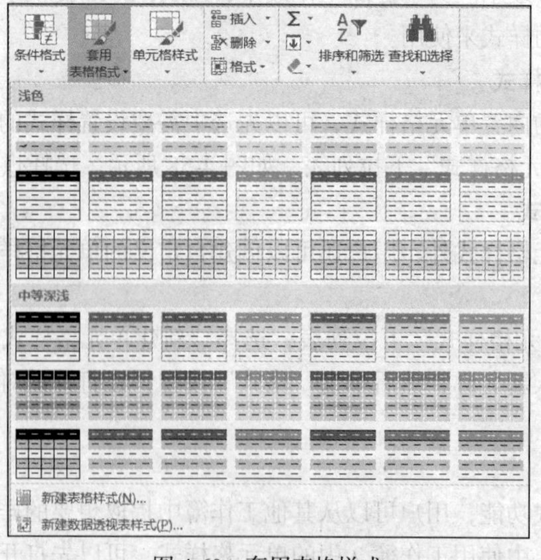

图 4-60 套用表格样式

2. 改变工作表标签颜色

在 Excel 2013 中，可以通过设置工作表标签颜色，以达到突出显示工作表的目的。

要改变工作表标签颜色，首先要选中要修改的工作表，单击右键，从弹出的快捷菜单中选择“工作表标签颜色”命令，弹出子菜单，选择合适的颜色即可。

3. 设置工作表背景

在 Excel 2013 中，除了可以为选定的单元格区域设置底纹样式或填充颜色之外，用户还可以为整个工作表添加背景效果，以达到美化工作表的目的。

打开“页面布局/页面设置/背景”按钮，在打开的对话框中选择要作为背景的图片文件，单击“打开”按钮即可。若要删除背景图片，在“页面设置”组中单击“删除背景”按钮即可。

4.4.5　设置条件格式

Excel 2013 的条件格式功能可以根据指定的公式或者数值来确定搜索条件，然后将格式应用到符合搜索条件的选定单元格中，并突出显示要检查的动态数据。有时比起创建单独的图表，使用单元格格式来加强数据的视觉效果更佳高效。例如，希望使单元格中的不及格的数用红色显示，用红绿灯来分段显示数据等。

1. 使用数据条效果

在 Excel 2013 中，条件格式功能提供了数据条、色阶、图标集 3 中内置的单元格图形效果样式。其中数据条效果可以直观地显示数值大小对比程度，使得表格数据效果更为直观方便。如图 4-61 所示。

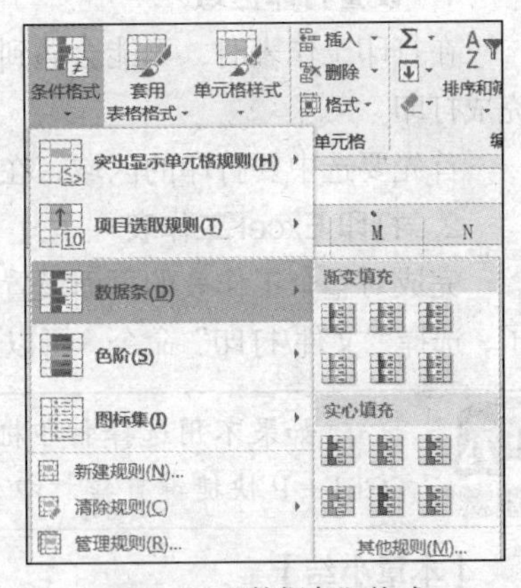

图 4-61　“数据条”格式

例如，在图 4-62（a）工作表中以数据条形式来直观显示年增长率，操作步骤如下。

（1）选定 D2:D9 单元格区域。

（2）单击“开始/样式/条件格式”按钮，在弹出的下拉列表中选择“数据条”命令，在弹出的下拉列表中选择“渐变填充/浅蓝色数据条”选项即可，效果如图 4-62（b）所示。

	A	B	C	D
1	地区	2013年	2014年	年增长率
2	东北	¥283,800.00	¥233,800.00	-17.62%
3	华北	¥507,200.00	¥353,100.00	-30.38%
4	华东	¥107,600.00	¥134,300.00	24.81%
5	华南	¥391,600.00	¥595,500.00	52.07%
6	华中	¥411,800.00	¥480,100.00	16.59%
7	西北	¥154,200.00	¥323,300.00	109.66%
8	西南	¥258,000.00	¥129,500.00	-49.81%
9	合计	¥2,114,200.00	¥2,249,600.00	6.40%

（a）

	A	B	C	D
1	地区	2013年	2014年	年增长率
2	东北	¥283,800.00	¥233,800.00	-17.62%
3	华北	¥507,200.00	¥353,100.00	-30.38%
4	华东	¥107,600.00	¥134,300.00	24.81%
5	华南	¥391,600.00	¥595,500.00	52.07%
6	华中	¥411,800.00	¥480,100.00	16.59%
7	西北	¥154,200.00	¥323,300.00	109.66%
8	西南	¥258,000.00	¥129,500.00	-49.81%
9	合计	¥2,114,200.00	¥2,249,600.00	6.40%

（b）

图 4-62　使用数据条效果

（3）如果只想在单元格中看到数据条，不想看见数字，可以先选中 F3:F13 单元格区域，单击“条件格式/管理规则”命令。在打开的对话框中选中“数据条”规则，单击“编辑规则”按钮，在“编辑规则说明”区域里，选中“仅显示数据条”复选框，然后单击“确定”两次即可。

2. 自定义条件格式

用户可以自定义电子表格的条件格式，来查找或编辑符合条件格式的单元格。

单击“开始/样式/条件格式”按钮，在弹出的下拉列表中选择“突出显示单元格规则”命令，在下拉列表中选择相应的选项即可。

3. 清除条件格式

当用户不再需要条件格式时，可以选择清除条件格式，清除条件格式有以下方法。

（1）选择“开始/样式/条件格式/清除规则”命令，然后选择合适的清除范围即可。

（2）选择“开始/样式/条件格式/管理规则”命令，选中要删除的规则后单击“删除规则”。

4.4.6 预览和打印设置

工作表创建好之后，如果需要，可将它打印出来。其操作步骤是：先进行页面设置（如果只打印工作表的一部分，首先选定打印的区域），再进行打印预览，最后打印输出。

1. 设置打印区域

在打印工作表时，可能会遇到不需要打印整个工作表的情况，这时，可以通过设置打印区域完成打印。

首先要选中要打印的区域，在“页面布局/页面设置/打印区域/设置打印区域”命令即可。

2. 打印 Excel 工作表

完成对整个工作表的页面设置，并在打印预览窗口确认打印效果之后，就可以打印该工作表了，选择“文件/打印”命令，可以选择合适的打印机，并进行相应设置。单击“打印”按钮即可。

注意

如果不用选择打印机和进行其他设置，可以直接在快速访问工具栏单击 ，或者按 Ctrl + P 快捷键直接打印。

【本章小结】

本章首先从工作簿、工作表和单元格的操作以及格式的定义开始，介绍了 Excel 2013 电子表格软件的一些入门知识，以及一些新功能，引领读者步入 Excel 的神圣殿堂。

Excel 2013 是一款功能强大的电子表格制作软件，用途广泛，备受用户青睐。其具有强大的计算功能和友善的操作界面，在公司日常事务管理、商品营销分析、人事档案管理和财会统计、资产管理以及金融分析和决策预算等诸多领域得到了广泛的应用。

通过学习工作簿、工作表和单元格的一些基本信息，了解工作簿与工作表的区别。学习使用功能区对表格进行设计和计算，以及在工作表中输入和修改数据的各种方法，掌握一些有助于控制工作表和提高效率的提示和技巧，理解如何更好地操作单元格和单元格区域，使操作更简便。

通过介绍 Excel 2013 的公式和函数的使用方法，使用户能够熟练地应用公式和函数进行数据处理和运算。它强大的数据计算功能，可以帮助我们实现对数据的计算和分析，将工作表转化为了强大的业务工具，处理各种复杂问题。

通过对 Excel 2013 常用的数据处理和分析工具的介绍，可以了解使用图表直观分析数据的方法，使得计算结果更加清楚、直观。Excel 2013 更是专业的数据处理软件，除了能够方便地创建各种类型的表格和进行各种类型的计算之外，还具有对数据进行分析处理的能力。用户使用 Excel，通过对数据进行分析，可以对工作进行安排和规划。

最后一节对 Excel 2013 工作表格式化和打印文档进行了介绍。

思考与练习

1. 什么是工作簿、工作表、单元格？简述它们之间的关系。
2. 在 Excel 2013 中的常用数据类型有哪几种？
3. 怎样隐藏或显示工作表？
4. 绝对引用、相对引用和混合引用各有什么作用？
5. 什么是筛选？筛选有什么作用？有哪几种筛选方式？
6. 如何进行分类汇总？
7. 简述图表的建立过程。
8. 如何为单元格添加超级链接？

第5章 PowerPoint 2013 演示文稿软件

本章主要内容：

- PowerPoint 2013 新功能介绍
- 演示文稿的基本操作
- 演示文稿的对象插入
- 演示文稿的版面设计
- 演示文稿的放映与打印

本章主要介绍 Office 2013 套装组件——PowerPoint 2013。本章开始简要介绍了 PowerPoint 2013 的新功能，之后讲述了演示文稿的基本操作、对象插入和版面设计，以及制作演示文稿的基本方法。由于该软件广泛应用于学术报告、产品介绍、演讲和授课中，为了制作出图文并茂、声形俱佳并具有一定专业水准的幻灯片，还需要我们掌握演示文稿放映状态下动画和超级链接的设置。

5.1 PowerPoint 2013 新功能介绍

PowerPoint 2013 是创作演示文稿的软件，它能够把所要表达的信息组织在一组图文并茂的画面中。作为一个升级软件，PowerPoint 2013 集成了原来版本的优点，并增加了许多新功能，包括新的界面、新增和改进的演示者工具、更好的设计工具以及共享和保存等。另外，PowerPoint 2013 还支持最新的 Windows 7、Windows 8 和 Windows 10 操作系统。

5.1.1 新界面的介绍

打开 PowerPoint 2013 软件后将进入初始界面窗口，如图 5-1 所示。

- 使用联机模板和主题：在搜索框中输入关键字以查找 Office.com 上提供的模板和主题。
- 选择模板类别：单击搜索框下的模板类别可查找受欢迎的 PowerPoint 2013 演示文稿。
- 登录以充分利用 Office：从任何位置登录到您的帐户并访问保存到云中的文件。
- 使用特色主题：选择一个内置主题来启动下一个演示文稿，无论是宽屏（16：9）还是标准屏（4：3）的演示文稿，都能使用这些主题。
- 最近使用的文档：可以访问最近打开的演示文稿。
- 其他演示文稿：浏览以查找存储在计算机或云中的演示文稿或其他文件。

通过内置主题开启下一个演示文稿，进入主界面，如图 5-2 所示。与其他系列组件一样，

PowerPoint 2013 的界面也包括了菜单按钮、标题栏、选项标签、功能区、编辑区、状态栏等主要部分。

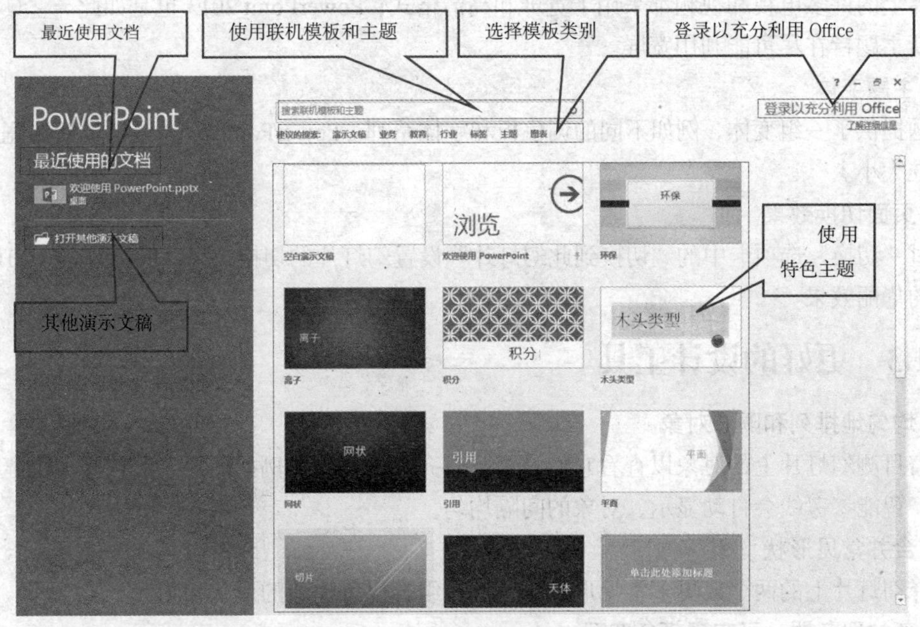

图 5-1　PowerPoint 2013 窗口初始界面

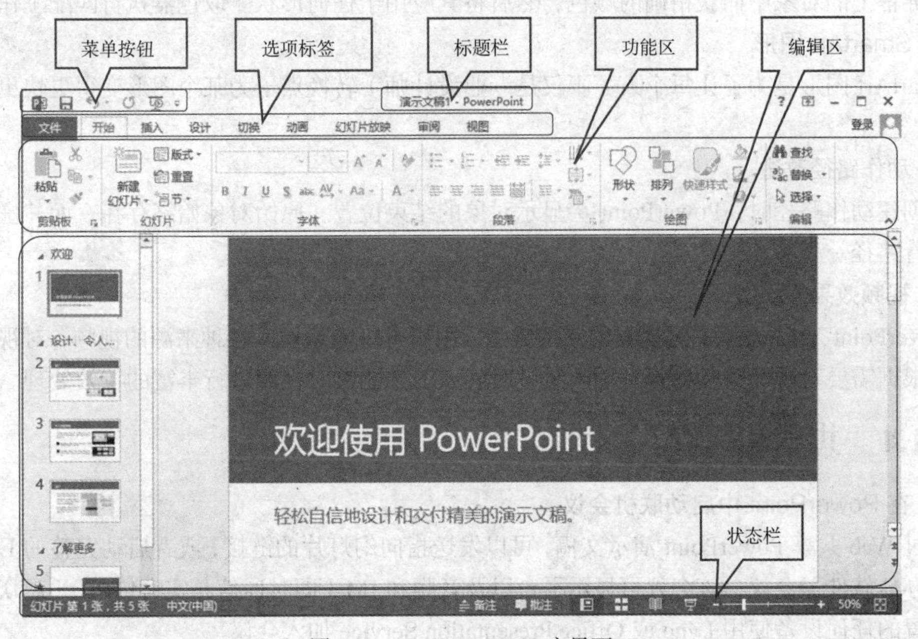

图 5-2　PowerPoint 2013 主界面

5.1.2　新增和改进的演示者工具

1. 简易的演示者视图

演示者视图允许演讲者在监视器上查看笔记，而观众只能查看幻灯片。在以前的版本中，很难弄清谁在哪个监视器上查看哪些内容。改进的演示者视图解决了这一难题，使用起来更加简单。

2. 友好的宽屏

世界上的许多电视和视频都采用了宽屏和高清格式，PowerPoint 2013 也是如此。它具有 16:9 版式，新主题旨在尽可能利用宽屏。

3. 主题变体

主题提供了一组变体，例如不同的调色板和字体系列。PowerPoint 2013 提供了新的宽屏主题以及标准大小。

4. 页面切换效果

通过“切换”选项卡中的“切换到此幻灯片”设置幻灯片的切换效果。PowerPoint 2013 增加了更多的华丽效果。

5.1.3 更好的设计工具

1. 均匀地排列和隔开对象

无需目测幻灯片上的对象以查看它们是否已对齐。当对象（例如图片、形状等）距离较近且均匀时，智能参考线会自动显示，对象的间隔均匀。

2. 合并常见形状

选择幻灯片上的两个或更多常见形状，并进行组合以创建新的形状和图标。

3. 新的取色器，可实现颜色匹配

从屏幕上的对象中捕获精确的颜色，然后将其应用于任何形状。取色器执行匹配工作。

4. SmartArt 图形

SmartArt 图形是为了让每个人（不仅是专业设计师）转换点子为某个图形变得更快更容易而设计的。

5. 动作路径改进

当创建动作路径时，PowerPoint 会显示对象的结束位置。原始对象始终存在，而“虚影”图像会随着路径一起移动到终点。

6. 视频效果

PowerPoint 2013 增强了对视频的支持能力。用户可以随意插入各种来源的视频，对视频进行预览、根据需要对视频进行剪辑，插入关键时间点，并能够对视频进行丰富的特效处理。

5.1.4 共享和保存

1. 在 PowerPoint 中启动联机会议

通过 Web 共享 PowerPoint 演示文稿，可以发送指向幻灯片的链接，或者启动完整的 Lync（一款企业办公软件）会议，该会议可显示平台以及音频和 IM（即时通信、实时传讯）。观众可以从任何位置的任何设备使用 Lync 或 Office Presentation Service 加入会议。

2. 共享 Office 文件并保存到云

每当联机时，就可以访问云，可以轻松地将 Office 文件保存到自己的 SkyDrive 或组织的网站中。在这些位置，可以访问和共享 PowerPoint 演示文稿和其他 Office 文件，甚至还可以与同事同时处理同一个文件。

3. 批注

以使用新的“批注”窗格在 PowerPoint 中提供反馈，显示或隐藏批注和修订。

5.2　演示文稿的基本操作

演示文稿的制作功能非常强大，可以很方便的输入标题和正文。为了美化和强化演示文稿，用户还可以在幻灯片中添加图片、表格、图表、SmartArt 图形等对象，并可以改变幻灯片的版面布局。在 PowerPoint 2013 的普通视图和幻灯片浏览视图下，可以管理幻灯片的结构，随意调整幻灯片的顺序，以及删除和复制幻灯片。

5.2.1　启动和退出

1. 启动 PowerPoint 2013

启动 PowerPoint 2013 同其他 Office 组件一样，有几种常见的方法。

（1）选择“开始/所有程序/Microsoft Office 2013/ PowerPoint 2013”菜单命令，如图 5-3 所示，即可进入 PowerPoint 2013。

（2）双击桌面上的“PowerPoint 2013”快捷方式图标，如图 5-4 所示，可以直接进入软件初始页面。

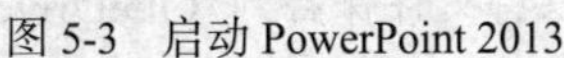

图 5-3　启动 PowerPoint 2013　　　　图 5-4 演示快捷图标

（3）双击已保存好的演示文件，可以启动 PowerPoint 2013。

2. 退出 PowerPoint 2013

退出 PowerPoint 2013 同其他 Office 组件操作一样，也有以下几种常见的方法。

（1）单击窗口界面中的“关闭”按钮。

（2）双击“菜单按钮”栏最左侧的控制图标，即可关闭。

（3）单击“文件”选项卡下的“关闭”命令。

（4）按组合键 Alt + F4。

和其他 Office 2013 组件一样，退出 PowerPoint 2013 时，如果用户没有保存当前正在操作的演示文稿，系统会提示保存文件的对话框，用户可以根据需要选择是否保存文件。

5.2.2 演示文稿的创建和保存

演示文稿的效果是通过幻灯片体现的。要想传达一份信息或一个故事，可将其分解成多张幻灯片。每张幻灯片看作是一张放置了图片、文字和形状的空白画布，这将有助于构建一个故事。演示文稿的创建方法有多种，下面介绍几种常见的创建演示文稿的方法。

1. 创建空白演示文稿

（1）打开 PowerPoint 2013，进入演示文稿初始界面窗口。

（2）单击“空白演示文稿”模板创建一个新的空白演示文稿，该演示文稿包含一张幻灯片，如图 5-5 所示。也可以单击演示文稿主界面“菜单按钮”栏上的“新建”按钮实现。

（3）单击“保存”按钮，或者按“Ctrl + S”快捷键，弹出“另存为”界面，如图 5-6 所示，在该界面选择保存的位置，如“计算机”，单击“浏览”按钮，可以将文件保存在本机的某个磁盘中。演示文稿的扩展名为“.pptx”。

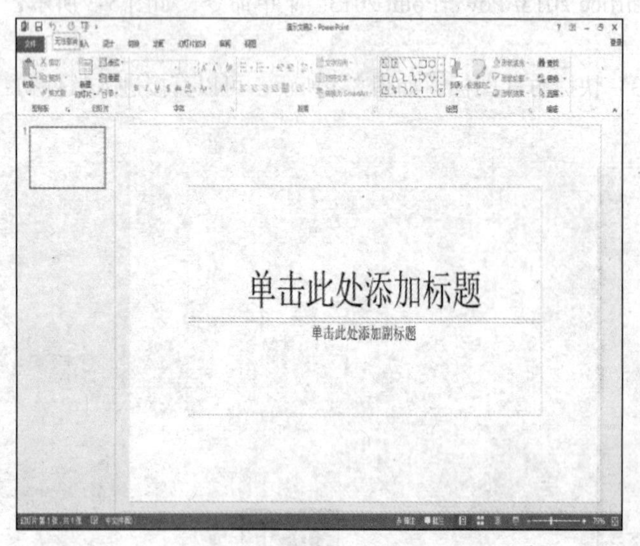

图 5-5 新建空白演示文稿

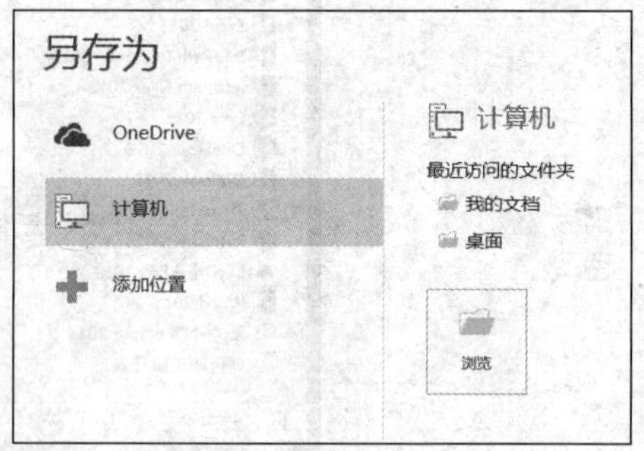

图 5-6 “另存为”界面

提示

这里保存位置只选择了计算机，还可以将文件保存到 OneDrive 中的存储位置，通过登录 OneDrive.com，可以在线浏览、编辑和保存 PowerPoint 2013 演示文稿文件。也可以将演示文稿文件保存到自己的 SkyDrive 或组织的网站中。在这些位置，您可以访问和共享 PowerPoint 演示文稿和其他 Office 文件。

2. 使用在线模板或主题创建演示文稿

（1）PowerPoint 2013 提供很多内容丰富和版面美观的在线模板或主题。用户可以打开 PowerPoint 2013 进入初始界面或在主界面单击“文件”选项卡下的“新建”命令进入初始界面搜索，如图 5-7 所示。也可以通过“选择模板类别”选择自己喜欢的模板或主题，如图 5-8 所示。

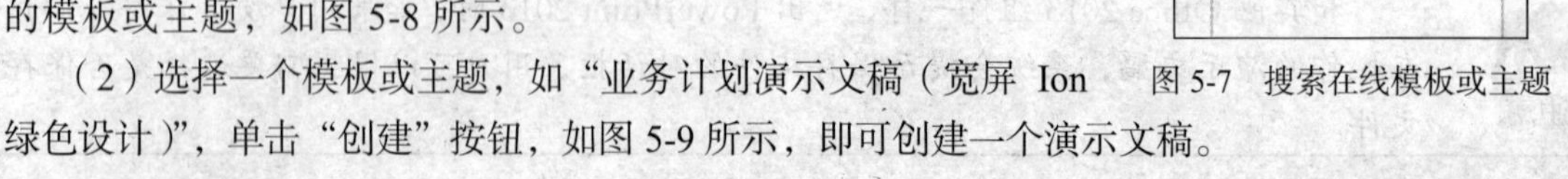

图 5-7 搜索在线模板或主题

（2）选择一个模板或主题，如“业务计划演示文稿（宽屏 Ion 绿色设计）”，单击“创建”按钮，如图 5-9 所示，即可创建一个演示文稿。

（3）此演示文稿包含多张幻灯片，每张幻灯片的内容和版式都已预先设置，如图 5-10 所示。

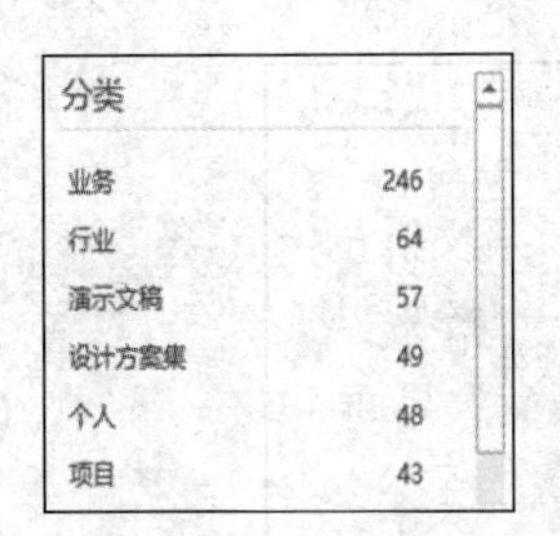

图 5-8　选择分类在线模板或主题

图 5-9　创建主题

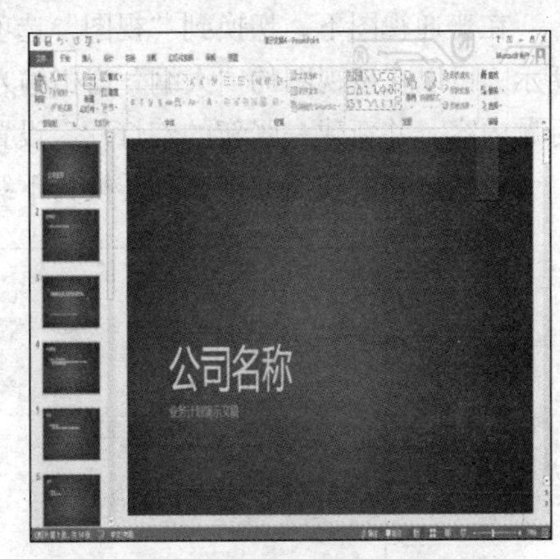

图 5-10　主题

5.2.3　演示文稿的视图

视图是观看演示文稿的一种视角，PowerPoint 2013 为编辑、浏览和放映幻灯片的需要提供了 6 种不同的视图方式，分别为普通视图、大纲视图、幻灯片浏览视图、备注页视图、阅读视图和幻灯片放映视图。这些视图分别突出了编辑过程中的不同部分。其中普通视图、幻灯片浏览视图、阅读视图和幻灯片放映视图间的切换可以通过状态栏上的视图切换按钮来实现，如图 5-11 所示。另外这些视图的切换也可以通过相应的选项卡来实现。

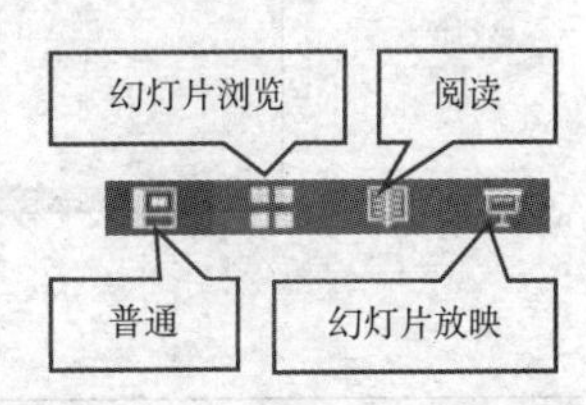

图 5-11　视图切换按钮

1. 普通视图

普通视图是 PowerPoint 2013 的默认视图，如图 5-12 所示。在该视图方式下，工作窗口以三个区域的形式显示。左区域以大纲形式显示演示文稿中的文本内容；右区域显示当前幻灯片的所有内容；下方区域显示当前幻灯片的备注，备注文字在幻灯片放映时不显示，单击状态栏上的备注按钮，可隐藏和显示备注面板。单击这三个区域中的任何一个窗格，即可对三部分分别进行编辑。另外，拖动区域边框线可以调整区域的大小。

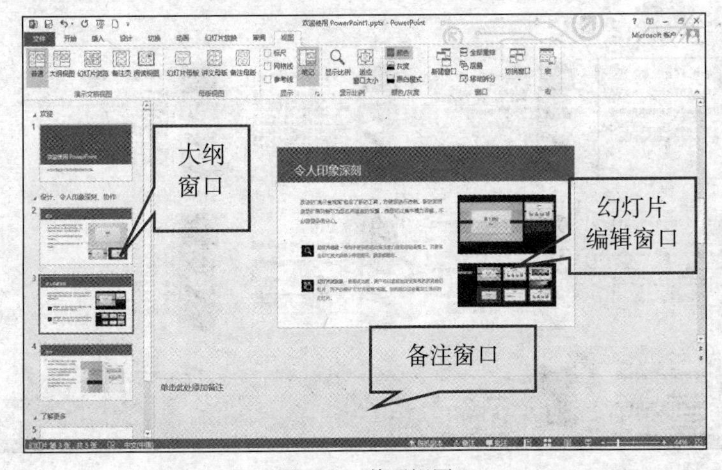

图 5-12　普通视图

2. 大纲视图

在普通视图下，切换到“视图”选项卡，单击“大纲视图”按钮，进入大纲视图，如图 5-13 所示。可以在该视图的“大纲”窗格输入标题内容，按 Enter 键，“幻灯片”窗格会显示所输入的标题内容，并新建一张新的幻灯片。设置子标题可以将光标移到主标题的末尾，按 Enter 键插入一张新幻灯片后按 Tab 键将其转换为下级标题，然后在图标后输入文字。

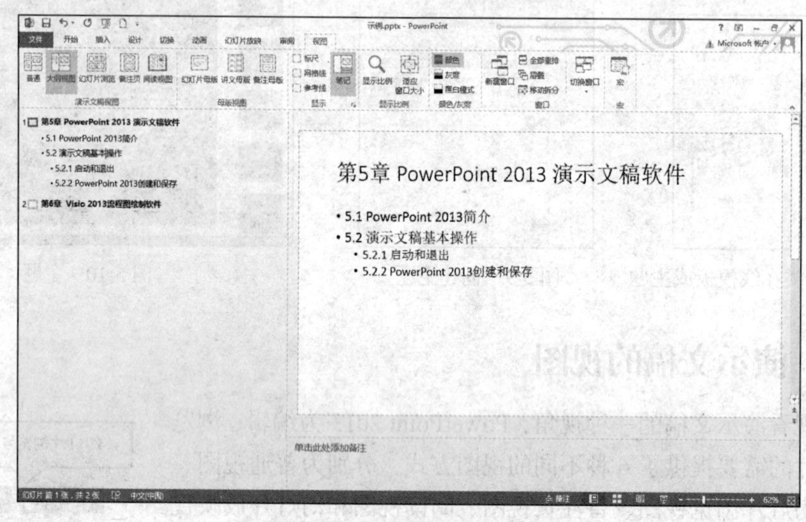

图 5-13　大纲视图

提示

大纲文本只显示各张幻灯片占位符中的文字，不包含自定义的文本框内容，也不包含艺术字、图形、图表等其他对象。

3. 幻灯片浏览视图

幻灯片浏览视图是所有幻灯片以缩略图的形式显示的一种视图，如图 5-14 所示。在该视图中，用户可以利用滚动条在屏幕上同时看到每张幻灯片的缩略图，该视图下，可以非常方便地对幻灯片进行复制、移动和删除等操作。但是在该视图下不能对幻灯片的内容直接进行修改。

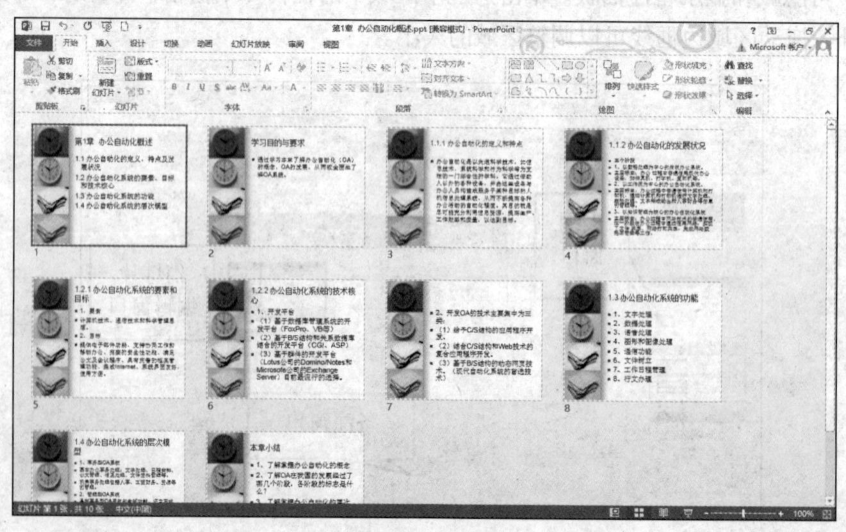

图 5-14　幻灯片浏览视图

4. 备注页视图

备注页视图是系统提供用来编辑备注页的，单击“视图”选项卡中的“备注页”按钮，切换到备注页视图状态，如图 5-15 所示。备注页分为两个部分：上半部分是幻灯片的缩小图像，下半部分是文本预留区。用户可以一边观看幻灯片的缩像，一边在文本预留区内输入想要的说明，作为提醒自己的摘要。

5. 阅读视图

该视图非常适合用户阅读幻灯片，单击“视图”选项卡中的“阅读视图”按钮或状态栏上的“阅读视图”按钮，都可以切换到阅读视图状态，如图 5-16 所示。阅读视图可将整张幻灯片显示成窗口大小，并在窗口下方显示浏览工具，方便切换上、下张幻灯片，或者预览演示文稿的动画效果。

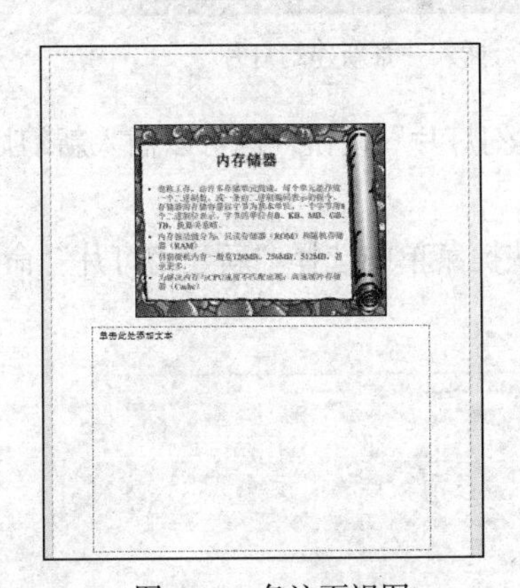

图 5-15 备注页视图

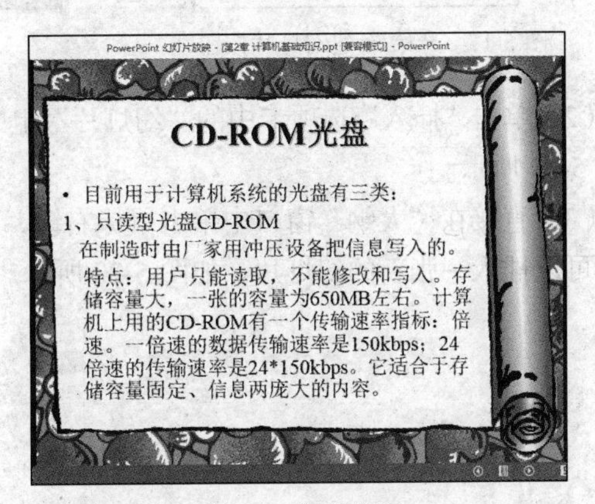

图 5-16 阅读视图

6. 幻灯片放映视图

幻灯片放映视图就像一架幻灯放映机，每张幻灯片以满屏的方式显示出来。在该视图下，用户不仅能看到设计好的各种动画和定时效果等，还可以在放映过程中通过绘图笔在屏幕上进行注释。另外，通过该视图切换出的放映动作，总是从当前幻灯片位置开始放映。

5.2.4 演示文稿的编辑

通常情况下，一个完整的演示文稿是由多张幻灯片组成的。在对演示文稿的编辑过程中，经常要对幻灯片进行新增、复制、移动和删除等操作，下面对演示文稿的各种操作进行介绍。

1. 选定幻灯片

（1）选择单张幻灯片，用鼠标直接单击要选定的幻灯片即可。

（2）选择连续的多张幻灯片，在单击第 1 张幻灯片后，按住 Shift 键不放，选择最后一张幻灯片。

（3）选择不连续的幻灯片，在单击第 1 张幻灯片后，按住 Ctrl 键不放，选择需要的其他幻灯片。

（4）选择全部幻灯片，单击“开始”选项卡中“编辑”组中的“选择/全选”命令，或使用 Ctrl + A 快捷键。

2. 插入新幻灯片

插入新幻灯片有以下几种常用方法。

（1）选择需要插入新幻灯片位置的幻灯片，单击“开始”选项卡中的“幻灯片”组中的“新建幻灯片”按钮，如图 5-17 所示，此时在所选幻灯片的后面新建一张幻灯片，如图 5-18 所示。

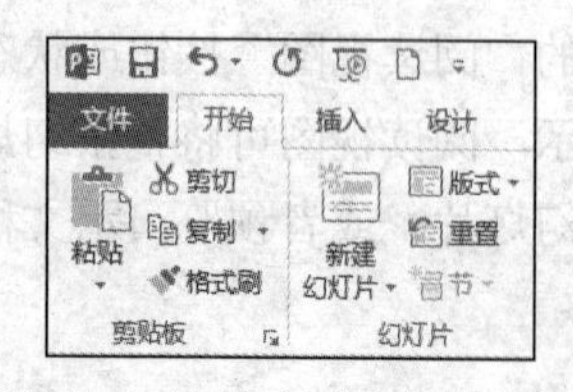

图 5-17　开始/新建幻灯片按钮

图 5-18　插入一张新建幻灯片

（2）单击“插入”选项卡中的“幻灯片”组中的“新建幻灯片”按钮，也可以插入新幻灯片，如图 5-19 所示。

（3）直接在“大纲”窗口中单击鼠标右键，在弹出的快捷菜单中选择“新建幻灯片”命令，同样可以插入一张新的幻灯片，如图 5-20 所示。

图 5-19　插入/新建幻灯片按钮

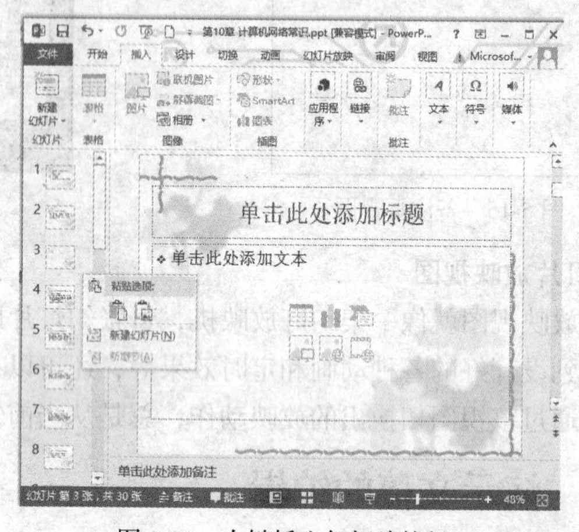

图 5-20　右键插入幻灯片按钮

3. 输入幻灯片内容

幻灯片编辑窗口是由一些“占位符”组成的，“占位符”的外观是一个虚框，里面有提示文字，如图 5-21 所示，该文字仅仅起到提示输入的作用，并不作为幻灯片的内容的一部分。用鼠标单击“占位符”，提示文字消失，“占位符”类似于文本框，出现光标的位置可以输入内容，如图 5-22 所示。输入的文字可以像 Word 一样进行字符、段落等格式的设置。

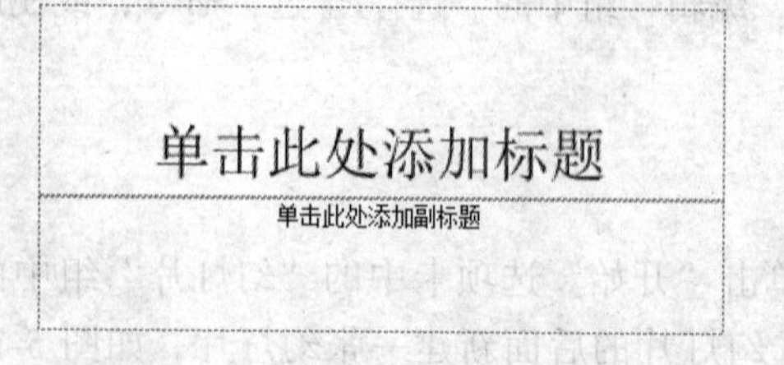

图 5-21　“占位符”及提示文字

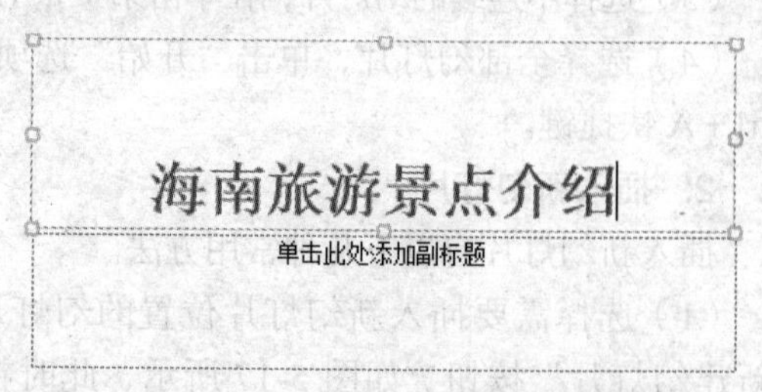

图 5-22　在“占位符”中输入内容

4. **更改幻灯片版式**

幻灯片的版式指幻灯片占位符的布局方式，更改幻灯片版式有以下几种常用方法。

（1）在对幻灯片的编辑过程中，如果对当前已选定的幻灯片版式不满意，可对当前版式进行更改，其方法是：首先选定需要更改版式的幻灯片，然后单击“开始”选项卡中的“幻灯片”组中的“版式”按钮，此时会出现一个版式列表框，如图 5-23 所示，在该窗口中重新选择版式，则幻灯片将应用新的版式。

（2）在幻灯片编辑窗口单击右键，在右键快捷菜单中选择“版式”命令，也可以打开版式列表框，如图 5-24 所示，在该窗口中重新选择版式，则幻灯片将应用新的版式。

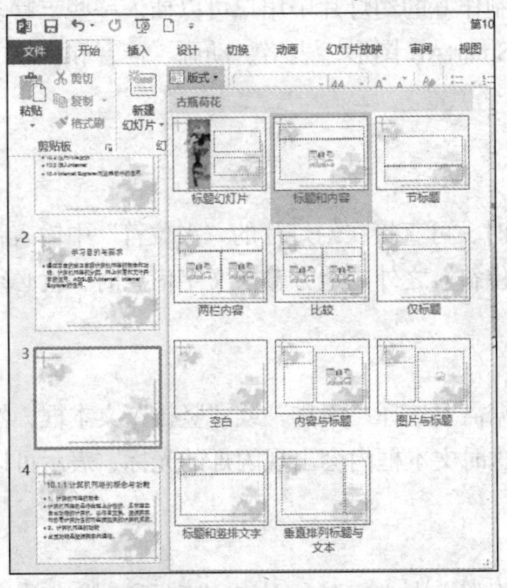

图 5-23　选项卡按钮更改版式

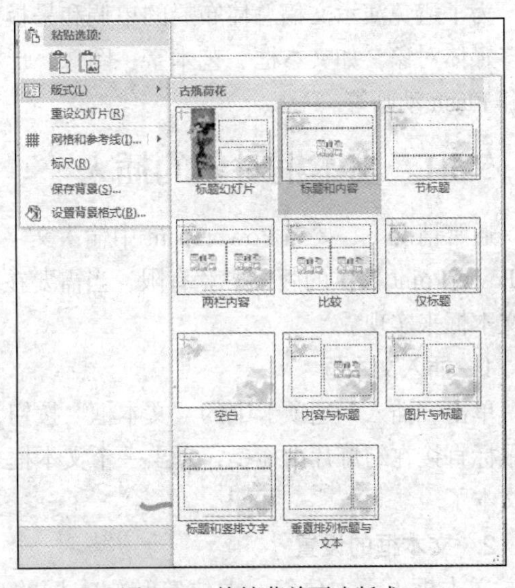

图 5-24　快捷菜单更改版式

5. **删除幻灯片**

在幻灯片浏览视图中，选择要删除的幻灯片按 Delete 键，即可删除幻灯片，此时其后面的幻灯片会自动向前排列。如果要删除多张幻灯片，可在选择多张幻灯片后再按 Delete 键。也可以使用“开始”选项卡中“剪贴板”组中的“剪切”按钮实现或通过右键快捷菜单中的“删除幻灯片”命令实现，如图 5-25 所示。

6. **复制幻灯片**

选择要复制的幻灯片，单击“开始”选项卡中“剪贴板”组中的“复制”按钮或通过右键快捷菜单中的“复制幻灯片”命令，然后选定将要粘贴到的位置，即两张幻灯片的中间，出现一条实线的位置，如图 5-26 所示，再单击“粘贴”命令即可。

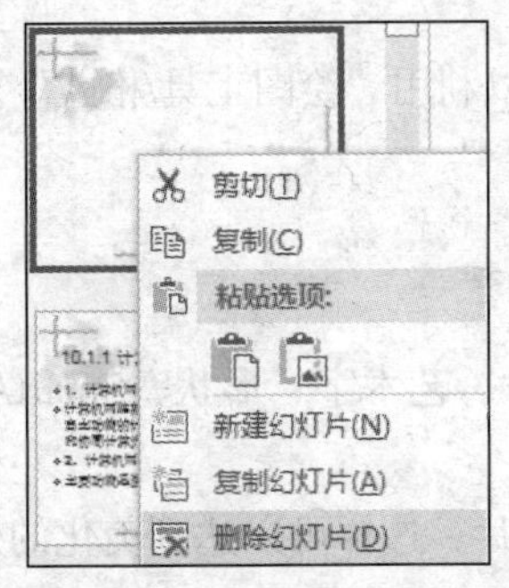

图 5-25　快捷命令删除幻灯片

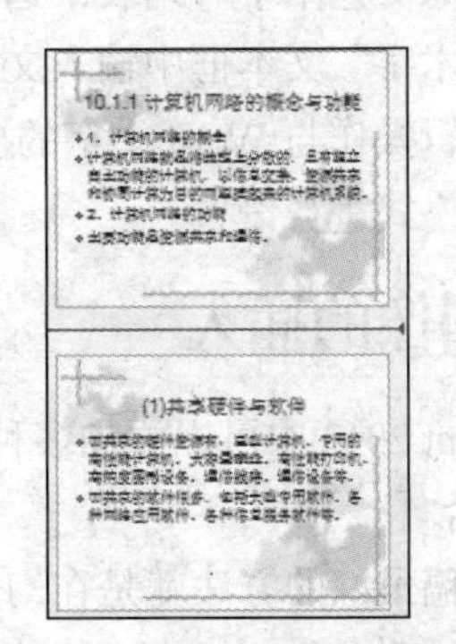

图 5-26　幻灯片间的实线位置

7. 移动幻灯片

除了利用常规的“剪切”和“粘贴”命令之外，可以用鼠标拖曳的方法进行移动。选择要移动的幻灯片，按住鼠标左键拖曳到需要的位置处后释放鼠标即可。

5.3 演示文稿的对象插入

为了避免演示文稿总体布局的单调和呆板，在制作好的幻灯片中用户可以插入一些丰富多彩的多媒体对象，如文本框、艺术字、图像、形状、SmartArt 图形、表格、动画、声音和视频、批注和 Flash 动画等。

5.3.1 文本框对象的插入

通常情况下，要在 PowerPoint 中输入文字信息时，可直接在幻灯片的“占位符”中输入，但是 PowerPoint 提供的版式毕竟有限，当需要在“占位符”之外的地方输入文字信息时，就必须添加文本框来实现。

1. 插入文本框

单击“插入”选项卡中的“文本框”按钮，根据需要选择“横排”或“竖排”文本框，然后用鼠标直接在幻灯片中拖曳，画出一个文本框来。这时文本框内会出现闪烁的光标，表示可以输入文本了。

2. 文本框的设置

文本框（或占位符，占位符和文本框的功能相似）中文字的字体格式和段落格式的设置方法 Word 的设置方法相同。对于文本框本身，可以添加背景、边框等格式。具体操作为：选中文本框的边框线，即可实现对文本框的选定，选定后，单击鼠标右键，选择“设置形状格式”命令，在弹出的“设置形状格式”对话框中根据需要设置颜色与线条、尺寸、位置等即可。

5.3.2 艺术字的插入

艺术字是一种特殊的图形对象，它以图形的方式来表现文字，使文字更具艺术魅力，在幻灯片中通常会在标题等处使用艺术字。具体操作步骤如下。

（1）选择“插入”选项卡中“文本”组的“艺术字”按钮。

（2）在打开的“艺术字”列表中选择一种艺术字样式单击。

（3）在“艺术字”文本框中输入文字即可。

艺术字的编辑操作与 Word 文字的操作相同，可以利用“绘图工具/格式”选项卡功能区中的按钮对艺术字的格式进行设置。

5.3.3 图像的插入

在 PowerPoint 2013 中可以添加多种图形，如图片、艺术字、形状、SmartArt 图形等。

1. 插入图片

丰富演示文稿最好的方法就是在幻灯片中插入图片，这样可以达到美化的效果，同时也可以让表现的内容更加形象化。插入图片的具体操作步骤如下。

（1）选定一张幻灯片。

（2）选择“插入”选项卡中“图像”组的“图片”按钮，在弹出的“插入图片”对话框中选择需要插入的图片，单击“插入”按钮即可。

2. 插入联机图片

如要向幻灯片中插入更多的图片素材，也可通过“联机图片”提供的丰富的在线素材，输入搜索关键字，如图 5-27 所示。另外也可以插入“屏幕截图”和“相册”图片。

5.3.4 形状的插入

选择“插入”选项卡中“插图”组的“形状”按钮，在打开的下拉列表中用户可以方便地选择，并自制一些图形，如图 5-28 所示。图形的绘制方法与 Word 中图形的绘制方法相同。另外，PowerPoint 2013 新增了合并常见图形和取色器功能，下面分别介绍。

图 5-27 在线网络“联机图片”

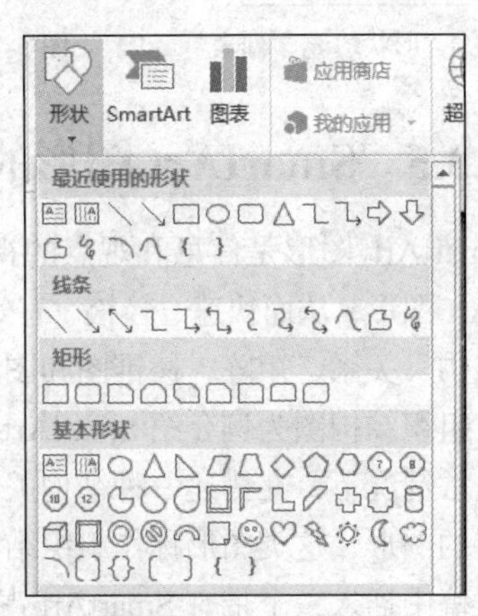

图 5-28 插入形状

1. 合并常见图形

选择幻灯片上的两个或更多常见形状，单击“绘图工具/格式”选项卡的“插入形状”组中的“合并形状”按钮，打开列表，如图 5-29 所示。对图形进行相关合并，然后组合以创建新的形状和图标，如图 5-30 所示。

图 5-29 “合并形状”列表

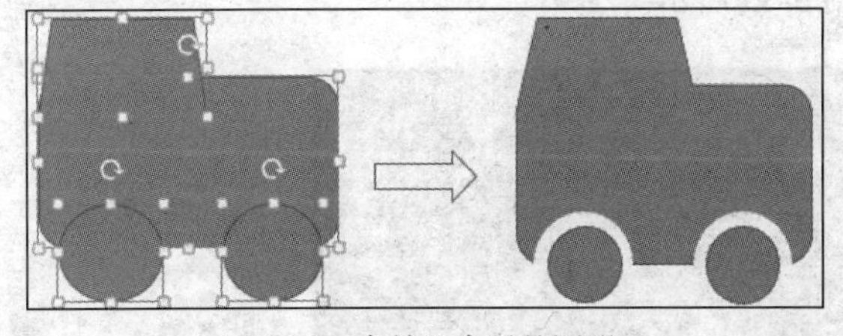

图 5-30 合并组合后的图形

2. 取色器的使用

从屏幕上的对象中捕获精确的颜色，然后将其应用于任何形状。取色器使用方法如下。

（1）选择要填充颜色的形状，单击“绘图工具/格式”选项卡的“形状样式”组中的“形状填充”按钮，打开列表，如图 5-31 所示。

（2）单击“取色器”命令，鼠标指针变成🖊，将鼠标指针移动到取色位置，取色器右上角会出现一个颜色方块和具体的颜色值，如图 5-32 所示。

（3）单击鼠标，则选取的颜色应用到选择的形状上，即圆形的填充色“红色”由“白色”取代，效果如图 5-33 所示。

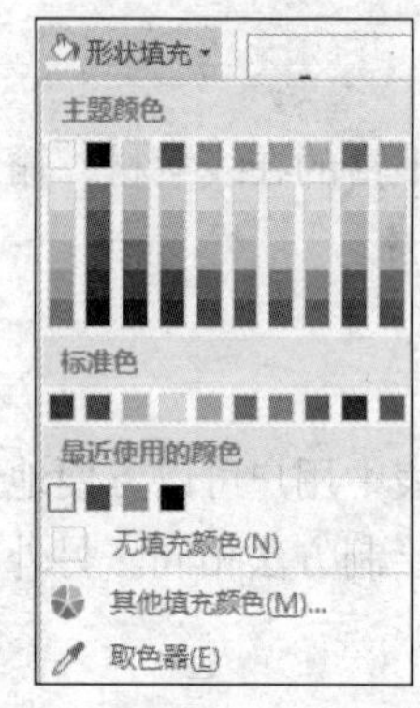

图 5-31 “形状填充”列表

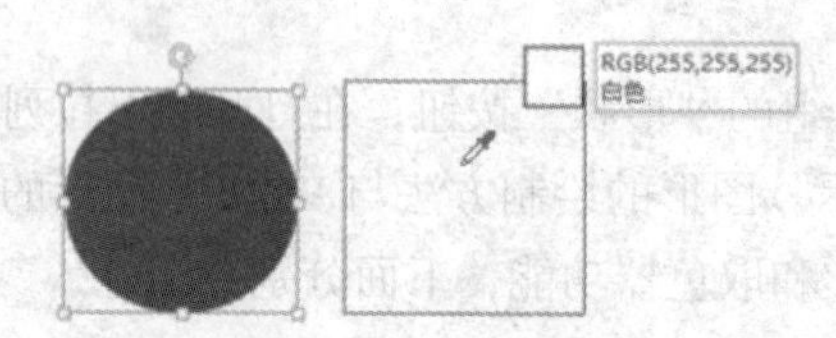

图 5-32 “取色器”取色

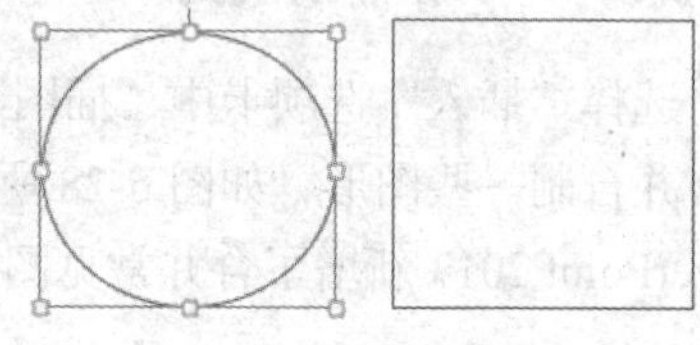

图 5-33 应用取色后效果

5.3.5 SmartArt 图形的插入

SmartArt 图形是信息和观点的视觉表示形式。可以通过从多种不同布局中进行选择来创建 SmartArt 图形，从而快速、轻松、有效地传达信息。通过 SmartArt 可以制作出列表、流程、循环、层次结构、关系、矩阵、棱锥图和图片等类别的图形。

以组织结构图为例介绍 SmartArt 功能。

通常情况下，在描述一种结构关系或层次关系时，经常要采用一类能够形象地表达结构和层次关系的图形，这类图形称作组织结构图。在幻灯片中插入组织结构图的方法有两种，一种是在演示文稿中插入一个带有 SmartArt 占位符的新幻灯片，另外一种就是在已有的幻灯片上单击“插入”选项卡中“插图”组的“SmartArt”按钮。下面就以第一种方法详细介绍组织结构图的插入。操作步骤如下。

（1）创建新的演示文稿或在原有的演示文稿中插入新幻灯片，选择“标题和内容”版式。

（2）此时幻灯片的标题占位符下方出现一个可加入 SmartArt 的占位符，如图 5-34 所示。

（3）根据占位符中的提示，单击 SmartArt 的图标后，将自动启动“选择 SmartArt 图形”对话框，如图 5-35 所示。

图 5-34 “标题和内容”版式

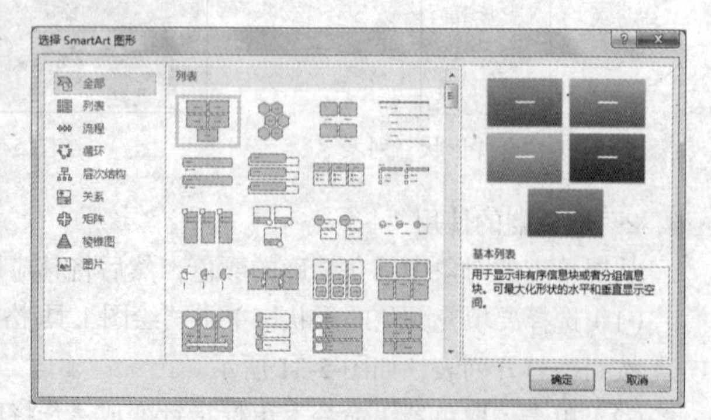

图 5-35 “选择 SmartArt 图形”对话框

（4）选中“层次结构”类别中的“组织结构图”，如图 5-36 所示，单击“确定”按钮，此时在组织结构图占位符中，可根据设计要求直接向组织结构图的各个图框中输入文本，如图 5-37 所示。

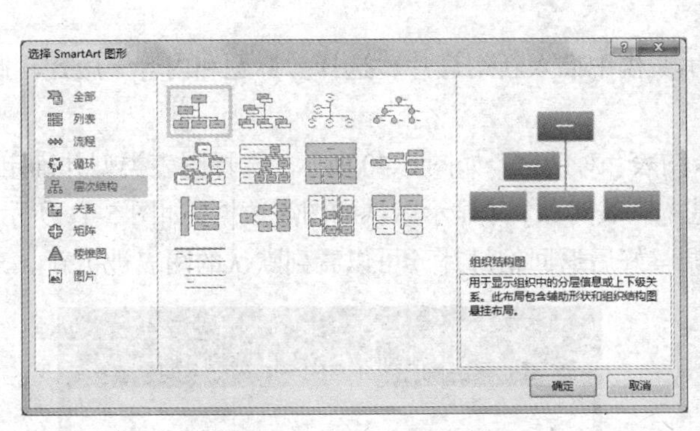

图 5-36　插入“组织结构图”

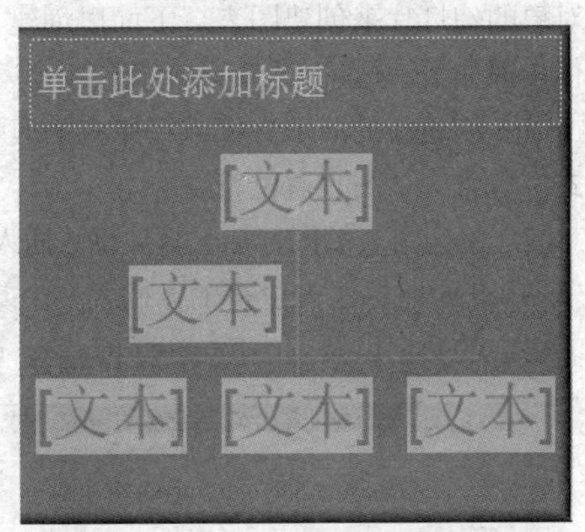

图 5-37　插入“组织结构图”编辑窗口

5.3.6　表格的插入

在 PowerPoint 中，创建和编辑表格的方法基本上与在 Word 中创建和编辑表格的方法相同。用户可以选择“插入”选项卡中“表格”组的“表格”按钮来创建表格，也可以直接使用带有表格对象的幻灯片来创建表格。下面以创建含有表格占位符版式的幻灯片为例，介绍插入表格的方法，具体步骤如下。

（1）创建新的演示文稿或在原有的演示文稿中插入新幻灯片，选择“标题和内容”版式，此版式中包含一个表格占位符。

（2）单击表格的图标后，将启动“插入表格”对话框，如图 5-38 所示，设定表格的列数和行数并确定。

（3）此时在标题占位符下方插入一个基本表格对象，在表格中输入文本内容，再单击幻灯片的空白区，即可完成表格的制作，如图 5-39 所示。

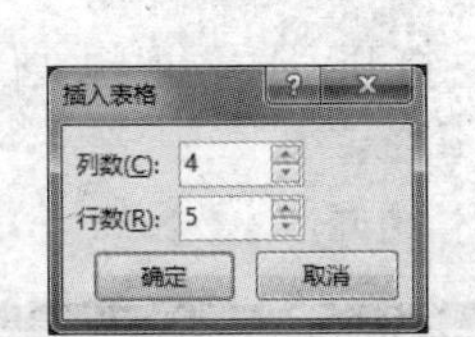

图 5-38　“插入表格”对话框

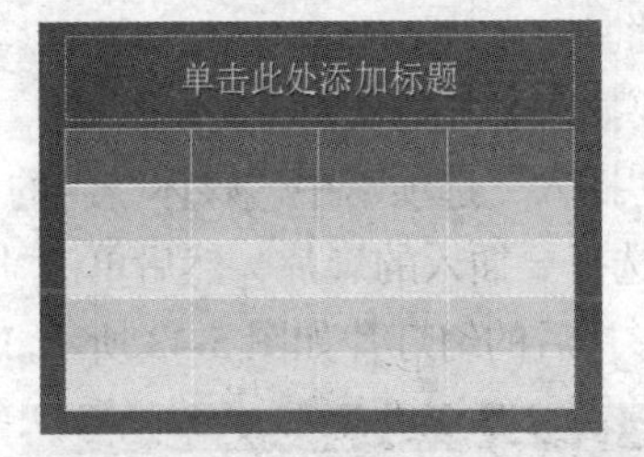

图 5-39　“插入表格”编辑窗口

表格制作完成后，要对表格进行编辑、修改操作，可以选择“表格工具/布局”选项卡的命令按钮。也可以根据需要选择“表格工具/设计”选项卡的命令按钮对表格进行格式化，使表格中的文本和外观更协调。删除表格只要单击表格边框，再按 Delete 键即可。另外，值得一提的是，用户还可以把现成的 Word 表格复制到幻灯片中。

5.3.7　图表的插入

在 PowerPoint 中添加图表，可以清晰、简洁地显示数字，使数字更具说服力，同时也可以使演示文稿更加丰富多彩。与表格相比，图表的表示方式更加直观，分析也更为方便。添加图表的方式有两种：可以选择“插入”选项卡中“插图”组中的“图表”按钮。也可以直接使用带有图表对象的幻灯片来创建图表。下面以创建含有图表占位符版式的幻灯片为例，介绍图表的插入，具体步骤如下。

（1）创建新的演示文稿或在原有的演示文稿中插入新幻灯片，选择“标题和内容”版式，此版式中包含一个图表占位符。

（2）单击图表的图标后，将启动“插入图表”对话框，如图 5-40 所示，选择图表类型并确定。

（3）此时在标题占位符下方插入一个基本图表对象，并显示默认的图表数据，如图 5-41 所示。对表格中的数据以及图表区域进行调整，调整好后返回幻灯片，可以看到默认的图表被更新。

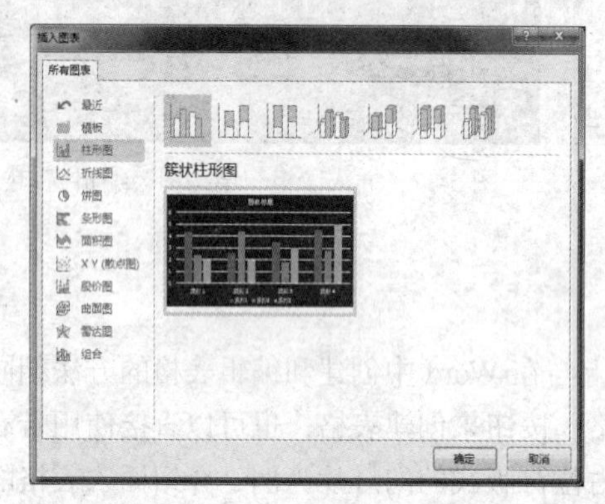

图 5-40 “插入图表”对话框

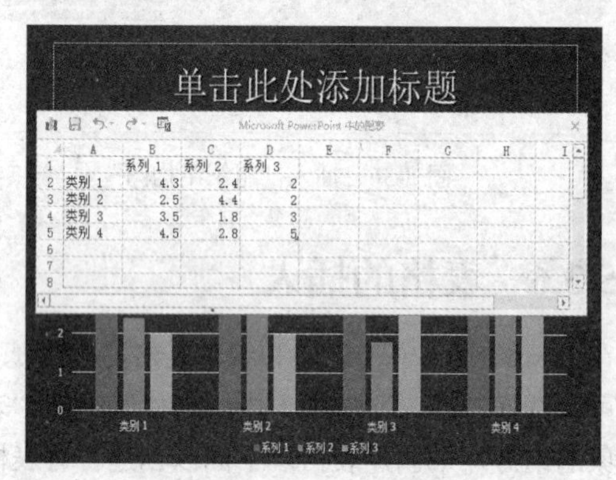

图 5-41 “插入图表”编辑窗口

5.3.8 影片和声音的插入

可以在幻灯片中插入多种类型的视频文件，例如扩展名为.asf、.mov、.wmv、.mp4、.avi 等格式的影片或动态 GIF 文件，也可以将音乐和自己录制的声音添加到幻灯片中，使幻灯片更加生动形象。

1. 插入影片

电脑中的视频文件一般是指用户自己收集或从网上下载的影片。下面主要介绍从文件中插入影片的操作步骤。

（1）选择要插入影片的幻灯片。

（2）单击“插入”选项卡中“媒体”组的“视频”按钮，打开“插入视频文件”对话框，如图 5-42 所示，选择要插入的影片，然后单击“确定”按钮。

（3）插入影片后的幻灯片如图 5-43 所示。

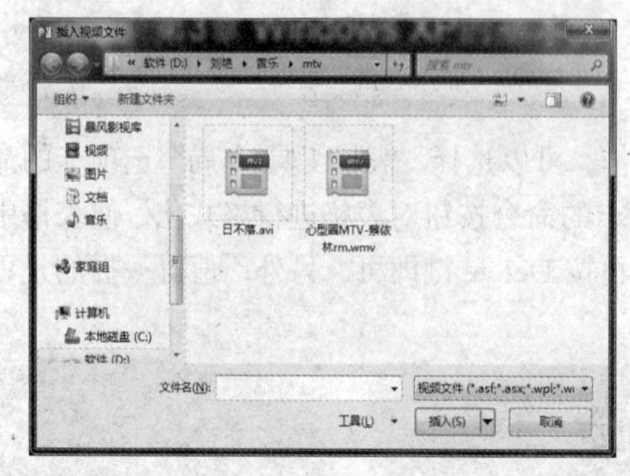

图 5-42 “插入视频文件”对话框

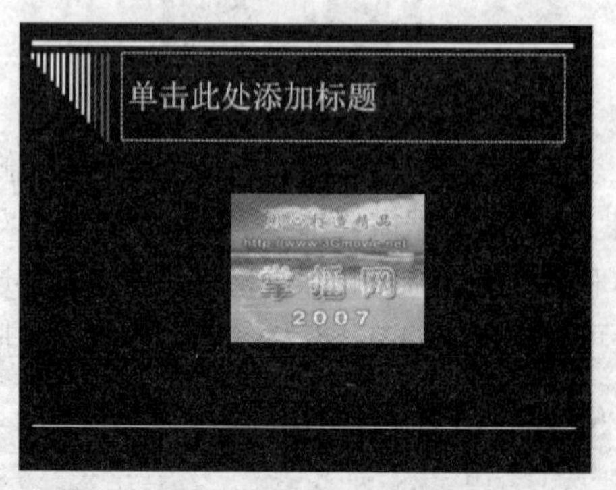

图 5-43 “插入视频文件”编辑窗口

插入的影片需要在放映状态下观看，需要进一步设置可以通过“视频工具”选项卡设置。

2. 插入声音

插入声音的方法和插入影片的方法相同。将音乐或声音插入幻灯片后，会显示一个代表该声音文件的声音图标 。若要播放这段音乐或声音，可以将它设置为自动播放、单击时播放、跨幻灯片播放或循环播放。如果要隐藏该图标，可以将设置为“放映时隐藏”。需要进一步设置可以通过“音频工具/播放”选项卡设置，如图 5-44 所示。

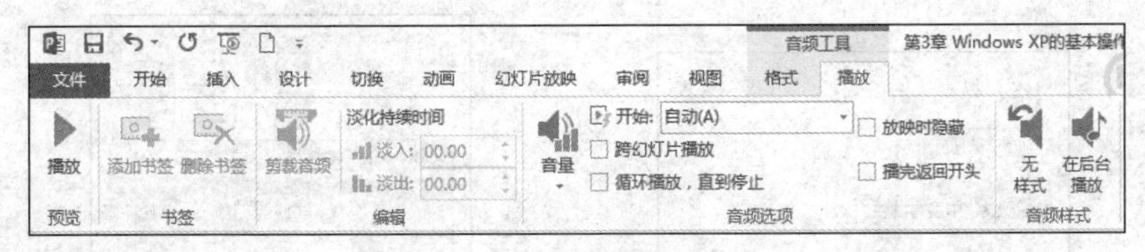

图 5-44 “音频工具/播放”选项卡

3. 录制旁白

如果需要记录声音旁白，计算机中必须配备声卡和麦克风设备。录制旁白一般有两种方式，一种是对单张幻灯片录制且有录音标记，另一种是对多张幻灯片录制且没有任何标记。

方式一：对单张幻灯片录制旁白。具体操作步骤如下。

（1）选中要进行录制旁白的幻灯片。

（2）选择“插入”选项卡中“媒体”组的“音频/录制音频（R）...”命令，此时会出现“录制声音”对话框，如图 5-45 所示，单击圆形按钮可开始录音，单击方形按钮结束录音，单击三角形按钮可将录制的声音播放一次。

（3）录制完毕后，幻灯片上会出现一个声音图标，在幻灯片放映时，只要单击此图标，录制的旁白就可以播放出来。

方式二：对多张幻灯片录制旁白。具体操作步骤如下。

（1）选中要录制旁白的第一张幻灯片。

（2）选择“幻灯片放映”选项卡中“设置”组的“录制幻灯片演示/从头开始录制（S）...或从当前幻灯片开始录制（R）...”命令，此时会出现“录制幻灯片演示”对话框，如图 5-46 所示，单击“开始录制”按钮，在幻灯片的左上角，可以使用录制工具栏，如图 5-47 所示，进行有选择性的录制。

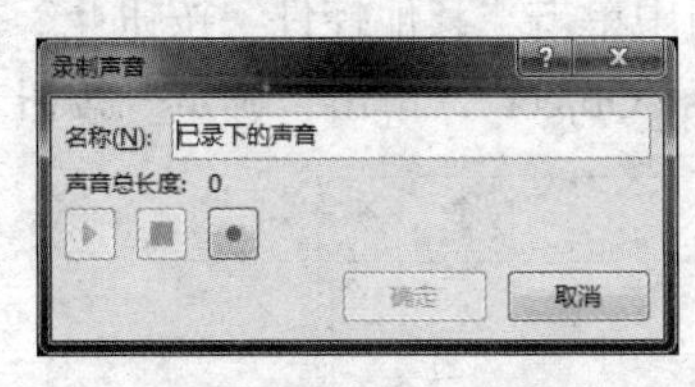

图 5-45 “录制声音”对话框

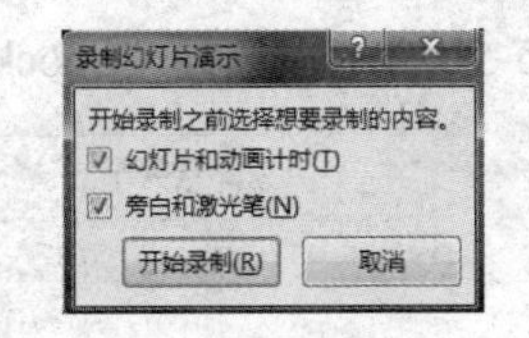

图 5-46 “录制幻灯片演示”对话框

图 5-47 录制工具栏

（3）要结束录制，右键单击最后一张幻灯片，然后单击结束放映。

操作完成后，每张具有旁白的幻灯片右下角都会出现一个声音文件图标。在放映幻灯片时，旁白也会随之播放。

5.3.9 批注的插入

批注是一种可附加到幻灯片上的某个字母或词语、图片或其他对象，或整个幻灯片的备注。

使用批注是向其他人提供有关其演示文稿的反馈的一种极好方法。

1. 添加批注

单击幻灯片中要引用批注的位置，或单击“审阅”选项卡中的“新建批注”按钮，打开“批注”窗格，如图 5-48 所示，此时幻灯片编辑窗口内显示批注元素图标。在“批注”窗格中输入消息，然后按 Enter 键或单击批注框外部的区域可以添加批注，如图 5-49 所示。也可以单击状态栏上的批注按钮批注，打开“批注”窗格，然后单击“新建批注”按钮实现。

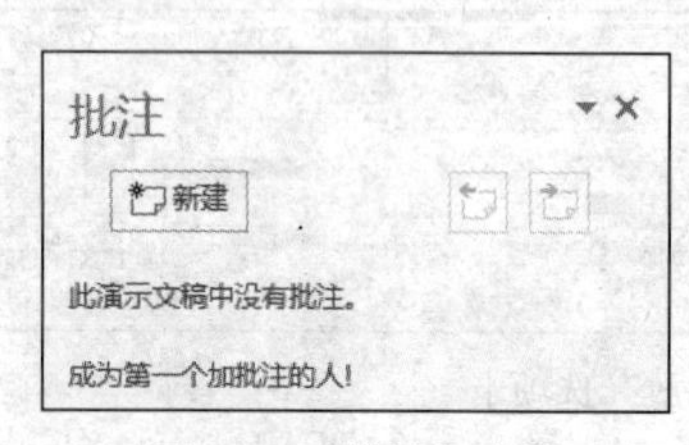

图 5-48 “批注”窗格

图 5-49 输入批注内容

2. 编辑或回复批注

使用“批注”窗格来编辑由其他审阅者添加的批注或对他们进行答复。要编辑批注：单击要编辑的批注文本，将打开包含批注的文本输入框，进行所需的更改，然后单击批注框外部的区域以完成操作。若要答复批注：单击答复，在文本输入框中键入答复内容，然后按 Tab 键以完成。

3. 删除批注

在幻灯片上右键单击要删除的批注图标，然后单击“删除批注”。也可以在“批注”窗格中选择要删除的批注，然后单击输入框右上角的删除按钮×。

5.3.10 Flash 动画的插入

Flash 动画具有小巧灵活的优点，用户可以在 PowerPoint 演示文稿中插入扩展名为.swf 的 Flash 动画文件，以增强演示文稿的动画功能。插入 Flash 动画的具体操作步骤如下。

（1）在普通视图中选择要播放动画的幻灯片。

（2）单击“文件”选项卡，然后从弹出的菜单中选择“选项”命令，出现“PowerPoint 选项”对话框，单击左侧的“自定义功能区”选项，在右侧的列表框内选中“开发工具”复选框，如图 5-50 所示，然后单击“确定”按钮。

（3）切换到功能区中的“开发工具”选项卡，在“控件”组中单击“其他控件”按钮，弹出“其他控件”对话框，如图 5-51 所示，选择“Shockwave Flash Object”，单击“确定”按钮。

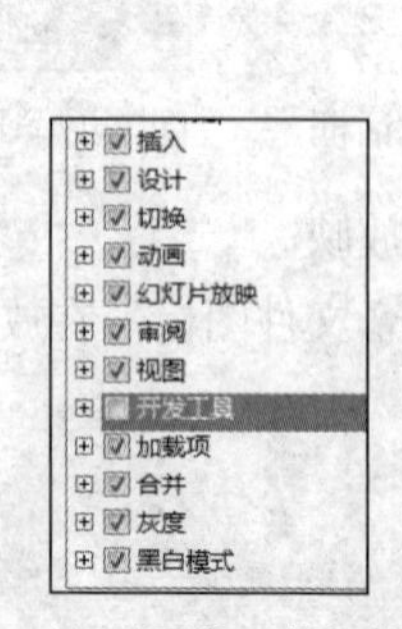

图 5-50 “开发工具”复选框

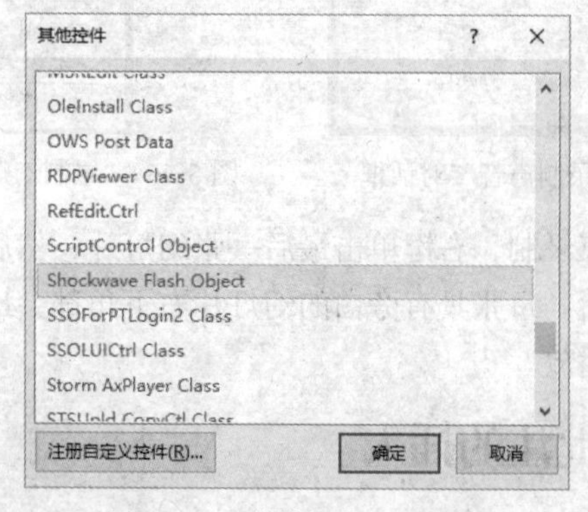

图 5-51 “其他控件”对话框

（4）在幻灯片上拖动以绘制控件，通过拖动尺寸控制点调整控件大小，右键单击该控件，从弹出的快捷菜单中选择“属性表”命令，出现“属性”对话框，如图 5-52 所示。

（5）在“按字母序”选项卡上单击 Movie 属性，在右侧的框中输入要播放的 Flash 文件的完整驱动器路径及文件名，或者输入其统一资源定位器（URL）。

（6）要在显示幻灯片时自动播放文件，则将 Playing 属性设置为 True。如果 Flash 文件内置有“开始/倒带”控件，则将 Playing 属性设置为 False。

（7）如果不希望重复播放动画，则可将 Loop 属性设置为 False，否则设置为 True。

（8）要嵌入 Flash 文件以便他人共享演示文稿，可将 EmbedMovie 属性设置为 True，否则设置为 False。

（9）切换到幻灯片放映视图，即可播放动画，如图 5-53 所示。

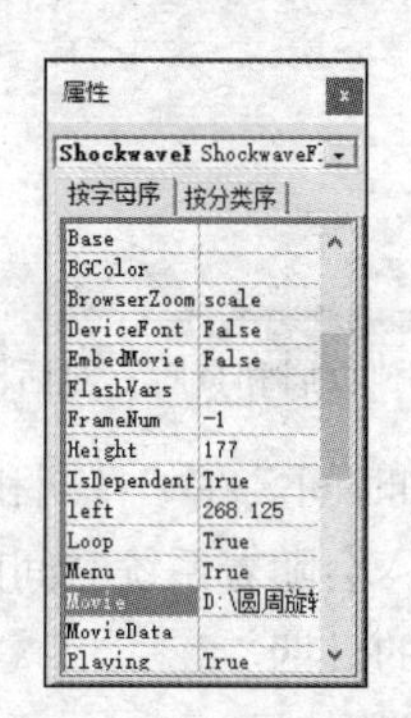

图 5-52　“属性”对话框

图 5-53　播放动画效果

5.4　演示文稿的版面设计

PowerPoint 有一个很大的优点就是可以给演示文稿中的所有幻灯片设置一致美观的版面。可以通过设置母版视图、设置主题和变体、设置背景以及设置幻灯片大小来进行演示文稿的版面设计。

5.4.1　设置母版视图

母版是所有幻灯片的底版，常用来设置演示文稿中的每张幻灯片的预设格式，这些格式包括每张幻灯片的标题及正文文字的位置和大小、项目符号的样式、背景图案等。由于一套幻灯片受到同一母版的主控，故幻灯片之间就显得和谐和匹配。PowerPoint 2013 母版分为 3 类：幻灯片母版、讲义母版和备注母版。其中“幻灯片视图”对应“幻灯片母版”，“幻灯片浏览视图”对应“讲义母版”，“备注页视图”对应“备注母版”。

1. 幻灯片母版

幻灯片母版最常用，适用于所有幻灯片。单击“视图”选项卡中“母版视图”组的“幻灯片母版”按钮，如图 5-54 所示。

在幻灯片母版视图中有 5 个占位符，分别用来确定幻灯片中不同区域显示的对象格式。在幻灯片母版视图下设置完成后，若要回到正常的幻灯片编辑视图，可以单击“幻灯片母版”选项卡中“关闭”组的“关闭母版视图”按钮 ，或单击状态栏右下角的任一视图切换按钮，就可重新回到正常编辑状态。

下面介绍母版中各类版式对象的设置方法。

（1）设置标题、正文格式

在幻灯片母版视图中选中对应的文本占位符对象，例如标题样式或文本样式等，可以设置字符格式、段落格式等，该设置方法与 Word 中的设置方法相同。

（2）设置页眉、页脚和幻灯片编号

在幻灯片母版状态下，单击“插入”选项卡中“文本”组的“页眉和页脚”按钮，打开“页眉和页脚”对话框，选择“幻灯片”选项卡，如图 5-55 所示。

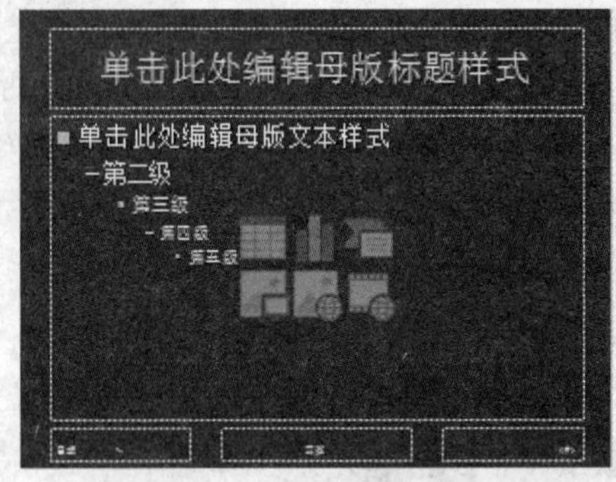

图 5-54 “幻灯片母版”视图

图 5-55 “页眉和页脚”对话框

选中“日期和时间”复选框，表示在“日期区”显示日期和时间。在“日期和时间”复选框下方有两个选项，若选择了“自动更新”，则时间采用系统时间，会随着系统时间的改变而改变；若选择“固定”，则需要用户在其后面的文本框中输入一个确定的日期。

选中“幻灯片编号”复选框，则在“数字区”自动加上幻灯片编号。

选中“页脚”复选框，则可以在每页上添加一些注释，如设计者、单位等。

另外，在“页眉和页脚”对话框的最下方有一个“标题幻灯片中显示”复选框，若选中该复选框，则幻灯片中采用了“标题幻灯片”版式的幻灯片就不会显示日期、编号和页脚等信息。

（3）向母版插入对象

要使多张幻灯片的相同位置出现同样的对象，则可向母版中插入该对象，这样多张幻灯片中都会自动拥有该对象。

例如，在母版编辑状态下，选择“插入”选项卡中“图像”组的“图片”按钮，在弹出的“插入图片”对话框中选择并插入用户选定的图片后，图片就插入到母版中，如图 5-56 所示。选择“幻灯片母版”选项卡中“关闭”组的“关闭母版视图”按钮或者单击视图切换栏上的任意视图按钮，退出母版编辑状态。这时可实现在多张幻灯片中显示该图片，如图 5-57 所示为幻灯片浏览视图下的效果。

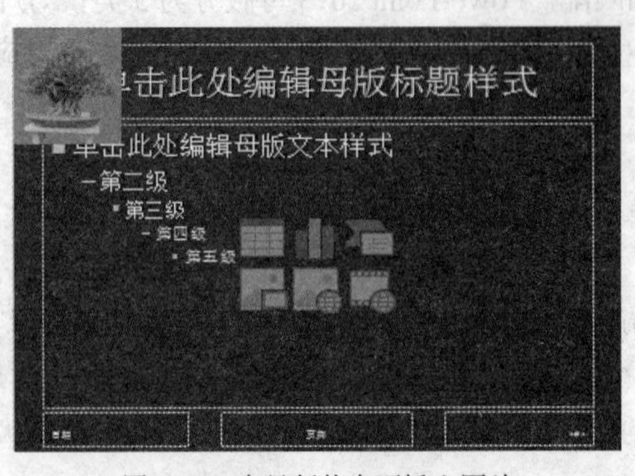

图 5-56 在母版状态下插入图片

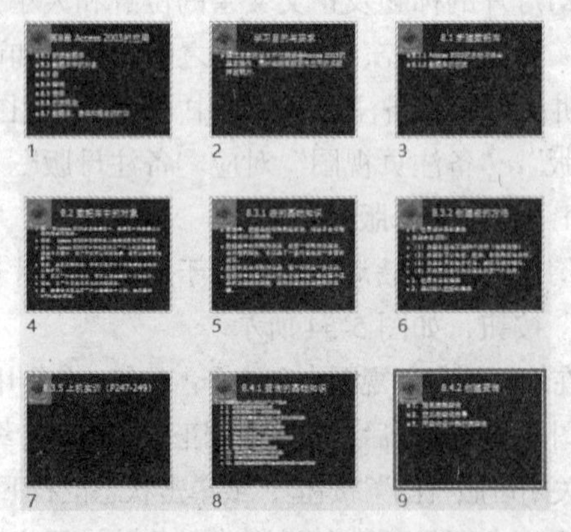

图 5-57 通过母版插入图片效果

2. 讲义母版

单击“视图”选项卡中“母版视图”组的“讲义母版”按钮，即可进入“讲义母版”，该母版主要用于控制幻灯片讲义形式打印的格式，可以设置一页中打印幻灯片的数量、页眉格式等。

3. 备注母版

单击“视图”选项卡中“母版视图”组的“备注母版”按钮，即可进入“备注母版”，该母版主要用于控制幻灯片备注页形式打印的格式。

5.4.2　设置主题变体

主题为演示文稿提供完整的幻灯片设计，包括背景设计、字体样式、颜色和版式。单击“设计”选项卡的“主题”组列表框中任意一个主题，如图 5-58 所示，该主题效果应用于所有幻灯片，如图 5-59 所示。

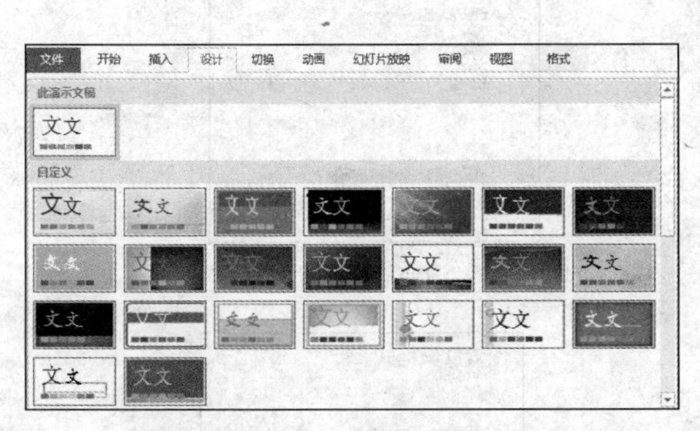

图 5-58　“主题”列表框

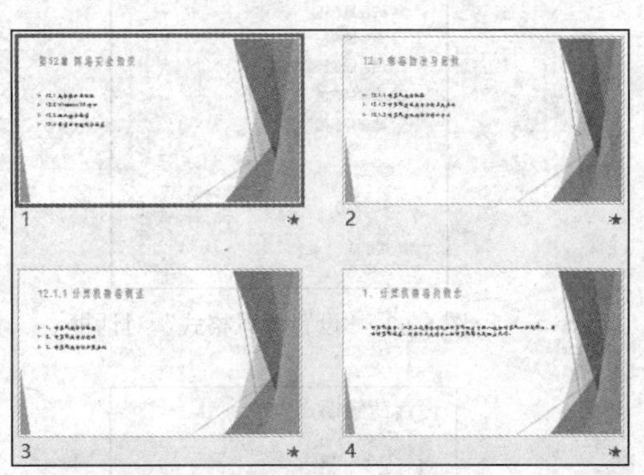

图 5-59　应用“主题”后的幻灯片浏览视图

“变体”组类似于早期 PowerPoint 版本中“配色方案”的使用。要想应用特定主题的另一种颜色变体，可以在“变体”组中选择一种喜欢的颜色变体，更改所有幻灯片的颜色效果，展开“变体”列表框，如图 5-60 所示。可以自定义“颜色”“字体”“效果”和“背景样式”。单击“颜色/自定义颜色（C）...”命令，打开“新建主题颜色”对话框，如图 5-61 所示，在该对话框里可以更改超级链接的颜色。（超级链接会在后面小节讲到）

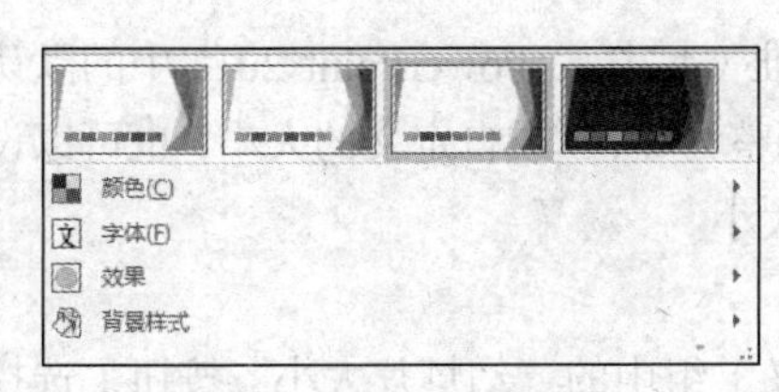

图 5-60　“变体”列表框

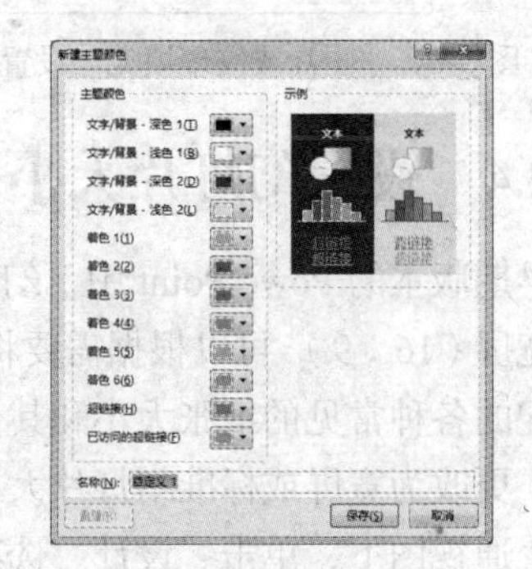

图 5-61　“新建主题颜色”对话框

5.4.3　设置背景

更改幻灯片的颜色除了可以采用主题变体方案之外，还可以通过改变幻灯片的背景来完成。

在设置背景时，可以设置颜色、图案、纹理和图片等。其操作步骤如下。

（1）选取需要更改背景的幻灯片。

（2）单击“设计”选项卡“自定义”组的“设置背景格式”按钮，弹出的“设置背景格式”对话框，如图 5-62 所示。

（3）在该对话框中，可以选择“纯色”“渐变”“纹理”“图案”和“图片”单选按钮分别设置不同的背景效果。如图 5-63、图 5-64、图 5-65 所示。设置完成后，单击“全部应用”按钮，将更改应用到所有的幻灯片。

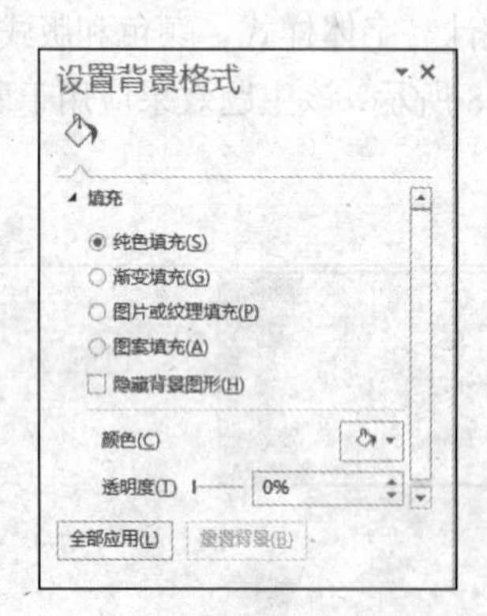

图 5-62 “设置背景格式”对话框

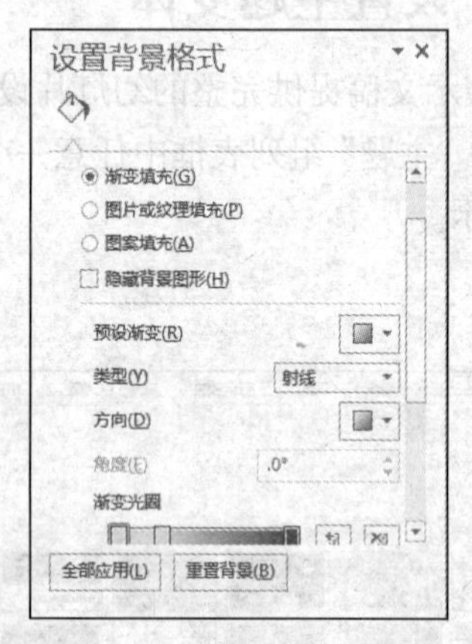

图 5-63 “渐变填充”设置窗口

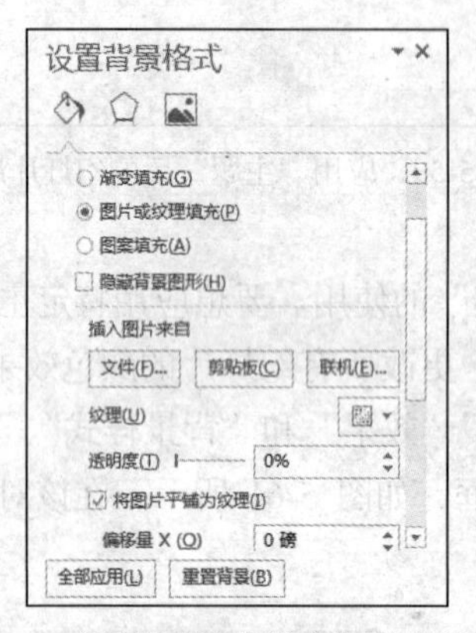

图 5-64 “图片或纹理填充”设置窗口

图 5-65 “图案填充”设置窗口

5.4.4 设置幻灯片大小

在早期版本的 PowerPoint 中，幻灯片大小是标准（4∶3）。PowerPoint 2013 中的默认幻灯片大小是宽屏（16∶9）。可以根据需要将幻灯片大小调整为 4∶3 或自定义的大小，也可以设置幻灯片以匹配的各种常见的纸张大小和其他屏幕元素的大小。

（1）更改为宽屏或标准幻灯片大小

在普通视图下，单击“设计”选项卡的“自定义”组中的“幻灯片大小”按钮，选择“标准（4∶3）”或“宽屏（16∶9）”命令，如图 5-66 所示，弹出“Microsoft PowerPoint”对话框，如图 5-67 所示。单击“最大化”按钮可以提升到较大幻灯片内容的大小，但可能会导致不适合幻灯片内容。单击“确保适合”按钮可以减小缩放到较小幻灯片时的内容大小，这会使内容显示较小，但能够在幻灯片上看到所有内容。

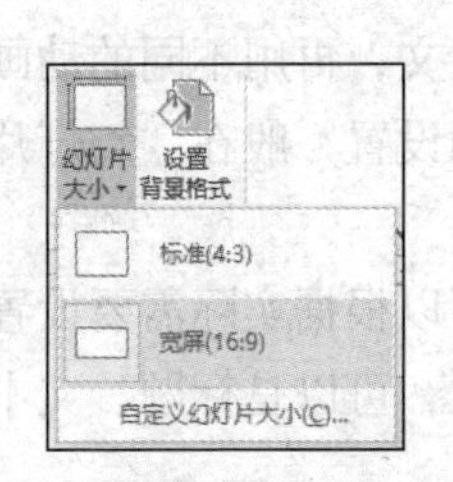

图 5-66　“幻灯片大小”列表

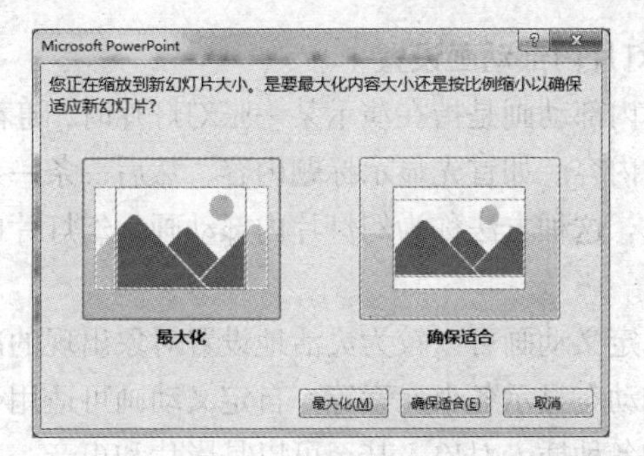

图 5-67　“Microsoft PowerPoint”对话框

（2）自定义幻灯片大小

在普通视图下，单击“设计”选项卡的“自定义”组中的“幻灯片大小”按钮，单击“自定义大小（C）...”命令，打开“幻灯片大小”对话框，如图 5-68 所示。在“幻灯片大小”下拉列表框中设置一种幻灯片宽度和高度尺寸，在“方向”选项组中选择一种幻灯片方向，比如“纵向”，可以将幻灯片设置为“垂直幻灯片”视图，如图 5-69 所示，单击“确定”按钮。

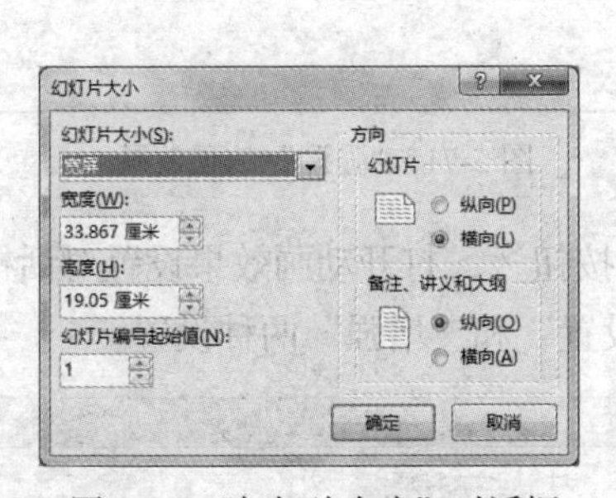

图 5-68　“幻灯片大小”对话框

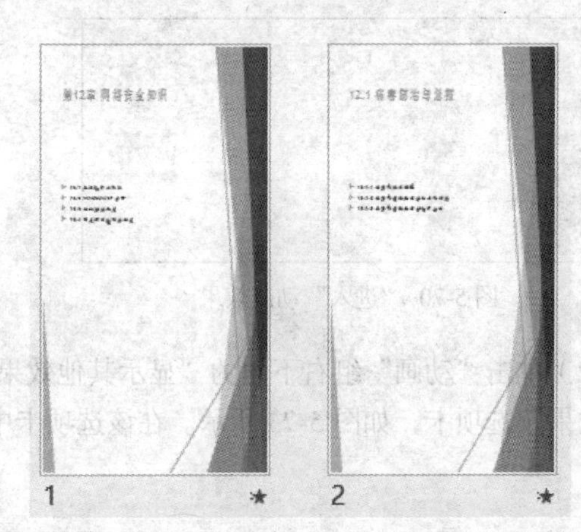

图 5-69　“垂直幻灯片”浏览视图

5.5　演示文稿的放映与打印

演示文稿设计好后，下一步就要准备幻灯片的放映与打印了。为了使幻灯片的播放既生动形象又能吸引人的注意力，可以设置动画效果。PowerPoint 2013 提供了多种动画效果，既可以为幻灯片设置动画，也可以为幻灯片中的对象设置动画效果。除了动画之外，为了实现不连续的播放，还可以使用 PowerPoint 提供的超链接功能来改变幻灯片的播放顺序。

5.5.1　设置动画效果

用户可以为幻灯片中的文本、图片、表格和图表等对象设置动画效果，这样就可以突出重点、控制信息的流程、提高演示的趣味性。

在设计动画时，有两种不同的动画设计方式，一种是幻灯片内部动画，另一种是幻灯片之间的动画。

1. 幻灯片内部动画设置

幻灯片内部动画是指在演示某一张幻灯片时，随着演示的进展，逐渐显示幻灯片内不同层次、不同对象的内容。如首先显示标题内容，然后一条一条地显示正文，再用不同的动画效果显示接下来的对象，这种方法称为幻灯片内部动画。幻灯片内部动画的设置一般在“幻灯片视图”窗口中进行。

使用自定义动画可以较为灵活地设置对象出现的次序，并可以根据实际需要设置每个对象的播放时间和动态显示各个元素等。自定义动画可适用于多种对象，可以是标题、文本、图形、图像、图表和各种插入对象，甚至可以是影片和声音。

设置自定义动画的操作步骤如下。

（1）选择要设置动画的幻灯片为当前编辑的幻灯片。选择该幻灯片中的一个对象，单击“动画”选项卡的“动画”组中任意一种动画效果，PowerPoint 2013 提供了 4 种类别的动画效果：“进入”“强调”“退出”和“动作路径”。分别如图 5-70、图 5-71、图 5-72 所示。

图 5-70 “进入”动画效果

图 5-71 “强调”动画效果

（2）单击“动画”组右下角的“显示其他效果选项”按钮，打开动画效果设置对话框，默认“效果”选项卡，如图 5-73 所示。在该选项卡中有“设置”和“增强”两种设置。

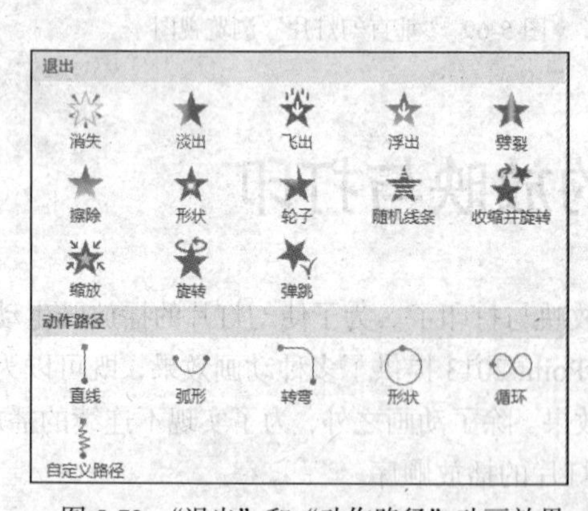

图 5-72 “退出”和“动作路径”动画效果

图 5-73 “效果”选项卡

- “方向”选项可以设置动画效果的动作方向。
- “声音”选项可以使用系统提供或用户自行添加的 wav 格式的声音，可调节音量大小或者设置为静音模式。
- “动画播放后”选项可以选择系统提供的颜色或者其他颜色，还可以选择“不变暗”“播放动画后隐藏”或“下次单击后隐藏”等效果。

- “动画文本”选项可以选择“整批发送”和“按字母”两种方式，“按字母”方式可以设置字母间的延迟百分比。

（3）切换到“计时”选项卡，如图 5-74 所示。该选项卡可以设置动画的播放方式、播放速度和重复播放次数等。

- “单击时”是指通过单击鼠标左键开始播放动画。
- “与上一动画同时”是指当前动画与前一个动画同时开始播放。
- “上一动画之后”是指当前动画在前一个动画播放后自动开始播放。
- 播放速度分为 5 种：非常慢、慢速、中速、快速、非常快。

（4）切换到“正文文本动画”选项卡，如图 5-75 所示。可以设置正文文本动画在动画播放时的组合方式。

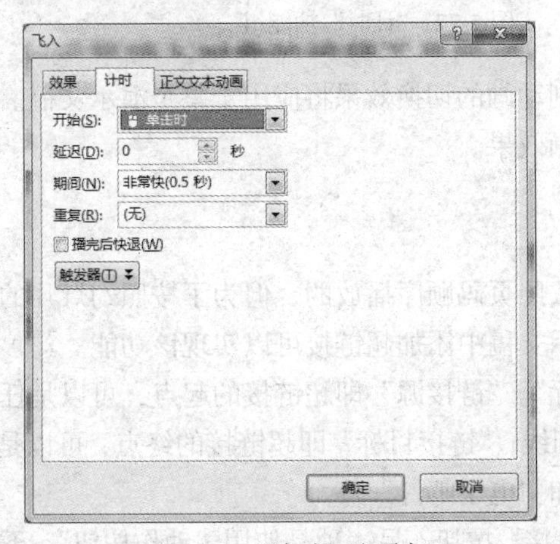

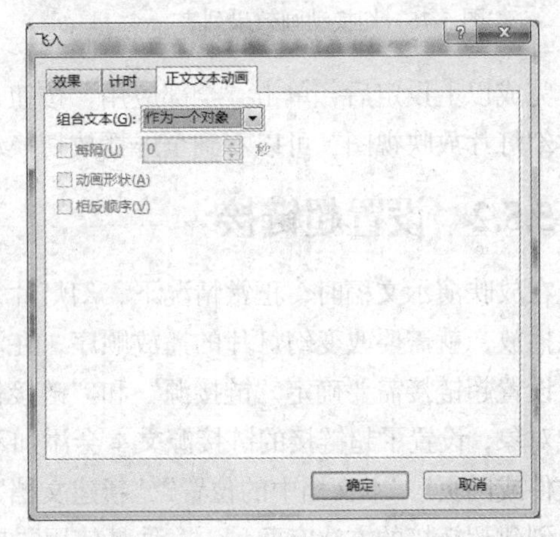

图 5-74 “计时”选项卡

图 5-75 “正文文本动画”选项卡

（5）对于同一张幻灯片中的多个对象设置自定义动画，若需要重新调整当前幻灯片中各对象的动画播放顺序时，可以通过“动画”选项卡中的“计时”组的 ▲ 向前移动 按钮和 ▼ 向后移动 按钮实现。

提示

通过“动画”选项卡的“高级动画”组中的“动画刷”按钮可以实现幻灯片内部对象动画效果的复制。方法：选定已设置动画效果的对象，单击“动画刷”按钮，然后在需要复制该动画效果的其他对象上刷一下，即可复制。

2. 幻灯片之间的切换动画

幻灯片之间的切换效果是指幻灯片放映时两张幻灯片之间的过渡效果。切换的动画效果有百叶窗、溶解、盒状展开、随机等几十种方式。另外，PowerPoint 2013 增加了许多的华丽型效果。通过设置幻灯片之间的切换效果，可以增加幻灯片放映的活泼性和生动性。

添加切换动画效果，最好在幻灯片浏览视图模式下进行，因为在此模式下选取幻灯片和预览动画效果非常容易。设置切换动画效果的具体操作步骤如下。

（1）选择要设置切换动画效果的一张幻灯片。单击“切换”选项卡，在“切换到此幻灯片”组中可以选择幻灯片的切换效果，展开切换动画效果列表，如图 5-76 所示，选择一种动画效果，可以设置该动画效果的效果选项。

（2）在“计时”组中，用户可以设置切换声音、换片方式以及动画应用范围，如图 5-77 所示。在“换片方式”中，可选择“单击鼠标时”的换页方式，也可选择“设置自动换片时间”，其时间由用户自行定义，播放时每隔若干秒后自动换页。如果同时选定两种切换方式，则哪个方式先被触发就采用哪种方式。在切换时还可以设定声音，以配合动画效果。

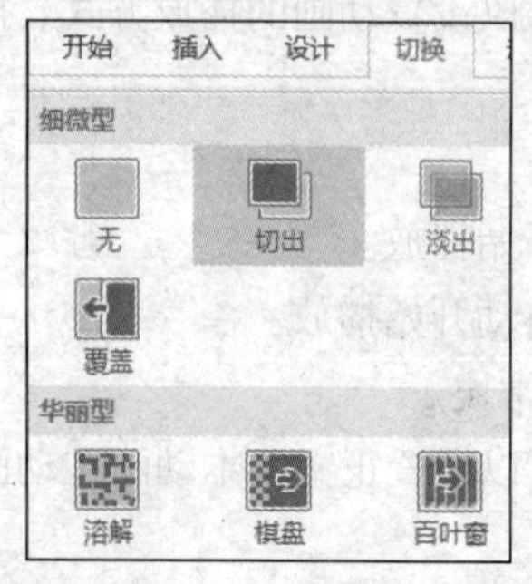

图 5-76　切换动画效果列表

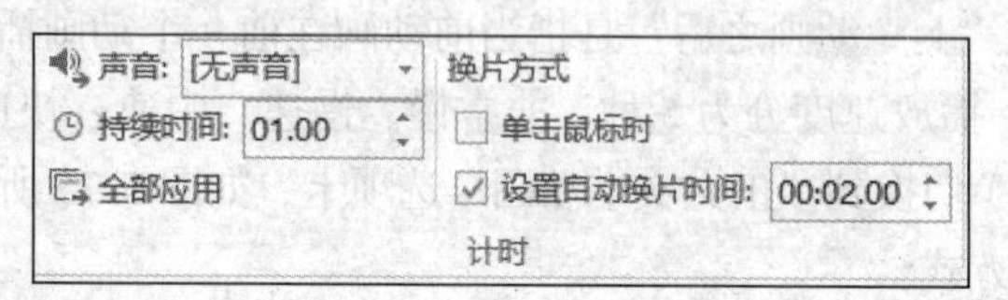

图 5-77　“计时”功能组

完成以上设定后，单击“全部应用”按钮，则动画的切换效果将应用于整个演示文稿。切换到“幻灯片放映视图”可以看到全屏播放切换动画效果。

5.5.2　设置超链接

在放映演示文稿时，正常情况下，幻灯片是按照页码顺序播放的，但为了按照幻灯片的逻辑关系播放，就需要改变幻灯片的播放顺序，在演示文稿中添加超链接可以实现该功能。

设置超链接需要确定“链接源”和“链接目标”。“链接源”即超链接的起点，可以是任何文本或对象，设置了超链接的链接源文本会添加下划线；“链接目标”即超链接的终点，可以是“现有文件或网页”“本文档中的位置”“新建文档”和“电子邮件”等。

创建超链接的方法有两种，一种是使用“超链接”按钮，另一种是使用“动作按钮”。下面对两种方法分别进行介绍。

1．使用“超链接”按钮

（1）选择要创建超链接的文本或其他对象（如图片、艺术字）等，单击“插入”选项卡的“链接”组中的“超链接”按钮，打开“编辑超链接”对话框，如图 5-78 所示。

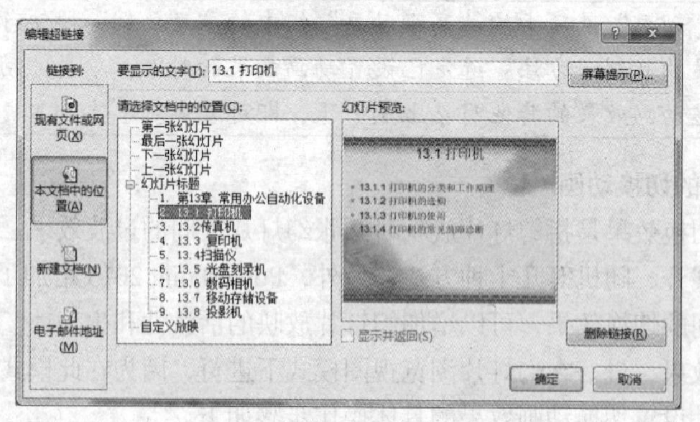

图 5-78　“编辑超链接”对话框

（2）在该对话框的“链接到”列表框中选择要插入的链接类型，如果链接到原有文件或网页上，可选择“原有文件或网页”选项；如果要链接到当前演示文稿的某个位置，可选择“本文档中的位置”选项；如果要链接到一个尚未创建的文件，可以选择“新建文档”选项；如果要建立电子邮件链接，可选择“电子邮件地址”选项。

（1）超链接设置好后，需要在“幻灯片放映视图”下实现其功能。将鼠标指针移到链接源文本或对象上，鼠标指针就变成小手形状，单击鼠标可以激活超级链接，跳转到“链接目标”。

（2）超链接文本颜色可以通过“设计”选项卡的“变体”组中的“颜色/自定义颜色（C）...”命令，打开“新建主题颜色”对话框进行更改。

2. 使用“动作按钮”

PowerPoint 提供了许多“动作按钮”，用户可以将动作按钮插入到演示文稿的某些幻灯片中，并为这些按钮定义超级链接。方法如下。

（1）切换到需要插入“动作按钮”的幻灯片，单击“插入”选项卡的“插图”选项组中的“形状”按钮，展开“形状”列表框，如图 5-79 所示。

（2）在所提供的动作按钮中，大多数已经默认设置了一些动作，如后退或前一项、前进或下一项、开始和结束等，在操作时可以直接拿来使用。当然，用户也可以根据需要更改默认动作设置或采用无动作按钮自定义动作。选择一个动作按钮，在幻灯片空白处单击，会弹出一个“操作设置”对话框，如图 5-80 所示。

图 5-79 “形状”列表框中的“动作按钮”

图 5-80 “操作设置”对话框

（3）通过该对话框可以设置按钮的动作，即设置按钮的“链接目标”。

3. 编辑和删除超链接

（1）编辑超链接

选择已经建立好的超链接，单击鼠标右键，选择“编辑超链接（H）...”命令，可以重新定义链接的目标位置。

（2）取消超链接

选择已经建立好的超链接，单击鼠标右键，选择“取消超链接（M）”命令，可以取消超链接。

5.5.3 放映和打印演示文稿

演示文稿创建好后，用户可以根据实际需要进行放映，也可以将演示文稿以各种方式打印出来。

1. 演示文稿的放映

（1）放映方式的设置

在幻灯片放映前可以根据需要选择放映方式，单击“幻灯片放映”选项卡的“设置”组中的“设置幻灯片放映”按钮，打开“设置放映方式”对话框，如图 5-81 所示。

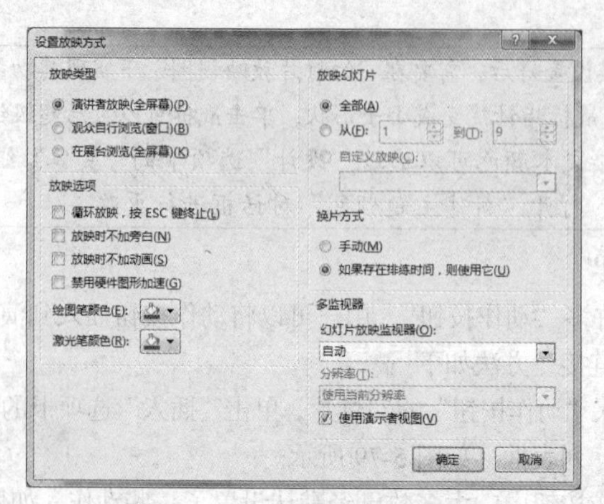

图 5-81 “设置放映方式”对话框

该对话框中提供了 3 种放映类型，下面分别进行介绍。

- 演讲者放映（全屏幕）：该方式为系统默认选项。这种放映方式是将演示文稿进行全屏幕放映。演讲者具有完全的控制权，并可以采用自动或人工方式来放映。除可以用鼠标左右键操作外，还可以用空格键、PageUp 键和 PageDown 键控制幻灯片的播放。
- 观众自行浏览（窗口）：这种方式适合于放映小规模的演示。在这种放映方式下，演示文稿会出现在小型窗口内，并提示命令，使得在放映时能够移动、编辑、复制和打印幻灯片。在此方式下，可以使用滚动条从一张幻灯片转到另一张幻灯片，也可以同时打开其他程序。
- 在展台浏览（全屏幕）：选择此项可自动放映演示文稿。在放映过程中，无须人工操作，自动切换幻灯片，并且在每次放映完毕后自动重新启动。如果要终止放映，可按 Esc 键。在展览会场等场合需要运行无人管理的幻灯片时可采用该方式。

“放映幻灯片”选项栏中提供了幻灯片放映的范围：全部、部分和自定义。其中，自定义时可单击“幻灯片放映”选项卡的“设置”组中的“自定义幻灯片放映”按钮下的“自定义放映（W）...”命令，打开“自定义放映”对话框，如图 5-82 所示，单击“新建”按钮，打开“定义自定义放映”对话框，如图 5-83 所示。输入“幻灯片放映名称”，在下面列表框中选择要播放的幻灯片，就可以放映该组幻灯片。

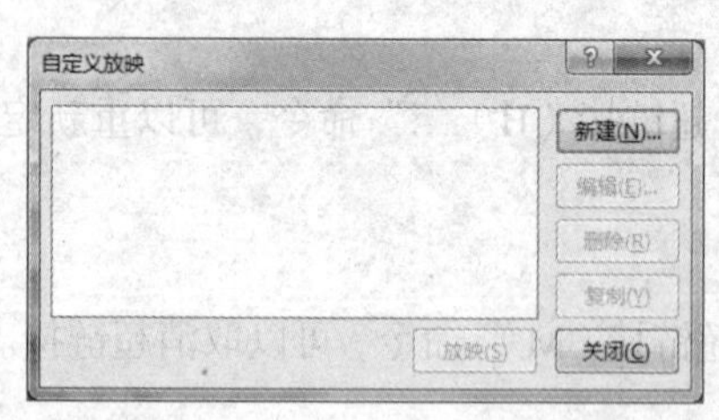

图 5-82 “自定义放映”对话框

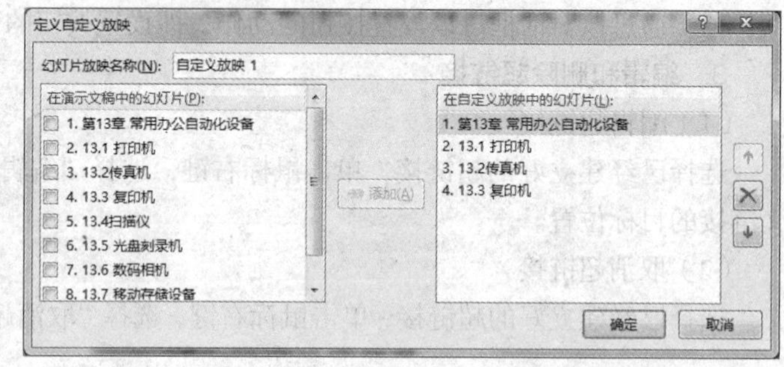

图 5-83 “定义自定义放映”对话框

“放映选项”中可以设置“循环播放，按 Esc 键终止”“放映时不加旁白”和“放映时不加动画”等。

“换片方式”可以设置“手动”和“存在排练时间，则使用它”。

“多监视器”可以设置“幻灯片放映监视器”“分辨率”和选择是否“使用演示者视图”。

（2）放映幻灯片

放映幻灯片有以下 4 种方法。

方法一：单击“幻灯片放映”选项卡的“开始放映幻灯片”组中“从头放映”按钮，可从演示文稿的第一张幻灯片开始放映。

方法二：按快捷键 F5，可从演示文稿的第一张幻灯片开始放映。

方法三：单击“幻灯片放映”选项卡的“开始放映幻灯片”组中“从当前幻灯片开始”按钮，可从当前幻灯片位置开始进行放映。

方法四：单击状态栏上的“幻灯片放映”按钮，可从当前幻灯片位置开始进行放映。

（3）放映控制

在放映过程中，单击鼠标右键，可以打开放映过程中的控制菜单，如图 5-84 所示。根据菜单中的选项，用户可以任意定位，选择不同的幻灯片进行放映。同时也可以使用鼠标指针给听众指出幻灯片的重点内容，或利用绘图笔在屏幕上勾画，加强演讲的效果。打开绘图笔的方法是：在放映控制快捷菜单中选择“指针选项”子菜单中的“墨迹颜色”，如图 5-85 所示。

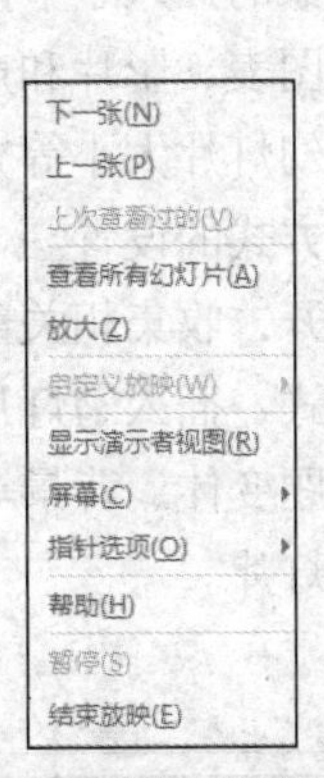

图 5-84　放映控制快捷菜单

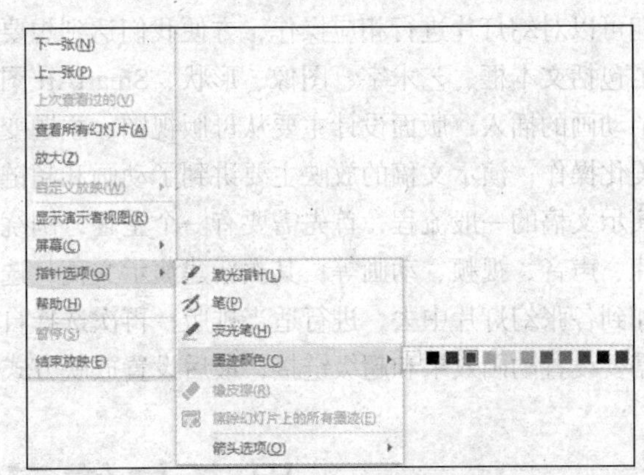

图 5-85　放映控制快捷菜单中的绘图笔及其颜色设置

2．演示文稿的打印

演示文稿除了可以放映外，还可以打印成书面材料。下面介绍打印演示文稿的步骤。

（1）单击“文件”选项卡中的“打印”命令，进入“打印”窗口，如图 5-86 所示。

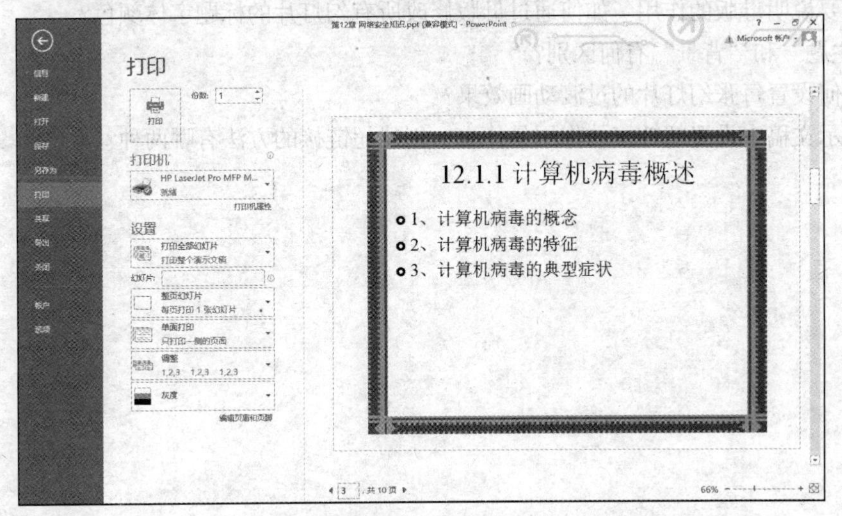

图 5-86　“打印”窗口

（2）在该窗口可以设置演示文稿打印分数、幻灯片打印范围等，设置好后单击打印按钮。

【本章小结】

本章所学软件 PowerPoint 作为 Office 2013 套装组件之三，在办公自动化操作中占有举重轻重的地位，由于它的实用性，因此需要我们熟练掌握其基本操作，为今后的工作和学习打下坚实的基础。

相对 Word、Excel 来说，本章知识结构比较简单，特别是在有了前面两款软件的操作基础上，由于这些软件界面和功能面板的相似性，你会发现 PowerPoint 的操作非常简单。尽管如此，但该软件也是有自己的特点的，除了能制作图文并茂、声形俱佳的幻灯片，其合并形状和取色器等新功能也是 Word 里面没有的。

本章知识点涵盖了 PowerPoint 2013 的新功能、基本操作、视图、对象的插入、版面设计以及放映等。其中新增功能主要体现在后面各小节具体的操作中；基本操作包括了演示文稿的启动和退出、创建和保存、幻灯片的选定、插入、复制、移动和删除等；演示文稿的视图介绍了在不同视图下我们可以对幻灯片进行相应操作，方便我们达到想要的目的；对象的插入小节内容非常丰富，介绍了包括文本框、艺术字、图像、形状、SmartArt 图形、表格、图表、影片和声音、批注以及 Flash 动画的插入；版面设计主要从母版视图、主题变体、背景和幻灯片大小等方面介绍的幻灯片的美化操作；演示文稿的放映主要讲到了动画和超链接以及放映方式的设置。

制作演示文稿的一般流程，首先需要有一个主题，围绕这个主题展开，收集相关素材，包括文字、图片、声音、视频、动画等；其次新建演示文稿，选择合适的版式，插入幻灯片，将准备的素材添加到各张幻灯片中去，进行适当排版；再次选择自己喜欢的主题变体、背景等修饰幻灯片，根据需要设置动画效果和超级链接；最后设置放映方式放映这些幻灯片。

思考与练习

1. 演示文稿和幻灯片的区别是什么？PowerPoint 2013 文件的扩展名是什么？
2. 幻灯片的基本操作有哪些？建立好的幻灯片能否改变幻灯片的版式？
3. 简要说明母版的作用。如何通过母版修改所有幻灯片的标题字体颜色？
4. “主题”和“背景”有何区别？
5. 如何设置每张幻灯片的过渡动画效果？
6. 演示文稿中设置超链接的作用是什么？创建超链接的方法有哪两种？

第 6 章 Visio 2013 流程图绘制软件

本章主要内容：

- Visio 2013 概述
- Visio 2013 的形状与文本
- Visio 2013 的图片与图表
- Visio 2013 的高级应用
- Visio 2013 综合实例

Visio 是图形制作和设计软件，它提供多种涉及各行业常用的图形模板，能将复杂的文本和表格转换为一目了然的图表。使用 Visio 可以绘制程序流程图、组织结构图、项目管理图、营销图表、办公室布局图、网络图、电子线路图、数据库模型图、工艺管道图等。因此，Visio 被广泛地应用于软件设计、办公自动化、项目管理、广告、企业管理、建筑、电子、机械、通信、科研等众多领域。本章主要介绍 Visio 2013 的工作环境、操作界面及最常用的功能模块。

6.1 Visio 2013 概述

6.1.1 Visio 2013 简介

1. Visio 概述

Microsoft Office Visio 是一款便于 IT 和商务专业人员就复杂信息、系统和流程进行可视化处理、分析和交流的软件。使用 Visio 绘制的图表，可以帮助用户更好地了解系统和流程，深入理解复杂信息并利用这些知识做出更好的业务决策。

Visio 可以创建具有专业外观的图表，以便理解、记录及分析信息、数据、系统和过程。大多数图形软件程序依赖于艺术技能，而 Visio 重在以可视方式传递重要信息，快速高效地绘制各种工程图、网络图、商务图、流程图、软件与数据库和日程安排图等。

Visio 虽然是 Microsoft Office 软件的一个部分，但通常以单独形式出售，并不捆绑于 Microsoft Office 套装中。

2. Visio 的发展历史

Visio 是 Visio 公司研发的绘图软件 Visio 公司于 1992 年发布了 Visio 1.0 版本，接着 Visio 公司又推出了 Visio 2.0、Visio 3.0、Visio 4.0 等几个版本。2000 年 1 月 7 日，微软公司收购 Visio，此后 Visio 并入 Microsoft Office 一起发行。Visio 的发展历史如表 6-1 所示。产品包括四个版本：

标准版、工程版、专业版以及企业版。

3. Visio 2013 的新增功能

在 Visio 2013 中，主要新增了以下功能。

（1）更新的图表模板

表 6-1 Visio 版本表

发布时间	发布版本
1992 年	Visio 1.0
1993 年	Visio 2.0
1995 年	Visio 3.0
1997 年	Visio 4.0
1999 年	Visio 2000
2001 年	Visio 2002
2003 年	Visio 2003
2006 年	Visio 2007
2010 年	Visio 2010
2013 年	Visio 2013
2015 年	Visio 2016

- 多个图表模板已得到更新和改进，包括“日程表”“基本网络图”“详细网络图”和“基本形状”。许多模板具有新的形状和设计，此外还有更新的容器与标注。
- 组织结构图模板的新形状和样式专门针对组织结构图而设计。此外，可以更加轻松地将图片添加到所有雇员形状。
- 新的 SharePoint 工作流模板现在支持阶段、步骤、循环和自定义操作。
- 业务流程建模标注（BPMN）模板支持 BPMN 2.0 版。
- UML 模板和数据库模板更易于使用，并且更加灵活。它们现在与大多数其他模板使用相同的拖放功能，用户无需事先设置解决方案配置。

（2）用于缩减绘图时间的样式、主题和工具

- 使用 Office 艺术字形状效果设置形状格式。

Visio 2013 提供可在其他 Office 应用程序中使用的许多格式选项，并可将其应用到图表。例如，形状应用渐变、阴影、三维效果、旋转等。

- 向形状添加快速样式。

快速样式可以控制单个形状的显示效果。选择一个形状，然后在“开始”选项卡上，使用“形状样式”组中的“快速样式”库。每种样式都具有颜色、阴影、反射及其他效果。

- 为主题添加变体。

除了为图表添加颜色、字体和效果的新主题外，Visio 2013 的每个主题还具有变体。选择变体可以将其应用于整个页面。

- 复制整个页面。

Visio 2013 可以更加容易地创建页面副本。右键单击页面选项卡，然后单击“复制”。

- 替换图表中已存在的形状。

替换形状也很容易，只需使用“开始”选项卡上新增的“更改形状”库即可。布局不会更改，

形状包含的所有信息仍然存在。

（3）新增的协作和共同创作功能

- 作为一个团队共同创作图表。

多人可以同时处理单个图表，方法是将其上载到 SharePoint 或 SkyDrive。每个人都可以实时查看正在编辑的形状。每次保存文档时，某用户的更改将保存回服务器中，其他人的已保存更改将显示在该用户的图表中。

- 在按线索组织的会话中对图表进行批注。

新增的批注窗格更便于添加、阅读、回复和跟踪审阅者的批注。可轻松地在批注线程中编写和跟踪回复，也可以通过单击图表上的批注提示框来阅读或参与批注。

- 在 Web 上审阅图表。

即使未安装 Visio，审阅者也可以查看图表并对其进行批注，使用 Web 浏览器审阅已保存到 Office 365 或 SharePoint 的图表。

（4）更多改进功能

- 已改进触摸屏支持。在启用触摸功能的平板电脑上阅读、批注甚至创建 Visio 图表，无需键盘和鼠标。
- 将单个文件格式用于桌面和 Web。

Visio 2013 以新文件格式（.vsdx）保存图表，该格式是桌面默认格式，并且适合在 SharePoint 上的浏览器中查看，不再需要针对不同的用途保存为不同的格式。Visio 2013 还可采用 .vssx、.vstx、.vsdm、.vssm 和.vstm 格式进行读写操作。

6.1.2　Visio 2013 工作环境

1. Visio 2013 的工作环境

启动 Visio 2013 程序后进入操作界面，如图 6-1 所示。

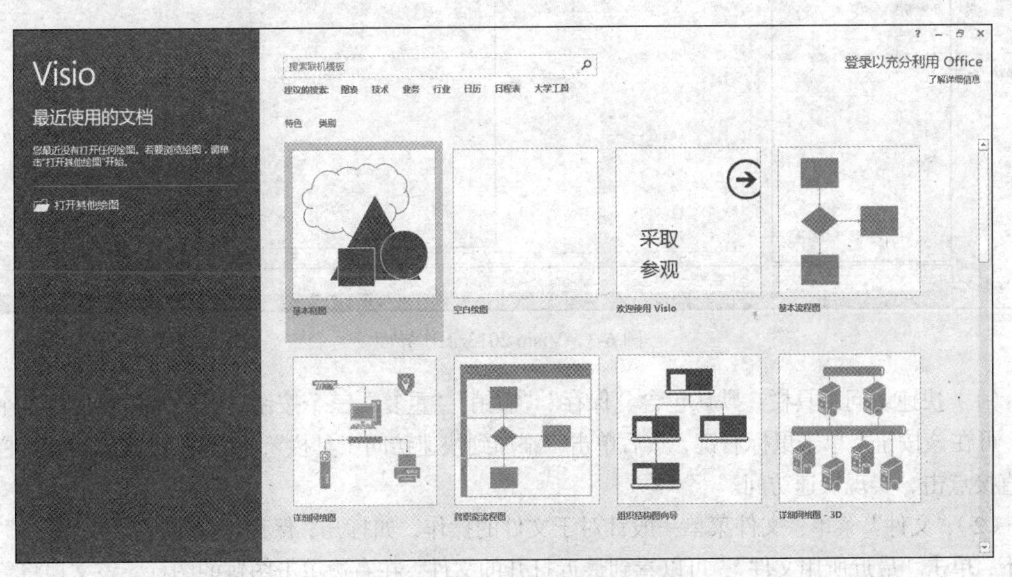

图 6-1　Visio 2013 启动界面

单击左侧窗格中的“打开其他绘图”，可以打开已经存在的绘图文件，扩展名通常为.vsdx。

若要新建一个绘图文件，可以根据需要在右侧窗格中选择相应的项目。

在首次选择新建“空白绘图”时，会弹出绘图单位的选择对话框，通常选择“公制单位”，如图 6-2 所示。确定单位选择之后，进入 Visio 工作环境。

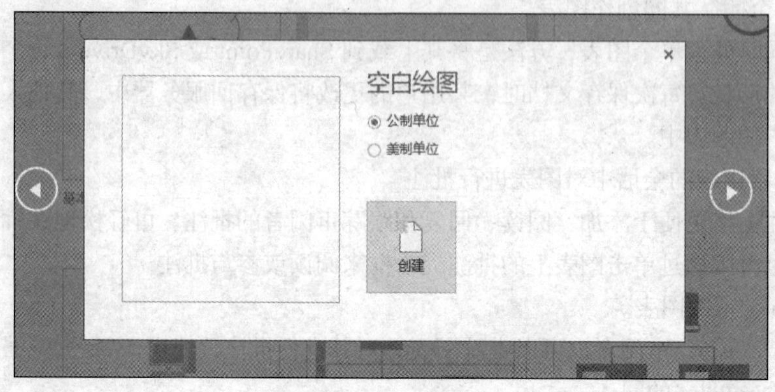

图 6-2　选择绘图单位

Visio 的工作环境包括工作窗口、菜单、工具栏、定位工具及帮助等内容。

Visio 2013 的界面主要分为以下几个区域：快速访问工具栏、文件菜单、选项卡、功能区、形状区、绘图区、状态栏，如图 6-3 所示。

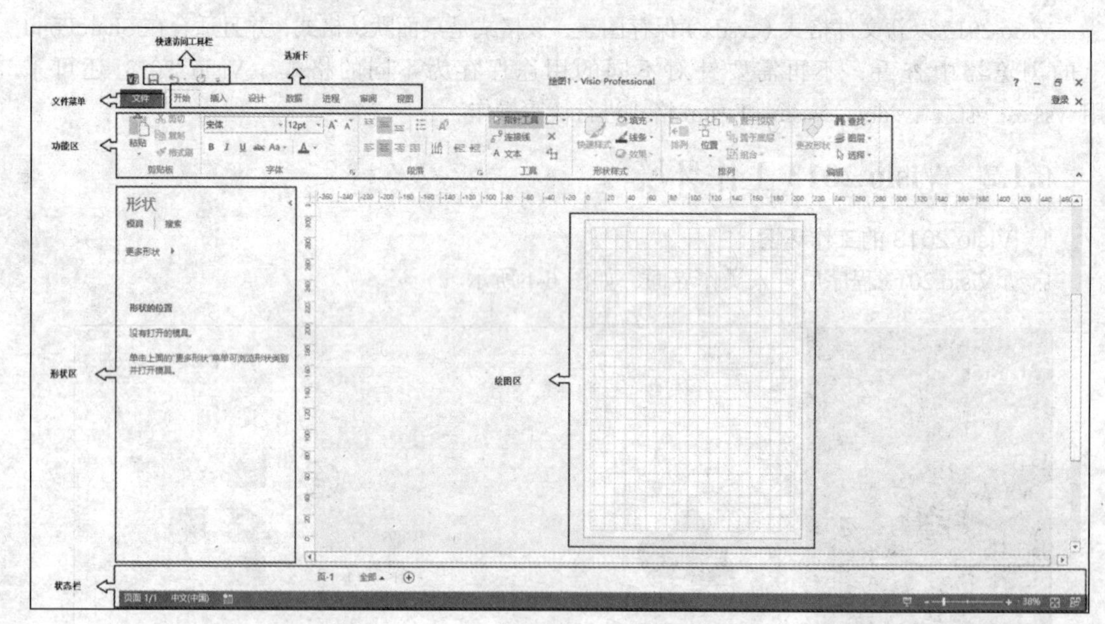

图 6-3　Visio 2013 工作界面

（1）快速访问工具栏：默认包含“保存”“撤销”“重复”三个按钮。若经常需要使用某个按钮，可在该按钮上单击鼠标右键，然后单击“添加到快速访问工具栏”，以后在快速访问工具栏即可直接点击，实现快速访问。

（2）“文件”菜单：文件菜单一般针对于文件的操作，如打开、保存、打印等。在“文件”菜单下，单击“最近所用文件”，可以看到最近打开的文件，在右边单击图钉的图标，该文档将置顶固定，方便下次快速打开。

（3）选项卡：默认包含“开始”“插入”“设计”“数据”“进程”“审阅”和“视图”7 个选项卡，双击任意选项卡可以隐藏或显示功能区。

此外，有一些根据操作环境的变化能自动出现或隐藏的选项卡，称之为“上下文选项卡”。例如，选择图片，将出现“图片工具”选项卡；选择图表，将出现“图表工具”选项卡。

（4）功能区：功能区包括当前选项卡对应的常用命令。

（5）形状区：常用的形状可从形状区拖放到绘图区。

（6）绘图区：绘图区是进行绘图工作的区域。

（7）状态栏：通过状态栏可以查看图形信息，右侧按钮可以进行视图切换，也可以改变绘图区的显示比例。

2. 定位工具

作为一种绘图软件，提供必要的工具以进行精确定位是非常重要的。Visio 2013 提供了多种定位工具，主要包括标尺、网格、参考线和连接点 4 种。可以在“视图”菜单下找到这些工具。

3. 绘图页面编辑

（1）增加新绘图页

当建立一个新的绘图文件时，Visio 已经自动生成了一个新的绘图页，将其命名为“页-1”并显示在页面标签中。每个绘图文件都可以包含多个绘图页，在每个绘图页中都可以绘制各自的图形。

若需增加新的绘图页，可在绘图窗口下方的页面标签上单击鼠标右键，在快捷菜单中单击“插入”命令，此时，将弹出“页面设置”对话框，可在其中输入或选择新绘图页的各项属性，如名称、类型等。

（2）删除绘图页

在某个绘图页的页面标签上单击鼠标右键，在快捷菜单中选择“删除”命令，即可删除该绘图页。

（3）重命名绘图页

在需要重命名的绘图页的页面标签上单击鼠标右键，在弹出的快捷菜单中选择“重命名”命令，则可对绘图页名称进行修改。

6.2 Visio 2013 的形状与文本

6.2.1 Visio 2013 的形状

Visio 2013 为用户提供了多种形状模具，用户可以根据需要打开相应的模具，在其中选择合适的形状，拖放到绘图区中进行编辑。

1. 打开模具，选择形状

进入 Visio 2013 工作环境，左侧窗格即为“形状区”，默认没有打开任何模具，如图 6-4 所示。

根据需要打开相应的模具后，形状区将会出现对应模具包括的形状。例如，单击“更多形状”，选择“常规”中的“基本形状”，如图 6-5 所示；选择成功后，形状区如图 6-6 所示。

模具是与特定 Visio 模板相关联的形状的集合。多类模具可以同时在形状区中排列展示。

例如，在已打开“基本形状”的前提下，选择打开“流程图”中的“基本流程图形状”后，形状区如图 6-7 所示。单击“基本形状”，将会列出该模具包含的所有基本形状，其他模具处于收缩状态；单击“基本流程图形状”，将会列出该模具包含的所有基本流程图形状，其他模具处于收缩状态。单击“快速形状”，每个模具都会展开，列表中包括每一个模具中最常用的几种形状。

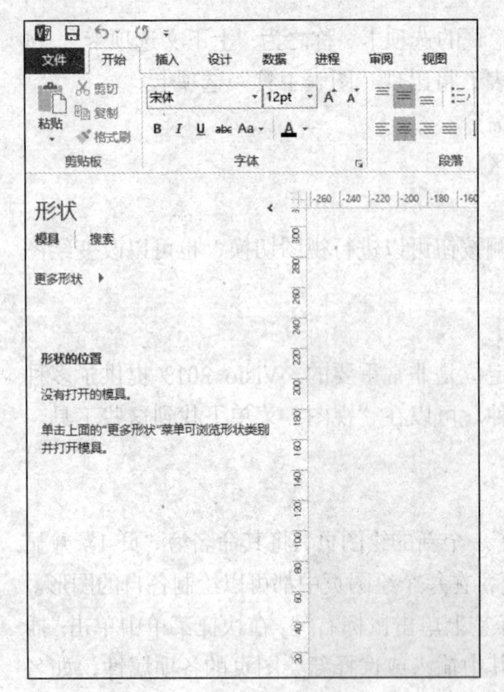

图 6-4　形状区初始状态

图 6-5　打开“基本形状”模具

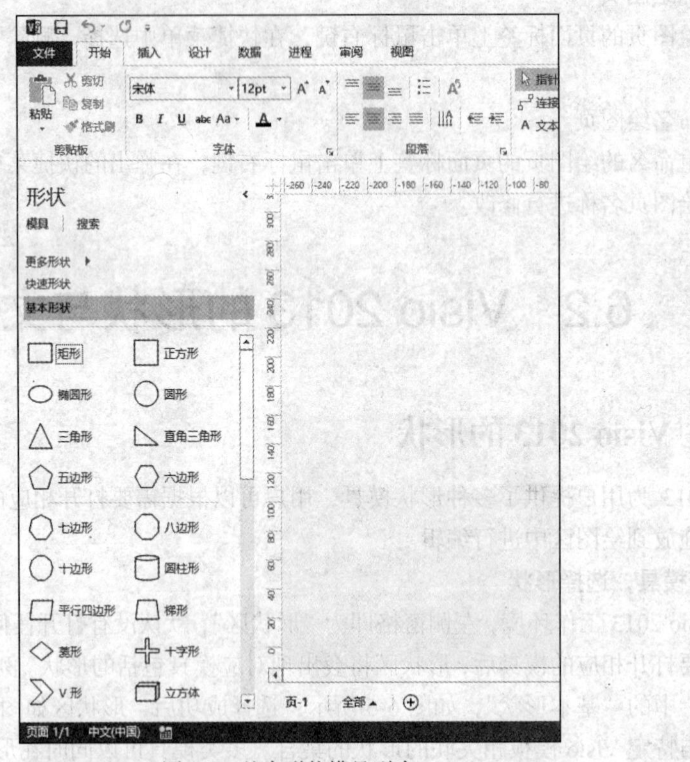

图 6-6　基本形状模具列表

2．添加形状

在绘图区添加形状，通常有三种方法：通过模板添加形状、通过模具列表添加形状、通过工具手工绘制形状。

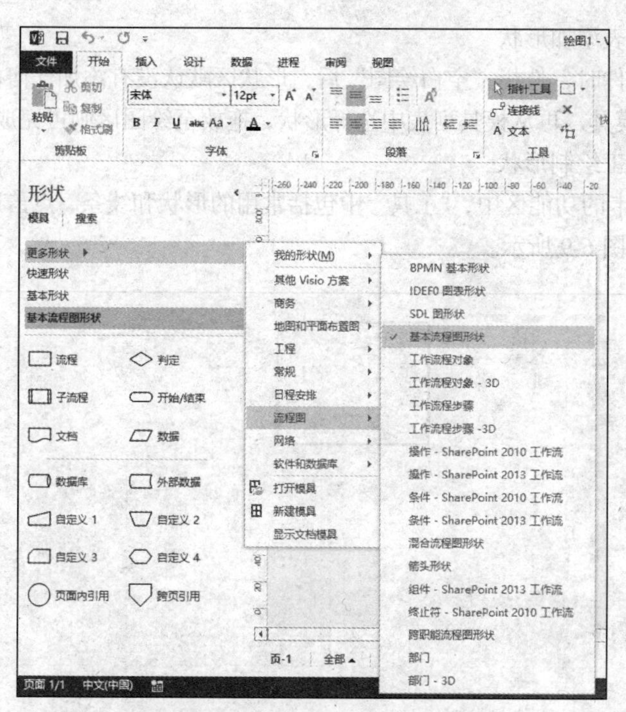

图 6-7　多类模具在形状区同时打开

（1）通过模板添加形状

在新建 Visio 文件时，选择所需的模板，形状区会自动添加相应的模具，将选中的形状拖放到绘图区即可。

例如，新建 Visio 文件时，选择“基本网络图-3D”模板，形状区自动添加了 8 个相关的模具，展开模具列表，选择所需的形状，拖放到绘图区，则可快速完成一个简单网络结构图的绘制，如图 6-8 所示。

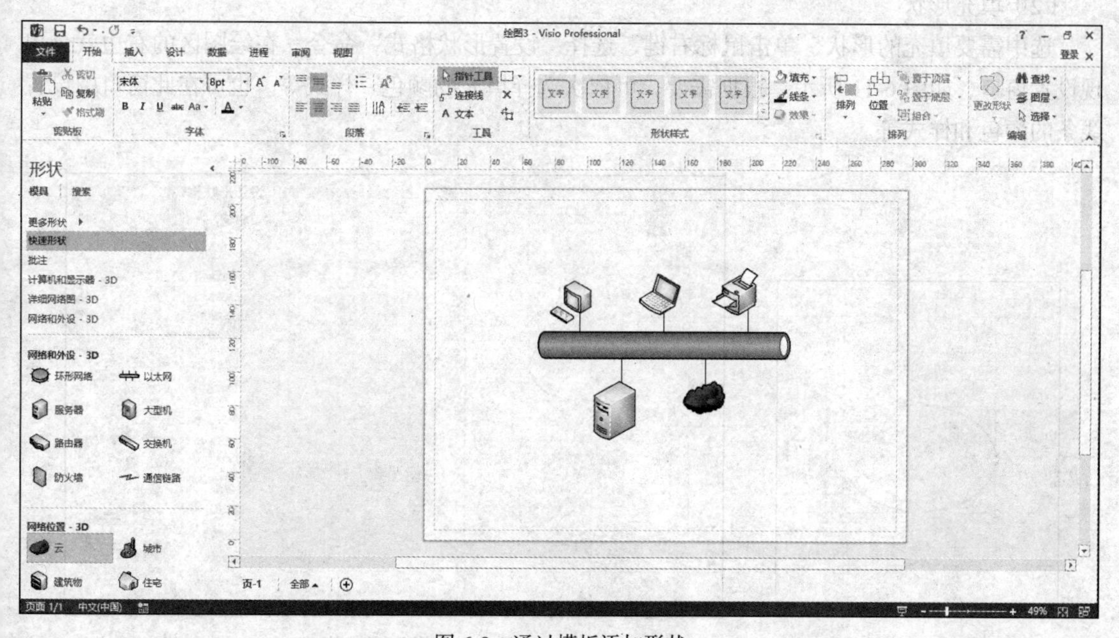

图 6-8　通过模板添加形状

（2）通过模具列表添加形状

在新建 Visio 文件时，选择“空白绘图”后，形状区默认没有添加任何模具。单击“更多形状”，根据需要添加模具，再从模具列表中选择形状，拖放至绘图区则可完成添加形状。

（3）通过工具手工绘制形状

在“开始”选项卡的功能区中，“工具”中包括常用的形状和线条，点击选择后可直接在绘图区进行手工绘制，如图 6-9 所示。

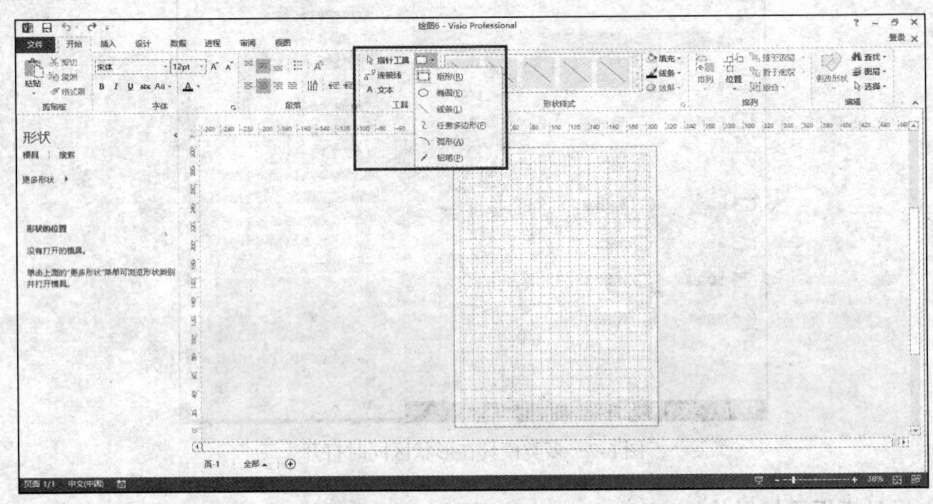

图 6-9　手工绘制形状工具栏

3. 编辑形状

（1）旋转形状

选中需要旋转的形状，在其上方会出现一个旋转手柄 ，如图 6-10 所示。用鼠标单击旋转手柄，再根据需要移动鼠标，形状便会随之旋转，当旋转至所需位置时松开鼠标即可完成。

（2）填充形状

选中需要填充的形状，单击鼠标右键，选择“设置形状格式”命令，在绘图区的右边就会出现设置窗口，如图 6-11 所示。根据需要，可依次选择填充的颜色、样式等。也可在此窗口中设置线条的颜色和样式等。

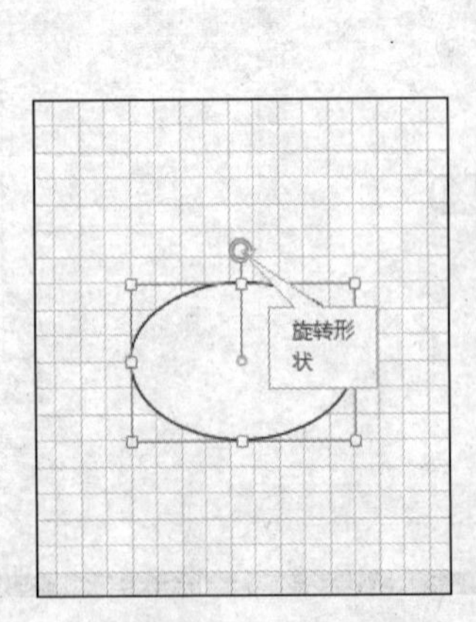

图 6-10　旋转形状

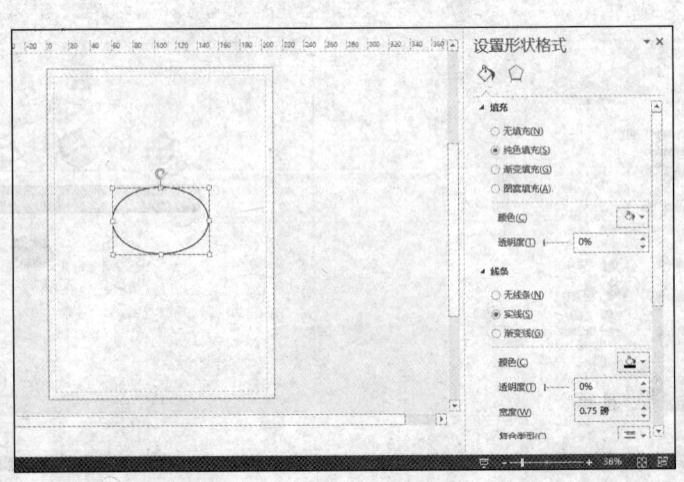

图 6-11　设置形状格式

（3）对齐形状

①自动对齐。

- 单击“工具”中的“指针工具”，点击鼠标选中所有需要对齐的形状。
- 选择“开始/排列/对齐形状/自动对齐”命令，即可完成自动对齐。

②指定对齐方向。

- 选择主形状（第一个选中的形状即为主形状，其他形状需要与之对齐），然后按住 Shift 键并单击要与之对齐的其他形状。
- 选择“开始/排列/对齐形状”命令，然后单击所需的对齐选项，如图 6-12 所示。

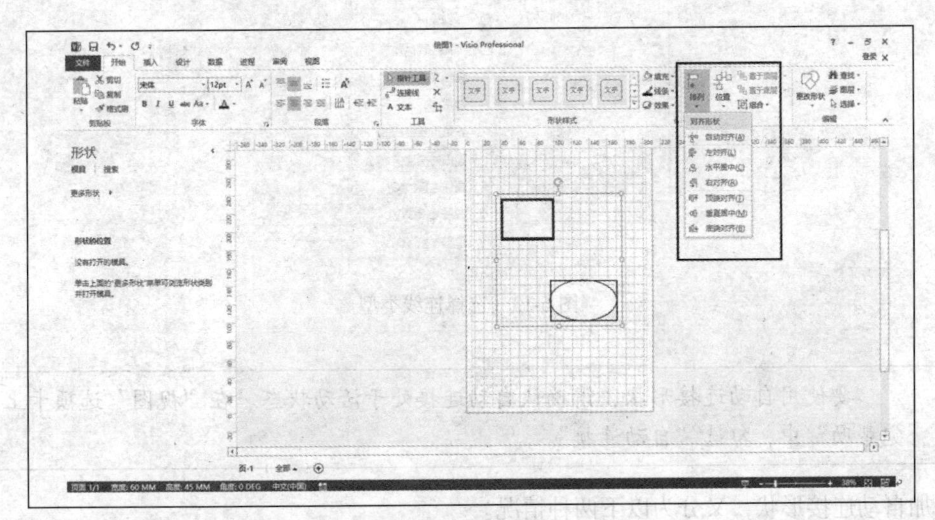

图 6-12　对齐形状

注意　特定的“对齐形状”命令使所选形状与主形状对齐。但是，“自动对齐”命令不会使其他形状与主形状对齐。

（4）设置形状的间距

- 选择要设置间距的形状，或单击页面的空白区域，以去除任何选择。如果不选择任何内容，则所有形状都会受影响。
- 选择“开始/排列/位置”命令，然后单击“自动调整间距”，将所有选定形状移到与相邻形状相隔指定距离的位置。
- 若需更改间距的距离，单击“间距选项”，然后设置距离。

4. 连接形状

（1）使用连接线工具连接形状

- 在“开始”选项卡上的“工具”组中，单击“连接线”。
- 单击某一形状，并将连接线拖动连接到另一形状上。

提示　在连接线上单击鼠标右键，在出现的快捷菜单中可选择连接线类型：直角、直线或曲线，如图 6-13 所示。

（2）通过自动连接方式连接形状

连接形状的另一种方法是让 Visio 将形状添加到绘图时自动连接它们，这种自动连接的方法大大简化了用户的操作，在创建流程图时尤为方便。

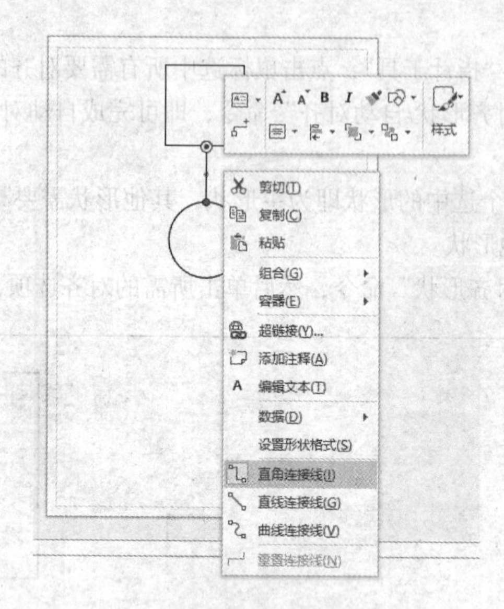

图 6-13　选择连线类型

注意

要使用自动连接形状，请确认自动连接处于活动状态。在“视图”选项卡上的“视觉帮助”中，勾选“自动连接”。

添加自动连接形状，又分为以下两种情况。

①若要添加形状，并自动将其连接到现有的形状，可采用以下步骤。

- 将形状拖到绘图区，如果没有任何形状在绘图页面上，则该形状为“开始形状”。
- 将指针放置在开始形状上，直到该形状周围显示自动连接箭头，如图 6-14 所示。
- 添加其他形状，当自动连接处于活动状态时，将鼠标悬停在任一形状上，都会显示自动连接箭头。
- 单击两个图形间的任意连接箭头，可实现自动连接。连接线的类型可通过快捷菜单修改。

②若形状区已打开“快速形状”模具，则可直接在已有形状附近添加形状并自动连接。

- 将指针放置在需要按其方向添加形状的箭头上。
- 将鼠标悬停在自动连接箭头上可显示要添加的浮动工具栏，如图 6-15 所示。

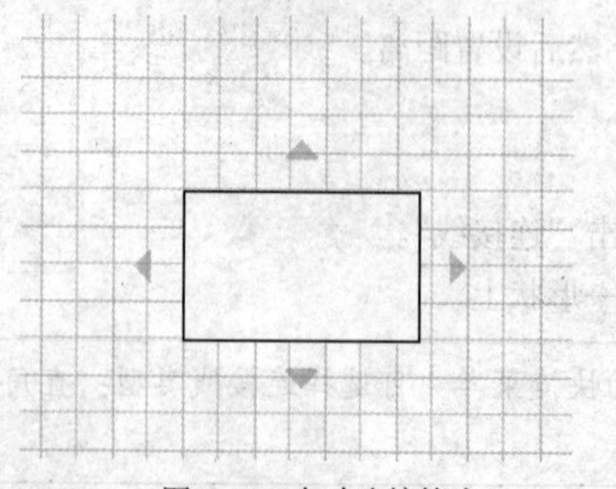

图 6-14　自动连接箭头

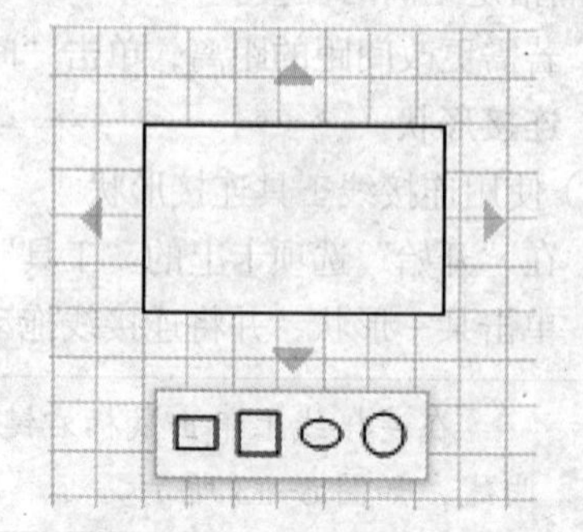

图 6-15　自动连接浮动工具栏

- 浮动工具栏显示目前在快速形状模具中的前四个快速形状，单击需要添加的形状。

6.2.2　Visio 2013 的文本

1. 创建文本

（1）在形状中添加文本

单击选中某个形状，然后双击鼠标左键即可在图形内键入文本。Microsoft Office Visio 会自动放大编辑区，以便用户可以看清所键入的文本。

（2）添加独立文本

若绘图时需要在图形外添加文字，操作步骤如下。

- 单击“开始”选项卡的“工具”区中的 A 文本 键。
- 在需要添加文字的位置画出文本框大小。
- 在文本框内编辑文字。

2. 编辑文本

选中所要编辑的文本，然后单击鼠标右键，在弹出的快捷菜单中可选择“字体”“段落”等选项进行设置。

在 Visio 2013 中，也可以实现对文本进行查找、替换及定位等功能。设置方法与其他 Office 软件类似。

3. 使用公式和标注

（1）使用公式

在 Visio 中添加公式，通常有两种方法。

- 先在 Word 文档中完成公式编辑，再将公式复制到 Visio 绘图区。
- 在“插入”选项卡中，单击“对象”，选择“Microsoft 公式 3.0”，然后再根据需要编辑公式。

（2）添加标注

标注可为形状、图表提供额外的文字说明，帮助用户更好地理解图表。

在 Visio 中添加标注的步骤如下。

- 在“插入”选项卡中，单击“标注”。
- 在弹出的框图中，选择标注的样式，即可在绘图区生成标注。
- 鼠标左键双击该标注可修改文本内容。
- 若需对标注进行格式编辑，在该标注上单击鼠标右键，选择“设置形状格式”命令，根据需要进行编辑。

6.3　Visio 2013 的图片与图表

6.3.1　Visio 2013 的图片

1. 插入图片

Visio 2013 可在绘图区插入两类图片：本地图片、联机图片。其中本地图片又可细分为两类：普通图片（扩展名为.jpg、bmp、wmf 等）、CAD 图片（扩展名为.dwg、dxf 等）。插入这些图片的方法及操作步骤如下。

（1）插入普通图片

单击“插入”选项卡，在“插图”中选择“图片”，然后在本地计算机中选择需要的图片文件，单击“打开”，即可完成普通图片插入。

（2）插入 CAD 图片

单击“插入”选项卡，在“插图”中选择“CAD 绘图”，然后在本地计算机中选择需要的图片文件，单击“打开”，即可完成 CAD 图片插入。

（3）插入联机图片

单击“插入”选项卡，在“插图”中选择“联机图片”，然后在 Bing 搜索栏中输入关键词，单击搜索按钮，在搜索结果中选择需要的图片（可多选），单击“插入”完成联机图片插入。

2. 编辑图片

在 Visio 2013 中，图片的编辑与形状的编辑类似，选中图片（可多选）后，单击鼠标右键，弹出快捷菜单，如图 6-16 所示。选择相应的菜单命令，可进行以下几类相关属性的编辑。

图 6-16　编辑图片的快捷菜单

（1）组合

当选中两张或两张以上图片时，组合操作可使这几张图片形成一个整体，当移动组合后的图片时呈整体移动，其中包含的图片之间的相对位置保持不变。

（2）超链接

可设置超链接地址，当单击图片时，链接到指定的本地路径或 URL。

（3）添加注释

可为图片添加说明信息，支持多次添加。单击图片右上角的注释按钮，可显示每次添加注释的用户名及时间。

（4）编辑文本

可在图片下方添加文本信息。若是组合后的图片，其属性与形状类似，添加的文本会出现在图片中间。

（5）设置形状格式

设置方法与形状的格式设置方法类似，不再赘述。

3. 调整图片

选中图片后，选项卡区域将出现“图片工具格式”选项卡，在“调整”功能区中可根据需要设置图片以下几种属性：亮度、对比度、自动平衡、压缩图片等。

4. 排列图片

选中图片后，选项卡区域将出现“图片工具格式”选项卡，在“排列”功能区中可对图片进行图层调整、旋转及裁剪等操作。

6.3.2　Visio 2013 的图表

1. 创建图表

在 Visio 2013 中，创建图表通常有两种方法。

（1）直接插入图表

单击“插入”选项卡，选择“插图”功能区中的“图表”按钮，即可在绘图区自动生成图表，图表的属性可根据需要进行编辑。

（2）粘贴 Excel 图表

用户可以将已保存好的 Excel 图表直接粘贴到 Visio 的绘图区，该图表的数据来源于 Excel。通过这种方式添加的图表对象，包括图表与数据两个文件，可选择其一显示在图表区。

2. 图表设计

当图表处于编辑状态时，选项卡区域会出现“图表工具”选项卡，单击“设计”，可对图表相关属性进行设置。

（1）添加图表元素

可对图表的坐标轴、图表标题、数据标签、图例等进行设置。

（2）快速布局

可根据已有的模板对图表整体进行快速布局。

（3）图表快速颜色

可根据已有的颜色模板对图表的整体颜色进行替换。

（4）图表样式

可根据已有的图表样式对图表的样式进行更改。

（5）数据

在“数据”功能区中，可交换行列数据，也可以在 Excel 中选择新的数据源。

（6）更改图表类型

可将图表类型更改为柱形图、折线图、饼图、曲面图等 10 种类型中的其中一种。

3. 图表格式

当图表处于编辑状态时，选项卡区域将会出现“图表工具”选项卡，单击“格式”，可对图表相关属性进行设置。

（1）当前所选内容

在“当前所选内容”功能区中，可单独对图表的绘图区、图表区、坐标轴、图例等细节部分进行格式设置。

（2）插入形状

可在图表中插入或修改绘图形状。

（3）形状样式

可对当前选中的对象进行形状样式的设置。当选中的对象类型不同时，“形状样式”区域出现的样式也不尽相同。

（4）艺术字样式

可对图表中的文字设置艺术字样式，还可以对文本的填充、轮廓、效果进行多样化设置。

（5）排列和大小

“排列”和“大小”功能区中的功能，主要针对形状的属性进行设置。若没有添加或选中插入的形状，对应的功能按钮不可选（呈灰白色）。

6.4 Visio 2013 的高级应用

6.4.1 Visio 2013 的美化设计

1. 页面设置

单击“设计”选项卡，在“页面设置”功能区中，可对 Visio 文件进行页面设置，主要包括以下属性：纸张的大小与方向、页面的大小与方向、打印缩放比例、绘图缩放比例、排列样式、跨线样式等。

设置方法及步骤与其他 Office 组件类似，在此不再赘述。

2. 应用主题

Visio 2013 自带 27 种主题供用户选择，帮助用户快速应用形状的整体风格。

应用主题的方法是：单击“设计”选项卡，在“主题”功能区中选择一个合适的主题。默认“主题”功能区只显示 8 个主题，点击“▾”按钮可打开主题列表，从中可以看到所有的主题，如图 6-19 所示，单击某一主题即可确认选定。

与之前的版本不同，Visio 2013 在“设计”部分新增了一个重要的功能，每个主题都具有变体。变体可以对选中的主题进行更多的个性化设置，包括颜色、效果、连接线、装饰等。如图 6-18 所示。

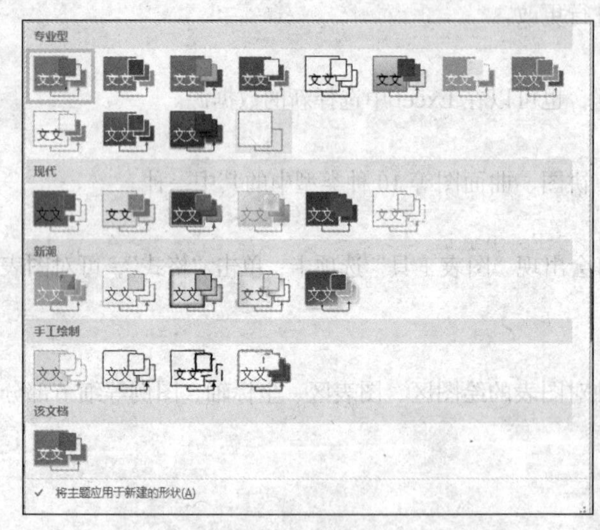

图 6-17　选择主题

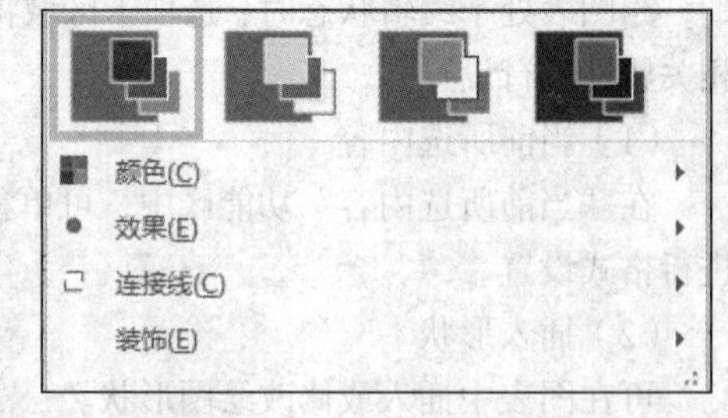

图 6-18　选择主题的变体

3. 背景与版式

（1）背景

单击“设计”选项卡，在“背景”功能区中，包括两个子功能。

①“背景”：可对绘图区设置背景图片。

②“边框和标题”：可对绘图区选择预设的边框和标题的样式。

（2）版式

单击“设计”选项卡，在“版式”功能区中，包括两个子功能。

①“重新布局页面”：可对绘图区中的形状和线条的布局进行整体设置与修改。

②“连接线”：可对绘图区中的所有线条进行统一设置与修改。

6.4.2　设置对象与数据

1．设置对象

（1）容器

容器是一个形状，它在视觉上包含页面上的其他形状。容器使得查看逻辑上互相关联的各组形状变得更为简便。容器还通过与容器一起移动、复制或者删除成员形状，来管理成员形状的位置。添加形状时容器可以自动扩展，而在删除形状后容器可以收缩其大小来适应其内容。

若要保护形状，则可以锁定容器的内容，这样便无法删除或添加形状。

添加一个新容器的步骤如下。

①从形状列表内拖动几个形状到绘图区内，形成一个图形组合，如图 6-19 所示。

②选取要添加到容器内的形状，点击鼠标右键，在弹出的快捷菜单中选择“容器”，在弹出容器功能列表中选择“添加新容器”，该形状组合即被添加为一个新容器。如图 6-20 所示。

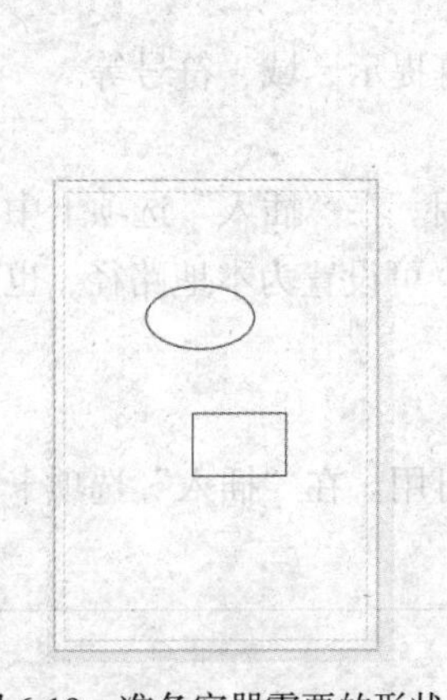

图 6-19　准备容器需要的形状

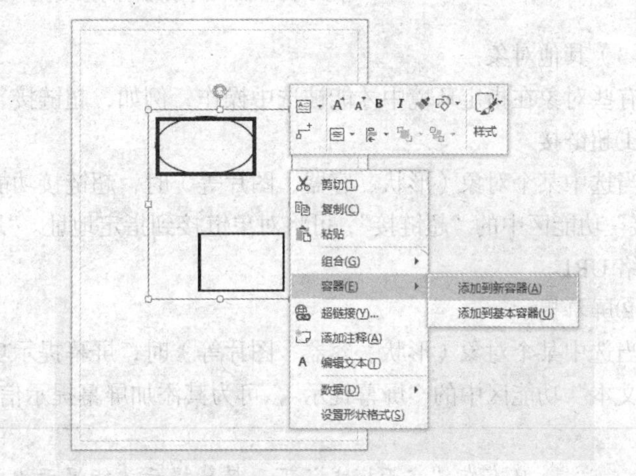

图 6-20　添加新容器

③当容器对象被选中时，“容器工具格式”选项卡会随之出现，如图 6-21 所示。在此可以设置容器的样式、大小、边距、锁定保护等。

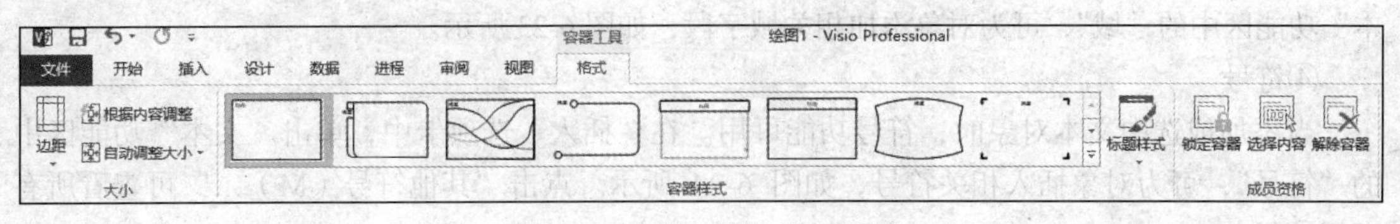

图 6-21　“容器工具格式”选项卡

默认容器未被锁定，可在容器中添加/删除形状。

（2）对象

在“插入”选项卡中，单击“文本”功能区的“对象”，会弹出对象类型对话框，如图 6-22 所示。在其中可以插入公式、图表、Word 文档、Excel 表、PPT 演示文稿等。

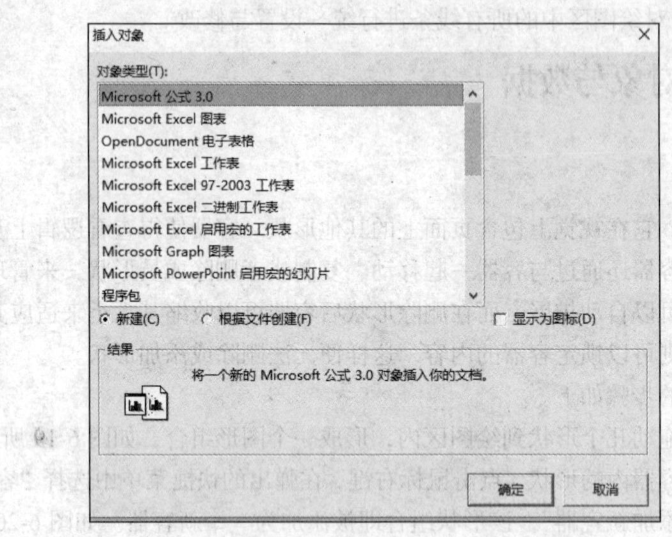

图 6-22 插入对象的“对象类型”对话框

（3）其他对象

有些对象在指定环境中才能被选中操作，例如，超链接、屏幕提示、域、符号等。

①超链接

当选中某个对象（形状、容器、图片等）时，超链接功能可用。在“插入”选项卡中，单击“链接”功能区中的“超链接”，可将对象链接到指定地址。“地址”可设置为本地路径，也可设置为网络 URL。

②屏幕提示

当选中某个对象（形状、容器、图片等）时，屏幕提示功能可用。在“插入”选项卡中，单击“文本”功能区中的“屏幕提示”，可为其添加屏幕提示信息。

只有在“演示模式”下，屏幕提示才能显示出效果。

③域

当选中某个对象（形状、容器、图片等）时，域功能可用。在“插入”选项卡中，单击“文本”功能区中的“域”，可为对象添加相关域字段，如图 6-23 所示。

④符号

当添加或选中文本对象时，符号功能可用。在“插入”选项卡中，单击“文本”功能区中的“符号”，可为对象插入相关符号，如图 6-24 所示。点击“其他符号（M）...”可查看所有可用符号。

2. 设置数据

（1）将数据链接到所选形状

要将数据添加到绘图中已有的形状，请首先将数据域添加到这些形状，然后再添加数据值。具体操作步骤如下。

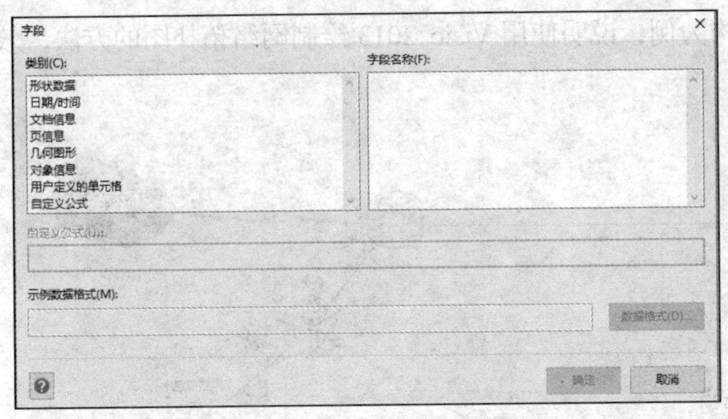

图 6-23　添加“域”字段对话框

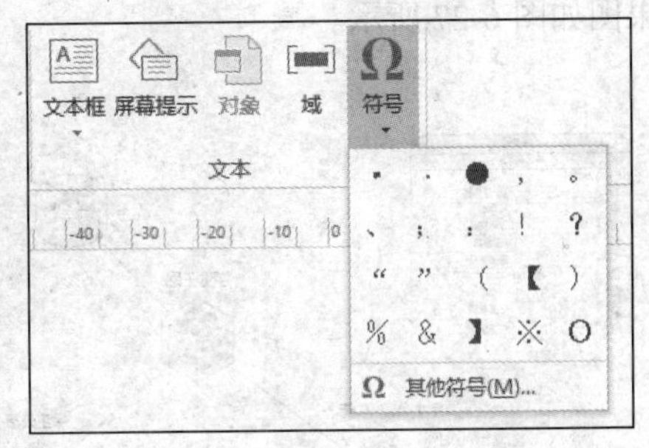

图 6-24　插入“符号”列表

①在“数据”选项卡上的“外部数据”功能区中，单击“将数据链接到形状”，出现如图 6-25 所示的对话框。

②根据需要选择要链接导入的工作簿或数据库文件。

（2）使用数据图形

数据图形的类型主要包括以下几种。

- 数据条。
- 图标集。
- 文本标注。
- 按值颜色。

在“数据”选项卡上的“显示数据”功能区中，单击“数据图形”，出现如图 6-26 所示的对话框。可通过“新建数据图形”及“编辑数据图形”对数据字段进行添加和修改。

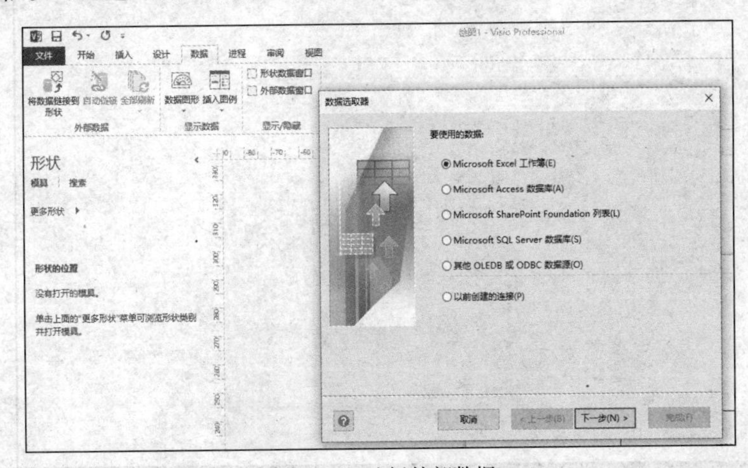

图 6-25　选择外部数据

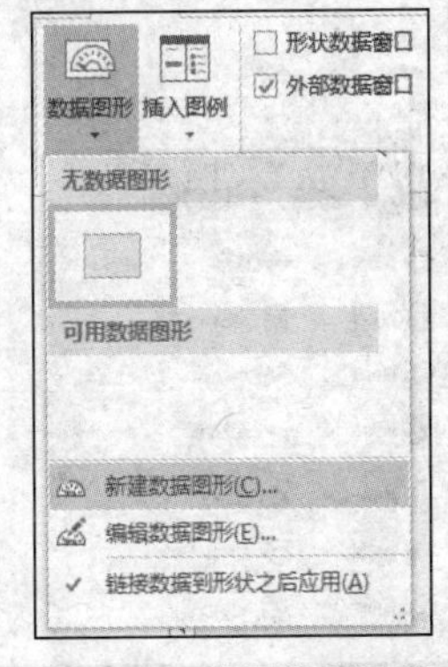

图 6-26　使用数据图形

6.5　Visio 2013 综合实例

6.5.1　绘制网络拓扑图

网络拓扑图是指由网络设备和通信介质构成的网络结构图，用于描述使用传输媒体互连各种设备的物理布局。下面以某校的网络结构为例，说明使用 Visio 2013 绘制网络拓扑图的方法，效果图如图 6-27 所示。

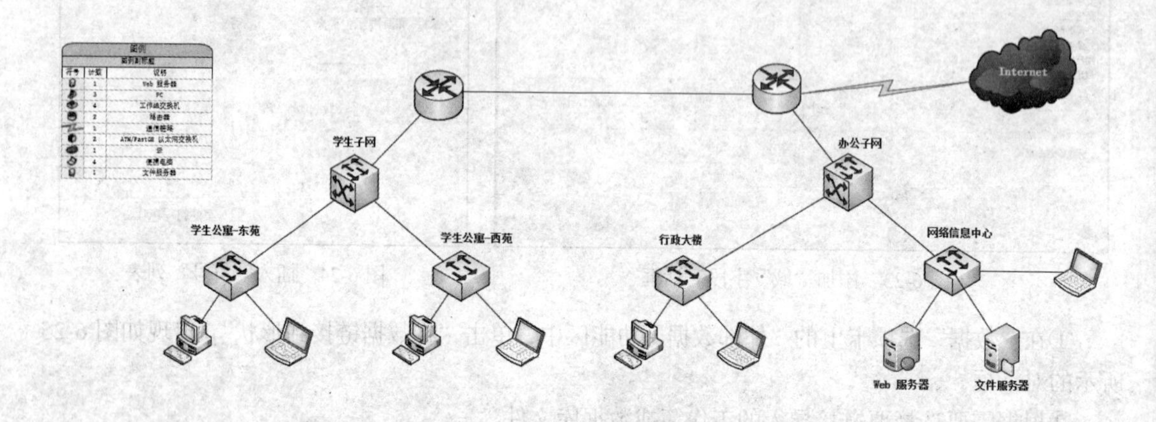

图 6-27　某校网络拓扑图

绘制该网络拓扑图的主要步骤如下。

1. 绘制左侧子网

（1）打开 Visio 2013 程序，在“新建”列表中，选择“详细网络图-3D”模板，进入绘图界面，如图 6-28 所示。

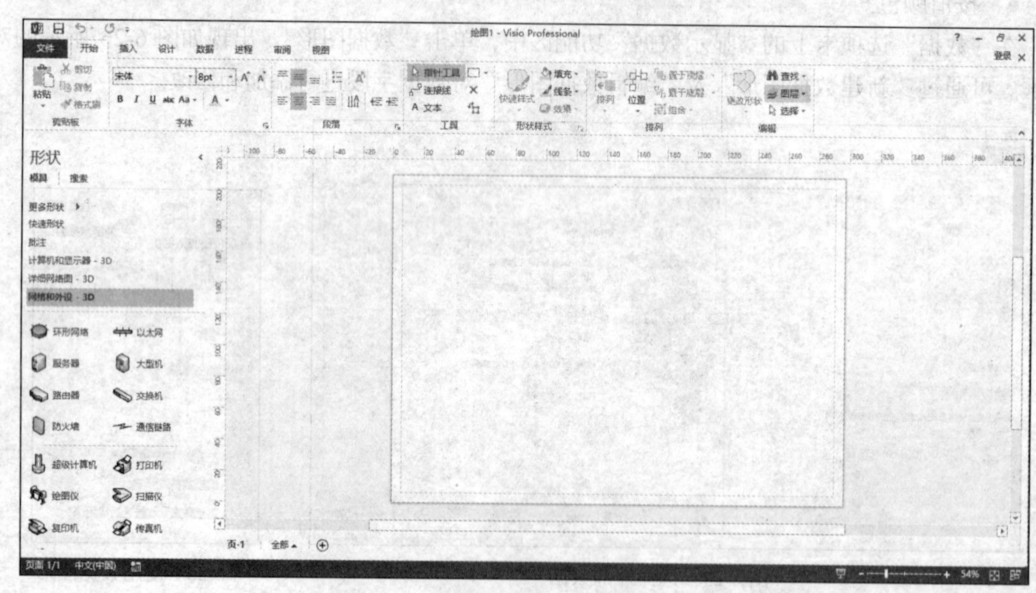

图 6-28　“详细网络图-3D”模板的绘图界面

（2）在形状区中展开“网络符号-3D”模具列表，如图 6-29 所示。从中依次选择“路由器”“ATM/FastGB 以太网交换机”“工作组交换机”形状，将其拖动到绘图区。

（3）在形状区中展开“计算机和显示器-3D”模具列表，如图 6-30 所示。从中依次选择“PC”“便携电脑”形状，将其拖动到绘图区。

（4）使用连线工具将上述形状进行连接，使用文本框对形状添加文字说明。绘制完成后如图 6-31 所示。

图 6-29　从“网络符号-3D”模具中选择需要的形状　图 6-30　从“计算机和显示器-3D”模具中选择需要的形状

2. 绘制右侧子网

由于左右子网的形状结构基本类似，因此右侧子网可以通过复制左侧子网产生副本，再对副本进行编辑修改完成。

（1）选择“开始/工具/指针工具”命令，当前鼠标呈可选择对象状态。

（2）选中左侧子网中的所有形状，在选中区域上方单击鼠标右键，选择“复制”命令。

（3）在绘图区空白处单击鼠标右键，选择“粘贴”命令，即可出现与左侧子网完全相同的形状副本。

（4）根据需要，对形状副本中的文本、形状、连接线等进行编辑修改；服务器形状可从“服务器-3D”模具列表中选择添加。绘制完成后如图 6-32 所示。

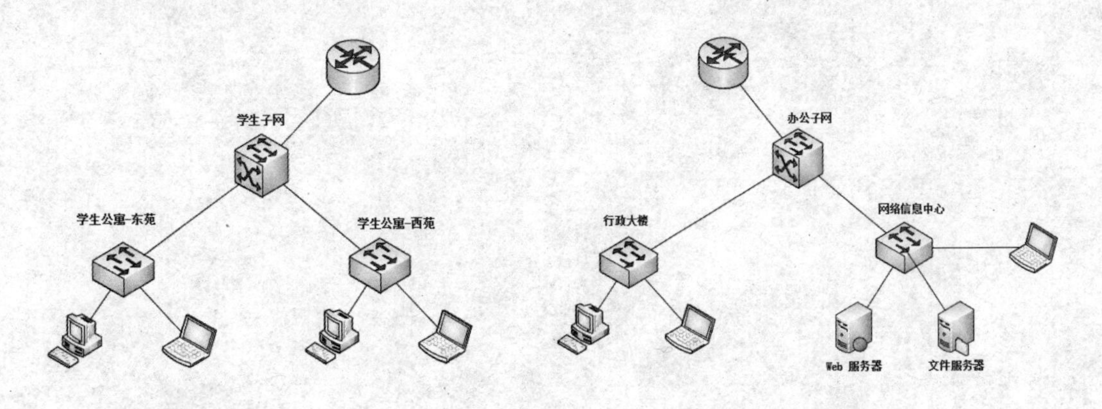

图 6-31　左侧子网图　　图 6-32　右侧子网图

3. 绘制外网连接图标、图例等

（1）打开“网络位置-3D”模具列表，将“云”形状拖动到绘图区，并对其编辑文本，输入

"Internet"。

（2）打开"网络和外设-3D"模具列表，将"通信链路"形状拖动到绘图区，调整它的位置，将内外网进行连接。

（3）打开"网络和外设-3D"模具列表，将"图例"形状拖动到绘图区，调整大小，使其能清晰地显示图例内容。

完成上述步骤后，某校园网的网络拓扑图如图 6-27 所示。

注意

在绘图过程中，可通过状态栏右侧的缩放标尺调整显示比例，也可通过"演示模式"按钮查看整体效果。

6.5.2 绘制流程图

流程图是流经一个系统的信息流、观点流或部件流的图形代表，它直观地描述了一个工作过程的具体步骤。流程图具有简单清晰、易于理解、便于提高工作效率等优点，被广泛地应用于各行各业。在企业中，流程图主要用来说明完成一项任务的管理过程；在工厂中，流程图可以说明生产线上的工艺流程；在软件开发中，流程图用于描述程序代码的执行顺序，帮助用户更好地理解程序的逻辑关系及设计思路。

下面以某高校新生报到流程为例，说明使用 Visio 2013 绘制流程图的方法，效果图如图 6-33 所示。绘制该流程图的主要步骤如下。

1. 选择模板

打开 Visio 2013 程序，在"新建"列表中，选择"基本流程图"模板，进入绘图界面。

2. 绘制形状、添加文本

打开"基本流程图形状"模具，依次将需要的形状拖动到绘图区。双击形状，可进行文字编辑。双击连接线，可对其添加文字说明，文字将显示在连接线的中点区域。

3. 连接形状

连接形状可采用两种方法。方法一是使用"自动连接"功能，方法二是利用"工具"中的连接线进行绘制。具体操作方法见 6.2.1。

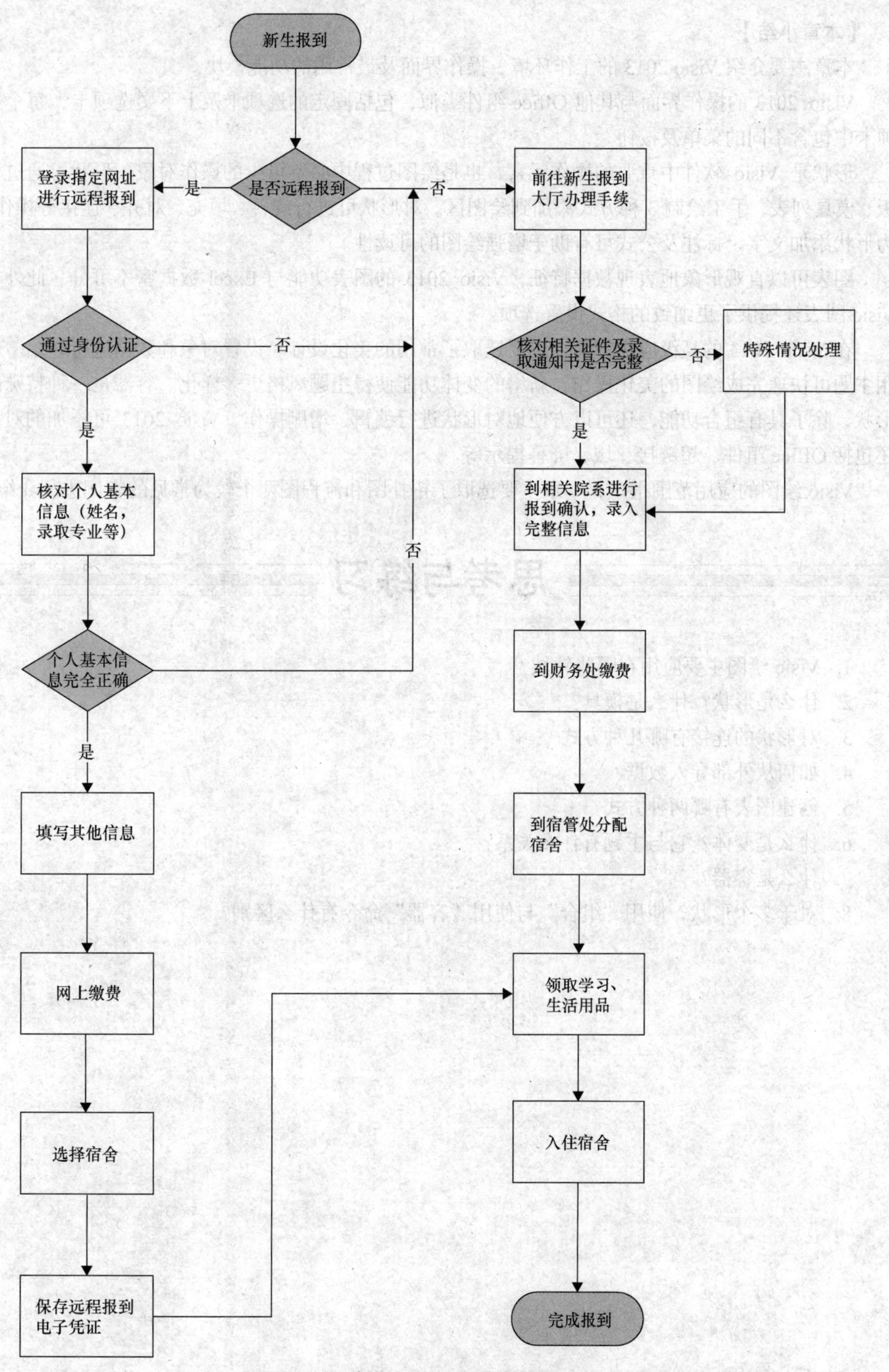

图 6-33 某高校新生报到流程图

【本章小结】

本章主要介绍 Visio 2013 的工作环境、操作界面及最常用的功能模块。

Visio 2013 的操作界面与其他 Office 组件类似，包括固定的选项卡及上下文选项卡，每个选项卡中包含不同的菜单及按钮。

形状是 Visio 软件中重要的操作元素，也是绘图过程中必不可少的操作对象。形状可通过模板、模具列表、手工绘制 3 种方式添加到绘图区。对形状可进行旋转、填充、对齐、连接等操作。为形状添加文字、标注及公式可有助于增强绘图的可读性。

图表可以直观形象地表现数据特征，Visio 2013 的图表功能与 Excel 数据密不可分。此外，Visio 图表还提供了更细致的格式设置选项。

在 Visio 2013 的高级应用方面，主要选取了常用的美化设计、设置对象和数据进行介绍。应用主题可快速完成绘图的美化操作，新增的变体功能使得主题风格更多样化。容器是一种特殊的形状，除了具有组合功能，还可以方便地对形状进行编辑、增删操作。Visio 2013 可添加的对象还包括 Office 组件、超链接、域、屏幕提示等。

Visio 绘图的应用范围很广，本章主要选取了拓扑图和流程图两个较为常见的实例进行介绍。

思考与练习

1. Visio 绘图主要应用在哪些领域？
2. 什么是形状？什么是模具？
3. 对形状的连接有哪几种方式？
4. 如何从外部导入数据？
5. 创建图表有哪两种方式？
6. 什么是变体？它与主题有什么关系？
7. 什么是容器？
8. 对于多个形状，使用“组合”与使用“容器”命令有什么区别？

第 7 章 计算机网络和信息安全

本章主要内容：

- 计算机网络技术基础
- 计算机网络常用设备
- IP 地址基础
- 网络体系结构
- 因特网基本原理及应用
- 信息安全基础

本章主要介绍计算机网络、因特网应用和信息安全相关基础知识。计算机网络是计算机技术与通信技术相互渗透、密切结合而形成的一门交叉学科，在此章主要针对计算机网络的发展、网络定义、分类、拓扑结构、常见网络设备、IP 地址与网络体系结构等问题进行了系统的讨论，并对网络新技术与应用作了简要说明；同时针对 Internet 基础知识和相关网络服务进行了原理及应用介绍；另外针对信息安全基础理论进行了适当阐述。通过这些知识的讲解，帮助读者对计算机网络技术、因特网技术及应用以及信息安全技术有一个全面和准确的认识和理解。

7.1 计算机网络基础

计算机网络是计算机技术与通信技术相互渗透、密切结合而形成的一门交叉学科。近几年，随着“互联网 +”概念的不断深入，计算机网络技术正迅速发展并获得广泛应用。

7.1.1 计算机网络的发展及功能

计算机网络源于 20 世纪 50 年代，发展至今经历了以下四个阶段。

1. 以单台计算机为中心的面向终端的网络

1946 年世界第一台电子数字计算机在美国诞生时，计算机技术与通信技术并没有直接联系。20 世纪 50 年代，由于美国军方的需要，麻省理工学院林肯实验室就开始为美国空军设计称为 SAGE 的半自动化地面防空系统。该系统于 1963 年建成，也被认为是计算机技术和通信技术结合的先驱。

计算机通信技术应用于民用方面，最早是美国航空公司与 IBM 公司在 20 世纪 50 年代初开始联合研究，60 年代初投入使用的飞机订票系统 SABRE-1。这个系统由一台中央计算机与整个美国本土内的

2000个终端组成。这些终端采用多点线路与中央计算机相连。

在这个阶段，联机终端是一种主要的系统结构形式。图7-1示例这种以单主机互联系统为中心的互联系统，即主机面向终端系统。虽然联机终端网络在当时的历史条件下已充分显示了计算机与通信相结合的巨大优势，但它仍然有严重的缺点：一是主机负荷较重，既要承担通信任务，又要进行数据处理；二是通信线路的利用率低，尤其在远距离时，分散的终端都需要独占一条通信线路，不仅通信费用昂贵而且通信线路利用率低；三是这种结构属集中控制方式，可靠性低。

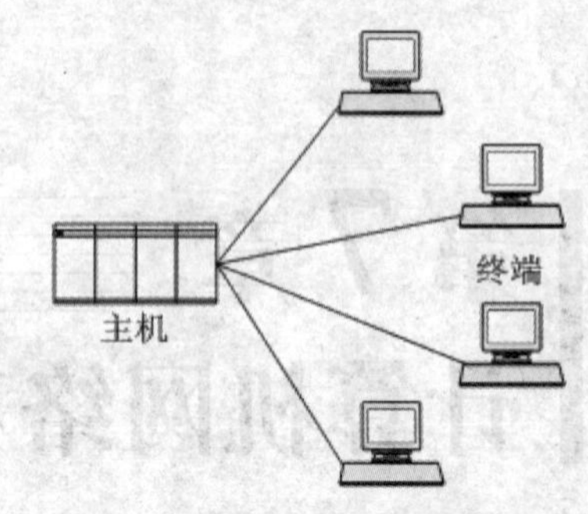

图7-1　面向终端的单主机互联系统

所谓终端是指计算机网络中处于网络最外围的设备，主要用于用户信息的输入以及处理结果的输出等。早期的终端是指不具有处理和存储能力的计算机。现在的终端也包括移动终端设备。

2. 多台主计算机通过线路互联的计算机网络

为克服第一代计算机网络的缺点，提高网络的可靠性和可用性，人们开始研究将多台计算机相互连接的方法。20世纪60年代中期开始，出现并发展了若干个计算机互连的系统，开创了“计算机-计算机”通信的时代。形成了将多个单主机互联系统相互连接起来，以多处理机为中心的网络，并利用通信线路将多台主机连接起来，为终端用户提供服务，如图7-2所示。

这个阶段的典型代表是美国国防部高级研究计划局的ARPANET（通常称为ARPA网），它标志着我们现代意义上计算机网络的出现。

在ARPANET网络中，将计算机网络分为资源子网和通信子网，如图7-3所示。资源子网主要是负责数据处理业务和提供服务的主计算机系统（主机）与终端，而通信子网主要是负责数据通信处理的通信控制处理设备和通信线路。

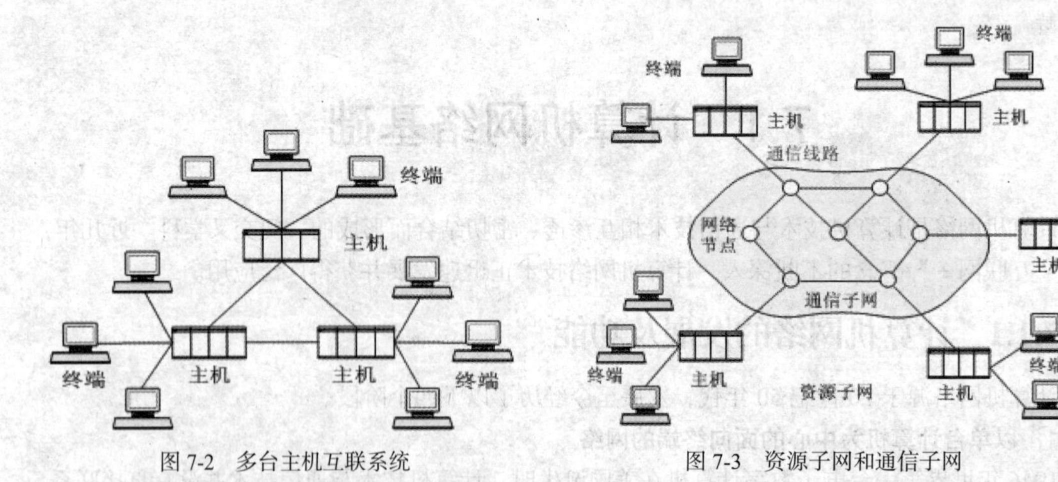

图7-2　多台主机互联系统　　　　图7-3　资源子网和通信子网

3. 具有统一的网络体系结构、遵循国际标准化协议的计算机网络

在第三代网络出现以前，网络是无法实现不同厂家设备互连的。1977年国际标准化组织ISO（International Organization for Standardization）提出一个标准框架OSI（Open System Interconnection/Reference Model，开放系统互连/参考模型）共七层。实现网络大范围的发展和不同厂家设备的互连。

目前在一个局域网中，工作站可能是IBM公司的，服务器可能是Dell公司生产的，网卡可能是 3Com 公司的生产的，交换机可能是 Cisco 公司生产的，而网络上所运行的软件则可能是微软公司的。如果没有网络标准化，这种高度的兼容性是不可想象的。

4. 因特网时代（Internet）

进入 20 世纪 90 年代后至今都是属于第四代计算机网络。第四代网络是随着数字通信出现和光纤的接入而产生的，其特点包括网络化、综合化、高速化及计算协同能力。

Internet 的网络体系结构采用 TCP/IP 协议集。原则上任何计算机只要遵守 TCP/IP 协议，都能按一定的规则接入 Internet。历经几代计算机网络的发展后，计算机网络的主要功能有如下。

（1）资源共享

①硬件资源：网络硬件资源主要包括大型主机、大容量磁盘、光盘库、打印机、网络通信设备和通信线路、服务器硬件等。

②软件资源：网络软件资源主要包括网络操作系统、数据库管理系统、网络管理系统、应用软件、开发工具和服务器软件等。

③数据资源：网络数据资源主要包括数据文件、数据库、存储系统等保存的各种数据。数据包括文字、图表、图像和视频等。数据是网络中最重要的资源。

资源共享是计算机网络产生的主要原动力。通过资源共享，可使网络中各处的资源互通有无、分工协作，从而大大提高系统资源的利用率。

（2）数据通信

通信即在计算机之间传送信息，是计算机网络最基本的功能之一。通过计算机网络使不同地区的用户可以快速而准确地传送信息，这些信息包括数据、文本、图形、动画、声音和视频等。用户还可以收发 E-mail、VOD（视频点播）和 IP 电话等。

（3）分布处理与负载均衡

计算机网络中，各用户可根据需要合理选择网内资源，以便就近处理。例如，用户在异地通过远程登录直接进入自己办公室的网络，当需要处理综合性的大型作业时（如人口普查、淘宝网“双十一”促销、售火车票），通过一定的算法将负载性比较大的作业分解并交给多台计算机进行分布式处理，起到负载均衡的作用，这样充分提高设备的利用率和效率。

（4）提高可靠性

提高可靠性表现在计算机网络中的多台计算机，可以通过网络互为备份，一旦某台计算机出现故障，其任务可由其他计算机代其处理。

7.1.2　计算机网络的定义

在计算机网络发展的不同阶段，人们对计算机网络提出了不同的定义。其中资源共享观点将计算机网络定义为“以能够相互共享资源的方式互联起来的自治计算机系统的集合”。资源共享观点的定义，符合当前计算机网络的基本特征。主要包含了三层含义：建立计算机网络的目的就是实现计算机资源共享；彼此独立则强调在网络中，计算机之间不存在明显的主从关系，即网络中的计算机不具备控制其他计算机的能力，每台计算机都具有独立的操作系统；联网计算机之间的通信必须遵循共同的网络协议。

ARPA 网建成后，把计算机网络定义为“以相互共享（硬件、软件和数据）资源的方式联接起来，且彼此功能独立的计算机系统的集合”。

7.1.3 计算机网络的分类

计算机网络发展到现在应用非常广泛，其分类方法也有很多种，主要有以下几种。

1. 按网络覆盖地理范围分类

按照计算机网络所覆盖的地理范围对其分类，可以很好地反映不同类型网络的技术特征。由于网络覆盖的地理范围不同，所采用的传输技术也有所不同，因此形成了不同的网络技术特点和网络服务功能。按覆盖地理范围的大小可分为局域网、城域网和广域网，其特点如表 7-1 所示。

表 7-1 计算机网络按照地理范围分类

网络分类	跨越地理范围	特点
局域网（LAN）	房间	范围小、速率高、组建灵活、成本低、误码率低
	建筑物	
	校园内	
城域网（MAN）	城市	比 LAN 速度慢，但比 WAN 速度快、设备昂贵、中等错误率
广域网（WAN）	国家、洲或洲际	一般比 LAN 和 MAN 慢很多、误码率最高、网络设备昂贵

2. 按网络的工作模式分类

（1）对等网（Peer to Peer）

在对等网络中，所有计算机地位平台，没有从属关系，也没有专用的服务器和客户机。网络中的资源是分散在每台计算机上的，每一台计算机都有可能成为服务器也可能成为客户机，如图 7-4 所示。对等网能够提供灵活的共享模式，组网简单、方便、但难于管理，安全性较差。它可满足一般数据传输的需要，所以一些小型单位在计算机数量较少时可选用“对等网”结构。

（2）客户机/服务器模式（Client/Server）

为了使网络通信更方便、更稳定、更安全，我们引入基于服务器的网络（Client/Server，C/S），如图 7-5 所示。这种类型的网络中有一台或几台性能较高的计算机集中进行共享数据库的管理和存取，称为服务器，而将其他应用处理工作分散到网络中其他计算机上，构成分布式的处理系统。

图 7-4 对等网

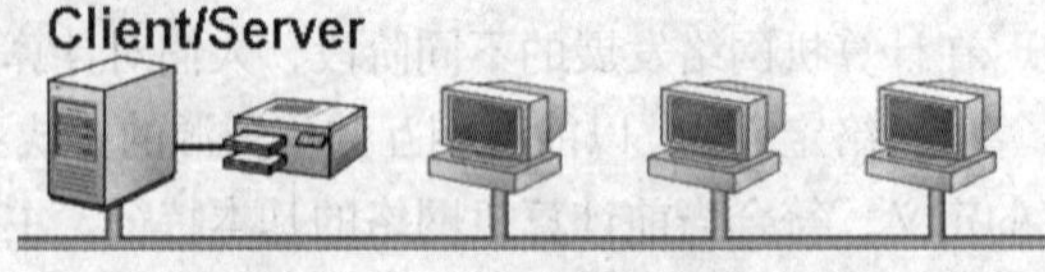

图 7-5 基于服务器

与之类似的，还有 B/S 结构（Browser/Server，浏览器/服务器模式）。是 WEB 兴起后的一种网络结构模式，WEB 浏览器是客户端最主要的应用软件。这种模式统一了客户端，将系统功能实现的核心部分集中到服务器上，简化了系统的开发、维护和使用。客户机上只要安装一个浏览器，服务器上安装数据库平台。表 7-2 列出了 C/S 和 B/S 系统模型的基本区别。

表 7-2　　客户机/服务器（C/S）模式和浏览器/服务器（B/S）模式的比较

特点	C/S 模式	B/S 模式
优点	系统数据预处理和数据库操作分别在客户机和服务器上进行，运行效率较高 客户机操作界面设计可满足客户个性化的操作要求，可充分满足客户的个性化美观追求	客户端的功能由浏览器完成，统一的浏览器不随系统变化。只需编制服务器上的一套软件 维护方便，只需改变有关页面，即可实现所有用户同步更新。开发简单，共享性强
缺点	由于是针对性开发，因此缺少通用性。需要编制客户机、服务器两套软件，系统安装、维护和管理不方便。兼容性差，开发成本较高	个性化特点明显降低，无法实现具有个性化的设计要求 功能相对弱化，难以实现一些特殊功能

3. 按网络管理性质分类

根据对网络组建和管理的部门不同，常将计算机网络分为公用网和专用网。

（1）公用网

由电信部门或其他提供通信服务的经营部门组建、管理和控制，网络内的传输和转接装置可供任何部门和个人使用；公用网常用于广域网络的构造，支持用户的远程通信。如我国的移动网、电信网、联通网等。

（2）专用网

由用户部门或单位组建经营的网络，不容许其他用户和部门随意使用。由于投资的因素，专用网常为局域网或者是通过租借电信部门的线路而组建的广域网络。如由学校组建的校园网、由企业组建的企业网等。

（3）利用公用网组建专用网

许多部门直接租用电信部门的通信网络，并配置一台或者多台主机，向社会各界提供网络服务，这些部门构成的应用网络称为增值网络，即在通信网络的基础上提供了增值服务。如全国各大银行的网络等。

4. 按网络传输技术分类

网络所采用的传输技术决定了网络的主要技术特点，因此根据网络所采用的传输技术对网络进行划分是一种很重要的方法。

在通信技术中，通信信道的类型有两类：广播通信信道与点到点通信信道。在广播通信信道中，多个节点共享一个物理通信信道，一个节点广播信息，其他节点都能够接收这个广播信息。而在点到点通信信道中，一条通信信道只能连接一对节点，如果两个节点之间没有直接连接的线路，那么他们只能通过中间节点转接。

显然，网络要通过通信信道完成数据传输任务，因此网络所采用的传输技术也只可能有两类，即广播方式和点到点方式。这样，相应的计算机网络也可以分为两类。

（1）广播式网络（Broadcast）

广播式网络中的广播是指网络中所有连网计算机都共享一个公共通信信道，当一台计算机利用共享通信信道发送报文分组时，所有其他计算机都会接收并处理这个分组。

（2）点到点式网络（Point-to-Point）

点到点网络中每两台主机、两台节点交换机之间或主机与节点交换机之间都存在一条物理信道，即每条物理线路连接一对设备。机器（包括主机和节点交换机）沿某信道发送的数据确定只有信道另一端的唯一一台机器收到。采用分组存储转发是点到点式网络与广播式网络的重要区别之一。

在广播式网络中，若分组是发送给网络中的某些计算机，则被称为多播或组播；若分组只发送给网络中的某一台计算机，则称为单播。

除了以上几种分类方法之外，还有其他一些分类方法，如按通信介质划分、按通信速率划分、按网络控制方式划分、按网络拓扑结构划分、按所使用的网络协议划分等。

7.1.4 计算机网络拓扑结构

拓扑是从数学图论演变而来的，是拓扑学中一种研究与大小、形状无关的点、线、面关系的方法。在计算机网络中也引入了网络拓扑的概念，即网络节点抽象为点，把网络中的通信连接介质抽象为线，这样从拓扑学的观点看计算机和网络系统，就形成了点和线所组成的几何图形，抽象出网络系统的具体结构。这种采用拓扑学方法抽象出的网络结构称为计算机网络的拓扑结构，它反映了网络中各实体之间的结构关系。

所谓网络节点，是指在网络中独立进行工作的设备。网络节点可能是服务器、工作站等网络主机，也可能是路由器、交换机、集线器、网卡等网络连接设备。

网络拓扑结构图是理解和研究网络结构和分布的语言。它对整个网络的设计、功能、可靠性、费用及维护等方面有着重要的影响。从某种意义上说，网络拓扑结构图就是网络建设的蓝图。网络的拓扑结构主要有以下几种基本构型：星形、总线、环形、网状、混合等。

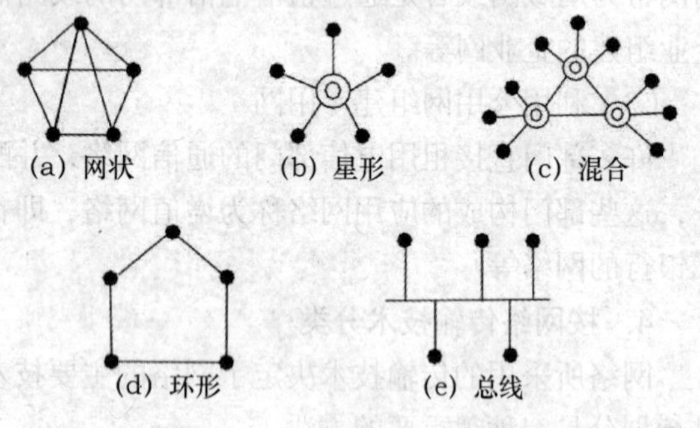

图 7-6 网络拓扑的基本构型

1. **星形拓扑结构**

星形拓扑结构是中央节点设备通过点到点链路连接到各节点组成。工作站到中央节点的线路是专用的，不会出现拥挤的瓶颈现象。如图 7-6（b）所示。

星形拓扑结构中，中央节点一般为集线器（HUB）或局域网交换机，其他外围节点为服务器或工作站，通信介质为双绞线或光纤。星形拓扑结构被广泛应用于网络中，其特点如下。

（1）优点

①可靠性高。在星形拓扑的结构中，每个连接只与一个设备相连，因此，单个连接的故障只影响一个设备，不会影响全网。

②方便服务。中央节点和中间接线都有一集中点，可方便地提供服务和进行网络配置。

③故障诊断容易。如果网络中的节点或者通信介质出现问题，只会影响到该节点或者通信介质相连的节点，不会涉及整个网络，从而比较容易判断故障的位置。

（2）缺点。

①扩展困难、安装费用高。增加网络新节点时，无论有多远，都需要与中央节点直接连接，布线困难且费用高。

②对中央节点的依赖性强。如果中央节点出现故障，则全部网络不能正常工作。

2. **总线拓扑结构**

总线拓扑结构它采用单根数据传输线作为通信介质，所有的节点都通过相应的硬件接口

（如网卡）直接连接到通信介质，而且能被所有其他节点接受，如图 7-6（e）所示。

总线形网络结构中的节点为服务器或工作站，通信介质为同轴电缆或双绞线，特点如下。

（1）优点

①布线容易、电缆用量小。总线网络中的节点都连接在一个公共的通信介质上，所以需要的电缆长度短，减少了安装费用，易于布线和维护。

②可靠性高。总线结构简单，从硬件观点来看，十分可靠。

③易于扩充。在总线网络中，如果要增加长度，可通过中继器加上一个附加段；如果需要增加新节点，只需要在总线的任何点将其接入。

④易于安装。总线网络的安装比较简单，对技术要求不是很高。

（2）缺点

①故障诊断困难。虽然总线拓扑简单，可靠性高，但故障检测却不容易。因为具有总线拓扑结构的网络不是集中控制，故障检测需要在网上各个节点进行。

②故障隔离困难。对于介质的故障，不能简单地撤消某工作站，这样会切断整段网络。

③通信介质或中间某一接口点出现故障，整个网络随即瘫痪。

3. 环形拓扑结构

环形拓扑结构是一个像环一样的闭合链路，在链路上有许多中继器和通过中继器连接到链路上的节点。在环形网中，所有的通信共享一条物理通道，即连接网中所有节点的点到点链路。图 7-6（d）为环形拓扑结构，特点如下。

（1）优点

①电缆长度短。环形拓扑结构所需的电缆长度与总线型相当，但比星形要短。

②适用于光纤。光纤传输速度高，环形拓扑网络是单向传输，十分适用于光纤通信介质。如果在环形拓扑网中把光纤作为通信介质，将大大提高网络的速度和抗干扰的能力。

③无差错传输。由于采用点到点通信链路，被传输的信号在每一节点上再生，因此，传输信息误码率可减到最少。

（2）缺点

①可靠性差。在环上传输数据是通过接在环上的每个中继器完成的，所以任何两个节点间的电缆或者中继器故障都会导致全网故障。

②故障诊断困难。环上任一点出现故障都会引起全网故障，所以难以对故障进行定位。

③调整网络比较困难。要调整网络中的配置，例如扩大或缩小，都是比较困难的。

7.1.5　计算机网络传输介质

网络中各站点之间的数据传输必须依靠某种传输介质来实现。其中有线传输介质的种类很多，主要有双绞线、同轴电缆和光纤。

1. 双绞线

双绞线是把 4 对 8 根不同颜色的绝缘铜线，每 2 根拧成有规则的螺旋形，如图 7-7 所示。双绞线的抗干扰性较差，易受各种电信号的干扰，可靠性差。

双绞线分为屏蔽双绞线（STP）和非屏蔽双绞线（UTP）。目前在局域网中常用到的双绞线一般是非屏蔽双绞线，一般分为 3 类、4 类、5 类、超 5 类双绞线。

在北美乃至全球，双绞线标准中应用最广的是 ANSI/EIA/TIA-568A 和 ANSI/EIA/TIA-568B（实际上应为 ANSI/EIA/TIA-568B.1，简称为 T568B）。这两个标准最主要的不同就是芯线序列的不同：

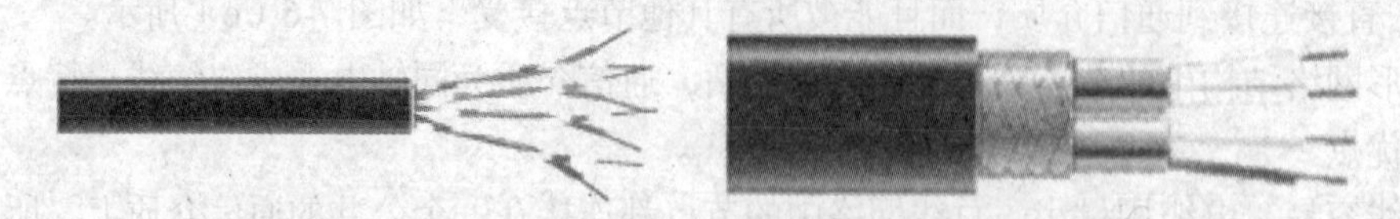

图 7-7　非屏蔽双绞线（左）和屏蔽双绞线（右）

EIA/TIA 568A 的线序为：绿白、绿、橙白、蓝、蓝白、橙、棕白、棕；

EIA/TIA 568B 的线序为：橙白、橙、绿白、蓝、蓝白、绿、棕白、棕。

日常所用的直通双绞线：一般两端都采用 T568B 的标准排线；交叉双绞线：一端采用 T568A 标准，另外一端采用 T568B 标准来排线。

ANSI（American National Standards Institute，美国国家标准协会），TIA（Telecommunication Industry Association，美国通信工业协会），EIA（Electronic Industries Alliance，美国电子工业协会）。由于 TIA 和 ISO 两组织经常进行标准制定方面的协调，所以 TIA 和 ISO 颁布的标准的差别不是很大。

2. 同轴电缆

同轴电缆是由一根空心的外圆柱形的导体围绕着单根内导体构成的。内导体为实芯或多芯硬质铜线电缆，外导体为硬金属或金属网。内外导体之间有绝缘材料隔离，外导体外还有外皮套或屏蔽物，如图 7-8 所示。同轴电缆可以用于长距离的电话网络，有线电视信号的传输通道以及计算机局域网络。在抗干扰性方面，对于较高的频率，同轴电缆优于双绞线。

同轴电缆按直径分为粗缆和细缆。细缆的直径为 0.26 厘米，最大传输距离 185 米，使用时与 50Ω终端电阻、T 型连接器、BNC 接头与网卡相连，线材价格和连接头成本都比较便宜，而且不需要购置集线器等设备，十分适合架设终端设备较为集中的小型以太网络。缆线总长不要超过 185 米，否则信号将严重衰减。细缆的阻抗是 50Ω。

粗缆（RG-11）的直径为 1.27 厘米，最大传输距离达到 500 米。由于直径相当粗，因此它的弹性较差，不适合在室内狭窄的环境内架设，而且 RG-11 连接头的制作方式也相对要复杂许多，并不能直接与电脑连接，它需要通过一个转接器转成 AUI 接头，然后再接到电脑上。由于粗缆的强度较强，最大传输距离也比细缆长，因此粗缆的主要用途是扮演网络主干的角色，用来连接数个由细缆所结成的网络。粗缆的阻抗是 75Ω。

3. 光纤

光纤是一种细小、柔韧并能传输光信号的介质，一根光缆中可以包含有多条光纤。在光纤上用有光脉冲信号表示 1，用没有光脉冲来表示 0。光纤通信系统是由光端机、光纤（光缆）和光纤中继器组成。其绝缘抗干扰性好，如图 7-9 所示。

光纤通信应用光学原理，由光发送机产生光束，将电信号变为光信号，再把光信号导入光纤，在另一端由光接收机接收光纤上传来的光信号，并把它变为电信号，经解码后再处理。

图 7-8　同轴电缆　　图 7-9　光纤

光纤分为单模光纤和多模光纤。单模光纤由激光作光源，仅有一条光通路，传输距离长，2 千米以上；多模光纤由二极管发光，低速短距离，2 千米以内。

随着千兆位局域网络应用的不断普及和光纤产品及其设备价格的不断下降，光纤连接到桌面也成为目前网络发展的一个趋势。但是光纤也存在一些缺点，即将光纤切断和将两根光纤精确地熔接起来所需要的技术和设备要求较高。目前价格比同轴电缆和双绞线都贵。

7.1.6 计算机网络常用设备

1. 网卡

网络适配器又称网卡，全称为网络接口卡（Network Interface Card，NIC），它是计算机互联的重要设备。网卡（NIC）插在计算机主板插槽中，负责将用户要传送的数据转换为网络上其他设备能够识别的格式，通过网络介质传输，如图 7-10 所示。

网卡的基本功能如下。

数据转换：因为数据在计算机内是并行数据，而数据在计算机之间的传输是串行传输，所以网卡要对数据进行并串间的相互转换。

数据缓存：由于在网络系统中，工作站与服务器对数据进行处理的速率通常不一样，为此网卡必须设置数据缓存存储器，以防止数据在传输过程中丢失和实现数据传输控制。

通信服务：网卡实现的通信服务可以包括 OSI 参考模型的任何一层协议。但在大多数情况下，网卡中提供的通信协议服务是在物理层和数据链路层上的，而这些通信协议软件通常都被固化在网卡内的只读存储器中。

2. 中继器

传输介质超过了网段长度后，可用中继器延伸网络的距离，对弱信号予以放大再生。中继器工作在物理层，不提供网段隔离功能。

3. 集线器

集线器（Hub）是中继器的一种形式，区别在于集线器能够提供多端口服务，也称为多口中继器。是一种以星型结构将通信线路集中在一起的设备，工作在物理层。

4. 交换机

交换机（Switch），也称为交换式集线器，如图 7-11 所示。局域网交换机有三个主要功能，一是在发送节点和接收节点间建立一条虚连接；二是转发数据帧；三是实现数据过滤。

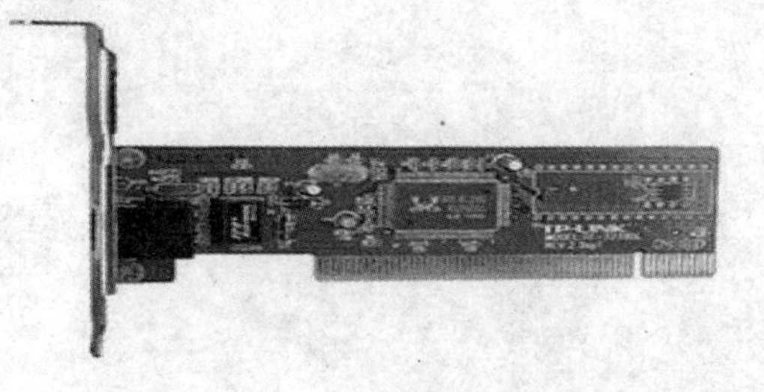

图 7-10　普通网卡

图 7-11　交换机

按采用的数据交换技术对交换器进行分类。

①直通交换：一旦收到信息包中的目标地址，在收到全帧之前便开始转发。

②存储转发交换：计算机网络领域使用得最为广泛的技术之一，以太网交换机先将输入端口到来的数据包缓存起来，检查数据包是否正确，并过滤掉冲突包错误。确定包正确后，取出目的

地址，通过查找表找到想要发送的输出端口地址，然后将该包发送出去。

5. 路由器

路由器是网络层上的设备，主要用于不同网络之间的连接，如图 7-12 所示。主要实现路径选择、拥塞控制及网络管理等方面的功能。

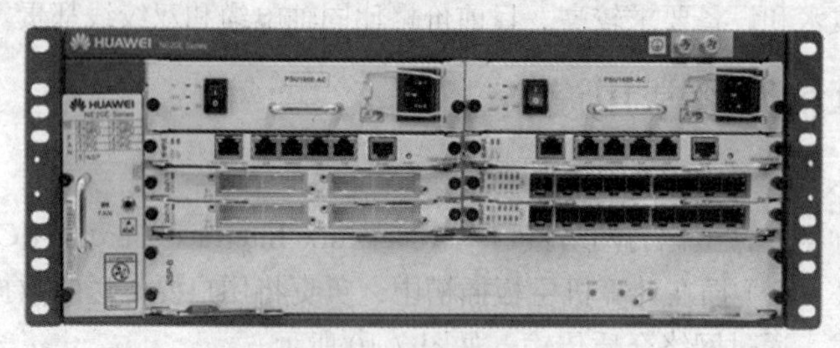

图 7-12　路由器的背板

路由器负责将数据分组从源端主机经最佳路径传送到目的端主机。为此路由器必须具备两个最基本的功能，那就是确定通过互联网到达目的网络的最佳路径和完成信息分组的传送，即路由选择和数据转发。

6. 网关

网关主要功能为把一种协议变成另一种协议，把一种数据格式变成另一种数据格式，把一种速率变成另一种速率，以求两者的统一。

在 Internet 中，网关是一台计算机设备，它能根据用户通信用的计算机的 IP 地址，界定是否将用户发出的信息送出本地网络，同时它还将外界发送给本地网络计算机的信息接收。例如语音网关，如图 7-13 所示，可将公用电话交换网与 IP 网络连接起来，从而实现通过 Internet 网络进行语音通话的功能。

7. 无线 AP（Access Point）

无线 AP 是使用无线设备（手机等移动设备及笔记本电脑等无线设备）的用户进入有线网络的接入点，主要用于宽带家庭、大楼内部、校园内部、园区内部以及仓库、工厂等需要无线监控的地方，典型距离覆盖几十米至上百米，也有可以用于远距离传送，目前最远的可以达到 30kM 左右，主要技术标准为 IEEE 802.11 系列，如图 7-14 所示。

一般的无线 AP，其作用有两个。

图 7-13　语音网关

图 7-14　锐捷 AP220

（1）作为无线局域网的中心点，供其他装有无线网卡的计算机接入该无线局域网。

（2）通过对有线局域网络提供长距离无线连接，或对小型无线局域网络提供长距离有线连接，从而达到延伸网络范围的目的。

无线AP与无线路由器的功能区别，无线AP其功能是把有线网络转换为无线网络。形象点说，无线AP是无线网和有线网之间沟通的桥梁。无线路由器就是一个带路由功能的无线AP，接入在ADSL宽带线路上，通过路由器功能实现自动拨号接入网络，并通过无线功能，建立一个独立的无线局域网。

7.1.7　计算机网络体系结构

随着局域网和广域网规模不断扩大，不同设备互联成为头等大事，为了解决网络之间的不能兼容和不能通信的问题，国际标准化组织（ISO）提出了网络模型的方案。该组织在1979年开始创建一个有助于开发和理解计算机的通信模型，即开放系统互连OSI模型。1984年正式发布了ISO/OSI七层网络参考模型。

1. 计算机网络体系结构简介

将计算机网络的各层以及其协议的结合，称为网络的体系结构。换言之，计算机网络的体系结构即指这个计算机网络及其部件所应该完成功能的精确定义。需要强调的是，这些功能究竟由何种硬件或软件完成，则是一个遵循这种体系结构的实现问题。可见体系结构是抽象的，是存在于纸上的，而实现是具体的，是运行在计算机软件和硬件之上的。

标准计算机网络体系结构有国际标准化组织（ISO）、国际电信联盟（ITU）、美国通信工业协会（TIA）、美国电子工业协会（EIA）、电气和电子工程师协会（IEEE），下面主要介绍ISO定义的结构。

2. OSI模型介绍

国际标准化组织（International Organization for Standardization，ISO）是一个全球性的政府组织，是国际标准化领域中一个十分重要的组织。ISO制定了网络通信的标准，它将网络通信分为七层，开放的意思是通信双方必须都要遵守OSI模型。

ISO制定的OSI参考模型的逻辑结构如图7-15所示，它将网络结构划分为7层：即物理层、数据链路层、网络层、传输层、会话层、表示层和应用层。下3层是依赖网络的，涉及将两台通信计算机连接在一起所使用的数据通信网的相关协议，实现通信子网功能。上3层是面向应用的，涉及允许两个终端用户应用进程交互作用的协议，通常是由本地操作系统提供的一套服务，实现资源子网功能。中间的传输层为面向应用的上3层屏蔽了跟网络有关的下3层的详细操作。

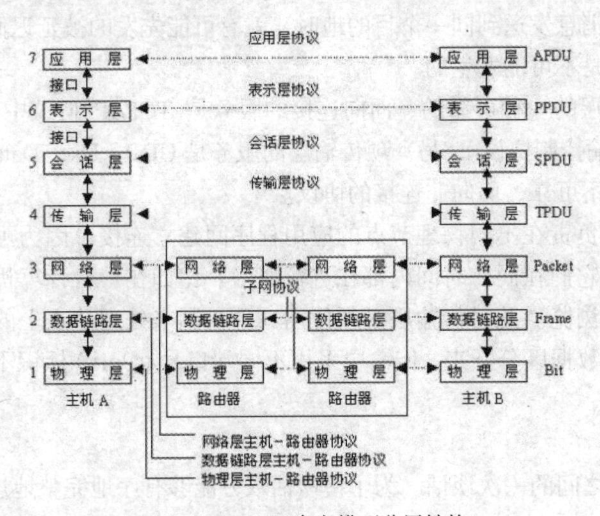

图7-15　ISO/OSI参考模型分层结构

（1）物理层

物理层是OSI模型的最低层或第一层，定义了网络的物理结构和传输介质的电气、机械规格等有关物理特性。除了不同的传输介质自身的物理特性外，物理层还对通信设备和传输媒体之间使用的接口作了详细的规定。同时在相连的网络系统间传输比特流服务。

工作在物理层的设备主要有调制解调器、集线器等。

（2）数据链路层

数据链路层在物理层和网络层之间提供的提供通信，建立点到点之间的数据链路，传送按一定格式组织起来的位组合，即数据帧。

数据链路层为网络层提供可靠的信息传送机制。实现应答、差错控制、数据流控制和发送顺序控制，确保接收数据的顺序与原发送顺序相同等功能。

工作在数据链路层的主要设备有网卡、交换机等。

（3）网络层

网络层，即OSI模型的第三层，它提供不同网络系统间的连接和路由选择，并定义了逻辑地址。该层的数据单元叫做数据包或分组（Packet）。

网络层的任务包括：基于网络层地址即逻辑地址（如IP地址）进行不同网络系统间的路径选择；数据包的分割和重新组合（组合包或分组）；差错检验和可能的修复；分组的数据流量控制，或称为拥塞控制。

工作在网络层的设备主要有路由器、三层交换机。

（4）传输层

数据在传输层进行数据分割和数据重组为数据段（Segment），传输层保证端到端之间的数据可靠传输。在传输层提供两种服务：面向连接服务和面向非连接服务。

面向连接服务就像打电话。当与人通电话时，需要拿起听筒并拨号，然后开始交谈，最后挂断电话。与此类似，使用面向连接的网络服务时，首先是建立连接，然后使用连接进行数据传输，最后释放连接。面向连接的服务能够保证数据准确可靠的传送到目的地。

面向非连接服务就像我们寄信一样，我们填写收信人地址和邮政编码并封装好信件后，把它送到邮筒，发信人便完成了通信过程，而信件通过邮局和运输系统最终到达收信人的过程与发信人完全无关。而且发信人在同时刻发往同一收信人的不同信件，可能会出现晚发早到情况。所以在无连接下，当两条消息发送到同一个目的地时，就有可能先发的被延迟而后发的先到。但在面向连接的服务下，这是不可能发生的。

常见工作在传输层的一种可靠的、面向连接的服务是TCP/IP协议中的TCP（Transmission Control Protocol，传输控制协议）；另一项传输层的服务是UDP（User Datagram Protocl，用户数据报协议）它是一种不可靠、面向非连接的协议。

同时，传输层还负责在不同物理节点的应用程序间建立连接。因为可能在一个给定的节点上有许多应用程序，它们在同一时间内都在进行通信。比如在一台计算机上用户有可能在一边收发邮件，一边上网浏览。此时传输层必须使用一种机制来处理节点上的应用程序寻址，使得各个应用程序之间的数据区分开来。传输层采用不同端口号（Port）标识不同应用程序处理这些数据。

（5）会话层

会话类似于人们之间的一次谈话。为了使谈话双方能够有序地完整地进行信息交流，谈话中应有一些约定。

（6）表示层

表示层保证一个系统的应用层送出的信息可被另一个系统的应用层读取，如同应用程序和网络之间的翻译官。如果必要，表示层会利用一种公用的信息格式统一多种信息。

表示层提供相关服务有数据表示、数据安全和数据压缩。

（7）应用层

应用层是 OSI 七层模型的最高层，也是最接近使用者的一层。它是计算机网络与最终用户间的接口，它包含了系统管理员管理网络服务所涉及的所有问题和基本功能。简单一点描述应用层应该是，用户通过应用层的协议去完成用户想要完成的任务。

3. TCP/IP 模型

前面已讲述了七层结构的 OSI 参考模型，但是在实际中完全遵从 OSI 参考模型的协议几乎没有。尽管如此，OSI 模型为人们考查其他协议各部分间的工作方式提供了框架和评估基础。下面讲述 TCP/IP 网络结构也将以 OSI 参考模型为框架对其作进一步解释。图 7-16 表示 TCP/IP 体系结构与 OSI 参考模型的对应关系。

TCP/IP 是一组通信协议的代名词，是由一系列协议组成的协议簇。它本身指两个协议集：TCP（传输控制协议）和 IP（互联网络协议）的结合而成的。TCP/IP 体系结构与 TCP/IP 协议簇的对应关系如图 7-17 所示。

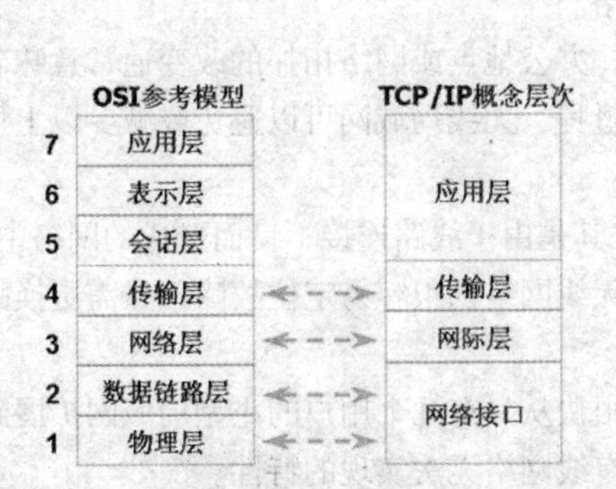

图 7-16 TCP/IP 体系结构与 OSI 参考模型的对应关系

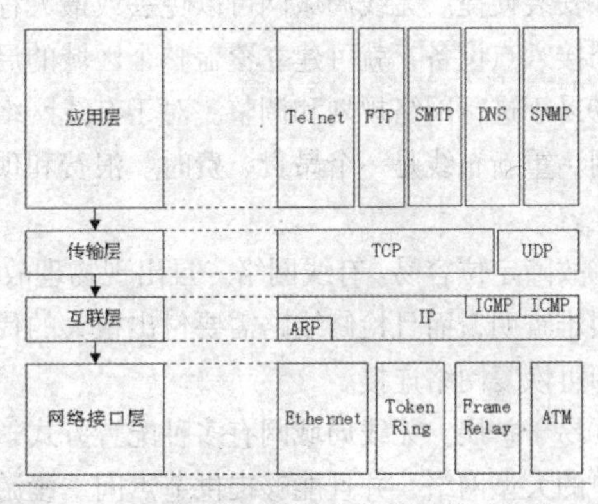

图 7-17 TCP/IP 体系结构与协议簇的对应关系

表 7-3 为 TCP/IP 结构中常见应用层协议的对应层次以及网络服务解释。

表 7-3 TCP/IP 协议集的主要协议及服务

协议	提供的服务	相应 OSI 层次
DNS	域名解析服务	应用层
HTTP	超文本传输协议	应用层
TELNET	远程登录服务	应用层
FTP	文件传输协议	应用层
SNMP	简单网络管理协议	应用层
SMTP	简单邮件传输协议	应用层
TCP	传输控制协议	传输层
UDP	用户数据报协议	传输层
ARP	地址解析协议	网络层
ICMP	差错和控制协议	网络层

7.1.8 无线局域网

无线局域网络英文全名：Wireless Local Area Networks，简写为 WLAN。它使用电磁波取代旧式双绞线所构成的有线局域网络，在空中进行通信连接。无线局域网络能实现“信息随身化、便利走天下”的理想境界。无线局域网标准见表 7-4。

表 7-4 常用无线局域网标准

标准	频段	传输速率	兼容性
IEEE 802.11a	5GHz	54Mbps	与 802.11b 不兼容
IEEE 802.11b	2.4GHz	11Mbps	
IEEE 802.11g	2.4GHz	54Mbps	可向下兼容 802.11b
IEEE 802.11n	2.4GHz 或 5GHz	目前主流 300Mbps	

（1）无线局域网的优点

①灵活性和移动性。在有线网络中，网络设备的安放位置受网络位置的限制，而无线局域网在无线信号覆盖区域内的任何一个位置都可以接入网络。无线局域网另一个最大的优点在于其移动性，连接到无线局域网的用户可以移动且能同时与网络保持连接。

②安装便捷。无线局域网可以免去或最大程度地减少网络布线的工作量，一般只要安装一个或多个接入点设备，就可建立覆盖整个区域的局域网络。

③易于进行网络规划和调整。对于有线网络来说，办公地点或网络拓扑的改变通常意味着重新建网。重新布线是一个昂贵、费时、浪费和琐碎的过程，无线局域网可以避免或减少以上情况的发生。

④故障定位容易。有线网络一旦出现物理故障，尤其是由于线路连接不良而造成的网络中断，往往很难查明，而且检修线路需要付出很大的代价。无线网络则很容易定位故障，只需更换故障设备即可恢复网络连接。

⑤易于扩展。无线局域网有多种配置方式，可以很快从只有几个用户的小型局域网扩展到上千用户的大型网络，并且能够提供节点间“漫游”等有线网络无法实现的特性。

（2）无线局域网的不足之处

①性能。无线局域网是依靠无线电波进行传输的。这些电波通过无线发射装置进行发射，而建筑物、车辆、树木和其他障碍物都可能阻碍电磁波传输，会影响网络的性能。

②速率。无线信道的传输速率与有线信道相比要低得多。目前无线局域网的最大传输速率为 1Gbit/s，只适合于个人终端和小规模网络应用。

③安全性。本质上无线电波不要求建立物理的连接通道，无线信号是发散的。从理论上讲，很容易监听到无线电波广播范围内的任何信号，造成通信信息泄露。

7.1.9 物联网

物联网是新一代信息技术的重要组成部分，也是“信息化”时代的重要发展阶段。其英文名称是“Internet of things（IoT）”。顾名思义，物联网就是物物相连的互联网。

国际电信联盟（ITU）发布的 ITU 互联网报告，对物联网做了如下定义：通过二维码识读设备、射频识别（RFID）装置、红外感应器、全球定位系统和激光扫描器等信息传感设备，按约定的协议，把任何物品与互联网相连接，进行信息交换和通信，以实现智能化识别、定位、跟踪、监控和管理的一种网络。

在物联网应用中有三项关键技术。

（1）传感器技术：这也是计算机应用中的关键技术。

（2）RFID 标签：也是一种传感器技术，RFID 技术是融合了无线射频技术和嵌入式技术为一体的综合技术，RFID 在自动识别、物品物流管理有着广阔的应用前景。

（3）嵌入式系统技术：是综合了计算机软硬件、传感器技术、集成电路技术、电子应用技术为一体的复杂技术。经过几十年的演变，以嵌入式系统为特征的智能终端产品随处可见；小到人们身边的 MP3，大到卫星系统。

物联网的用途范围：物联网用途广泛，遍及智能交通、环境保护、政府工作、公共安全、平安家居、智能消防、工业监测、环境监测、照明管控、老人护理、个人健康、花卉栽培、水系监测、食品溯源、敌情侦查和情报搜集等多个领域。

7.2　因特网基础及应用

7.2.1　因特网基本概念

因特网是“Internet”的中文译名，它起源于美国的五角大楼，前身是美国国防部高级研究计划局（ARPA）主持研制的 ARPANET。因特网是通过产业、教育、政府和科研部门中的自治网络，将用户连接起来的世界范围的网络。

因特网是基于 TCP/IP 实现的，TCP/IP 协议由很多协议组成，不同类型的协议又被放在不同的层，其中位于应用层的协议就有很多，比如电子邮件、FTP、SMTP、HTTP。只要应用层使用的是 HTTP 协议，就称为万维网（World Wide Web）。

互联网是两个或多个子网络构成的一种网络。这种网络可包括网桥、路由器、网关或它们的组合。互联网和因特网的关系是：互联网包含因特网，即大写的因特网是小写互联网的其中一种形式，反过来却不然。

internet 小写代表互联网，Internet 大写代表因特网。以小写字母 i 开始的 internet（互联网）是一个通用名词，它泛指多个计算机网络互连而组成的网络，在这些网络之间的通信协议（即通信规则）可以是任意的。以大写字母 I 开始的 Internet（因特网）则是一个专用名词，它指当前世界上最大的、开放的、由众多网络相互连接而成的特定计算机网络，它采用 TCP/IP 协议族作为通信的规则，且前身是美国的 ARPANET。

我国第一次与国外通过计算机和网络进行通信始于 1983 年，这一年，中国高能物理研究所通过商用电话线，与美国建立了电子通信连接，实现了两个节点间电子邮件的传输。从此拉开了中国 Internet 的帷幕。

1994 年 5 月，中国科学院高能物理研究所通过一条 64Kbps 卫星线路连到美国 Internet，这是中国大陆联系国际 Internet 的第一条纽带。从此我国 Internet 步入了高速发展的时期。

我国目前有四大主干网，即：中国科学技术网（CSTNET）、中国教育和科研计算机网（CERNET）、中国金桥信息网（CHINAGBN）、中国公用计算机互联网（CHINANET）。上述骨干网均可通过国家关口局与国际 Internet 相连通。

7.2.2 因特网服务及应用

Internet 是一个信息资源的大海洋，人们可以在 Internet 上迅速而方便地与远方的朋友交流信息，人们还可以在网上漫游、访问和搜索各种类型的信息库。所有这些都应该归功于 Internet 所提供的各种各样的服务，主要如下。

1. WWW（World Wide Web，万维网）服务

1989 年，由欧洲原子核研究机构 CERN 开发成功的 WWW。此服务让人们可以通过客户端 IE 浏览器使用 HTTP 协议浏览到 WWW 服务器里面的网页文件，实现信息的发布或搜索。

WWW 提供了一个容易使用的图形化界面，以方便浏览和查阅因特网上的文档。这些文档采用一种超链接的非线性结构连接在一起，构成了一个庞大的信息网。用户只需安装一个浏览器软件，就可浏览因特网上的所有资源和信息，而不需关心这些信息是在什么地方。

WWW 的主要特点：采用 C/S 结构，双向数据通信和信息收集；主要采用 TCP/IP 协议中的 HTTP 协议；Web 文档均采用 HTML 语言编写，并采用超文本和超链接结构，使用非常简单；允许客户机程序访问各种多媒体信息系统：文字、图象、声音、视频等；通过 URL 进行文档和资源的访问，并采用交互式浏览和查询方式，可输入查询条件查询；信息分散存放，可随时修改。图 7-18 显示 WWW 服务中有关概念之间的关系。

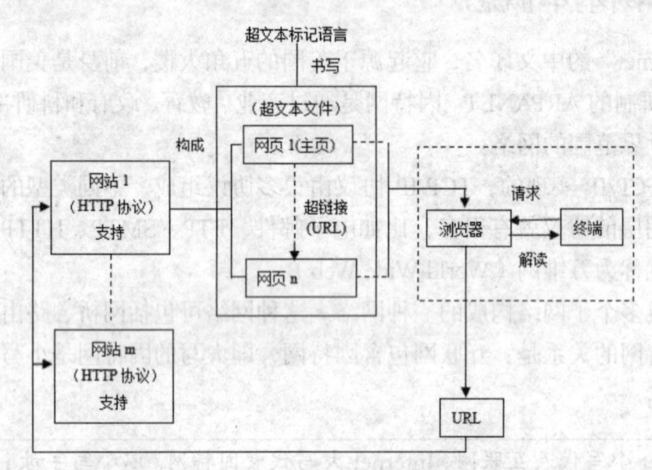

图 7-18　WWW 服务中有关概念之间的关系

WWW 服务中主要涉及以下基本概念：

（1）URL：URL（Uniform Resource Locator，统一资源定位器）用来描述因特网上某个信息资源的位置，它可能代表了因特网上某个网站中的某一网页或 FTP 站内的某个文件。

URL 地址格式为：协议名称://服务器主机名或域名［:端口号］/目录名/…/文件名

例如：http://sf.hkc.edu.cn/web/jsj/cs.html

URL 地址以信息资源协议名开头，目前在 WWW 系统中编入 URL 中最普遍的服务连接协议有如下几种：

http://使用 HTTP 协议提供超级文本信息服务的 WWW 信息资源空间；

https://HTTP 的安全版，提高通信的安全性；

ftp://使用 FTP 协议提供文件传送服务的 FTP 资源空间；

file://用于访问本地计算机中的文件，就如同在 Windows 资源管理器中打开文件一样；

telnet://使用 Telnet 协议提供远程登录信息服务的 Telnet 信息资源空间；

gopher://由全部 Gopher 服务器构成的 Gopher 信息资源空间。

基于 HTTP 协议的 C/S 模式信息交换过程分 5 个步骤：客户端提出连接请求、服务端确认请求建立连接、客户端发送信息请求、服务端响应信息请求、关闭连接。

（2）超级链接：超级链接（Hyperlink）是文件中一些特殊的文字和图形，用鼠标左键单击这些文字和图形时，会从一个文本跳到到另一个文本。

（3）超文本：含有超级链接的文本称为超文本（Hypertext）。超文本形式上仍然是 ASCII 文件，可以用一般的文字处理软件进行编辑、处理。它对不同来源的信息加以链接，可以指向任何形式的文件。

（4）超文本标记语言：超媒体方式的关键除了超文本和超媒体思想的形成，还在于这种思想实现机制提出一种全新的文档语言“超文本标记语言”HTML（Hyper Text Markup Language）。它使用户能够将文档中的词和图像与其他文档链接起来，不论这些文档存放何处，只需用鼠标单击一下那些嵌入链接项，就可以将 Internet 上与其相关联的文档查找并显示在屏幕上。HTML 是一种专用的编程语言，用于编制要通过 WWW 显示的超文本文件的页面。

（5）超文本传输协议：超文本传输协议 HTTP（Hyper Text Transfer Protocol）它可以简单地看成是浏览器和服务器之间的会话。

（6）主页：主页（Home Page）就是用户在访问网上某个站点时，首先显示的第一个页面，也称为 WWW 的“初始页”。

2. 电子邮件服务

（1）基本概念

电子邮件又称电子信箱，它是网上的邮政系统，是一种以计算机网络为载体的信息传输方式。电子邮件与普通邮政系统传递信件的方式基本相似。在普通的邮政系统中每个用户都有一个地址和信箱，如果你要发送信件，你只需要将信件写上你和你朋友的地址，然后放到邮局就可以了，邮局会根据你填写的地址传递到其他邮局，最终你朋友会收到你的来信。

那么电子邮件系统中，其实也一样，如果你要想给你的朋友发送一封件时，首先你要在邮件客户端写好信件内容，然后写上你朋友的邮件地址，然后发送。发送的过程中可能要经过 Internet 中的多个邮件服务器（类似于邮局）进行转发，最终会传输到你朋友信箱的邮件服务器中，然后你朋友就可以登陆到邮件服务器，输入邮件的用户名和口令查看你给她发送的信息。然后你朋友可以以相反的过程给你发送其它信息。通过电子邮件不仅可以发送文本信息，而且可以发送任何数据，如图形、图像、声音、动画等各种数据。

在电子邮件系统中主要涉及的协议有 SMTP 协议、POP3 协议和 IMAP 协议。

SMTP（Simple Mail Transfer Protocol）即简单邮件传输协议。SMTP 的一个重要特点是它在传送中能够采用接力方式传送邮件，即邮件可以通过不同网络上的服务器以接力方式传送，包括有两种情况：一是电子邮件从客户机传输到服务器；二是从某一个服务器传输到另一个服务器。SMTP 是个请求/响应协议，它监测 25 号端口，用于接收用户的 Mail 请求，并与远端 Mail 服务器建立 SMTP 连接。

POP3（Post Office Protocol-Version 3）即第三代邮局协议。它采用客户机/服务器工作模式，默认监测 110 端口。当客户机需要服务时，客户端的软件（Outlook 或 Foxmail 等）将与 POP3 服务器建立 TCP 连接，此后要经过 POP3 协议的三种工作状态。首先是认证过程，确认客户机提供的用户名和密码；在认证通过后便转入处理状态，在此状态下用户可收取自己的邮件或做邮件的删除；在完成响应的操作后客户机便发出 quit 命令，此后便进入更新状态，将做删除标记的邮件从服务器端删除掉。到此为止，整个过程即告完成。

IMAP（Internet Mail Access Protocol，Internet 邮件访问协议）以前称作交互邮件访问协议（Interactive Mail Access Protocol）。IMAP 是与 POP3 对应的一种协议。IMAP 除了提供 POP3 同样方便的邮件下载服务，让用户能进行离线阅读外，还提供了摘要浏览功能，可以让用户在阅读完所有的邮件到达时间、主题、发件人、大小等摘要信息后，才作出是否下载邮件的决定。不过由于服务成本高等原因，目前能提供 IMAP 协议服务的还较少。IMAP 协议运行在 TCP/IP 协议之上，使用的端口是 143。

（2）电子邮件系统工作原理

电子邮件系统采用所谓“存储转发”（Store and forward）工作方式。其实这也是目前绝大多数计算机网络所采用的一种数据交换技术。

在 Internet 上，一个电子邮件的实际传送过程是这样的。首先由发送方计算机（客户机）的邮件管理程序将邮件进行分拆，并封装成传输层协议（TCP）下的一个或多个 TCP 邮包（分组），而这些 TCP 邮包又按网络层协议（IP）包装成 IP 邮包（分组），并在它上面附上目的计算机的地址（IP 地址）。一旦客户机完成对电子邮件的这些编辑处理以后，客户机的软件便自动启动，根据目的计算机的 IP 地址，确定与哪一台计算机进行联系，请求与对方建立 TCP 连接。假如连接成功，便将 IP 邮包送上网络。

（3）电子邮件的一般格式

①电子邮件头部的格式：每一个电子邮件的头部都有类似的标准格式，主要是说明发信人、收信人、发信日期和时间、信件的主题等信息。通常邮件的头部是以 From、To、Date 和 Subject 开始的。

②电子邮件的地址格式：一个完整的 E-mail 地址看起来不太方便记忆，它是一个由字符串组成的式子。这些字符串由@分成两部分，例如 login name@host name.domain name，即结构为：用户邮箱名@主机名.邮件服务器域名。

这里“@”表示“在”（即英文单词 at）。在它的左边为用户邮箱名，也就是用户的账号，用户在入网时所取的名字；在@的右边是由主机名和邮件服务器域名构成。

③一个电子邮件可以发送给多个收信人：现在 E-mail 系统均允许用户将一个邮件同时发给多个收信人。发信人只需将收件人中多个用户邮箱用“;”隔开，系统便会向每一个收信人发送一个信件的副本。

3. 流媒体

（1）基本概念

流媒体是指采用流式传输的方式在因特网播放的媒体格式，包括音、视频文件等。流式传输时，音/视频文件由流媒体服务器向用户计算机连续、实时地传送，即“边下载边播放”。

目前，流媒体技术已广泛应用于多媒体新闻发布、在线直播、网络广告、电子商务、视频点播、远程教育、远程医疗、网络电台、实时视频会议等方方面面。

（2）流媒体原理

实现流媒体需要两个条件：合适的传输协议和缓存。

使用缓存的目的是消除时延和抖动的影响，以保证数据报顺序正确，从而使媒体数据能够顺序输出。流媒体格式有很多，如 asf、rm、ra、mpg、flv 等，不同格式的流媒体文件需要不同的播放软件来播放。常见的流媒体播放软件有 RealNetworks 公司出品的 RealPlayer、微软公司的 Media Player 等。

4. FTP（File Transport Protocol，文件传输协议）

文件传输是在 Internet 上把文件准确无误地从一个地方传输到另一个地址。利用 Internet 进行交流时，经常需要传输大量的数据或信息，所以文件传输是 Internet 的主要用途之一，在 Internet 上许多 FTP 服务器对用户都是开放的，有些软件公司在软件发布时，常常将一些试用软件放在特定的 FTP 服务器上，用户只要把自己的计算机连入 Internet 就可以访问和下载这些软件。

注意

通常在浏览器的地址栏访问 FTP 服务器，如果有专门用户名和密码时，访问的格式为：ftp://用户名:密码@服务器 ip 地址。

访问示例：FTP://ceshi:123456@192.168.1.1。

通过 FTP 程序连接匿名 FTP 主机的方式同连接普通 FTP 主机的方式差不多，只是在要求提供用户匿名标识为“anonymous”，该匿名用户的口令可以是任意的字符串。

使用 IE 浏览器中访问 FTP 站点并下载文件的步骤如下。

（1）打开 IE 浏览器，在地址栏中输入要访问的 FTP 站点地址，例如：香港中文大学的 FTP 站点 ftp://ftp.cuhk.hk/。

（2）若不是匿名站点，则 IE 提示输入用户名和密码，然后再登录；如果是匿名站点，IE 会自动匿名登录。

（3）若需下载文件，则在链接上单击右键，选择“目标另存为”，即可以下载到本地。

5. DNS（Domain Name Service，域名系统）

当你上网的时候你愿意输入 202.100.206.136 还是原意输入 http://www.hkc.edu.cn 呢？当然你会选择后者，因为记忆一个网站的 IP 地址要比记忆一个网址难的多了，所以要把 IP 地址用域名的方式来表示，能够实现一个域名和一个 IP 地址之间相互转换的服务，就是我们经常提到的域名服务 DNS。

域名的特点：易于记忆和理解；使网络服务更易于管理；在应用上与 IP 地址等效。

常见站点的域名后缀表示方式和意义如表 7-5 所示。

表 7-5　常见域名后缀及其意义

域名代码	意义
com	商业组织
edu	教育机构
gov	政府部门
mil	军事部门
net	主要网络支持中心
org	其他组织
int	国际组织

6. Telnet（远程登录）

Telnet 的主要作用是实现在一端管理另一端的一种协议。比如你怎样才能在本地计算机上为其他计算机创建用户，启动或停止一个服务，或在 Windows 操作系统和管理 Linux 操作系统，又或者在 Windows 操作系统中来配置和管理路由器、交换机等。实现远程管理的方法很多，那么系统自带一种协议 Telnet 使我们管理网络更简单。

Internet 通过 Telnet 协议提供远程登录服务，该协议位于 TCP/IP 的应用层。使用 Telnet 协议进行远程登录时，应当满足如下条件：

（1）在本地机上必须装有包含 Telnet 协议的客户程序。

（2）必须知道远地主机的 IP 地址或域名、登录标识和密码。

（3）在本地机与远地主机之间，建立起通信连接。

7. DHCP（Dynamic Host Configuration Protcol，动态主机配置协议）

这个服务主要在网络中实现为每台主机动态分配 IP 地址的一种服务，无论在广域网还是局域网 DHCP 服务都是非常有用的。在 Internet 中拨号上网后 ISP 提供商的 DHCP 服务器为我们的主机动态分配了一个 IP 地址，这个 IP 地址不是永久的而是暂时的，一旦用户断线则地址将被收回，下次重新获取一个新的 IP 地址。在局域网中经常使用 DHCP 服务器来给公司内部员工动态分配地址，减轻你的网络管理负担。

7.2.3 因特网接入技术

Internet 本质上就是一个使用 IP 地址分配方案，支持传输控制协议/网际协议（TCP/IP），并向用户提供服务的网络。

1. 网络协议定义

网络协议为计算机网络中进行数据交换而建立的规则、标准或约定的集合。

网络协议是由三个要素组成。

（1）语义：是解释控制信息每个部分的意义。它规定了需要发出何种控制信息，以及完成的动作与做出什么样的响应。

（2）语法：语法是用户数据与控制信息的结构与格式，以及数据出现的顺序。

（3）时序：时序是对事件发生顺序的详细说明，也可称为“同步”。

我们把这三个要素描述为：语义表示要做什么，语法表示要怎么做，时序表示做的顺序。

2. 数据通信主要指标

（1）数据传输速率：是指每秒能传输的二进制代码的位数，单位为位/秒（记为 bit/s 或 bit per second，简写为 bps）。如调制解调器的传输速率由早期 300bit/s 逐步提高到现在的 28.8kbit/s、33.6kbit/s 和 56kbit/s，速度越来越快。

（2）误码率：是衡量数据通信系统在正常工作情况下传输可靠性的指标，指的是二进制码元传输出错的概率。如收到 10000 个码元，经检查后发现有一个错了，则误码率为万分之一。

（3）信道容量：表示一个信道的传输能力，对数字信号用数据传输速率作为指标，是以信道每秒钟能传输的比特为单位的，记为比特/秒或位/秒。

3. IP 地址

（1）物理地址

MAC（Media Access Control，介质访问控制）地址，也叫硬件地址或物理地址，长度是 48 比特（6 字节），由 16 进制的数字组成，分为前 24 位和后 24 位。前 24 位叫做组织唯一标志符（Organizationally Unique Identifier，即 OUI），是由 IEEE 的注册管理机构给不同厂家分配的代码，区分了不同的厂家；后 24 位是由厂家自己分配的，称为扩展标识符。同一个厂家生产的网卡中 MAC 地址后 24 位是不同的。

MAC 地址对应于 OSI 参考模型的第二层数据链路层，工作在数据链路层的交换机维护着计算机 MAC 地址和自身端口的数据库，交换机根据收到的数据帧中的“目的 MAC 地址”字段来转发数据帧。

网络的物理地址给 Internet 统一全网地址带来两个方面的问题：第一，物理地址是物理网络技术的一种体现，不同的物理网络，其物理地址的长短、格式各不相同。这会给跨网通信设置障碍；第二，物理地址一般不能修改，否则将造成与原来的网络技术发生冲突。

（2）IP 地址定义

Internet 针对物理地址的现实问题，采用由 IP 网间各层通过上层软件完成“统一”物理地址的方法。IP 协议提供一种全网统一的地址格式。在统一管理下，进行地址分配，保证一个地址对应一台主机（包括路由器或网关），这样物理地址的差异就被 IP 层所屏蔽。因此，这个地址既称为 “Internet 地址” 又称为“IP 地址”。

目前 IP 地址主要有 IPv4 和 IPv6 两种类型，本节主要讨论的是 IPv4 类型的地址。

在 TCP/IP 中，IP 地址是以二进制数字形式出现的，但这种形式非常不适用于人阅读，为了便于用户阅读和理解 IP 地址，Internet 管理委员会决定采用一种“点分十进制表示方法”表示 IP 地址。

IPv4 地址是由 32 位的二进制（0 和 1）构成的，用三个“.”分成四部分的十进制来表示，其中每一个十进制整数对应于一个字节（8 个比特为一个字节称为一段），可参见表 7-6 中给出点分十进制数和二进制数表示的 IP 地址对应关系。

表 7-6 点分十进制数和二进制数表示 IP 地址对应关系

点分十进制数表示 IP 地址	对应二进制数表示 IP 地址
109.128.255.254	01101101.10000000.11111111.11111110
202.38.185.64	11001010.00100110.10111001.01000000

IP 地址是由网络号和主机号组成的，基本结构见图 7-19 所示。

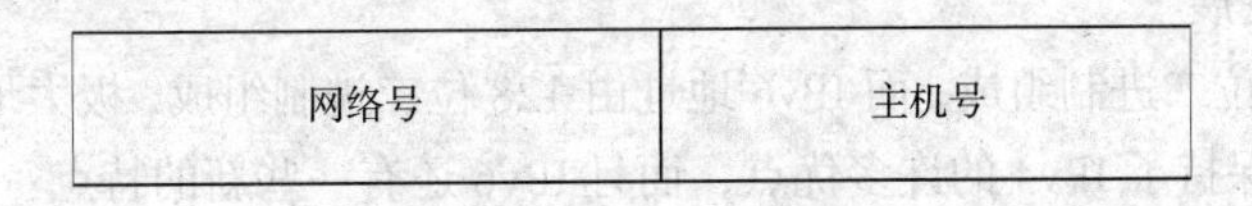

图 7-19 IP 地址基本结构

IP 地址分为 A、B、C、D、E 五类，常用的是 A、B、C 三类。除此之外，还有两种类型的地址，一种是专供多播传送用的多播地址 D 类，另一种是保留实验用地址 E 类。五类地址的结构见图 7-20 所示。

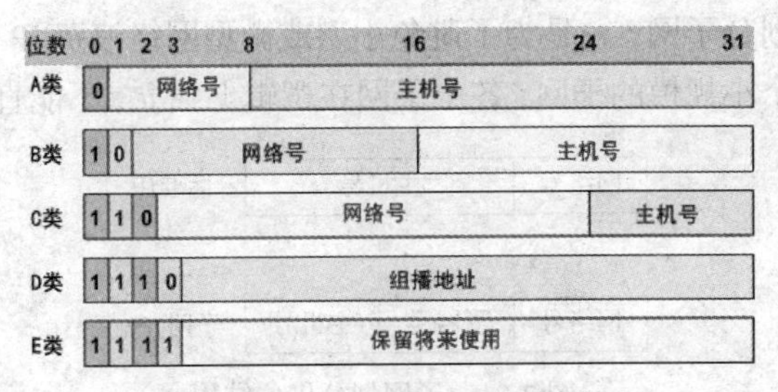

图 7-20 五类 IP 地址基本结构

参考图 7-20 可理解常用 A、B、C 三类地址的结构，具体如下表 7-7 所示。

表 7-7　　A、B、C 三类地址网络号和主机号长度

IP 地址类别	网络号长度	主机号长度
A	1B（8 位，可变的为 7 位）	3B（24 位）
B	2B（16 位，可变的为 14 位）	2B（16 位）
C	3B（24 位，可变的为 21 位）	1B（8 位）

即可得出可容纳的网络数和主机数，见表 7-8 所示。

（3）IP 地址的管理

Internet IP 地址由 NIC（Internet Network Information Center）统一负责全球地址的规划、管理。同时由 Inter NIC、APNIC、RIPE 等网络信息中心具体负责美国及全球其他地区的 IP 地址分配。APNIC 负责亚太地区，我国申请 IP 地址要通过 APNIC，申请时要考虑申请哪一类的 IP 地址，然后向国内的代理机构提出。

表 7-8　　A、B、C 三类地址网络数和主机数

类别	第一字节范围	可容纳最大网络数（个）	可容纳最大主机数（台）	适用网络
A	1~126	2^7-2	2^{24}-2	大型
B	128~191	2^{14}-1	2^{16}-2	中型
C	192~223	2^{21}-1	2^8-2	小型

主机号的所有位为“0”的地址是保留给网络本身的。主机号位所有都为“1”的地址是用作广播地址。所以普通的 IP 地址的主机号不能全是“0”或全是“1”。网络号亦是如此。

A 类 IP 地址完整范围为：1.0.0.0～127.255.255.255，有效范围是：1.0.0.1～126.255.255.254；

B 类 IP 地址完整范围为：128.0.0.0～191.255.255.255，有效范围是：128.1.0.1～191.255.255.254；

C 类 IP 地址完整范围为：192.0.0.0～223.255.255.255，有效范围是：192.0.1.1～223.255.255.254。

（4）IP 地址的发展

IPv4 地址由 32 位二进制组成，而 IPv6 地址由 128 位二进制组成，极大地提高了可用 IP 地址数量。同时 IPv6 仍保持了 IPv4 的许多优点，而且 IPv6 还有一些新的特点：

①更大的地址空间。IPv6 最大的变化是地址位数由 32 位增加到 128 位。

②增强的选项。提供了 IPv4 所不具备的新选项，可提供新的设施。

③支持资源分配。IPv6 提供一种机制，允许对网络资源的预分配。

④对协议扩展的保障，适应底层网络硬件或新的应用。

（5）子网掩码

子网编码主要用于划分子网，一是为了避免小型或微型网络浪费 IP 地址；二是可将一个大规模的物理网络划分成几个小规模的子网，各个子网在逻辑上独立，不能直接通信，如图 7-21 所示。

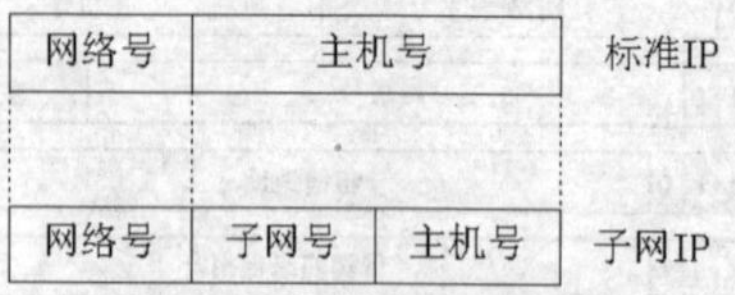

网络号	主机号		标准IP
网络号	子网号	主机号	子网IP

图 7-21　子网划分借位结构

子网掩码的构成如下。

- 将 IP 地址的主机号部分（注意：不同类 IP 的主机号长度不同）进一步划分成子网号部分和主机号部分。
- 从标准 IP 地址的主机号部分“借”位并把它们指定为子网号部分。
- 在“借”用时至少要借用 2 位，在“借”用时必须使主机号部分至少剩余 2 位。
- 子网掩码的构成：与 IP 地址的网络号和子网号相对应的位用“1”表示，与 IP 地址的主机号相对应的位用“0”表示。

子网掩码总是和 IP 地址成对出现的，它和 IP 地址的格式一模一样，也是 32 位二进制数组成，并且和 IP 地址的 32 位二进制数是一一对应的。默认子网掩码见表 7-9 所示。

表 7-9　子网掩码默认值

IP 地址类别	子网掩码的默认值（点分十进制）	子网掩码的默认值（二进制）
A	255.0.0.0	11111111 00000000 00000000 00000000
B	255.255.0.0	11111111 11111111 00000000 00000000
C	255.255.255.0	11111111 11111111 11111111 00000000

例：IP 地址 192.168.5.88 对应的网络号、主机号、网络地址分别是多少？

解：该 IP 是 C 类地址，其对应的网络号长度为前 3B（即点分十进制中的前 3 段）。

所以，该 IP 地址对应的网络号是 192.168.5，主机号是 88。

网络地址是 192.168.5.0　　（网络地址 = 网络号 + 全“0”的主机号）；

广播地址是 192.168.5.255　　（直接广播地址 = 网络号 + 全“1”的主机号）。

4. ISP（因特网服务提供商）

因特网服务提供商全称为 Internet Service Provider，能提供拨号上网服务、网上浏览、下载文件、收发电子邮件等服务，是网络最终用户进入 Internet 的入口和桥梁。它包括 Internet 接入服务和 Internet 内容提供服务。目前我国有四大网络基础运营商：中国电信、中国移动、中国联通、中国广播电视网络有限公司。

5. Internet 接入方式

（1）拨号接入方式（适用于小型子网或个人用户）：通过 PSTN（公用电话网）拨号接入；通过 ISDN 拨号接入；通过 ADSL（非对称数字用户线）接入；无线接入（WLAN）等。

（2）专线接入方式（适用于中型子网接入）：通过路由器经 DDN 专线接入；通过 FR（帧中继）接入；通过分组交换网（如 X.25）接入；通过微波或卫星接入。

个人用户连接 Internet 的方式有以下几种。

（1）通过 PSTN 采用 56kb/s Modem 拨号上网。

优点：经济、方便、适用地区广；

缺点：带宽过小、稳定性差。

（2）通过 ISDN 上网。

优点：可利用原有电话线实现多种功能，适用地区广，目前较少使用；

缺点：带宽仍较小（单通道：64k；双通道：128kbit/s）。

（3）通过 ADSL 上网：ADSL 属于 DSL 技术的一种，全称 Asymmetric Digital Subscriber Line（非对称数字用户线路），亦可称作非对称数字用户环路。ADSL 技术提供的上行和下行带宽不对称，因此称为非对称数字用户线路。

优点：带宽较高（上行：1Mbps；下行：8Mbit/s-24Mbit/s），且为用户独享，安装方便；

缺点：初装费较高，终端（ADSL MODEM）价格适中，可安装地区较多，但网速受与电信局端设备距离影响较大。

（4）通过 Cable Modem（有线电视）上网。

优点：接入稳定，可 24 小时在线，收费适中；

缺点：前期投入较高，多用户共享带宽（10Mbit/s），目前可安装地区正在逐步扩大。

（5）通过光纤宽带网（FDDI）上网。

优点：接入稳定，可 24 小时在线，收费适中；

缺点：初装费用较贵，安装较麻烦，线路普及程度不够，多用户共享带宽。

（6）无线局域网接入。

此种网络构建不需要布线，省时省力，也易于更改维护。想要无线接入网络，一台无线 AP 是必需的。通过 AP，装有无线网卡的计算机或支持 Wi-Fi 功能的手机等设备就可以接入因特网。

WIFI、wifi、WI-FI 是不规范写法，正规写法为 WiFi 或 Wi-Fi。

7.3 信息安全基础

7.3.1 信息安全概述

随着计算机网络的发展及广泛应用，信息安全问题越来越受到人们的重视。信息系统安全包括保护计算机信息系统中的各种软硬件资源不受侵害；数据信息不被替换、盗窃或丢失。早期人们使用计算机所关注的只是数据存储的安全性，随后开始关注计算机病毒，现在由于互联网的开放性，信息安全就成为了计算机系统中不可或缺的重要组成部分。

现实中信息系统安全的威胁主要来自于人为地蓄意破坏和盗窃，是一场与计算机犯罪的斗争，涉及社会、道德、经济与法律的各个层面。本小节主要从用户和防范技术的角度，介绍计算机病毒及防治，防火墙技术，保护信息安全的数字加密技术、数字签名和身份认证及数字证书。

1. 信息安全要素

信息安全又称为数据安全，信息安全技术必须保证信息在网络传输过程中的保密性、完整性、可用性和不可否认性。

（1）保密性：保密性是指信息不泄露，不被非法利用。信息在网络传输过程中，只有信息的发件者和收件者知道信息的内容。即使有非授权用户截获了传输的数据包，也不能解读出真实的信息内容。实现保密性的方法一般是通过对信息的加密并根据授权用户的权限划分密级等。

（2）完整性：完整性是指信息未经授权不能发生改变，在网络传输过程中未受损或破坏。只有得到授权者才能修改信息，并且能判断出信息是否已被篡改或根本就是伪造的。

（3）可用性：可用性是指保证授权的用户需要时，总能够及时得到信息和信息系统随时提供的服务，攻击者不能占用所有的资源阻碍授权者对系统中信息的利用。

（4）不可否认性：不可否认性是指网络信息系统应能提供一种机制，确保信息的行为人对于自己的信息行为负责，不能抵赖自己曾经有过的行为，也不能否认曾经接到对方的信息。这在电子商务、电子政务和各种电子交易系统中是不可或缺的安全性要求。

黑客可定义为利用自己在计算机程序编制方面的技术，设法在未经授权的情况下通过网络访问他人计算机文件或给电脑网站制造麻烦且危害网络安全的人。

2. 信息安全相关概念

5种可选的安全服务:鉴别、访问控制、数据保密、数据完整性和防止否认。

8种安全机制:加密机制、数据完整性机制、访问控制机制、数据完整性机制、认证机制、通信业务填充机制、路由控制机制、公证机制。

网络攻击分为主动攻击和被动攻击：主动攻击包含攻击者访问他所需信息的故意行为。比如远程登录到指定机器的端口25找出公司运行的邮件服务器的信息；伪造无效IP地址去连接服务器，使接受到错误IP地址的系统浪费时间去连接非法地址。攻击者是在主动地做一些不利于个人或公司系统的事情。正因为如此，如果要寻找他们是很容易发现的。主动攻击包括拒绝服务攻击、信息篡改、资源使用、欺骗等攻击方法。

被动攻击主要是收集信息而不是进行访问，数据的合法用户对这种活动一点也不会觉察到。被动攻击包括嗅探、信息收集等攻击方法。

从攻击的目的来看，可以有拒绝服务攻击（Dos）、获取系统权限的攻击、获取敏感信息的攻击；从攻击的切入点来看，有缓冲区溢出攻击、系统设置漏洞的攻击等；从攻击的纵向实施过程来看，又有获取初级权限攻击、提升最高权限的攻击、后门攻击、跳板攻击等；从攻击的类型来看，包括对各种操作系统的攻击、对网络设备攻击、对特定应用系统攻击等。

7.3.2 数据加密

1. 数据加密基本概念

所谓数据加密技术就是对数据进行一组可逆的数学变换，加密前的数据称为明文，加密后的数据称为密文。

将明文变换成密文的过程称为加密，加密在加密密钥的控制下进行，用于对数据加密的一组数学变换称为加密算法。密文数据通过网络公开传输，而只有合法的收件者拥有密钥，合法的收件者在收到密文后，施行与加密算法相逆的变换恢复出明文，这一过程称为解密。解密在解密密钥的控制下进行，用于对数据解密的一组数学变换称为解密算法。

可见加密和解密都需要有密钥和相应的算法，密钥一般就是一串数字，而加密和解密算法则是分别作用于明文或密文及相应密钥的一个数学函数。

加密和解密的算法没有必要保证是保密的，唯一使得数据保密的因素就是密钥。

2. 对称密钥密码体系

经典的密码体系中加密密钥和解密密钥是相同的，或者可以简单地相互推导出来，所以加密密钥和解密密钥必须同时保密。这种密码体系称为对称密钥密码体系。图7-22所示为用户甲向乙发送信息，甲乙双方用同一个密钥加密和解密的过程。

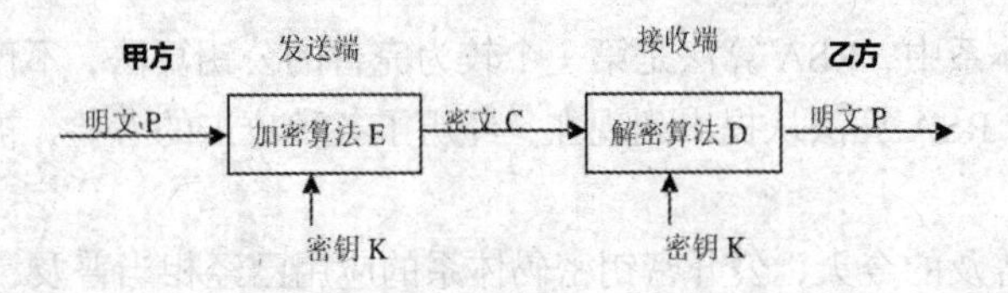

图7-22　对称密钥密码体系示意图

对称密钥密码体系的主要问题是：一开始收件者怎么得到密钥呢？如果通过网络传送，那么这个密钥只能是明文，也就失去了保密性。因此必须事先通过一个安全信道交换密钥，所以对称密钥密码体系中密钥的分发和管理非常复杂。例如如果 *N* 个用户都要和其他 *N*-1 个用户进行加密通信，那么他就需要 *N*（*N*-1）把秘钥。但如果每两人共享一个秘钥，则秘钥数为 *N*（N-1）/2。要存储这么多密钥，系统的开销也很大，而且还存在安全隐患。还有双方都可以否认发送过或接收到信息，也就没有解决不可否认性问题。

3. 公开密钥密码体系

公开密钥密码体系科学地解决了密钥的分发问题，它的加密密钥和解密密钥是不同的，也不可以相互推导出来，因此也称为非对称密钥密码体系。

公开密钥密码体系中每个用户有两个密钥：公共密钥（公钥）和私有密钥（私钥），这两个密钥在数学上是相关的，但不可以在有效的时间内相互推导出来。每个用户的公钥是公开的，而私钥是保密的。发送信息方用对方的公开密钥加密，收信者用自己的私钥进行解密，

图 7-23 表现甲向乙发送信息，发送方（甲方）用接收方（乙方）的公钥加密，而接收方（乙方）用自己的私钥解密的过程。

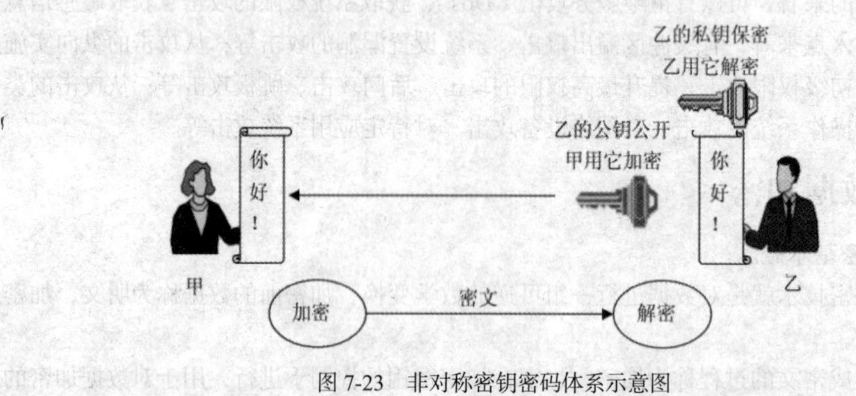

图 7-23　非对称密钥密码体系示意图

公开密钥加密算法的核心是运用一种特殊的数学函数“单向散列函数”，该函数从一个方向求值是容易的，但其逆向计算却很困难，以至于在有限的时间里认为是不可行的。公开密钥密码技术它不仅保证了安全性又易于管理。由于用于加密的公钥是公开的，密钥的分发和管理就很简单，例如一个网络有 *N* 个用户，需要相互通信，仅需要 *N* 对密钥。其不足之处是由于算法实现的复杂性导致了其加解密的速度远低于对称密钥密码体系。

4. DES 算法

该算法为密码体制中的对称密码体制，又被称为美国数据加密标准，是 1972 年美国 IBM 公司研制的对称密码体制加密算法。明文按 64 位进行分组，密钥长 64 位，密钥事实上是 56 位参与 DES 运算。特点为分组比较短、密钥太短、密码生命周期短、运算速度较慢。

5. RSA 算法

在公开密钥密码体系中，RSA 算法是第一个较为完善的公钥算法，不仅能够用于数据加密还能用于数字签名技术。RSA 算法从提出到现在，经历了各种攻击的考验，被普遍认为是目前最优秀的公钥算法之一。

在电子交易日益普及的今天，公开密钥密码体系的应用已经相当普及，RSA 公钥体系作为公开密钥密码体系的代表，正得到越来越广泛的应用。

7.3.3　身份鉴别与访问控制

1. 数字签名

在人们的交往中，有很多事情需要当事者签名，签名起到确认、核准、生效和负责任的作用。实际上，签名是证明当事者身份和当事者对所签署的文件负责的信息。既然签名是一种信息，因此签名可以用不同的形式来表示，传统上采用手写签名或印鉴或按手印，这种书面签名得到司法部门的支持，具有法律效力。随着信息时代的来临，数字签名就成了电子交往中的重要组成部分。数字签名是对传统签名的模拟，因此同样必须能够证明和鉴别当事者身份和具有法律效力。

数字签名与传统签名的本质差别是：传统签名中签名与所签署的文件是一个整体，不可分割、不可复制；而数字签名中签名与所签署的文件是电子形式，而电子形式是可以任意分割、复制的。

一个数字签名方案主要由两部分组成，即签名算法和验证算法。签名者能使用一个（秘密）签名算法签一个消息，所得的签名能通过一个公开的验证算法来验证。给定一个签名，验证算法根据签名是否真实来作出一个“真”或“假”的判断。

目前已有大量的数字签名方案，如 RSA 数字签名方案就是有代表性的一种。RSA 公钥体系既可以应用于加密，也可应用于数字签名，这是其加密和解密密钥的不对称特性的应用。公钥签名系统是利用加密系统相反的思想来实现签名的，将公开密钥密码体系中的加密算法作为签名算法，密钥保密，而用解密算法作为验证算法，密钥公开。

2. 身份认证

信息安全仅仅靠保密性还远远不够，身份认证也是很重要的。比如网上交易的双方很可能素昧平生，相隔千里，要使交易成功首先要能确认对方的身份。比如银行的自动取款机对帐号持卡人的身份识别，电子门禁出入和放行等都是以准确的身份识别为基础。

基本的身份认证方法包括以下几个主要方面：

主体特征认证：使用电子化生物唯一识别信息（如指纹、掌纹、声纹、视网膜、脸形等）对个人特征进行认证具有很高的安全性。但由于代价高、可靠性低、存储空间大和传输过程中存在被窃听的危险，因此只能作为辅助措施应用。

口令机制：口令是使时最广泛的一种身份识别方式。口令是相互约定的代码，一般是由数字、字母、特殊字符、控制字符等组成的字符串。假设只有用户和系统知道用户的口令，用户先输入他的口令，然后系统确认它的正确性。

智能卡：访问不仅需要口令，也需要使用智能卡。智能卡的作用类似于钥匙，用于启动电子设备。智能卡与普通的磁卡的主要区别在于智能卡带有智能化的微处理器和存储器。智能卡已成为目前身份识别的一种更有效、更安全的方法。智能卡仅仅为身份识别提供了一个硬件基础，要想得到安全的识别，还需要与安全协议配套使用。

一次性口令：每次用户登录时使用一次性有效的口令，用户获得口令通过一种口令发生器设备，口令发生器内含加密程序和一个唯一的内部加密密钥。这种方案的优点是用户不需口令保密，只须保护口令发生器的安全。

3. 数字证书

以互联网技术为核心的网上银行和电子商务业务正在走进人们的生活，只要能够上网，无论在家里、办公室，还是在旅途中，就能够办理查询、转账、缴费，就能购买商品。但是面对这一新兴的事物，人们却有一个最大的疑惑：网上银行和电子交易安全吗？每当我们通过网络提交自己的银行账号和密码时，心里总会有一些忐忑不安。怎么才能保证电子交易的公正性和安全性，保证电子交易双方身份的真实性。那就是要建立安全证书体系结构。数字安全证书提供了一种在网上验证身份的方式。

数字安全证书就是在网上建立的一种信任机制，是一种电子身份证，以保证互联网上网上银行和电子交易及支付的双方都必须拥有合法的身份，并且在网上能够有效无误的被进行验证。

数字证书就是包含了用户身份信息的一系列数据，是一种是由一个由权威机构“CA 证书授权（Certificate Authority）中心”发行的权威性的电子文档。类似于日常生活中的验证身份证的方式，在互联网交往中用数字证书来识别对方的身份。当然在数字证书认证的过程中，证书认证中心（CA）作为权威的、公正的、可信赖的第三方，其作用是至关重要的。

实际上数字证书是一个经证书授权中心数字签名的包含公开密钥拥有者信息以及公开密钥的文件。最简单的证书包含一个公开密钥、名称以及证书授权中心的数字签名。一般情况下证书中还包括密钥的有效时间、发证机关名称、该证书的序列号等信息。

数字证书颁发过程一般为：用户首先产生自己的密钥对，并将公共密钥及部分个人身份信息传送给认证中心。认证中心在核实身份后，将执行一些必要的步骤，以确信请求确实由用户发送，然后认证中心将发给用户一个数字证书，该证书内包含用户的个人信息和他的公钥信息，同时还附有认证中心的签名信息。用户就可以使用自己的数字证书进行相关的电子交易及支付活动。

随着 Internet 的普及，各种电子商务活动和电子政务活动的飞速发展，数字证书具有安全性、保密性等特点，可有效防范电子交易过程中的欺诈行为，已经广泛地应用到各个领域之中。目前主要包括：网上银行、电子商务、电子政务、网上招标投标、网上签约、网上公文传送、网上缴费、网上缴税、网上炒股和网上报关等。

在人与人互不见面的计算机互联网上进行交易和作业时，使用数字证书，通过运用对称和非对称密码体制等密码技术建立起一套严密的身份认证系统，可以保证：信息除发件者和收件者外不被其他人窃取；信息在传输过程中不被篡改；发件者能够通过数字证书来确认收件者的身份；发件者对于自己的信息不能抵赖。

4. 防火墙

防火墙是介于内部网络或 Web 站点与 Internet 之间的路由器或计算机，目的是对内部网络和外部网络之间的通信进行控制。通过监视和限制，判断谁可以访问内部受保护的资源，谁可以从内部网络访问 Internet。

实现防火墙的技术主要包括两大类：包过滤防火墙（网络级防火墙）和应用代理防火墙（应用级防火墙）。

（1）包过滤防火墙

数据包过滤是指在网络层对数据包进行分析、筛选和过滤。虽然普通路由器就能通过检查分组的网络层报头的信息来决定数据包的转发，而包过滤路由器（防火墙）是在规则表中定义各种规则来检查传输层 TCP 报头的端口号字节就可决定是否同意或拒绝包的转发。由于包过滤在网络层、传输层进行操作，因此这种操作对应用层来说是透明的。

实现包过滤的关键是制定包过滤的规则，包过滤规则一般是基于源 IP 地址、目的 IP 地址、应用或协议类型以及源 TCP 端口号、目的 TCP 端口号来判断是否转发或丢弃。

（2）应用代理防火墙

由于包过滤是在网络层、传输层对数据包进行监控，而用户对网络资源和服务的访问发生在应用层，因此必须在应用层上对用户身份认证和访问操作进行检查和过滤，应用代理防火墙能够将所有跨越防火墙的网络通信链路分为两段，使得网络内部的用户不直接与外部的服务器通信，防火墙内外的计算机系统间应用层的连接由两个代理服务器之间的连接来实现。代理服务器接收到用户的请求后会检查验证其合法性，如合法代理服务器取回所需的信息再转发给用户。

7.3.4 计算机病毒及防治

在使用计算机时，有时会碰到一些莫名奇妙的现象，如计算机无缘无故地重新启动；程序运行越来越慢或突然死机；屏幕出现一些异常的图像；硬盘中的文件或数据丢失等。这些现象有可能是因硬件故障或软件配置不当引起，但多数情况下可能是计算机病毒引起的。

1. 计算机病毒定义

1994 年 2 月 18 日颁布的《中华人民共和国计算机信息系统安全保护条例》中对计算机病毒的定义如下：计算机病毒，是指编制或者在计算机程序中插入的破坏计算机功能或者毁坏数据，影响计算机使用，并能自我复制的一组计算机指令或者程序代码。

2. 计算机病毒的特点

计算机病毒具有类似于生物学中病毒的某些特点：隐蔽性、传染性、潜伏性、破坏性。

（1）隐蔽性：是指计算机病毒程序代码可能会隐蔽在合法的可执行文件和数据文件中，因此无法用操作系统提供的文件管理方法直接观察到和删除它。

（2）传染性：是指病毒具有把自身复制到其他程序中的特性。病毒可以附着在程序上，以用户不察觉的方式通过磁盘、光盘、计算机网络等载体进行传播，被传染的计算机又成为病毒的生存的环境及新传染源。

（3）潜伏性：是指病毒的发作是由触发条件来确定的，在触发条件不满足时，系统没有异常症状，一旦条件成熟则与合法程序争夺系统的控制权。如某个日期或时间、特定文件的出现或使用、特定的用户标识符的出现、用户的安全保密等级或者一个文件使用的次数等，都可使病毒激活并发起攻击。

（4）破坏性：计算机系统被计算机病毒感染后，一旦病毒发作条件满足时，就在计算机上表现出一定的症状。其破坏性包括：占用 CPU 时间；占用内存空间；破坏数据和文件；干扰系统的正常运行。

3. 计算机病毒的分类

计算机病毒的种类很多，分类方法也很多。主要有以下几种分类方式。

（1）按传染方式分类

引导型病毒：所有的磁盘都有一个引导区，一般是磁盘上的第一个扇区。在系统启动、引导或运行的过程中，病毒利用系统扇区（引导区）及相关功能的疏漏，直接或间接地修改扇区，实现直接或间接的传染、侵害或驻留等功能。

操作系统型病毒：这是最常见、危害最大的病毒。这类病毒把自身贴附到一个或多个操作系统模块或系统设备驱动程序或一些高级的编译程序中，保持主动监视系统的运行，用户一旦调用这些系统软件时，即实施感染和破坏。

文件型病毒：这种病毒一般只传染磁盘上的可执行文件（扩展名为 COM、EXE），当用户调用染毒的可执行文件时，病毒首先被运行，然后驻留内存，伺机传染其他文件。

（2）根据病毒破坏的能力分类

无害型：除了传染时减少磁盘的可用空间外，对系统没有其他影响。

无危险型：这类病毒仅仅是减少内存、显示图像、发出声音及同类音响。

危险型：这类病毒在计算机系统操作中造成严重的错误。

非常危险型：这类病毒删除程序、破坏数据、清除系统内存区和操作系统中重要的信息。

（3）按照计算机病毒传染的方法分类

驻留型病毒：感染计算机后，把自身的内存驻留部分放在内存（RAM）中，这一部分程序挂接系统调用并合并到操作系统中去，处于激活状态，一直到关机或重新启动。

非驻留型病毒：在得到机会激活时并不感染计算机内存，一些病毒在内存中留有小部分，但是并不通过这一部分进行传染，这类病毒也被划分为非驻留型病毒。

4. 典型病毒

“特洛伊木马”病毒：特洛伊木马程序通常是指伪装成合法软件的非感染型病毒，主要用于窃取远程计算机上的各种信息（比如各种登录账号、机密文件等），对远程计算机进行控制，但它不进行自我复制。比如网络神偷等。

“网络蠕虫”病毒：“网络蠕虫”病毒是一种通过间接方式复制自身非感染型病毒，是互联网上危害极的病毒，该病毒主要借助于计算机对网络进行攻击，传播速度非常快。如“冲击波”病毒可以利用系统漏洞，让计算机重启，无法上网，而且不断复制，造成系统瘫痪。

宏病毒：这是一种特殊的文件型病毒，由于宏功能的强大，一些软件开发商在产品研发中引入宏语言，并允许这些产品在生成载有宏的数据文件之后出现。宏病毒就是主要利用 Microsoft Word 提供的宏功能来将病毒驻入到带有宏的.DOC 文档中，病毒的传输速度很快，对系统和文件都可以造成破坏。

5. 计算机病毒的主要传播途径

（1）U 盘：全称 USB 闪存盘，英文名“USB flash disk”。作为目前最常用的交换媒介，许多执行文件均通过 U 盘相互拷贝、安装，这样病毒就能通过 U 盘传播文件型病毒。另外在 U 盘列目录或引导机器时，引导区病毒会在 U 盘与硬盘引导区互相感染。因此 U 盘也成了计算机病毒的主要寄生的“温床”。

（2）光盘：光盘因为容量大，存储了大量的可执行文件，大量的病毒就有可能藏身于光盘，对只读式光盘，不能进行写操作，因此光盘上的病毒不能清除。当前，盗版光盘的泛滥给病毒的传播带来了极大的便利。

（3）硬盘：由于带病毒的硬盘在本地或移到其他地方使用、维修等，使得病毒扩散。

（4）网络：现代通信技术的巨大进步已使空间距离不再遥远，数据、文件、电子邮件可以方便地在各个网络工作站间通过电缆、光纤或电话线路进行传送，但也为计算机病毒的传播提供了新的“高速公路”。网络使用的简易性和开放性使得这种威胁越来越严重。

6. 计算机感染病毒的常见症状

计算机受到病毒感染后会表现出如下症状：

（1）机器不能正常启动。

（2）系统运行速度降低。

（3）磁盘空间迅速变小。

（4）文件内容和长度或显示属性等有所改变。

（5）经常出现“死机”现象。

（6）外部设备工作异常。

7. 计算机病毒防范策略

首先在思想上重视，加强管理，防止病毒的入侵。凡是从外来的 U 盘往机器中拷信息，都应该先对其进行查毒，若有病毒必须清除，这样可以保证计算机不被新的病毒传染。此外，由于病毒具有潜伏性，可能机器中还隐蔽着某些旧病毒，一旦时机成熟还将发作，所以要经常对磁盘进行检查，若发现病毒就及时杀除。

（1）防治计算机病毒

对计算机病毒的防治应遵循以下原则，防患于未然。

①使用新设备和新 U 盘、新软件之前要检查。

②使用反病毒软件。及时升级反病毒软件的病毒库，开启病毒实时监控。

③制作应急盘/急救盘/恢复盘。以便恢复系统急用。

④有规律地制作备份，养成备份重要文件的习惯。

⑤不要随便下载网上的软件。

⑥扫描系统漏洞，及时更新系统补丁。

⑦不要打开陌生可疑的邮件。

⑧禁用远程功能，关闭不需要的服务。

（2）清除计算机病毒

①用防病毒软件清除病毒

计算机一旦感染了病毒，最好立即关闭系统。如果继续使用，会使更多的文件遭受破坏。针对已经感染病毒的计算机，建议使用防病毒软件进行全面杀毒。

一般来说，使用杀毒软件是能清除病毒的，但考虑到病毒在正常模式下比较难清理，所以需要重新启动计算机在安全模式下查杀。若遇到比较顽固的病毒可通过下载专杀工具来清除，再恶劣点的病毒就只能通过重装系统来彻底清除。

②重装系统并格式化硬盘是最彻底的杀毒方法

格式化会破坏硬盘上的所有数据，因此格式化前必须确定硬盘中的数据是否还需要。要先做好备份工作。格式化时一般是进行高级格式化。需要说明的是，用户最好不要轻易进行低级格式化。因为低级格式化是一种损耗性操作，它对硬盘寿命有一定的负面影响。

③手工清除方法

手工清除计算机病毒对技术要求高，需要熟悉机器指令和操作系统，难度比较大，一般只能由专业人员操作。

【本章小结】

计算机网络基础主要介绍了网络的发展史，从而引出计算机网络的定义和分类，以及拓扑结构和常用网络传输介质，在此基础之上介绍了计算机网络常用设备。

TCP 协议和网络层的 IP 协议是两个最重要的 Internet 协议。下一代 IP 协议的研究也是 Internet 协议组技术发展的一个重要方面。对于 OSI 参考模型和 TCP/IP 模型进行分层的功能描述和对比，期间涉及相关设备、信息单位和对应常见协议的介绍。

对于目前常用的无线网络技术和物联网，进行了基本介绍。

Internet 可以提供丰富的应用服务，包括利用 IE 浏览器网上漫游、文件传输、电子邮件、信息搜索、远程登录、域名解析、DHCP 服务等。

针对 IPv4 地址的基本定义、分类、子网掩码进行详细介绍，同时对下一代 Internet 使用地址空间更大的 IPv6 协议也做基本介绍。

针对信息安全中的概念、基本原理进行介绍，同时针对数据加密技术、身份鉴别与访问控制技术进行分析，并针对计算机病毒的定义及防范进行了详尽介绍。

思考与练习

一、单项选择题

1. 当我们提到广域网、城域网、局域网的时候，是按照（　　）来区分的。
   A．不同类型　B．地理范围　C．管理方式　D．组织方式
2. 计算机网络是由计算机技术和（　　）两种技术结合而形成的新的通信形式。
   A．通信技术　B．电子技术　C．电磁技术　D．物联网技术
3. 能够提供可靠传输的是 OSI 七层中的（　　）。
   A．网络层　B．表示层　C．传输层　D．物理层
4. 描述数据链路层的数据单位是（　　）。
   A．报文　B．分组　C．数据报　D．帧的格式
5. “超文本”的核心是（　　）。
   A．链接　B．网络　C．图像　D．声音
6. Internet 中 URL 的含义是（　　）。
   A．统一资源定位器　B．Internet 协议
   C．简单邮件传输协议　D．传输控制协议
7. 发送电子邮件时，如果接收方没有开机，那么邮件将（　　）。
   A．丢失　B．退回给发件人
   C．开机时重新发送　D．保存在邮件服务器上
8. 电子邮件地址 stu@zjschool.com 中的 zjschool.com 是代表（　　）。
   A．用户名　B．学校名　C．学生姓名　D．邮件服务器名称
9. 以下不属于计算机安全措施的是（　　）。
   A．下载并安装操作系统漏洞补丁程序　B．安装并定时升级正版杀毒软件
   C．安装软件防火墙　D．不将计算机联入互联网
10. 如果想保存你感兴趣的网页地址，可以使用 IE 浏览器中的（　　）。
    A．“历史”按钮　B．“收藏”菜单
    C．“搜索”按钮　D．“编辑”菜单
11. 在 Internet 上浏览时，浏览器和 WWW 服务器之间传输网页使用的协议是（　　）。
    A．SMTP　B．HTTP　C．FTP　D．Telnet
12. 下列说法错误的（　　）。
    A．电子邮件是 Internet 提供的一项最基本的服务
    B．电子邮件具有快速、高效、方便、价廉等特点
    C．通过电子邮件，可向世界上任何一个角落的网上用户发送信息
    D．可发送的多媒体只有文字和图像
13. 根据统计，当前计算机病毒扩散最快的途径是（　　）。
    A．软件复制　B．网络传播　C．磁盘拷贝　D．运行游戏软件
14. 用 IE 浏览器浏览网页，在地址栏中输入网址时，通常可以省略的是（　　）。
    A．http://　B．ftp://　C．mailto://　D．news://

15. 地址“ftp://218.0.0.123”中的“ftp”是指（　　）。

A. 协议　　B. 网址　　C. 新闻组　　D. 邮件信箱

16. 计算机病毒的特征有（　　）。

A. 传染性、潜伏性、隐蔽性、授权性　　B. 传染性、破坏性、易读性、潜伏性

C. 潜伏性、激发性、破坏性、易读性　　D. 传染性、潜伏性、隐蔽性、破坏性

17. 不属于因特网服务类型的是（　　）。

A. FTP　　B. TELNET　　C. WWW　　D. TCP/IP

18. 在下图所示的搜索界面中，单击“百度一下”按钮后，出现的页面是（　　）。

A. 学校全部信息　　B. 学校相关信息的链接

C. 学校招生信息　　D. 学校主页

19. 合法的 IP 地址是（　　）。

A. 202:196:112:50　　B. 202、196、112、50

C. 202，196，112，50　　D. 202．196．112．50

20. 在 Internet 中，主机的 IP 地址与域名的关系是（　　）。

A. IP 地址是域名中部分信息的表示　　B. 域名是 IP 地址中部分信息的表示

C. IP 地址和域名是等价的　　D. IP 地址和域名分别表达不同含义

21. 当前我国的（　　）主要以科研和教育为目的，从事非经营性的活动。

A. 金桥信息网（GBNet）　　B. 中国公用计算机网（ChinaNet）

C. 中科院网络　（CSTNet）　　D. 中国教育和科研网（CERNET）

22. 下面（　　）命令用于测试网络是否连通。

A. telnet　　B. nslookup　　C. ping　　D. ftp

23. 在拨号上网过程中，连接到通话框出现时，填入的用户名和密码应该是（　　）。

A. 进入 Windows 时的用户名和密码　　B. 管理员的账号和密码

C. ISP 提供的账号和密码　　D. 邮箱的用户名和密码

24. 计算机病毒是指（　　）。

A. 编制有错误的计算机程序　　B. 设计不完善的计算机程序

C. 已被破坏的计算机程序　　D. 人为编制的以危害系统为目的计算机程序

25. 在公开密钥密码体系中，只有甲向乙发送信息，则以下必须做到的是（　　）。

A. 甲的公钥保密　B. 乙的公钥保密　C. 甲的私钥保密　D. 乙的私钥保密

二、操作题

1. 将海口经济学院主页 http://www.hkc.edu.cn 设为本机 IE 浏览器默认主页。将 IE 历史记录保存的天数设为 10 天，并清空历史记录。设置当前浏览器不播放网页中的声音。同时在收藏夹中创建“大学”子文件夹，将学校主页以“海口经济学院”为名收藏到该子文件夹中。

2. 利用 Outlook 软件，向同组成员小赵和小李分别发 E-mail，邮件主题为“紧急通知”，具体内容为“本周二下午 15:00，在学院会议室 S203 进行课题讨论，请勿迟到缺席！”。发送地址分别是：zhaohai@hkc.edu.cn 和 lihua@163.com。

第8章 多媒体技术基础知识

本章主要内容：

- 多媒体技术简介
- 多媒体计算机系统
- 音频信息处理
- 图形图像信息处理
- 动画信息处理
- 视频信息处理

多媒体技术发展于20世纪80年代，是计算机技术发展的一个必然趋势。多媒体技术的发展历史虽然并不久远，但多媒体技术的快速发展却是现代科学技术的一项重要成就，是当今时代最受关注的技术热点，是一门应用前景十分广阔的计算机应用技术，在IT领域发挥着重要的作用。多媒体技术不断地改变着人们的生产和生活方式，在国家大力推动的“互联网+”工程及创新创业项目的开展等领域也发挥着举足轻重的作用。

本章将重点介绍与多媒体技术相关的基本概念、常见的多媒体数据类型以及与多媒体数据对应的信息处理软件的基本操作和应用思路介绍。

8.1 多媒体技术简介

8.1.1 多媒体基本概念

1. 媒体

媒体（Media），又称为媒介或媒质，它是承载信息的载体。因信息的载体类型不同，通常媒体在计算机领域便有两种含义：一是从硬件角度讲，媒体就是承载信息的实体，如U盘、光盘、磁盘等；二是从软件层面定义，媒体不再是指承载信息的某个实物，而是信息的表现形式。如数字、文本、声音、图形、图像、动画和视频等。在多媒体计算机系统中，大家通常意义所讲的媒体多指后者。

2. 多媒体

多媒体（Multimedia），顾名思义，对象在表现信息时选择的媒体类型并非单一的一种类型。所谓的多媒体，重在体现媒体的开发和应用过程中使用到多种媒体设备，并且媒体的数据类型多样化，可作用于用户的多种感官，使用户有最直接最真实的体验。

通常意义来讲，多媒体是指两个或两个以上媒体的有机结合，即将数字、文本、图形、图像、声音、动画、视频等各种媒体进行有机组合。也指人们使用计算机及其他辅助设备进行交互式处理媒体信息的方法和手段，旨在达到更有效传播信息的目的。

3. 多媒体技术

多媒体技术就是将数字、文本、声音、图形、图像、动画、视频等多种媒体信息通过使用计算机进行模/数转换，然后数字化地处理及再现，使得多种媒体信息之间能够建立一定的逻辑连接，并集成为一个具有交互性系统的一项技术。简而言之，多媒体技术是以计算机为中心，有机整合多媒体数据并能实现交互性的新技术。

8.1.2 多媒体数据类型

多媒体信息的数据类型多样化，根据人类对信息的获取、存储、传输和表现方式的不同，国际电信联盟（ITU）将多媒体数据类型分为以下 5 种类型。

1. 感觉媒体

感觉媒体是指直接作用于人们的感觉器官，从而使人产生直接感觉的媒体。如作用于人类听觉感官的音频媒体；作用于人类视觉感官的媒体：文字、图形、图像等；以及综合作用于人类视听感官的动画和视频媒体等。

2. 表示媒体

表示媒体是为了传送感觉媒体而开发的媒体类型。表示媒体可以理解为为了在多个设备之间有效地传输信息而开发使用的一些编码规则，如语音编码和条形码等。

3. 显示媒体

显示媒体是指在通信过程中，将使用的电信号转换成人类能够识别的感觉媒体的一种转换媒体类型。显示媒体通常分为两种类型，一是输入媒体，如鼠标、键盘、数码相机和扫描仪等；二是输出媒体，如显示器、投影仪和打印机等。

4. 存储媒体

存储媒体是指用于储存信息的媒体。常用的存储媒体有电脑中的磁盘，便于携带的移动存储设备如光盘、U 盘和移动硬盘等，以及移动终端设备中使用的 SD 卡（手机和相机中的存储卡）、摄像机中使用的 P2 存储卡等。

5. 传输媒体

传输媒体是用于传输信息的一类媒体，例如用于固定电话传输的电话线，用于网络传输的光纤、同轴电缆和双绞线等，以及用于无线电传输的微波、红外线和 Wi-Fi 等。

8.1.3 多媒体技术特点

多媒体技术是计算机综合处理多种媒体信息的技术，与单一的媒体相比，不仅呈现出多样性，同时也包括集成性、交互性等多个特点。

1. 多样性

多媒体技术的多样性主要体现在两个方面。一方面是信息类型的多样性和多维化。人类获取信息主要通过视觉、听觉、触觉、嗅觉和味觉等，其中通过视听触觉获取的信息占人类获取信息总量的 95%以上。多媒体技术的多样性可以作用于人类的多种感官，调动各种感官的积极性，从而更有效地获取信息。另一方面多媒体技术的多样性还体现在人类对信息的加工方面，人类对信息的加工不再单纯地实现模数转换和记录重放，还可以对数字化的信息进行构思、设计、变化以及再加工等处理，使得信息在原有的基础上不断的变换与创造，以呈现出多样化、多维化的信息效果。目前作为研究热点的虚拟现实技术在调用人类更多感官系统、给人类营造多感官“沉浸式”获取信息的领域里做出了大胆的创新和尝试，是基于多媒体技术的多样性的一个很好的应用。

2. 集成性

多媒体技术是将多种媒体进行有机结合，而非简单的混合。因此，多媒体技术的集成性可以指信息载体的集成，即把数字、文本、图形、图像、声音、动画和视频等多种媒体信息有机结合，以此达到更高效的传递信息的目的。也可以指存储信息实体的集成，即多种硬件设备的合理集成、优势互补，从何更大限度地发挥设备的优势，为信息的加工和传播提供功能强大的硬件平台。多媒体技术的集成性在计算机人工智能技术研究方面有一定的体现。

3. 交互性

交互性是多媒体技术的主要特性之一。交互性是指用户和计算机之间的多重交互，即人与人、人与机器、机器与机器的双向沟通。交互性使得人类和计算机之间的沟通不仅仅限于被动的接受，人类可以干预计算机的工作进程，计算机也可以“积极主动”地响应人类的各项指令。如苹果手机的 Siri 和微软的小娜（Cortana）、小冰等都是多媒体技术交互性的一个重要应用。

8.1.4 多媒体关键技术

多媒体技术是研究多媒体数据信息的获取、加工、存储、管理、传播和输出的一项综合技术，因此多媒体技术具有较强的综合性和交叉性，多媒体技术涉及与计算机有关的多项技术，例如人机交互技术、图形图像技术、存储技术和压缩技术等多项技术。

1. 人机交互技术

人机交互技术是多媒体技术的关键技术之一，是计算机用户界面设计中的重要内容，也是虚拟现实技术的研究核心。人机交互技术是机器通过输出和显示设备给人类提供大量信息展示及提示应用，人类通过输入设备给机器输入有关信息，回答问题及响应操作等。

人机交互技术主要是由媒体转换技术、媒体识别技术、媒体理解技术和媒体综合技术支撑，其基础是现代传感技术。人机交互技术应用微电子、光电转换、超导、光导和精密加工等新材料、新技术和新工艺，使制造的新型传感器具有集成化、多功能化和智能化特点。

人机交互技术在我们日常使用的移动终端设备中，如智能手机、平板电脑、智能手表、游戏体验（如体感游戏 X-box）中都有广泛的应用。

2. 计算机图形图形处理技术

计算机图形图像技术是使用图形输入技术将表示对象的影像输入到计算机中，并实现用户对物体及其影像内容、结构、呈现方式进行控制的技术。另外，计算机图形图像技术也可使用图形建模技术中的线架、曲面、实体和特征等造型技术构建几何形状。图形图像处理和输出技术也可以在显示设备上显示出图形对象。

计算机图形图像处理技术主要是研究和探索计算机图形学和图像处理领域的前沿技术及技术的应用。计算机图形图像技术主要包括虚拟现实技术及算法、高动态范围（HDR）图像技术和算法、非真实感图像绘制、图像加速硬件（GPU）的应用等内容。

目前，市场上流行的数字水印加密技术以及室内室外建筑设计等都是计算机图形图像处理技术的常见应用。

3. 多媒体数据存储技术

多媒体数据种类繁多，形式多样，除了数值型数据外还有文字、图形、图像、音频、动画和视频等多种类型，这些数据的数据编码形式差异较大，数据长度可变。在组织和存储数据时，数据结构和检索处理方式都与常规数据不同。多媒体数据存在多重数据流，因此多媒体数据占用的存储空间较大，例如存储 1 小时的影视节目大约需要占用 500MB 的空间。从多媒体技术发展角度来讲，存储技术将一直是多媒体技术发展过程中一项亟待解决的关键技术。

当前，多媒体技术的存储技术有了较大的进展。从 30MB 的电脑硬盘存储到 1TB 的免费云存储的提供，从早期 1.44MB 的软盘存储到目前流行 32GB 的优盘存储，从约 600MB 的 CD 光盘存储到近 200GB 的 BD（蓝光光盘）存储，多媒体数据存储技术正在日新月异地不断发展提升中。

4. 多媒体数据压缩技术

多媒体数据是计算机将自然界存在的客观事物的连续模拟信号转换成计算机能够识别读取的离散数字化信息。在模数转换的过程中，为了更真实更形象地记录客观事物，人们会采用较大的采样频率来保留事物的更多细节。较大的采样频率就会产生较多的数据量，加之后期进一步的编码、加工、变换和处理，数据量会以爆炸的形式不断增长。多媒体数据为了方便存储和传输，必须经过数据压缩。

多媒体数据之所以能够被压缩的原因在于，一是数据本身存在较大的冗余，例如相邻的两个视频画面之间就存在着重复的画面信息；二是人类自身的视觉和听觉惰性，即人类视觉和听觉的"掩蔽效应"。在多媒体数据出现时，人类对一部分视听觉信息感觉并不明显，这些信息即使存在人类也无法感知获取，因此，我们便可以在一定的程度上实现数据的压缩。

常见的压缩方法通常分为两大类，一是有损压缩，如静态图像的 JPEG 压缩和动态图像的 MPEG 压缩等；二是无损压缩，如 RLE 压缩和哈夫曼压缩等。

8.1.5　多媒体技术的应用及发展前景

任何一种技术得以不断的提高和发展，都源于它在日常生活中的应用热度，越能快速更新和发展的技术，其在生活中的应用就越加广泛。多媒体技术的发展历程虽然短暂，但是多媒体技术的发展速度却不容小觑。短短几十年，多媒体技术已经融入到人类生活的方方面面，时时刻刻改变着人类的生活、学习与认知方式。以下对多媒体技术几项重要应用进行简单介绍。

1. 办公自动化

办公自动化，简称 OA（Office Automation），是将现代化办公和计算机网络功能结合起来的一种新型的办公方式。办公自动化没有统一的定义，凡是在传统的办公室中采用各种新技术、新机器、新设备从事办公业务都属于办公自动化的领域。通过实现办公自动化，可以优化现有的管理组织结构，调整管理体制，在提高效率的基础上，增加协同办公能力，强化决策的一致性，最后实现提高决策效能的目的。微软的 Office 办公组件在企业的商务办公领域发挥着巨大的作用。

2. 教育培训

使用多媒体技术可以调动人类的多项感官，使信息从多重角度对人类感官产生刺激，以达到高效全面获取信息的目的。多媒体技术的这一特点，使得多媒体技术在教育和培训行业有着广泛的应用。尤其是在幼儿的启蒙教育和中小学的辅助教学过程中，可以化抽象为形象，通过情景教学、多向感知等方法帮助低龄儿童更好的理解所学知识。此外，在人类终身学习领域也发挥着举足轻重的作用。

3. 广告宣传

多媒体数据的多样性使得多媒体系统图文并茂，再经由开发人员的进一步拟人、夸张和巧妙构思之后，使用多媒体技术完成的广告宣传作品会达到产品本身所无法达到的效果和影响力。另外，多媒体技术作为数字化的信息，无论设计、修改、传播都非常方便，且成本相比其他媒体形式的广告都更低节约。再者，商品经济的发展对广告的需求量也越来越大，利用多媒体技术制作广告已成为广告设计宣传的优先选择的方式之一。

4. 影视娱乐

随着人类生活品质的不断提高，人们的精神需求越来越高，影视作品和游戏娱乐产品在人们的生活中层出不穷，并且制作标准越来越高。影视娱乐是多媒体计算机应用的一个重要方面，现在市场上面向家庭的娱乐产品琳琅满目，例如益智类的儿童动画作品及游戏产品，适合成年人的健康运动型娱乐放松游戏及卫生保健类的老年人娱乐节目等，这些影视娱乐作品在满足人类日常放松娱乐之外，寓教于乐，不断提升人们的艺术修养和整体素质，改善着人们的生活质量。

5. 网络通信

多媒体技术的一个重要的交叉应用就是网络通信。通信网络的存在，推动“三网合一”，改变了人类的生存与交往的方式。网络技术使电子政务、电子商务、远程医疗、远程学习和远程会议有更好的发展平台。通信网络给人们的生活带来便利，也给国家的政治、经济带来了巨大的改变。

6. 信息服务

多媒体技术的多样性和交互性在公共信息服务领域应用非常广泛。机场、码头、车站、景点、商务中心及政府机构、企业单位乃至银行金融等领域应用多媒体技术开发交互软件，帮助用户最快速最全面的获取所需信息并及时作出决策反应。

8.2　多媒体计算机系统

多媒体计算机，简称为 MPC（Mutimedia Personal Computer），是指能够同时处理多媒体数据的计算机系统。目前我们使用的计算机基本都属于多媒体计算机的范畴。是否属于多媒体计算机，主要从硬件和软件两个系统进行分析。

8.2.1　多媒体计算机硬件系统

多媒体计算机硬件系统主要包括两大部分：计算机系统和多媒体接口及外部设备。计算机系统在前面章节中已经做了详细介绍，如 CPU、主板、内存、硬盘、显示器、键盘和鼠标等基本的硬件设备，在此就不再重复。本节重点介绍和多媒体技术相关的一些接口及外部设备。

1. 多媒体接口类型

多媒体的常用接口卡有显示卡、音频卡和视频卡等。

显示卡又称为显示适配器，是计算机主机和显示器之间的接口，主要用于将主机中处理的数字信息转换成用户可以识别的图像信号并最终呈现在显示器上。现在的显卡都具有 2D、3D 的图形加速功能。显卡的性能好坏决定了计算机处理图像的能力，好的显卡能使显示效果更佳，能够进行更为复杂和更快的图形运算。最新的图形图像处理软件的运行、最新的 3D 游戏和高清分辨率影片的播放都需要更好的显卡支持。

音频卡，又称之为声卡，其功能是实现计算机对声音的加工和处理。安装音频卡后，计算机可以采集、编辑和播放数字音频文件，可以对声音文件进行压缩和解压缩处理，也可以使用语音处理相关技术实现语音合成和语音识别。

视频卡的功能是实现对视频信息的采集、编辑、存储和输出处理等。根据视频卡的具体功能不同，又分为视频采集卡、视频转换卡、图像加速卡和电视卡等。

2. 输入设备

多媒体计算机除了使用鼠标和键盘作为输入设备之外，也会根据实际工作需要，选择进一步扩展其他的输入设备。

触摸屏设备是一种能够对物体的触摸进行定位的屏幕，在目前常用的只能手机、平板电脑等移动终端中都有所应用。触摸屏简化了计算机的输入方式，方便用户的操作，扩大了计算机的应用领域和用户群。优质的触摸屏应该具有快速感应、精确定位、可靠性高和经久耐用等特点。

数码相机和数码摄像机之类的数字化影像设备都是使用光学镜头元件，通过电荷耦合器件CCD（Charge-coupled Device）进行图像感知并传输，将光信号转换最终变换为数字信号记录在存储卡上。数码设备成像的基本原理是光电和模数转换。通过数码类设备采集处理的图像可以即刻观看拍摄效果。另外，用户对拍摄素材的删减不会增加拍摄成本，拍摄所得的数字信息也便于后期使用计算机进行再次地编辑、加工和传播。

扫描仪主要由光源、光学聚焦透镜、CCD、控制电路和信号处理电路组成。扫描仪通过光源照射纸质印刷品、胶片和照片后获取其影像，然后通过转换光信号变成数字信号再存储于计算机中，以便于后期的编辑与使用。扫描仪根据使用场合不同其种类也不同，主要分为手持扫描仪、台式扫描仪、滚筒式扫描仪和胶片扫描仪等。扫描仪的扫描分辨率、扫描速度、色彩深度和扫描幅面都是衡量扫描仪好坏的性能指标。

3. 输出设备

打印机是计算机非常重要的输出设备之一。打印机可以将计算机的最终处理结果输出打印到相关的介质载体上。根据打印机的工作原理不同，打印机主要分为针式打印机、喷墨打印机和激光打印机等。照相馆打印照片时多会选用喷墨打印机，而商务办公领域则使用激光打印机较多。衡量打印机好坏的指标主要由打印分辨率、打印速度和噪声等。

投影仪主要用于将计算机内的信息投影到大屏幕上显示。使用投影仪时，通常配有一定尺寸的幕布，计算机屏幕上的输出信息通过投影仪投射到大屏幕上进行显示。因此，投影仪多用于教学培训、广告展示和大型会议等受众群数量较多的场合。常见的投影仪分为阴极射线管投影仪（CRT）、液晶投影仪（LCD）、数字光处理投影仪（DLP）和硅液晶投影仪（LCOS）。投影仪的亮度、对比度、均匀度、分辨率、行频、场频及光源寿命是衡量投影仪好坏的重要指标。

虚拟现实交互工具是目前人们使用越来越多的一种输出设备。虚拟现实又称为VR（Virtual Reality），它是采用计算机技术生成一个逼真的视觉、听觉、触觉、味觉等多感官可以感知的虚拟世界，虚拟现实技术涉及计算机图形学、人机交互技术、传感技术和人工智能技术等多中技术。虚拟现实交互工具是实现虚拟效果的关键技术，主要包括跟踪设备、触觉设备、音频设备、图形显示与观察设备和一台高性能的计算机设备。谷歌的虚拟现实头盔和眼镜都是虚拟现实技术的代表性应用。

8.2.2 多媒体计算机软件系统

硬件系统是多媒体计算机的基础，软件系统是多媒体计算机的灵魂。多媒体计算机软件系统不仅要实现计算机系统的正常工作，同时也要表现多媒体技术的特有内容，因此，多媒体计算机软件系统是高度集成各种媒体信息，将其融合，并对其进行综合处理媒体信息。在有效地组织多媒体信息的基础上，多媒体计算机软件系统为用户提供了一个友好的交互界面，便于用户控制和使用。

多媒体计算机软件系统根据其功能不同，由低到高可以将其可以分为 5 个层次：多媒体驱动软件、多媒体操作系统、多媒体素材制作软件、多媒体创作软件和多媒体应用软件。

1. 多媒体驱动软件

多媒体驱动软件主要负责计算机及其相关设备的初始化，为每一个设备安装驱动程序，控制设备的操作、打开和关闭等。多媒体驱动软件主要和硬件设备打交道，一般常驻在内存中。

2. 多媒体操作系统

多媒体操作系统是多媒体计算机的核心系统，主要负责多媒体环境下多任务的调度以及多媒体数据的转换和同步控制。常见的操作系统是微软公司推出的系列 Windows 操作系统。

3. 多媒体素材制作软件

多媒体素材制作软件主要是多媒体数据的处理平台。常见的多媒体素材制作软件种类繁多，如对文字的编辑软件、图形图像处理软件、声音的录制与编辑软件、动画素材制作软件和视频的采集处理软件等。

4. 多媒体创作软件

多媒体创作软件主要是由专业人员在多媒体操作系统基础上，对处理好的多媒体素材进行整合、加工、编辑、管理、控制等操作，以开发出让用户满意、功能齐全、方便实用的应用软件。

5. 多媒体应用软件

多媒体应用软件是指面向应用的软件系统，如多媒体数据库系统等。多媒体应用软件软件界面简洁且交互功能强大，被广泛地应用于教育、培训、影视特技、咨询服务和产品展示等领域。

8.3 音频信息处理

人类在逐步认知世界和不断获取信息的过程中，获取信息总量的约 80%依靠视觉，15%左右依靠听觉，嗅觉和触觉次之。因此，除了视觉符号之外，音频信息也是一种非常重要的多媒体数据类型。

人类可听声音的范围在 20Hz～20kHz 之间，低于 20Hz 称为次声，超出 20kHz 称为超声。人类通过对音频信号地不断深入研究，发现音频信号被广泛地应用于地质勘测、自然灾害预测以及工业和医疗等不同领域。音频技术在前沿科技——人工智能领域也发挥着重要的作用，如语义解析、语音识别等。

8.3.1 数字音频基础知识

声音是人们获取外界信息的一个重要手段，声音的种类繁多，有人类的声音、动物的声音、乐器演奏的声音、自然界的风声雨声等。在对所有的音频文件进行采集、加工和处理之前，必须了解音频的基础知识。

1. 声音的基本特征

声音就是一个机械波，是由物体的振动发声，然后再依靠介质进行传播的信号。单一频率的声波可以用一条正弦波进行表示。作为一个机械波，声音有非常重要的两个属性：振幅和频率。

振幅描述声波的高低幅度，主要用以表示声音的强弱，以分贝（dB）为单位。

频率描述每秒钟波形振动的次数，其中频率越高声音越细，频率越低，声音越浑厚。

2. 声音的三要素

区别不同声音并影响声音质量的主要因素有 3 个，即音调、音强和音色。

音调表示人耳对声调高低的主观感受。客观角度来讲，音高主要和声波的基频相关，一般情况下，频率越高音调就越高，反之，音调则变低。

音强表示声音能量的强弱。音强主要取决于声波的振幅大小，音强与声波的振幅成正比。音强一般用声压和声强来计量，单位为分贝（dB）。正常人的听觉范围为 0～140dB。

音色是某一声音的特殊属性，是一个声音区别另一个声音的主要参数。例如，同一首乐曲，用不同的乐器进行演奏，听众听觉感受完全不同，这就是因为不同的乐器振动所形成的声波波形不同所决定。因此，不同的乐器、不同的人，音色都各不相同。

3. 声音的分类

自然界的声音通过一定的设备及技术处理，可以将声音采集存储为数字音频。多媒体数字音频按用途主要分为 3 种：语音、音乐和音效。

语音是人类发声器官发出的声音。语音主要通过麦克风和录音软件将语音录入计算机中。语音主要用于解说、对白、画外音等场合。

音乐是一段有节奏的声音。音乐一般通过 MIDI 接口进行编辑录制。音乐多用于多媒体作品中的背景音乐。

音效也称为效果声，音效主要是模拟特殊效果声，如鼓掌声、刹车声、机器运转声和马的奔跑声等。

8.3.2 音频的数字化过程

声波是随着时间变化的一个连续的物理量。为了记录音频信号，人们早期主要通过电压或电流信号来模拟声音。但随着多媒体技术的不断研究发现，音频信号只有被计算机识别并处理后，才能制作更丰富的效果，才能更好的存储和传播。因计算机只能识别数字信号，所以声音必须经过数字化的变换过程。声音的数字化主要有采样、量化和编码 3 个步骤。

1. 采样

模拟音频信号是连续的，是随时间变化的函数。采样就是以固定的时间间隔多次间断性地在模拟音频的波形上抽取一个幅度值。每个采样点所获得的数据称之为一个采样样本。将一连串的采样样本连接起来，就是一段数字音频文件的样本。

采样样本的多少直接影响模拟信号转换成数字信号后的声音质量。一般采样样本越多，声音保存的细节就越多，还原后的音频质量就越真实。计算机每秒在声波幅度值样本采集的次数称之为采样频率。采样频率越高，单位时间内采集的样本越多，声音的数据量越大，声音还原的效果越接近原声。

常见的采样频率有 3 种形式，分别是电话音质的 11.025kHz、广播音质的 22.05kHz 和 CD 音质的 44.1kHz。

2. 量化

经过采样得到的样本是模拟信号上离散的点，但还是用模拟数值表示样本值。为了把采样得到的离散数据被计算机接收识别，需要对数值进行二进制转换，这一过程即为量化。

量化分为均匀量化和非均匀量化。均匀量化获得的音频品质较高，但音频文件信息量较大。非均匀量化后的文件容量相对较小，但误差较大。

量化过程中，量化位数的选择对数字音频的质量影响很大，量化位数的多少决定对声音细节描述程度的多少，因此，量化位数越高，音频质量越好，同时，数据量也会越大。

3. 编码

编码就是把量化后的数据转换成二进制比特流的过程。

8.3.3 常见数字音频文件格式

采用不同的编码技术，会生成不同存储格式的数字音频文件。常见的音频文件格式主要有以下几种。

1. WAV 文件

WAV（Waveform audio format）文件也称为波形文件，是 Microsoft 公司开发的一种声音文件格式。音频文件的扩展名为“.wav”。WAV 文件是计算机中最基本的声音文件，被 Windows 操作系统及其应用程序所广泛支持。WAV 格式的文件支持多种压缩算法、多种音频位数、多种采样率和多声道。标准的 WAV 格式文件可以做到与 CD 的音质相当，但是其文件占用存储空间较大。

2. CDA 文件

CDA（CD Audio）文件是 CD 唱片的文件格式，它用于记录的是数字波形流，其文件存储的扩展名为“.cda”，CDA 格式的文件有较高的采样频率，因此声音可以保持最高最真实的品质。CDA 文件多以光盘为载体进行传播。

3. MP3 文件

MP3（MPEG Audio Layer-3）文件是使用 MPEG-1 视频压缩标准中的立体声伴音三层压缩方法所得到的音频文件。MP3 文件的最大特点是压缩比较高，最大压缩比可以达到 12:1。MP3 文件在大压缩比情况下依然能够保持较好的音质，所以 MP3 文件是当下较为流行的音频文件格式之一。

4. RA 文件

RA（Real Audio）文件是 RealNetworks 公司开发的一种音频文件格式，其最大特点是可以实时传输，尤其在网络带宽严重受限制的情况下，仍然可以较为流畅的进行传输。此外，RA 文件压缩率非常高，但音质稍差，主要用于有限带宽限制下的网络实时传输。

5. MIDI 文件

MIDI（Musical Instrument Digital Interface）文件意为“乐器数字化接口”，是计算机和 MIDI 设备之间进行信息交换的一套规则。MIDI 文件包含音符、定时和 16 个通道的乐器定义。MIDI 文件的扩展名多为“.mid”，MIDI 文件数据量较小，适合作为音乐背景 MIDI 文件，但不支持真人原唱或者人声。

6. WMA 文件

WMA（Windows Media Audio）文件是微软公司针对 RealNetworks 公司的竞争而开发出的一种音频文件格式。它兼顾了较高压缩率和较好音质的需要，属于一种折中的音频解决方案，也在许多网络多媒体应用中被用到。

8.3.4 数字音频处理软件简介

关于音频处理的软件较多，例如 GoldWave、Cool Edit 等，Cool Edit Pro 由 Syntrillum 公司开发，在 Cool Edit Pro 2.1 版本之后被 Adobe 公司收购并更名为 Adobe Audition 1.0，Adobe Audition 是一个完善的多声道录音室，是集音频录制、混合、编辑和控制与一体的专业级音频编辑处理软件。本节我们就以 Adobe Audition 为例来介绍音频处理软件的应用。

1. Adobe Audition CC 2015 软件介绍

Adobe Audition CC 2015 版音频处理软件的工作界面及其功能介绍如图 8-1 所示。

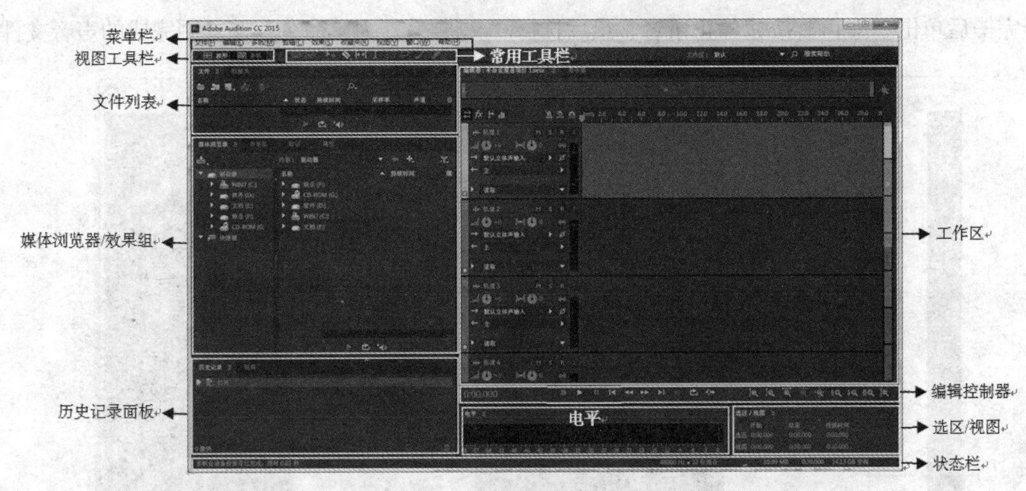

图 8-1　Adobe Audition CC 2015 版音频处理软件工作界面简介

（1）菜单栏：对声音文件进行各种编辑操作。

（2）视图工具栏：用于切换视图的显示效果，如上图 8-1 所示为“多轨”视图。

（3）常用工具栏：对声音文件进行简单的编辑操作。

（4）文件列表：用于显示已加载的音频文件。

（5）媒体浏览器或效果列表：显示当前电脑中的盘符和可以使用的效果项目。

（6）工作区：如图 8-1 所示，如果选择多轨，则在工作区显示多条音轨。

（7）编辑控制器：主要用于音频播放和录音控制，同时可以使用“放大镜”工具对波形视图区域进行缩放控制，以便于观察细节和选择操作。

（8）历史记录：面板中按顺序显示用户对音频文件所执行过的历史操作。

（9）电平：用于显示输入或输出的电平状态。

（10）选区/视图：显示当前选择和查看的波形的起止时间和长度。

（11）状态栏：显示当前声音文件的基本属性。

2. 音频的录制

装好声卡，将麦克风与计算机相连，然后运行 Adobe Audition 软件，执行“文件/新建”命令，弹出图 8-2 所示对话框。在弹出的对话框中选择采样频率、声道和位深度，然后单击“确定”按钮即可进入软件编辑窗口。在编辑窗口中然后单击“编辑器”面板中的“录制”按钮开始录制声音，录音完毕后单击“停止”按钮停止录音。最后选择“文件/另存为”命令存储录制完成的声音文件。

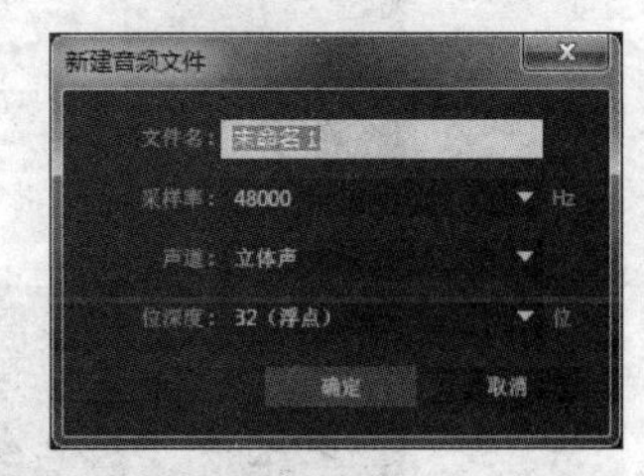

图 8-2　新建音频文件对话框

3. 音频的基本编辑

在 Adobe Audition 中，我们经常需要对音频文件进行编辑和再加工处理，用户则可以使用“编辑”菜单对声音文件进行编辑，如图 8-3 所示。鼠标单击并拖动选择波形区域的一段音频文件后，选择“编辑”菜单中的“剪切”“删除”“修剪”“复制”“粘贴”“粘贴到新文件”“混合粘贴”“分离”和“合并分离”等命令，便可轻松实现对音频文件的基本编辑。

安装好声卡，将麦克风与计算机相连，然后运行 Adobe Audition 软件，执行“文件/新建”命令，弹出如图 8-2 所示对话框。在弹出的对话框中选择采样频率、声道和位深度，然后单击“确定”按钮即可进入软件编辑窗口。在编辑窗口中然后单击“编辑器”面板中的“录制”按钮开始录制声音，录音完毕后单击“停止”按钮停止录音。最后选择“文件/另存为”命令存储录制完成的声音文件。

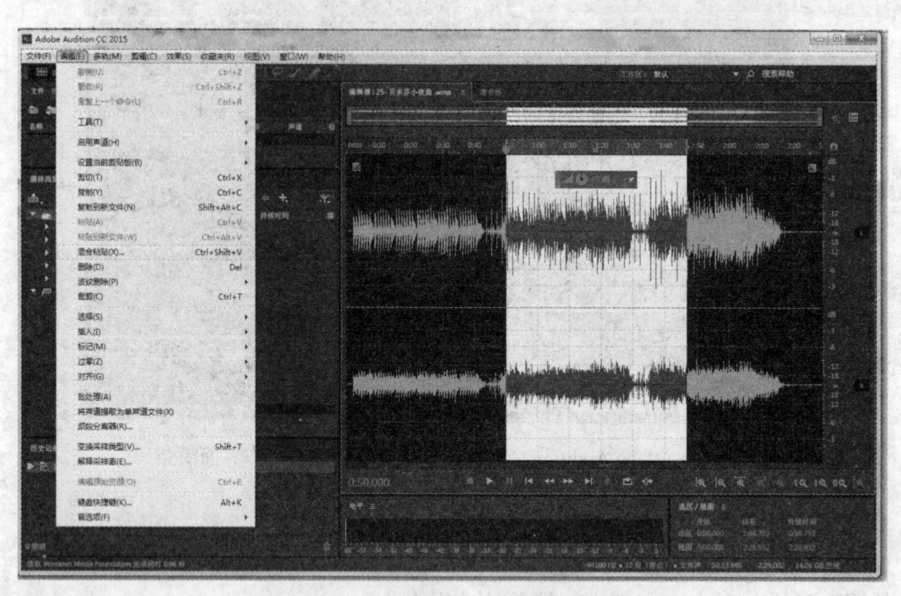

图 8-3　使用“编辑”菜对音频简单编辑

4. 音频特殊效果处理

对音频文件添加特殊效果，则可以分别选择“效果”菜单中的各级子菜单来完成，如图 8-4 所示。使用“效果”菜单可实现一段音频文件的倒转、标准化设置、回声、降噪和变速等各种常用效果。

图 8-4　使用“效果”菜单添加音频特效

8.4　图形图像信息处理

人类获取信息的途径主要依靠视觉系统，图形图像是人类视觉可以感受到的一种形象化的信息，便于识别和认知。图形图像技术也是多媒体技术的重要研究内容，其应用涉及科技、教育、商业、艺术、军事和医学等各个领域。

8.4.1　图形与图像

计算机呈现画面的类型主要有两种，一种称为矢量图，也称为图形；另一种叫点阵图像，也称之为位图图像。

1．矢量图形

图形是一系列指令的集合，一般是用计算机绘制出所有的直线、圆、圆弧、矩形和不规则曲线等。计算机可以通过记录这些基本几何对象的位置、维度、大小、形状和颜色等构造出一个更加复杂的图形对象。图形与分辨率参数无关，图形可以任意缩放而不会失真。

产生图形的程序称为绘图程序。绘图时不需要记录画面的像素点阵，人们使用计算机绘图程序可以分别绘制和修改矢量图形，并可以任意移动、缩放、旋转和扭曲几何对象的各个部分，当几何对象出现位置上的相互覆盖和重叠，依然可以保持各自的属性不被影响。

根据矢量图形的产生原理可知，因为矢量图是通过指令集合绘制图形而不需记录点阵，所以矢量图的文件数据量较小，矢量图在缩放和变换时不失真。但是因为矢量图形主要依靠计算机进行绘制和着色，所以矢量图形的色彩就不够丰富逼真，同时也不易于在不同的软件之间交换文件。

从矢量图形的特点分析来看，矢量图形主要用于标志设计、工程制图、三维图像制作等领域。

2．位图图像

位图图像是实际景物的影像，它是利用图像数字化设备对客观景物进行采集和捕捉的图像画面。图像是描述图像中各个像素点的亮度和颜色深度等所有参数的集合。图像与分辨率密切相关，当用户对图像进行缩放时，图像尺寸就会发生改变，但图像的分辨率并不会随之变化，因而使得线条和形状变得参差不齐，便出现了“锯齿”现象。

生成图像的工具称为绘画程序。人们可以利用电脑重现画面中每个像素点的亮度、颜色深度、大小和位置等参数。当用户要对图像进行编辑时，画面中的像素点的参数值就会发生改变，从而影响用户的观看效果。

因为图像是通过记录画面中每个像素点的具体参数成像，因此，分辨率越高，同一尺寸的画面中记录的像素点就越多，描述的图像的细节就越细致，图像就越逼真，同时，图像的数据量就越大。另外，图像是由数字捕捉设备捕捉自然界的真实画面，所以图像的色彩丰富逼真。

图像其色彩丰富，细节表现真实，所以图像被广泛用于人像摄影、广告设计、网页设计和影视制作等领域。

8.4.2　图像处理基本概念

图像呈现的是自然界的客观事物，人们评价图像质量的好坏时主要从图像的清晰度和真实度进行衡量，而计算机对这两个指标则是用分辨率和颜色深度两个参数进行描述。

1．分辨率

分辨率是影响图像显示质量的重要因素。分辨率是指在单位长度内所包含的像素点的数目。相同长度内所含的像素点数目越多，图像细节表现的越多，图像的清晰度越高。

分辨率一般用 dpi（点/英寸）来表示。在计算机领域，分辨率主要有三种类型，分别是图像分辨率、屏幕分辨率和显示分辨率。

- 图像分辨率是指数字化图像文件的大小，以水平和垂直的像素点相乘进行表示。如高精度图片图像分辨率为：6 000 像素 × 4 000 像素。
- 屏幕分辨率是指用户当前所使用的计算机屏幕上的分辨率。
- 显示分辨率是显示器本身所能支持的各种显示方式下的最大的屏幕分辨率。

2. 颜色深度

图像中每个像素的颜色都是用二进制数进行表示，颜色深度就是指图像中用于描述每个像素颜色的二进制位数的值。如果颜色深度为 1，则每个像素可表现的颜色数量为 $2^1=2$，即只能表现两种颜色。因此，颜色深度值越大，则每个像素可表现出的颜色数量就越多，图像的整体色彩就越丰富饱满。当颜色深度达到或高于 24 位时，图像表现的颜色就可以称之为“真彩色”。

8.4.3 常见图像文件格式

在编辑图像文件时，不同的编辑软件处理后的图像文件格式不同，不同的图像文件数据量大小、色彩效果及应用领域都不同，以下介绍几种常见的图像文件格式。

1. BMP 文件

BMP（Bitmap）位图文件格式，是 Windows 操作系统采用的标准图像格式，是一种与设备无关的图像格式。BMP 文件采用位映射的存储方式，不使用任何压缩，图像质量只与采用的位深相关，可选位深有 1bit、4bit、8bit、24bit。位图文件的优点是解码速度快，绝大多数图形图像软件都支持 BMP 文件；其缺点是文件占用存储空间较大。

2. JPG 文件

JPG/JPEG 是由联合图像专家组（Joint Photographic Experts Group）开发制定的图像标准，是一种最常用的图像文件格式。JPEG 格式文件采用 JPEG 压缩方法去除图像中的冗余色彩信息。JPEG 算法压缩比较高，数据量比较小，图像色彩失真小，图像质量比较好，是网页展示图像的常用文件格式。

3. GIF 文件

GIF（Graphics Interchange Format）是一种索引颜色模式，只支持 256 色以下的图像色彩，因此 GIF 文件在色彩变现方面稍弱一些。GIF 文件使用于具有单调颜色和清晰度细节的图像，此类文件所占空间较小，但是图像质量不高。GIF 文件在同一个文件中可以存放多张图片，查看时多张图片连续显示即可形成简单的动画，此类文件在网络广告中使用较为广泛。

4. PNG 文件

PNG（Portable Network Graphic Format）采用无损压缩算法减小图像的占用空间，同时支持文件透明。PNG 文件图像质量高于 GIF，但是 PNG 不支持动画，在网页设计开发过程中通常会使用到此类文件格式。

5. TIF/TIFF 文件

TIF/TIFF（Tagged Image File Format）文件支持多种色彩位数、多种色彩模式以及压缩和非压缩算法，通常文件非常大，保留的图像细微层次信息非常多，有利于图像原稿的存储，多用于扫描和桌面出版系统。

8.4.4 数字图像处理软件的应用

在众多的图像处理软件中，Adobe 公司的 Photoshop 软件以其完美的图像处理功能为许多专业人士所青睐，成为目前市场上最为流行的图像处理软件。以下以 Photoshop cs6 为例介绍图像处理软件的简单应用。

1. Photoshop 软件界面介绍

启动 Photoshop CS6，打开如图 8-5 所示界面效果。

图 8-5　Photoshop CS6 工作界面介绍

默认情况下软件界面有菜单栏、工具选项栏、控制面板、工具箱和工作区几部分组成。其中，工具箱、工作区和控制面板可以通过拖动鼠标的方式将其改为浮动窗口或浮动面板。

2. Photoshop 常用功能介绍

（1）图像基本操作

①更改图像文件大小：执行“图像/图像大小”命令，弹出“图像大小”对话框，在对话框中便可设置图像大小。

②裁剪图像：选择工具箱中的裁剪工具，可以通过手动的方式自由控制裁剪的大小和位置，也可以在裁剪的同时对图像进行旋转变形。

③变换图像：打开一幅图，选中某一对象，选择“编辑/变换”命令中某一子菜单，可以实现对所选对象的缩放、旋转、扭曲、变形等操作。

如图 8-6 所示为选择“变形”命令后的视图效果.用户可以通过鼠标拖动图像中的控制节点，通过改变节点的位置达到变形的目的，变形效果合适后单击 Enter 键确认。

（2）选区的操作

对图像的所有操作都基于已经选定了目标对象的前提下才能进行，学会选择目标对象是 Photoshop 图像处理的关键步骤。

在 Photoshop 软件中，用于选取对象的工具主要有“选框工具”“套索工具”“魔棒工具”和“快速选择工具”。

①选框工具：选框工具主要用于选取规则形状。选框工具包括“矩形选框工具”“椭圆形选框工具”“单行/单列选框工具”。

- 简单选区的建立：使用“矩形选框工具”在某一图层中单击并拖动鼠标即可创建一个大小自定义的矩形选取。如果需要建立一个特殊大小的选取，则可以选择工具选项栏中的“样式”

列表，从列表中选择“固定比例”或“固定大小”的方式来建立选区，如图 8-7 所示。

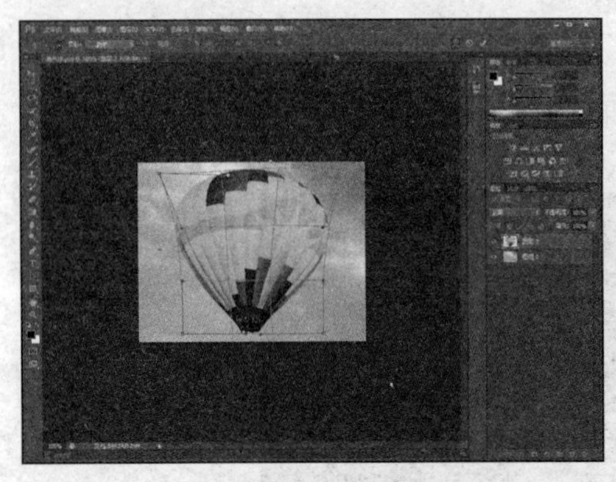

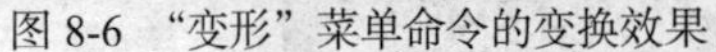

图 8-6 “变形”菜单命令的变换效果

图 8-7 “矩形选区工具”的“样式”设置

- 复杂选区的建立：选择工具选项栏中的“选区运算”工具，可以在基本矩形选取的基础上进行选取的添加、交叉或减去等操作，从而创建一个复杂的选区形状，如图 8-8 所示即是使用“添加到选区”功能后，通过创建两个交叉的矩形区域所合并出的选区效果。

②套索工具：套索主要用于创建不规则的图像选区。套索工具又包括“套索工具”“磁性套索工具”和“多边形套索工具”。

- 使用“套索工具”可以创建一个不精确的不规则区域。
- 使用“磁性套索工具”可以在背景与主题对比强烈时快速、准确地捕捉到主体的边缘并自动添加节点。
- 使用“多边形套索工具”可以通过鼠标连续单击创建不规则多边形选区。

③魔棒工具：选框工具和套索工具都是通过建立区域的形式选取对象，而魔棒工具是通过颜色范围来创建选区。

④快速选择工具：使用快速选择工具，利用可调整的圆形画笔笔尖快速建立选区，拖动鼠标时，选区会向外扩展并自动查找和跟随图像中定义的边缘。

（3）图层应用

图层类似一张张透明的图画纸，把图像的不同部分画在不同的图层中，叠放在一起便形成了一幅完整的图像。对每一个图层内的图像进行修改时，其他图层中的图像不会受到影响。

使用图层，可以将多幅图像进行修剪、叠加，产生所需要的图像效果，还可以任意地设置图像的混合模式、图层蒙版、图层样式等，使图像产生神奇的艺术效果。

在图像设计过程中，使用最频繁的就是“图层”面板。在图层面板中，用户可以创建、隐藏、显示、复制、合并、链接、锁定及删除图层。

图层面板常用功能介绍如图 8-9 所示。

（4）色彩调整

日常摄影时，根据天气情况的不同，图像有时会出现曝光过度、照片发黄、色彩对比不够强烈的情况，选择“图像/调整”菜单，即可以将图像的显示效果调整到最佳状态。

常用的色彩调整主要有“亮度/对比度”“色阶”“曲线”和“色相/饱和度”等。如图 8-10 所示对话框显示的是“图像/调整/曲线”的设置对话框。

（5）滤镜功能

Photoshop 软件中自带许多滤镜效果，其功能各不相同。用户使用滤镜功能前先创建选区，选择使用某一滤镜效果时将会对选区发挥作用；如果用户在使用滤镜之前没有建立选区，则系统默认对整个图像执行滤镜效果。如图 8-11 所示是执行“滤镜/模糊/动感模糊”时弹出对话框的设置效果。

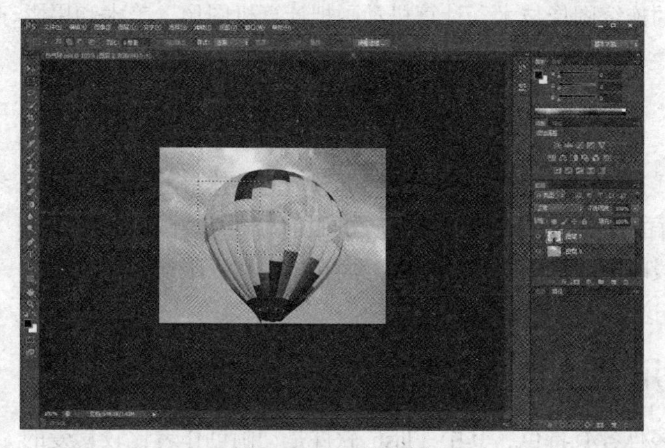

图 8-8　复杂选区的创建

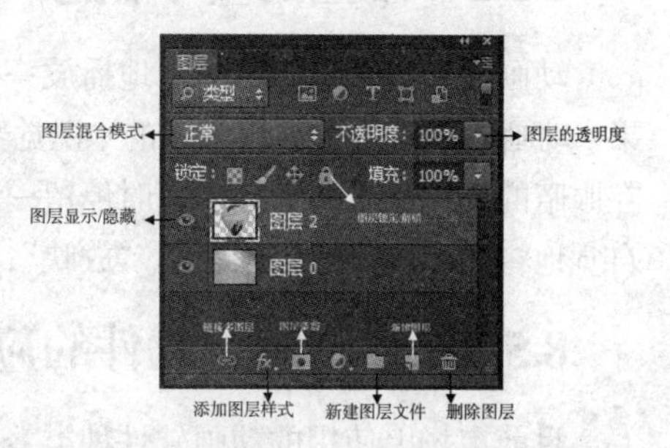

图 8-9　“图层”面板常用功能介绍

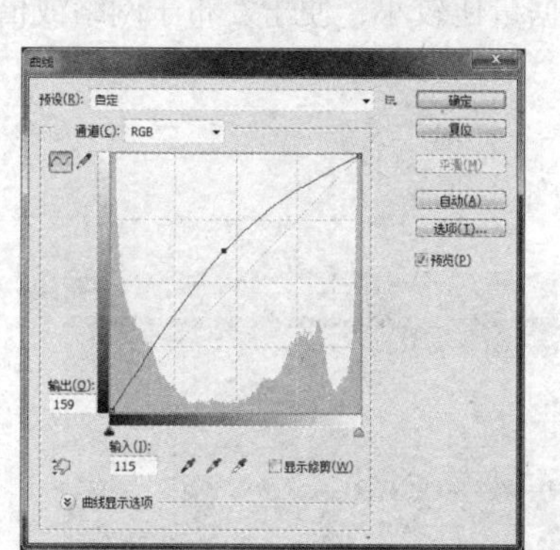

图 8-10　“图像/调整/曲线”的设置对话框

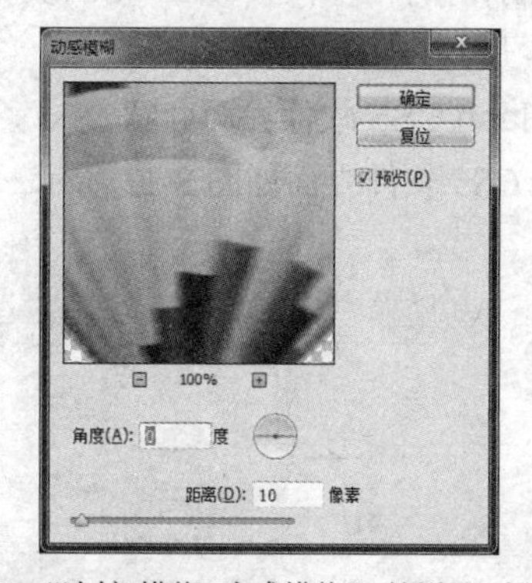

图 8-11“滤镜/模糊/动感模糊”的设置对话框

8.5　动画信息处理

动画能够把原本没有生命的对象经过加工后，使对象变得拟人化并具有生命力。动画多是创作者的大胆想象和巧妙构思的结果，动画制作可以极大地发挥创作者天马行空的想象力，它的无尽幻想、模仿、夸张和拟人化处理是普通影视拍摄无法做到的。因此，动画在科学研究、军事仿真、过程模拟、工业及建筑设计、教学训练和电子游戏等领域均有广泛应用。

8.5.1　动画技术简介

随着现代科学技术的不断发展，动画技术也在不断的改进更新中，纵观历史，动画技术的发展大概经历了两大阶段。

1. 传统动画技术

传统动画技术是采用连续的画面技术，将一系列手工制作的单独画面拍摄在胶片上，然后以每秒钟 24 帧画面的速度连续播放，从而实现动画效果。1909 年，美国人 Winsor Mccay 用一万张图片表现了一段动画故事，这是迄今为止世界上公认的第一部动画短片。

2. 计算机动画技术

随着计算机图形学的不断发展，计算机技术在动画制作中发挥着巨大的作用。计算机动画是借助计算机生成的一系列动态实时演播的连续图像技术。计算机动画把计算机图形、美术和摄影摄像等学科融为一体。

8.5.2 动画的基本概念

动画是通过快速、不间断地播放一些连续画面，从而给人类视觉营造一种连贯的动态画面效果。动画的产生主要利用人类的“视觉暂留效应”。当一个画面从人的眼前出现后，画面的影像会在眼睛的视网膜上和大脑中暂时停留一段时间，当下一个相似的画面在出现在人眼前时，人们会自觉地将两个画面连接在一起“放映”，这就出现了动画效果。

8.5.3 动画制作软件的应用

目前市场上使用的动画软件种类繁多且各有特色，其中 Flash 软件是动画创作者比较喜爱的一款动画制作软件，并且 Flash 动画发布后的文件数据量比较小，便于发布于网络或借助网络进行传播学习。

1. Flash CS5 软件界面介绍

Flash CS5 软件界面如图 8-12 所示。

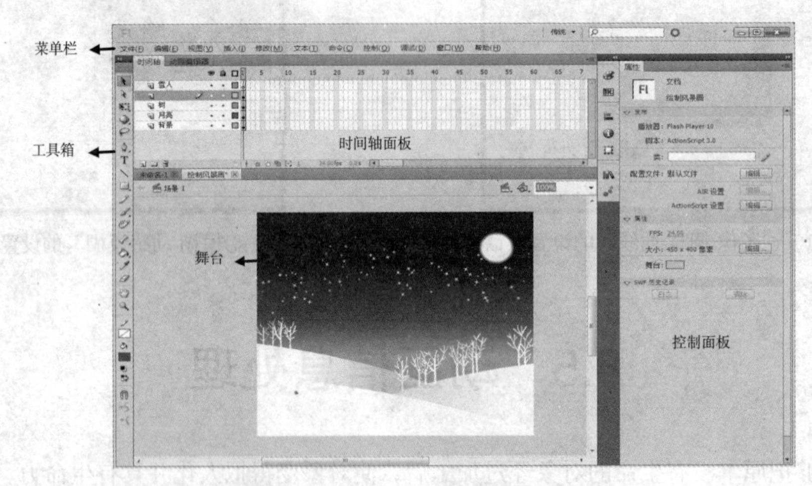

图 8-12　Flash CS5 软件界面介绍

2. Flash 软件功能简介

（1）绘制编辑图形

Flash 软件是矢量动画软件，使用 Flash 工具箱中的“矩形”“椭圆”“多边星形”“钢笔”“铅笔”“直线”“刷子”等工具可以绘制出复杂的图形对象，如场景、角色、道具等。工具箱面板如图 8-13 所示。使用工具箱中的“选择工具”可以选择和移动舞台上的图形对象。使用“部分选择”工具可以选择被选图形上的关键节点来改变图形的形状。“喷涂刷”工具可以喷涂出随机图案效果，如图 8-13 所示的星星的效果即是用“喷涂刷”工具喷涂完成。

选择 Flash CS5 中的“Deco 工具”在舞台上单击鼠标，可以绘制出如图 8-14 所示的图形对象。使用“颜料桶”工具可以对闭合图形填充内部颜色，使用“墨水瓶”工具则可以对矢量图进行描边处理。

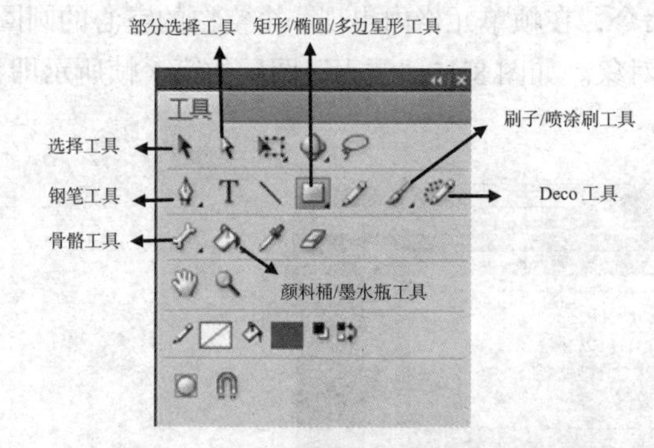

图 8-13　Flash CS5“工具箱”面板

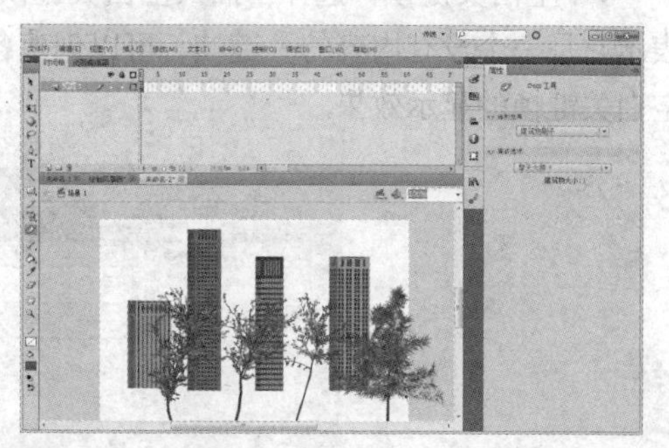

图 8-14　Flash CS5“Deco”工具展示效果

（2）时间轴操作

时间轴是 Flash 动画软件最重要的界面元素之一，Flash 软件中的动画效果主要通过操作时间轴面板中的图层和帧来实现。

①图层：在 Flash 动画中，图层主要有 4 种类型：普通图层、图层文件夹、引导层和遮罩层。“普通图层”主要存放绘制好的动画对象；“图层文件夹”是将同类型的图层对象打包归类，类似于 Windows 操作系统中文件夹的作用；“引导层”在做引导动画时用于存放用户设定的特殊运行轨迹，引导层和被引导层成对出现才能实现引导动画；“遮罩层”主要用于遮罩动画中，遮罩层用于存放“镜头”对象，遮罩层和被遮罩层成对出现并且需要同时锁定，被遮罩层中的对象需要透过遮罩层才能被用户观察到。Flash 软件中存在的图层类型如图 8-15 所示。

②帧

在 Flash 动画制作过程中，离不开帧的操作。在 Flash 软件中帧主要有 3 种类型：普通帧、关键帧和空白关键帧。

- 普通帧：选择要插入帧的位置，单击鼠标右键，选择“插入帧”即可插入一个普通帧。普通帧能够延长图形的显示时间。一般在“背景”图层常会用到普通帧。普通帧效果如图 8-16 中“背景”图层的第 25 帧所示。

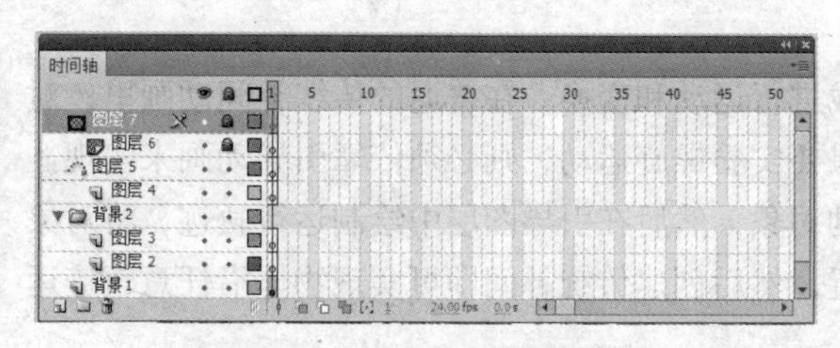

图 8-15　Flash 软件中图层类型介绍

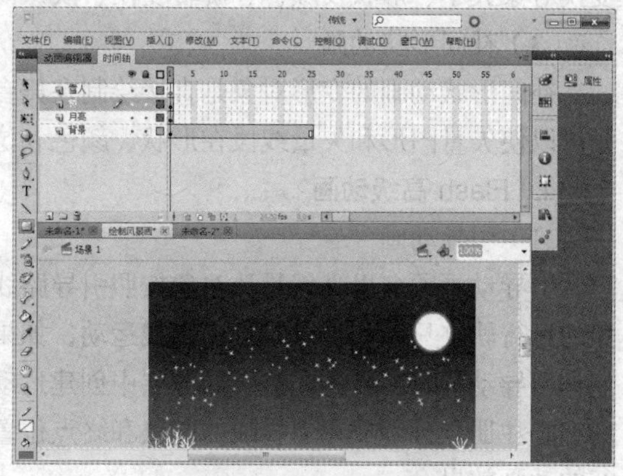

图 8-16　“普通帧”的显示效果

- 关键帧：选择同样的方式单击鼠标右键，选择“插入关键帧”命令，则可插入一个实心圆点型的关键帧。关键帧表示该帧内有对象，可以继续修改编辑。关键帧显示效果如图 8-17 中“月亮”图层的第 25 帧所示。

- 空白关键帧：选择“插入空白关键帧”命令，在帧单元格内出现一个空白的空心的圆圈，表示它是一个没有内容的关键帧，可以创建各种对象。如图 8-17“雪人”图层的第 1 帧所示即为空白关键帧的显示效果。

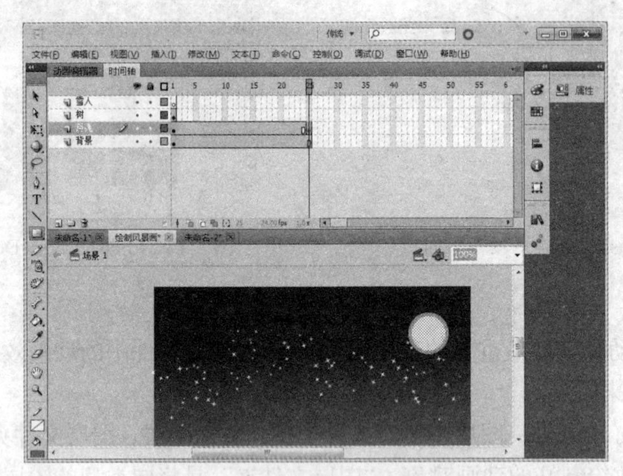

图 8-17 “关键帧”的显示效果

3. Flash 基本动画类型

（1）逐帧动画

逐帧动画在 Flash 在 Flash 动画制作中经常出现。逐帧动画的每一帧都由制作者设定，然后连续播放这些画面，即可生成动画效果，如小鸟的飞翔、人的走动等。逐帧动画原理类似于早期的传统手工动画的制作原理，与过渡动画相比，逐帧动画的文件字节数较大。为了使一帧的画面显示的时间长一些或要减缓动画的播放速度，可以在逐帧动画的某些关键帧后边添加几个普通帧来实现延长动画播放时间的目的。

（2）传统补间动画

传统补间动画可以创建出丰富多彩的动画效果，可以使某一对象在画面中沿直线或曲线运动、变换对象大小、形状及颜色、旋转变换、淡入淡出效果等。

（3）补间形状动画

补间形状动画的变形对象是直接绘制在舞台上的各种矢量图形和矢量线段。利用形状变形动画可以使矢量图形和矢量线段在形状、颜色和位置上产生各式各样的渐变效果。

4. Flash 高级动画

（1）引导动画

引导动画顾名思义就是让对象按照引导路线进行运动和变换。在普通的传统补间动画里，对象的运行轨迹只能实现点到点的直线运动，如果要实验螺旋运动，则必须依靠引导动画来实现。制作引导动画时，首先在被引导图层中创建运动对象，然后在引导图层中绘制运行轨迹，将对象的中心注册点分别放在引导线的起点和终点位置，然后创建传统补间即可实现物体沿任意轨迹运行的动画效果。

（2）遮罩动画

遮罩动画原理是遮罩层中的对象就像用户观察事物的“镜头”，透过遮罩层中的“镜头”用户才能看到下方被遮罩层中内容。通过对遮罩层和被遮罩层中对象的编辑及设置各种动画轨迹，可以产生令人眩目的动画效果。例如植物生长动画、探照灯动画和卷轴动画等。

5. Flash 动画的保存与发布

Flash 动画文件的源文件格式为 FLA 格式，扩展名为“.fla”，而源文件的打开必须依赖 Flash 软件平台才能打开编辑和观看，因此不便于版权保护和用户随时随地播放观看。在 Flash 动画传播发行之前，需要对文件进行发布设置。

选择“文件/发布设置”，弹出如图 8-18 所示的发布设置对话框。用户需要输出哪种格式的文件，选中对应文件类型的复选框单击“确定”即可发布该文件。

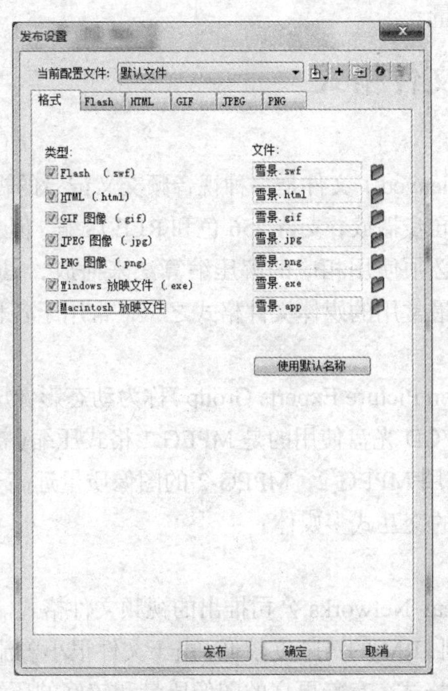

图 8-18　Flash 动画文件“发布设置”对话框

在 Flash CS5 中，可以发布跨平台使用的动画文件，如支持 Windows 系统放映的.exe 文件和支持 Mac 系统放映的.app 文件。

8.6　视频信息处理

随着计算机技术和多媒体技术的发展，视频信息的获取及处理显得越来越重要。视频信息处理技术是多媒体技术的一项核心技术。

8.6.1　视频基础知识

视频和动画都是动态展示画面信息，因为活动图像的信息量最为丰富、直观、生动和形象，可以最大限度地调动人类的感官，可以使人类在有限的时间内积极主动获取更多的信息。动画是由人工或计算机绘制的图形组成，而视频则是由实时捕获的自然影像组成，但其原理都是依赖于人类视觉上的“视觉暂留效应”。

视频分为模拟视频和数字视频，模拟视频是一种用于传输图像和声音并且随时间连续变化的电信号。数字视频是用数码设备捕捉的自然影像，并能被计算机识别、采集、加工和处理的数字信号。

数字视频信号可以被传送到计算机内，并可对其进行存储、处理，也可以进行创造性地编辑与合成，因此，数字视频较之模拟视频的可编辑性更强。另外，模拟信号无论初始精确度多高，在经过多次翻录复制时，物理上的损害都会导致视频文件失真。而数字视频是以数字化的形式存储于电脑中，它不会因为复制、传输以及环境变化而出现视频质量下降的情况，因此，数字视频的再现还原性较好。再次，数字视频可以借助网络实现资源的共享，无论传输距离的远近，都不会影响传输的数字视频的质量。

8.6.2 常见视频文件格式

1. AVI 文件

AVI（Audio Video Interleaved）文件是一种视音频交叉记录的视频文件格式。在 AVI 文件中允许视频和音频交错在一起同步播放，支持 256 色和 RLE 压缩，但并未限定压缩标准。采用不同压缩算法生成的 AVI 文件必须使用相应的解压缩算法来播放，其不具备兼容性。AVI 文件是 Windows 操作系统最基本、最常用的媒体文件格式之一，常用于各种多媒体光盘和影视文件。

2. MPEG 文件

MPEG/MPG/DAT（Motion Picture Experts Group）称为动态影像压缩算法，其中包括 MPEG-1、MPEG-2、MPEG-4。常见的 VCD 光盘使用的是 MPEG-1 格式压缩（被转换为 DAT 文件），而 DVD 光盘以及一些 HDTV 上则使用 MPEG-2，MPEG-2 的图像质量远高于 MPEG-1。MPEG-4 应用于可视电话、数字电视等更强的交互式多媒体。

3. RM/RMVB 文件

RM/RMVB 文件是由 Real Networks 公司推出的视频文件格式。RM 最早常用于 VCD-RM，但由于受到 VCD 本身的限制，RM 的清晰度较低，由于文件很小曾流行一段时间，现在使用较少。RMVB 是比 RM 更新一代的格式，有着更高的图像质量和较好的压缩率，在网络上进行视频传播时应用较多。

4. MOV 文件

MOV 文件是苹果公司开发的一种视音频文件格式，具有跨平台、存储空间要求小等技术特点。

5. FLV 文件

FLV（Flash Video）文件具有数据量小、加载速度快和版权保护等特点，特别适合网络传播。目前流行的在线视频网站大多都是采用此类文件格式。

8.6.3 视频制作软件的应用

常用的专业视频编辑的处理软件为 Adobe Premiere 软件，下面就简单介绍 Premiere 软件的界面及其功能。

1. Adobe Premiere CS3 界面介绍

（1）打开 Adobe Premiere CS3 软件，在欢迎界面选择“新建项目”按钮，即可新建一个视频项目文件，操作效果如图 8-19 所示。

（2）单击“新建项目”后打开如图 8-20 所示对话框，在该对话框中，可以确定新建的视频文件类型。考虑到国内电视的制式为 PAL 制式，我们在新建视频文件时，可以选择“DV-PAL”或“HDV”文件夹中的某一项。如图 8-20 选择“HDV 720p25”选项，在窗口右侧显示该选项的相关参数意义，在窗口下方，确定新建项目的存储路径和文件名。

图 8-19　Premiere 软件“欢迎界面”窗口效果

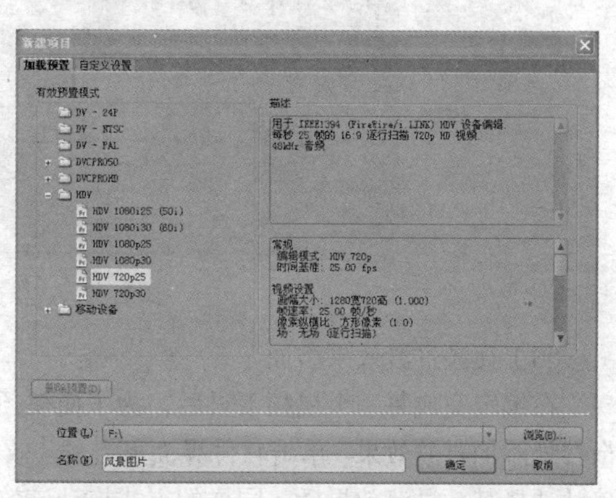

图 8-20　Premiere 软件“新建项目”对话框设置

（3）设置完成后单击“确定”进入软件编辑界面，Premiere 软件界面介绍如图 8-21 所示。

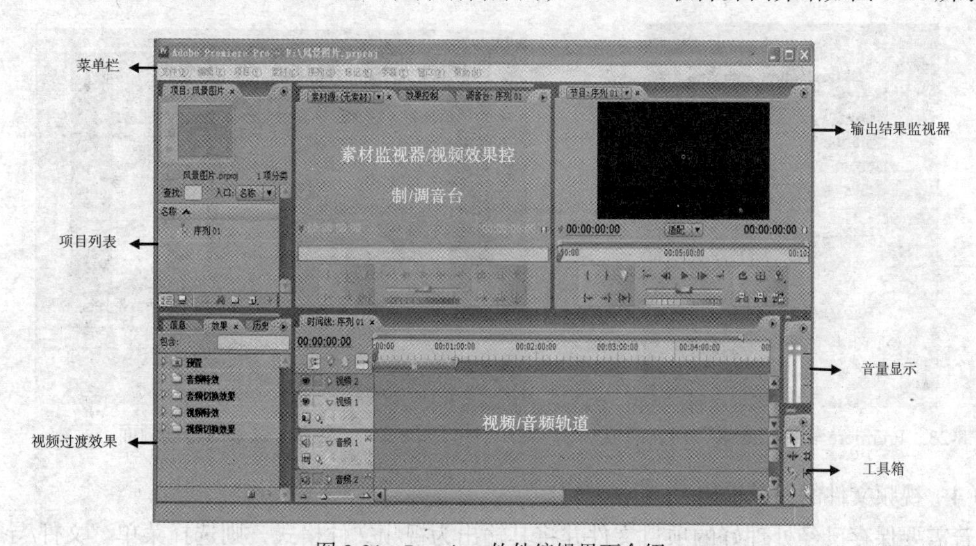

图 8-21　Premiere 软件编辑界面介绍

2. Adobe Premiere CS3 常用功能介绍

（1）视频剪辑

拖动“项目”面板中准备好的视频文件到视频轨道 1 中，双击视频文件，则可以在“素材监视器”中观看素材视频的播放效果。如需对素材进行裁剪，则选择“视频编辑工具箱”中的“剃刀”工具，在视频 1 轨道的视频文件需要裁剪分离的时间点处单击鼠标。

如果需要组接两段素材视频，拖动“项目”面板中的另一段视频文件到前一个视频的后方进行衔接即可。同样的方式可是实现多个视频素材的组接，组接完成的效果如图 8-22 所示。

（2）视频特效制作

视频素材在使用时，有时需要在时间上进行截取，有时需要为原来的视频素材添加视频特效。单击“效果控制”面板，在该面板中列举一些常用的视频特效可供用户选择。使用时，只需单击浏览某一视频特效，效果满意时时单击选中此效果并拖动鼠标，将视频特效拖动到视频轨道中的某一个视频素材上释放鼠标即可。

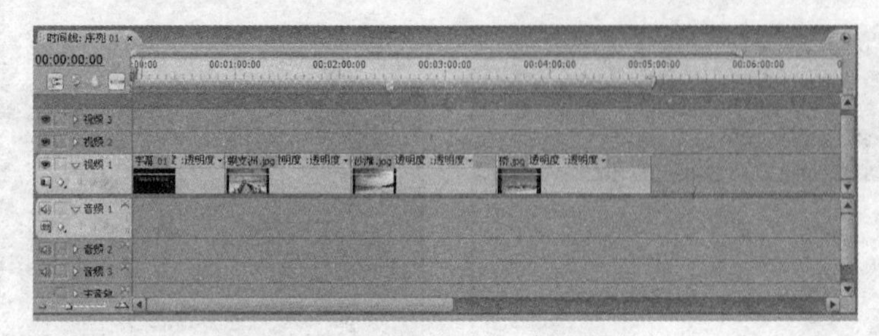

图 8-22　多段视频的组接效果

（3）视频过渡效果添加

在编辑完成每一个视频素材后，为了使视频播放效果更生动自然，我们有时会在素材与素材衔接处添加过渡效果。单击软件界面下方的“效果”选项卡，打开“效果”面板，如图 8-23 所示。确认选择某一过渡效果后，同样的方式拖动该效果到视频轨道的两个素材视频之间后释放鼠标，即可在播放前后两个素材视频时出现了转场过渡效果。如图 8-24 是为视频素材之间添加“翻页”效果后的画面转场效果。

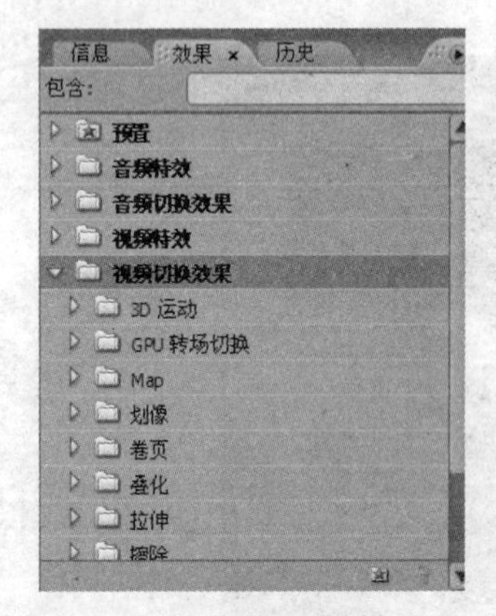

图 8-23　Premiere 软件“效果”列表面板

图 8-24　“翻页”效果的转场画面

（4）视频文件的保存输出

若需要保存已经处理好的项目文件并将其输出为视频文件格式，则选择菜单“文件/导出/影片”命令，打开如图 8-25 所示对话框。默认情况下输出影片类型为 AVI 格式。

如需输出其他视频格式，选择对话框中的“设置”按钮，打开“导出影片设置”对话框，在该对话框中，从“文件类型”列表中可以选择导出影片的文件类型，效果如图 8-26 所示，确认输出视频文件类型后单击“确定”即可输出指定的视频文件。

图 8-25　Premiere 软件“导出影片”对话框

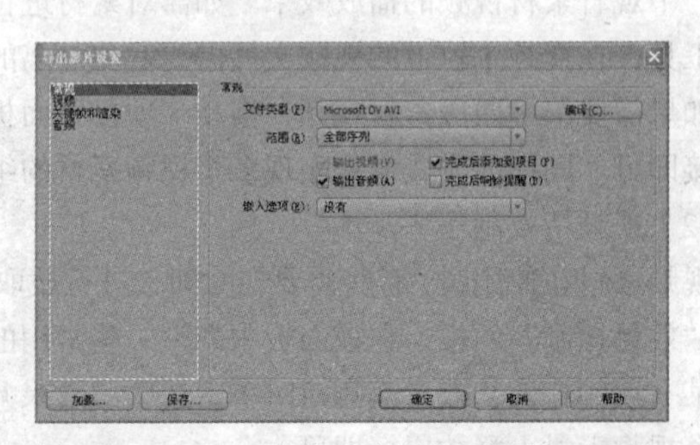

图 8-26　Premiere 软件“导出影片设置”对话框

【本章小结】

本章讲述了多媒体技术的相关知识。本章内容首先讲述多媒体技术的相关基本概念、多媒体数据类型及多媒体技术发展过程中用到的一些关键技术及其主要应用，使大家在对多媒体技术的概念有一定程度的理解基础之上，进一步逐一介绍多媒体不同类型数据的基本理论、制作原理和常用软件介绍等。通过本章的学习，帮助大家理论理论联系实际，使大家在学到多媒体技术基础理论的同时也可以学习到多媒体数据的处理和编辑方法，为今后的工作和其他实际应用打下良好的基础。

思考与练习

1. 媒体的概念是什么？
2. 多媒体技术的关键技术有哪些？
3. 简述声音的数字化过程。
4. 常见图像文件格式有哪些？
5. 简述图形图像的区别。
6. 影响图像质量好坏的因素有哪些？
7. 简述 Flash 软件中两种高级动画的制作思路。
8. 简述数字视频的优点。

第9章 数据库基础

本章主要内容：

- 关系数据库基本概念
- 关系数据库基本操作
- 数据库设计开发步骤
- Access 数据库

在当前信息化社会，管理信息系统、办公自动化系统和决策支持系统等各类信息系统，都离不开数据的组织、存储和管理，数据库作为数据的仓库，是数据管理的有效技术，在越来越多的领域得到广泛的应用。

本章主要介绍数据库技术领域的一些基本概念，关系数据库的特点，标准 SQL 语言，关系数据库表的创建，数据库增加记录、删除记录、更新记录和查询记录等基本操作，数据库关系操作，三类完整性约束，设计规范及开发过程，使初学者对数据库技术有一个宏观的了解和全局的认识。

9.1 数据库基本概念

9.1.1 数据库系统概述

数据库技术产生于 20 世纪 60 年代末，是数据管理的最新技术，也是计算机科学的重要分支。数据库技术是信息系统的核心和基础，它的出现极大地促进了计算机应用向各行各业的渗透。数据库的建设规模、数据库信息量的大小和使用频度已成为衡量一个国家信息化程度的重要标志。数据库系统是采用了数据库技术的计算机系统。

在介绍数据库技术的基本概念之前，首先介绍一些数据库最常用的术语和基本概念。

1. 数据（Data）

数据是数据库中存储的基本对象。描述事物的符号记录即为数据。数据的种类包括文本、图形、图象、声音等。数据的含义称为数据的语义，数据与其语义是不可分的。数据的形式不能完全表达其内容，需要解释。

例如，学生档案中的学生记录：

（张三，男，1982，海南，计算机系，2001）

语义：学生姓名、性别、出生年月、籍贯、所在系别、入学时间。

解释：张三是个大学生，1982年出生，海南人，2001年考入计算机系。

2. 数据库（Database，简称DB）

数据库是长期储存在计算机内、有组织的、可共享的大量数据集合。

数据库的主要特征为数据按一定的数据模型组织、描述和储存；可为各种用户共享；冗余度较小；数据独立性较高和易扩展。

3. 数据库管理系统（DataBase Management System，简称DBMS）

数据库管理系统是一种专门用于管理数据库的软件系统。DBMS是数据库管理的中枢机构，提供数据定义语言（DDL）定义数据库中的数据对象。提供数据操纵语言（DML）实现对数据库的基本操作（查询、插入、删除和修改）。提供数据控制语言（DCL）用于对数据的完整性、安全性等进行定义与检查，以及数据的并发控制和故障恢复等功能的实现。

目前市场上比较流行的DBMS产品有Oracle、DB2、Sybase、SQL Server、MySQL等。

4. 数据库系统（DataBase System，简称DBS）

数据库系统通常由数据库、数据库管理系统（及其开发工具）、应用系统及数据库管理员组成，如图9-1所示。在不引起混淆的情况下常常把数据库系统简称为数据库。

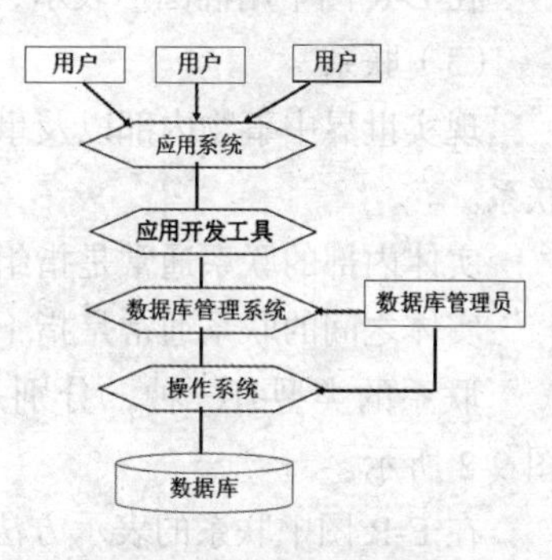

图9-1 数据库系统组成

在应用需求的推动下，在计算机硬件和软件发展的基础上，数据管理技术由人工管理阶段、文件系统阶段逐步发展到数据库系统阶段，显著的特点是数据结构化；数据的共享性高，冗余度低，易扩充；数据的独立性高（高度的物理独立性和一定的逻辑独立性）；数据由DBMS统一管理和控制。

9.1.2 数据模型

在数据库中用数据模型这个工具来抽象、表示和处理现实世界中的数据和信息。通俗地讲数据模型就是现实世界的模拟。使用数据模型能比较真实地模拟现实世界，容易为人所理解，便于在计算机上实现。

1. 数据模型的分类

数据模型分为两类（分属两个不同的层次）。

（1）概念模型（信息模型）

按用户的观点来对数据和信息建模，用于数据库设计。

（2）逻辑模型和物理模型

逻辑模型主要包括网状模型、层次模型、关系模型、面向对象模型等，按计算机系统的观点对数据建模，用于DBMS实现。

物理模型是对数据最底层的抽象，描述数据在系统内部的表示方式和存取方法，在磁盘或磁带上的存储方式和存取方法。

2. 数据库的建模

在数据库建模过程中，首先将现实世界中的客观对象抽象为概念模型，然后把概念模型转换为某一DBMS支持的数据模型并在数据库中实现。

概念模型的表示方法很多，通常使用实体—联系方法（Entity—Relationship Approach），即用E-R图来描述现实世界的概念模型，E-R方法也称为E-R模型。

E-R 图三个主要属性，分别是实体、属性和联系。

（1）实体

客观存在并可相互区别的事物称为实体。

实体可以为具体的人、事、物，也可以是抽象的概念或联系。

例如：一个学生，一个项目，一个规划，教师，课程，学生的一次选课，职工与单位的工作关系。

在 E-R 图中用矩形表示，矩形框内写明实体名。

（2）属性

实体所具有的某一特性称为属性。一个实体可以由若干个属性来刻画。

例如：学生的实体可以由学号、姓名、性别、出生年份、系、入学时间等属性组成。

在 E-R 图中用椭圆形表示，并用无向边将其与相应的实体连接起来。

（3）联系

现实世界中事物内部以及事物之间的联系在信息世界中反映为实体内部的联系和实体之间的联系。

实体内部的联系通常是指组成实体的各属性之间的联系。

实体之间的联系通常是指不同实体集之间的联系。

联系的类型有三种，分别是一对一、一对多和多对多（通常简写为 1:1、1:n 和 m:n），如图 9-2 所示。

在 E-R 图中联系的表示方法如下。

联系本身：用菱形表示，菱形框内写明联系名，并用无向边分别与有关实体连接起来，同时在无向边旁标上联系的类型。联系的属性：联系本身也是一种实体型，也可以有属性。如果一个联系具有属性，则这些属性也要用无向边与该联系连接起来。

学生选课 E-R 模型如图 9-3 所示。

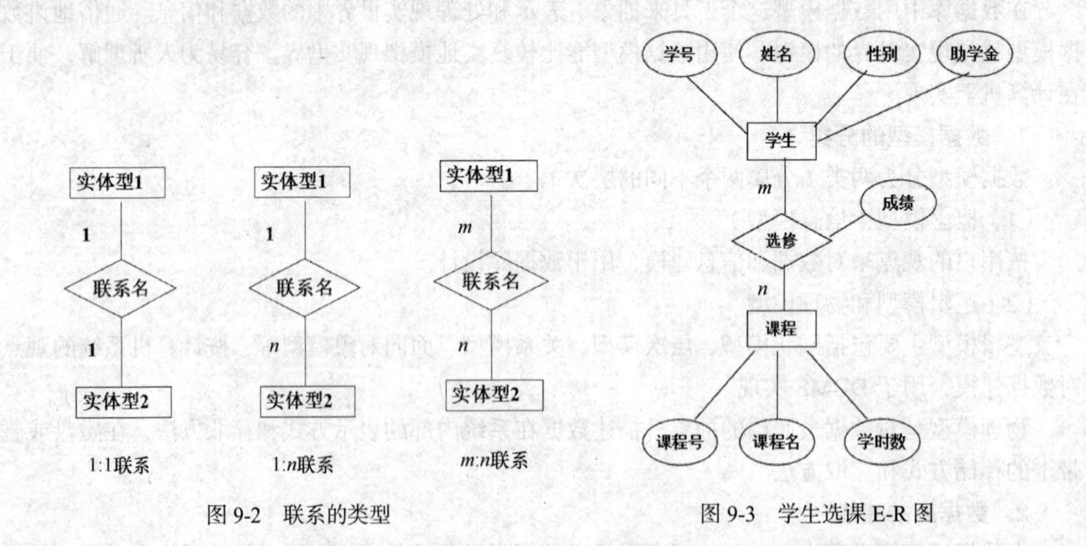

图 9-2　联系的类型　　　　图 9-3　学生选课 E-R 图

成绩属性既不是实体学生的属性，也不是课程实体的属性，而是联系的属性。联系的属性使用无向边连在菱形框上。

举例：试用E-R图表示某个工厂物资管理系统。

（1）一个仓库可以存放多种零件，一种零件可以存放在多个仓库中。

（2）一个仓库有多个职工当仓库保管员，一个职工只能在一个仓库工作。

（3）仓库主任领导若干保管员。

（4）一个供应商可以供给若干项目多种零件，每个项目可以使用不同供应商供应的零件，每种零件可以由不同供应商供给。

设计E-R图一般分为三步，首先根据需求抽象实体，然后确定实体的属性，最后确定实体与实体之间的联系。

分析过程如下。

实体：

仓库（仓库号、面积、电话号码）；

零件（零件号、名称、规格、单价、描述）；

供应商（供应商号、姓名、地址、电话号码、账号）；

项目（项目号、预算、开工日期）；

职工（职工号、姓名、年龄、职称）。

联系：

仓库与零件具有多对多的联系；

仓库与职工具有一对多的联系；

职工实体集中具有一对多的联系；

供应商、项目和零件三者之间具有多对多的联系。

工厂物资管理系统E-R图如图9-4所示。

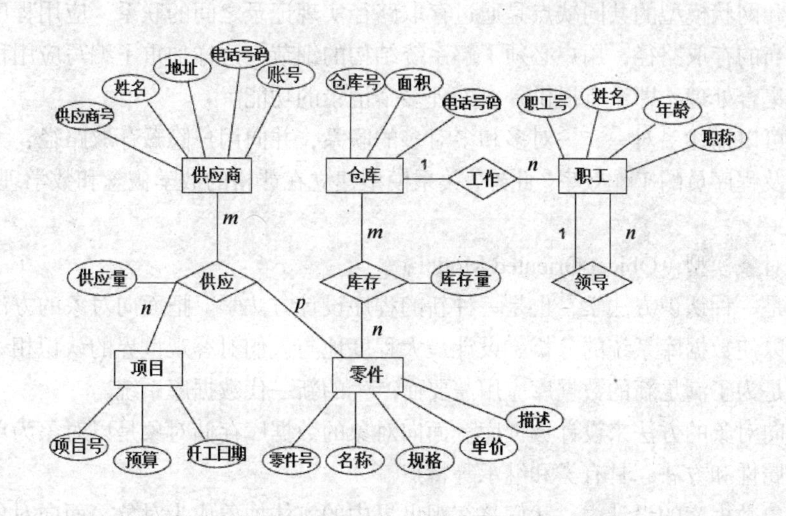

图9-4 工厂物资管理系统E-R图

设计完概念模型E-R图，下一步要完成逻辑模型的设计。逻辑模型与具体的DBMS相关。目前，数据库领域中最常见的数据模型有以下4种。

（1）层次模型（Hierarchical Model）

1968年美国IBM公司推出基于层次数据模型的IMS（Information Management System）数据管理系统。层次模型是最早出现的数据模型，它是采用层次数据结构来组织数据的数据模型。

层次模型可以简单、直观地表示信息世界中实体、实体的属性以及实体之间的一对多联系。它使用记录类型来描述实体；使用字段来描述属性；使用结点之间的连线表示实体之间的联系。

层次模型的优点是结构简单、清晰，容易理解，结点之间联系简单，查询效率高。缺点主要有以下几点：不能表示一个结点有多个双亲的情况；不能直接表示多对多的联系，需要将多对多联系分解成多个一对多的联系。常用的分解方法是冗余结点法和虚拟结点法；插入、删除限制多。比如，删除父结点则相应的子结点也被同时删除等。

（2）网状模型（Network Model）

1969 年美国 CODASYL（Conference On Data System Language）组织发布了 DBTG（Data Base Task Group）报告，提出网状模型。网状模型（Network Model）采用网状结构，能够直接描述一个结点有多个父结点以及结点之间为多对多联系的情形。

实际上，层次模型是网状模型的一个特例。网状模型去掉了层次模型中的限制，允许多个结点没有双亲结点，允许结点有多个双亲结点，还允许结点之间存在多对多的联系。使用网状模型可以表示多对多联系。

网状模型具有良好的性能，存取效率较高。相比层次模型，网状模型中结点之间的联系具有灵活性，能表示事物之间的复杂联系，更适合描述客观世界。

网状模型虽然有效克服了层次模型不方便表达多对多联系的缺点，但因为结构复杂，实现网状数据库管理系统比较困难。并且其所提供的 DDL 语言复杂，不容易学习和掌握。此外，由于实体间的联系本质上是通过存取路径来表现，因而，应用程序在访问数据时还需要指定存取路径。

（3）关系模型（Relational Model）

1970 年美国 IBM 公司研究人员 E. F. Codd 发表了论文《大型共享数据库数据的关系模型》，提出了关系模型，为关系数据库技术奠定了理论基础。

层次模型和网状模型的共同缺点是通过存取路径实现记录之间的联系，应用程序在访问数据时必须选择适当的存取路径，用户必须了解系统结构的细节，这样加重了编写应用程序的负担。另外，不支持集合处理，即没有提供一次处理多个记录的功能。

关系模型可以描述一对一、一对多和多对多的联系，并向用户隐藏存取路径，大大提高了数据的独立性以及程序员的工作效率。此外，关系模型建立在严格的数学概念和数学理论基础之上，支持集合运算。

（4）面向对象模型（Object Oriented Model）

面向对象是一种认识方法学，也是一种新的程序设计方法学。把面向对象的方法和数据库技术结合起来可以使数据库系统的分析、设计最大程度地与人们对客观世界的认识相一致。面向对象数据库系统是为了满足新的数据库应用需要而产生的新一代数据库系统。

它采用面向对象的方法来设计数据库。面向对象的数据库存储对象是以对象为单位，每个对象包含对象的属性和方法，具有类和继承等特点。

在面向对象数据库的设计中，我们将客观世界中的实体抽象成为对象。面向对象的方法中一个基本的信条是“任何东西都是对象”。对象可以定义为对一组信息及其操作的描述。对象之间的相互操作都得通过发送消息和执行消息完成，消息是对象之间的接口。

面向对象数据库研究的另一个进展是在现有关系数据库中加入许多纯面向对象数据库的功能。在商业应用中对关系模型的面向对象扩展着重于性能优化，处理各种环境的对象的物理表示的优化和增加 SQL 模型以赋予面向对象特征。如 Versant、UNISQL、O2 等，它们均具有关系数据库的基本功能，采用类似于 SQL 的语言，用户很容易掌握。

其中，当前主流的数据模型是关系模型。关系数据库系统采用关系模型作为数据的组织方式 。

自从 E.F.Codd 首次提出了数据库系统的关系模型，计算机厂商新推出的数据库管理系统几乎都支持关系模型。在用户观点下，关系模型中数据的逻辑结构是一张二维表，如图 9-5 所示。

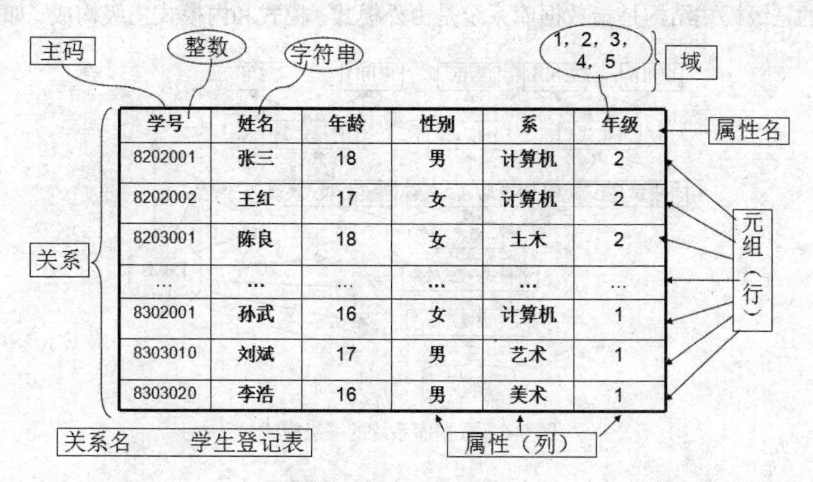

图 9-5　关系及其基本概念

下面介绍关系模型的基本概念。

（1）关系（Relation）

一个关系对应通常说的一张表。

（2）元组（Tuple）

表中的一行即为一个元组。

（3）属性（Attribute）

表中的一列即为一个属性，给每一个属性起一个名称，即属性名。

（4）主码（Key）

表中的某个属性组，它可以唯一确定一个元组。

（5）域（Domain）

属性的取值范围。

（6）分量

元组中的一个属性值。

（7）关系模式

对关系的描述。

关系名（属性 1，属性 2，…，属性 *n*）

例如：学生（学号，姓名，年龄，性别，系，年级）

关系模型的数据操作是集合操作，操作对象和操作结果都是关系，即若干元组的集合，存取路径对用户隐蔽，用户只要指出“干什么”，不必详细说明“怎么干”。

关系模型的数据完整性约束包括实体完整性、参照完整性和用户定义的完整性。关系模式的设计必须满足一定的范式的要求。

9.1.3　数据库系统的结构

从数据库管理系统角度看，数据库系统通常采用三级模式结构。从数据库最终用户角度看，数据库系统的结构分为：集中式结构（单用户结构和主从式结构）、分布式结构、客户/服务器结构和浏览器/应用服务器/数据库服务器多层结构等。

美国国家标准学会(ANSI)在1975年公布的一个关于数据库标准报告提出SPARC分级结构，数据库系统的三级模式结构是指数据库系统是由外模式、模式和内模式三级构成，如图9-6所示。

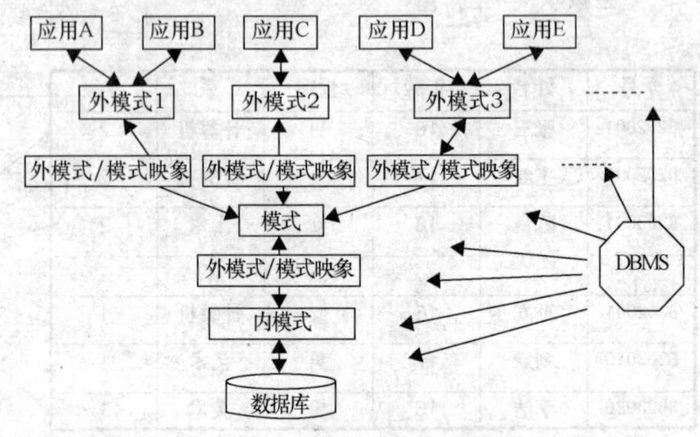

图9-6 数据库系统的三级模式

1. 模式（也称逻辑模式）

数据库中全体数据的逻辑结构和特征的描述，所有用户的公共数据视图，综合了所有用户的需求，一个数据库只有一个模式，是数据库系统模式结构的中间层。

模式与数据的物理存储细节和硬件环境无关，与具体的应用程序、开发工具及高级程序设计语言无关，模式由DBMS提供描述语言（DDL）定义数据的逻辑结构（数据项的名字、类型、取值范围等）、数据之间的联系和数据有关的安全性、完整性要求。

2. 外模式（也称子模式或用户模式）

数据库用户（包括应用程序员和最终用户）能够看见和使用的局部数据的逻辑结构和特征的描述，数据库用户的数据视图，是与某一应用有关的数据的逻辑表示（从某个角度看到的数据特性）。

外模式介于模式与应用之间，通常是模式的子集，一个数据库可以有多个外模式，反映了不同的用户的应用需求、看待数据的方式、对数据保密的要求。对模式中同一数据，在外模式中的结构、类型、长度、保密级别等都可以不同。同一外模式也可以为某一用户的多个应用系统所使用，但一个应用程序只能使用一个外模式。每个用户只能看见和访问所对应的外模式中的数据。

3. 内模式（也称存储模式）

数据物理结构和存储方式的描述，是数据在数据库内部的表示方式。一个数据库只有一个内模式。

三个模式中，模式是内模式的逻辑表示；内模式是模式的物理实现；外模式则是模式的部分抽取。三个模式反映了对数据库的三种不同观点：

①模式表示了概念级数据库，体现了对数据库的总体观。

②内模式表示了物理数据库，体现了对数据库的存储观。

③外模式表示了用户数据库，体现了对数据库的用户观。

关系数据库采用二级映象技术，保证数据的独立性。

（1）外模式/模式映象

定义外模式与模式之间的对应关系，每一个外模式都对应一个外模式/模式映象，映象定义通常包含在各自外模式的描述中。

当模式改变时，数据库管理员修改有关的外模式/模式映象，使外模式保持不变，应用程序是依据数据的外模式编写的，从而应用程序不必修改，保证了数据与程序的逻辑独立性，简称数据的逻辑独立性。

（2）模式/内模式映象

定义了数据库全局逻辑结构与存储结构之间的对应关系。数据库中模式/内模式映象是唯一的，该映象定义通常包含在模式描述中。

当数据库的存储结构改变了（例如选用了另一种存储结构），由数据库管理员修改模式/内模式映象，可使模式保持不变，从而应用程序不受影响，不必改变。保证了数据与程序的物理独立性，简称数据的物理独立性。

9.2 关系数据库

9.2.1 关系数据结构及形式化定义

现实世界的实体以及实体间的各种联系均用关系来表示，从用户角度，关系模型中数据的逻辑结构是一张二维表，关系是建立在集合代数的基础上的。

下面介绍几个术语。

1. 候选码

关系中的某一属性组的值能唯一地识别一个元组，则称该属性为候选码。

2. 主码

若一个关系有多个候选码，则选定其中一个作为主码。

3. 非码属性

不包含在任何候选码中的属性称为非码属性。

4. 主码或主键（Key）

表中的某个属性组，它可以唯一确定一个元组。

5. 外码或外键（Key）

设 F 是基本关系 R 的一个或一组属性，但不是关系 R 的码。如果 F 与基本关系 S 的主码 Ks 相对应，则称 F 是基本关系 R 的外码。

基本关系 R 称为参照关系，基本关系 S 称为被参照关系。

关系可以有三种类型：基本表、查询表和视图表。基本表是实际存储数据的逻辑表示；查询表为查询结果对应的表，视图表是虚表；由基本表或其它视图表导出，不对应实际存储的数据。

关系作为关系数据模型的数据结构时，需给予限定和扩充，首先，无限关系在数据库系统中无意义，限定关系数据模型中的关系必须是有限集合。其次，为关系的每个列附加一个属性名来取消元组的有序性。

关系的基本性质概括如下。

（1）列是同质的，即每一列的分量是同一类型的数据，来自同一个域。

（2）不同的列可出自同一个域。

（3）列的顺序可以任意交换。

（4）任意两个元组的候选码不能完全相同。

（5）行的次序可以任意交换。

（6）分量必须取原子值。

关系模式可以形式化地表示为：

R（U，D，DOM，F）

R　　　关系名

U　　　组成该关系的属性名集合

D　　　属性组 U 中属性所来自的域

DOM　　属性向域的映象集合

F　　　属性间的数据依赖关系集合

关系模式通常可以简记为 R（U）或 R（A1，A2，…，An），其中，R 是关系名，A1，A2，…，An 为属性名，并且域名及属性向域的映象常常直接说明为属性的类型、长度。

9.2.2 关系操作

常用的关系操作包括以下几种。

（1）查询：选择、投影、连接、除、并、交、差。

（2）数据更新：插入、删除、修改。

其中，关系查询是最常用的一类关系操作，是关系操作的核心。通过关系查询操作，用户可以访问关系数据库中的数据。根据查询时所涉及关系的不同，关系查询可进一步分为关系内的查询和多个关系间的查询。

关系更新包括插入、删除和修改三种操作，其中修改操作不是一个基本操作，一般将其分解成为删除、插入这两个更为基本的操作来完成，即先删除需要修改的元组，然后插入修改后元组。

查询的表达能力是其中最主要的部分。关系操作的对象和结果都是集合，关系的操作采用的是一次一集合的方式。常用关系代数运算符如表 9-1 所示。

表 9-1　　常用关系代数运算符

运算符		含义	运算符		含义
集合运算符	∪ - ∩ ×	并 差 交 笛卡儿积	比较运算符	> ≥ < ≤ = ≠	大于 大于等于 小于 小于等于 等于 不等于
专门的关系运算符	σ π ⋈ ÷	选择 投影 连接 除	逻辑运算符	∧ ∨ ¬	与 或 非

并、差、笛卡儿积、选择和投影是 5 种基本操作，其中，选择和投影是关系数据库特有操作，下面分别做介绍。

1. 笛卡儿积

给定一组域 $D_1,D_2,\cdots,D_n$，则

$$D_1 \times D_2 \times \cdots \times D_n = \{(d_1,d_2,\cdots,d_n) \mid d_i \in D_i, i=1,2,\cdots,n\}$$

称为域$D_1,D_2,\cdots,D_n$的笛卡儿积。其中，域是一组具有相同数据类型的值得集合。例如，自然数集合、偶数集合、实数集合、长度不大于 50 的字符串集合、{男，女}表示的性别集合、0 到 100 之间的自然数集合等都是域。

由于域是值的集合，因此笛卡儿积是域上面的一种集合运算。笛卡儿积也是一个集合，它的每一个元素$(d_1,d_2,\cdots,d_n)$称为一个元组，它的每一个分量d_i都属于相应的域D_i。n为笛卡儿积的域的个数，称为笛卡儿积的元（也称度或目），它表示元组中分量的个数，当$n = 4$时称元组为四元组，当$n = 5$时称元组为五元组。笛卡儿积的域可以部分相同甚至全部相同，例如D_1和D_2可以是相同的域。

2. 并

并是一种二元关系运算，它作用于两个关系。设关系 R 和关系 S 具有相同的关系模式，则 R 和 S 的并是由属于 R 或属于 S 的元组组成的集合，记为 $R \cup S$。

3. 差

差也是一种二元关系运算，它作用于两个关系。设关系 R 和关系 S 具有相同的关系模式，则 R 和 S 的差是由属于 R 但不属于 S 的元组组成的集合，记为 $R - S$。

4. 选择

选择又称为限制（Restriction），它是一种一元关系运算，作用于一个关系。该运算的作用是根据选择条件 F 对关系 R 做水平分割，即从行的角度从关系 R 中选取使条件 F 为真的元组组成一个新的关系，该关系是 R 的一个子集，记为σ_F（R）。

5. 投影

投影也是一种一元关系运算，它作用于一个关系。该运算的作用是对关系 R 做垂直分割，即从关系 R 中选取若干属性列组成一个新的关系。

6. 自然连接

关系操作常见的另一种操作是自然连接，一般来说，自然连接只有当两个关系含有公共属性时才能进行。如果两个关系没有公共属性，那么其自然连接将为空集。

设 R 是 m 元关系，S 是 n 元关系，二者的公共属性集为$U_C = \{A_1,A_2,\cdots,A_k\}$，从 $R \times S$ 中选择满足$R.A_1 = S.A_1,R.A_2 = S.A_2,\cdots,R.A_k = S.A_k$的元组组成新的关系，并且去掉新关系中重复的属性列$S.A_1,S.A_2,\cdots,S.A_n$，即得到 R 和 S 的自然连接，记为 $R \bowtie S$。

9.2.3 关系完整性

关系的三类完整性约束即实体完整性、参照完整性和用户定义的完整性。其中，实体完整性和参照完整性是关系模型必须满足的完整性约束条件，称为关系的两个不变性，应该由关系系统自动支持。用户定义的完整性是应用领域需要遵循的约束条件，体现了具体领域中的语义约束。

1. 实体完整性规则

若属性 A 是基本关系 R 的主属性，则属性 A 不能取空值。

例如：选课（学号，课程号，成绩），则“学号”和“课程号”两个属性都不能取空值。特别说明的是实体完整性规则是针对基本关系而言的，现实世界中的实体是可区分的，相应地，关系模型中以主码作为唯一性标识，主码中属性即主属性不能取空值。

2. 参照完整性规则

若属性（或属性组）F 是基本关系 R 的外码它与基本关系 S 的主码 Ks 相对应（基本关系 R 和 S 不一定是不同的关系），则对于 R 中每个元组在 F 上的值必须为或者取空值（F 的每个属性值均为空值），或者等于 S 中某个元组的主码值。

例如：学生关系中每个元组的“专业号”属性只取两类值，或者取空值，表示尚未给该学生分配专业，或者等于专业关系中某个元组的“专业号”值，表示该学生不可能分配一个不存在的专业。

3. 用户定义的完整性

针对某一具体关系数据库的约束条件，反映某一具体应用所涉及的数据必须满足的语义要求，关系模型应提供定义和检验这类完整性的机制，以便用统一的系统的方法处理它们，而不要由应用程序承担这一功能。

9.2.4 范式

规范化理论正是用来改造关系模式，通过分解关系模式来消除其中不合适的数据依赖，以解决插入异常、删除异常、更新异常和数据冗余问题。范式是符合某一种级别的关系模式的集合，关系数据库中的关系必须满足一定的要求。满足不同程度要求的为不同范式。通常关系模式的设计要求至少满足到第三范式。

范式的种类：

第一范式（1*NF*）

第二范式（2*NF*）

第三范式（3*NF*）

BC 范式（*BCNF*）

第四范式（4*NF*）

第五范式（5*NF*）

各种范式之间存在联系：

$$1NF \supset 2NF \supset 3NF \supset BCNF \supset 4NF \supset 5NF$$

某一关系模式 R 为第 n 范式，可简记为 $R \in nNF$。

一个低一级范式的关系模式，通过模式分解可以转换为若干个高一级范式的关系模式的集合，这种过程就叫规范化。

1. 1*NF*

如果一个关系模式 R 的所有属性都是不可分的基本数据项，则 $R \in 1NF$。

第一范式是对关系模式的最起码的要求。不满足第一范式的数据库模式不能称为关系数据库，但是满足第一范式的关系模式并不一定是一个好的关系模式。

2. 2*NF*

若 $R \in 1NF$，且每一个非主属性完全函数依赖于码，则 $R \in 2NF$。

3. 3*NF*

关系模式 $R<U, F>$ 中若不存在这样的码 X、属性组 Y 及非主属性 Z（$Z \notin Y$），使得 $X \rightarrow Y$，$Y \rightarrow Z$ 成立，$Y \nrightarrow X$，则称 $R<U, F> \in 3NF$。

若 $R \in 3NF$，则每一个非主属性既不部分依赖于码也不传递依赖于码。

4. *BC* 范式（*BCNF*）

关系模式 $R<U, F> \in 1NF$，若 $X \rightarrow Y$ 且 $Y \notin X$ 时 X 必含有码，则 $R<U, F> \in BCNF$。

以上我们完全是在函数依赖的范畴内讨论问题。在关系数据库中，数据依赖除了包括函数依赖之外还有多值依赖，联接依赖的问题，从而提出了第四范式、第五范式等更高一级的规范化要求。

不能说规范化程度越高的关系模式就越好，在设计数据库模式结构时，必须对现实世界的实际情况和用户应用需求作进一步分析，确定一个合适的、能够反映现实世界的模式，上面的规范化步骤可以在其中任何一步终止，通常要求满足到第三范式。

下面给出模式规范化的步骤：

```
               1NF
                 ↓  消除非主属性对码的部分函数依赖
消除决定属性   2NF
集非码的非平     ↓  消除非主属性对码的传递函数依赖
凡函数依赖     3NF
                 ↓  消除主属性对码的部分和传递函数依赖
               BCNF
                 ↓  消除非平凡且非函数依赖的多值依赖
               4NF
```

9.3　关系数据库标准语言 SQL

9.3.1　SQL 概述

SQL（Structured Query Language）结构化查询语言，是关系数据库的标准语言。它是一种介于关系代数与关系演算之间的语言，其功能包括：数据查询（Data Query）、数据操纵（Data Manipulation）、数据定义（Data Definition）和数据控制（Data Control）四个方面，是一个通用的功能极强的关系数据库标准语言。

SQL 的主要特点包括以下几点。

1．综合统一

SQL 集数据定义语言（DDL）、数据操纵语言（DML）、数据控制语言（DCL）功能于一体。

可以独立完成数据库生命周期中的全部活动，用户数据库投入运行后，可根据需要随时逐步修改模式，不影响数据的运行。数据操作符统一。

2．高度非过程化

非关系数据模型的数据操纵语言“面向过程”，必须制定存取路径，SQL 只要提出“做什么”，无须了解存取路径。存取路径的选择以及 SQL 的操作过程由系统自动完成。

3．面向集合的操作方式

非关系数据模型采用面向记录的操作方式，操作对象是一条记录，SQL 采用集合操作方式，操作对象、查找结果可以是元组的集合。一次插入、删除、更新操作的对象可以是元组的集合。

4．以同一种语法结构提供多种使用方式，语言简洁，易学易用

SQL 是独立的语言，能够独立地用于联机交互的使用方式，SQL 又是嵌入式语言，SQL 能够嵌入到高级语言（例如 C、C++、Java）程序中，供程序员设计程序时使用。

9.3.2　数据定义

SQL 的数据定义功能包括表、视图和索引的定义等。这些对象的创建都使用 CREATE 关键字，删除使用 DROP 关键字，修改使用 ALTER 关键字。通常在数据库 DBMS 中可以使用可视化操作和编写 SQL 语句两种方式完成各个对象的结构的创建及修改。可视化操作相对简单，下面重点介绍 SQL 语句编写方法。

1. 定义基本表

建立数据库最重要的一步就是定义一些基本表。

一般格式如下：

```
CREATE TABLE <表名>
( <列名> <数据类型> [列级完整性约束条件]
[,<列名> <数据类型> [列级完整性约束条件]]
......
[,<表级完整性约束条件>]);
```

其中，完整性规则主要有三种子句：

主键子句（PRIMARY KEY）：实体完整性

外键子句（FOREIGN KEY）：参照完整性

检查子句（CHECK）：用户定义完整性

[例 1] 建立“学生”表 Student，学号是主码，姓名取值唯一。

```
CREATE TABLE Student
(Sno  CHAR(9) PRIMARY KEY,/* 列级完整性约束条件*/
Sname  CHAR(20) UNIQUE,/* Sname 取唯一值*/
Ssex   CHAR(2),
Sage   SMALLINT,
Sdept  CHAR(20)
)
```

[例 2] 建立一个“课程”表 Course。

```
CREATE TABLE  Course
  ( Cno  CHAR(4) PRIMARY KEY,
   Cname CHAR(40),
   Cpno  CHAR(4) ,
   Ccredit  SMALLINT,
   FOREIGN KEY (Cpno) REFERENCES Course(Cno) /* Cpno 参照引用 Cno*/
   )
```

[例 3] 建立一个“学生选课”表 SC。

```
CREATE TABLE  SC
 (Sno  CHAR(9),
 Cno  CHAR(4),
 Grade    SMALLINT,
 PRIMARY KEY (Sno,Cno),
/* 主码由两个属性构成,必须作为表级完整性进行定义*/
 FOREIGN KEY (Sno) REFERENCES Student(Sno),
/* 表级完整性约束条件,Sno 是外码,被参照表是 Student */
 FOREIGN KEY (Cno) REFERENCES Course(Cno)
/* 表级完整性约束条件,Cno 是外码,被参照表是 Course*/
  )
```

2. 修改基本表

语法格式：

```
ALTER TABLE <表名>
```

```
[ ADD <新列名> <数据类型> [完整性约束] ]
[ DROP <完整性约束名> ]
[ ALTER COLUMN<列名> <数据类型> ]
```

[例 4] 向 Student 表增加“入学时间”列，其数据类型为日期型。

```
ALTER TABLE Student ADD S_entrance DATE
```

[例 5] 将年龄的数据类型由字符型（假设原来的数据类型是字符型）改为整数。

```
ALTER TABLE Student ALTER COLUMN Sage INT
```

[例 6] 增加课程名称必须取唯一值的约束条件。

```
ALTER TABLE Course ADD UNIQUE(Cname)
```

3. 删除基本表

语法格式：

```
DROP TABLE <表名>
```

[例 7] 删除 SC 表。

```
DROP TABLE  SC
```

9.3.3　数据查询

语法格式：

```
SELECT[ALL|DISTINCT] <目标列表达式> [,<目标列表达式>]…
FROM <表名或视图名>[,<表名或视图名> ]…
[WHERE <条件表达式> ]
[GROUP BY <列名 1> [ HAVING <条件表达式> ] ]
[ORDER BY <列名 2> [ ASC|DESC ] ]
```

整个 SELECT 语句的含义是：根据 WHERE 子句的条件表达式，从 FROM 子句指定的基本表或视图中找出满足条件的元组，再按 SELECT 子句中的目标列表达式，选出元组中的属性值形成结果表。

如果有 GROUP 子句，则将结果按<列名 1>的值进行分组，该属性列值相等的元组为一个组，通常会在每组中作用集函数。

如果 GROUP 子句带 HAVING 短语，则只有满足指定条件的组才予输出。

如果有 ORDER 子句，则结果表还要按<列名 2>的值的升序或降序排序。

[例 1] 查询全体学生的详细记录。

```
SELECT  *
FROM Student
```

或者

```
SELECT  Sno, Sname, Ssex, Sage, Sdept
FROM Student
```

[例 2] 查全体学生的姓名及其出生年份。

```
SELECT Sname, 2016-Sage/*假定当年的年份为 2016 年，查询经过计算的值*/
FROM Student
```

[例 3] 查询所有年龄在 20 岁以下的学生姓名及其年龄。

```
SELECT Sname, Sage
FROM   Student
WHERE Sage < 20/*查询满足条件的元组*/
```

[例 4] 查询年龄在 20～23 岁（包括 20 岁和 23 岁）之间的学生的姓名、系别和年龄。

```
SELECT  Sname, Sdept, Sage
FROM    Student
WHERE   Sage BETWEEN 20 AND 23/*查询满足条件的元组，BETWEEN…AND …，NOT BETWEEN … AND …*/
```

[例 5] 查询信息系（IS）、数学系（MA）和计算机科学系（CS）学生的姓名和性别。

```
SELECT Sname, Ssex
FROM  Student
WHERE Sdept IN （ 'IS', 'MA', 'CS' ）/*查询满足条件的元组，谓词 IN<值表>，NOT IN<值表>*/
```

[例 6] 查询所有姓刘学生的姓名、学号和性别。

```
SELECT Sname, Sno, Ssex
FROM Student
WHERE  Sname LIKE '刘%' /*查询满足条件的元组，匹配串为含通配符的字符串*/
```

[例 7] 查询姓“欧阳”且全名为三个汉字的学生的姓名。

```
SELECT Sname
FROM   Student
WHERE  Sname LIKE '欧阳_ _'/*查询满足条件的元组，匹配串为含通配符的字符串*/
```

[例 8] 某些学生选修课程后没有参加考试，所以有选课记录，但没有考试成绩。查询缺少成绩的学生的学号和相应的课程号。

```
SELECT Sno, Cno
FROM  SC
WHERE  Grade IS NULL/*查询满足条件的元组，涉及空值的查询，IS NULL 或 IS NOT NULL*/
```

[例 9] 查询全体学生情况，查询结果按所在系的系号升序排列，同一系中的学生按年龄降序排列。

```
SELECT  *
FROM  Student
ORDER BY Sdept ASC, Sage DESC/*排序 ORDER BY 子句，升序：ASC；降序：DESC；缺省值为升序*/
```

[例 10] 计算 1 号课程的学生平均成绩。

```
SELECT AVG（Grade）
FROM SC
WHERE Cno= ' 1 '/*聚集函数，COUNT 计数，SUM 求和，AVG 计算均值，MAX 最大值，MIN 最小值*/
```

[例 11] 求各个课程号及相应的选课人数。

```
SELECT Cno, COUNT（Sno）
FROM    SC
GROUP BY Cno/*GROUP BY 子句分组*/
```

[例 12] 查询选修了 3 门以上课程的学生学号。

```
SELECT Sno
FROM  SC
GROUP BY Sno
HAVING  COUNT（*） >3/*GROUP BY 子句分组，HAVING 子条件作用于分组，从中选择满足条件的组*/
```

[例 13] 查询选修了课程编号为 2 的学生姓名。

```
SELECT Sname  /*外层查询/父查询*/
FROM Student
WHERE Sno IN  /*内层查询/子查询*/
        (SELECT Sno
        FROM SC
        WHERE Cno = '2')/*IN子查询*/
```

[例 14] 查询每个学生及其选修课程的情况。

```
SELECT  Student.Sno, Sname, Ssex, Sage, Sdept, Cno, Grade
FROM  Student, SC
WHERE  Student.Sno = SC.Sno/*自然连接进行多表联合查询*/
```

9.3.4　数据更新

数据更新操作通常指的是插入记录，更新记录，删除记录。

1. 插入记录

语法格式：

```
INSERT
INTO <表名> [(<属性列 1>[,<属性列 2 >…)]
VALUES (<常量 1> [,<常量 2>]  …  )
```

[例 1] 将一个新学生元组（学号：200215128；姓名：陈冬；性别：男；所在系：IS；年龄：18 岁）插入到 Student 表中。

```
INSERT
INTO  Student (Sno, Sname, Ssex, Sdept, Sage)
VALUES ('200215128', '陈冬', '男', 'IS', 18)
```

2. 更新记录

语法格式：

```
UPDATE  <表名>
SET  <列名> = <表达式>[,<列名> = <表达式>]…
[WHERE <条件>]
```

[例 2] 将学生 200215121 的年龄改为 22 岁。

```
UPDATE  Student
SET Sage = 22
WHERE  Sno = ' 200215121 '
```

3. 删除数据

语法格式：

```
DELETE
FROM     <表名>
[WHERE <条件>]
```

[例 3] 删除学号为 200215128 的学生记录。

```
DELETE
FROM Student
```

```
WHERE Sno=' 200215128 '
```

9.3.5 视图

视图（View）是关系数据库系统提供给用户以多种角度观察数据库中数据的重要机制。

视图是从一个或几个基本表（或视图）导出的表，它与基本表不同，是一个虚表。数据库只存放视图的定义，不存放对应的数据，数据仍在原来的基本表中。基本表中数据发生变化，从视图中查询出的数据也随着变化了。

视图的更新包括插入（INSERT）、删除（DELETE）和更新（UPDATE）三类操作。由于视图是虚表，所以对视图的更新可以转变成一个等价的对基本表的更新，更新操作最终作用在基本表上。

视图可以和基本表一样被查询、删除，也可在其基础上再定义新视图，但对视图的更新有一定的限制。

9.4 数据库设计

9.4.1 数据库设计概述

数据库设计是指对于一个给定的应用环境，构造（设计）优化的数据库逻辑模式和物理结构，并据此建立数据库及其应用系统，使之能够有效地存储和管理数据，满足各种用户的应用需求，包括信息管理要求和数据操作要求。数据库设计的目标是为用户和各种应用系统提供一个信息基础设施和高效率的运行环境。

数据库的设计可采用的方法包括：新奥尔良（New Orleans）方法，将数据库设计分为若干阶段和步骤；基于E-R模型的数据库设计方法，概念设计阶段广泛采用；3NF（第三范式）的设计方法，逻辑阶段可采用的有效方法；ODL（Object Definition Language）方法，面向对象的数据库设计方法。

数据库设计开发步骤通常分为6个阶段，即需求分析阶段、概念设计阶段、逻辑设计阶段、物理设计阶段、数据库实施阶段和数据库运行与维护阶段，如图9-7所示。

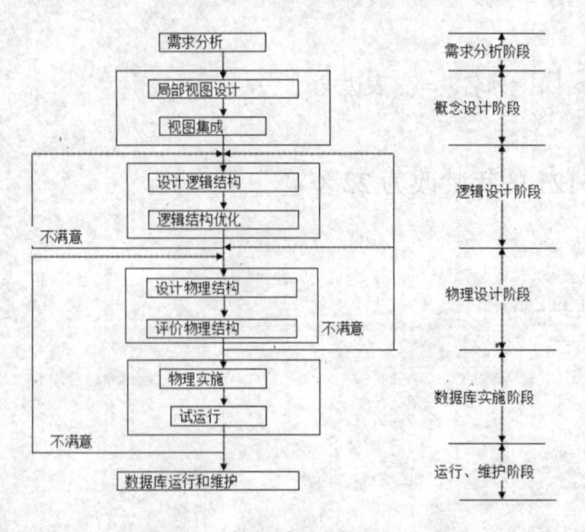

图9-7 数据库设计开发步骤

9.4.2　需求分析

在这个阶段，数据库设计人员需要全面了解用户的实际需求。需求分析做的是否充分与准确，决定了构建数据库系统的速度与质量，将直接影响到后面各个阶段的设计，并影响到设计结果是否合理和实用。

1．需求分析的任务

需求分析的任务是给出应用域中数据项、数据项之间的关系和数据操作任务的详细定义，为数据库系统的概念设计、逻辑设计和物理设计奠定基础，为优化数据库系统的逻辑结构和物理结构提供可靠依据。设计人员应与用户密切合作，用户则应积极参与，从而使设计人员对用户需求有全面、准确的理解。

需求分析的过程是对现实世界深入了解的过程，数据库系统能否正确的反映现实世界，主要取决于需求分析。需求分析人员既要对数据库技术有一定的了解，又要对组织部门的情况比较熟悉，一般由数据库系统设计人员和本组织部门的有关工作人员合作进行。需求分析的结果整理成需求分析说明书，这是数据库技术人员与应用组织部门的工作人员取得共识的基础，必须得到有关组织部门人员的确认。

2．需求调研的方法

设计人员必须与用户不断深入地进行交流，才能逐步得以确定用户的实际需求，常用的调查方法有以下几种。

①跟班作业。通过亲身参加业务工作来了解业务活动的情况。有时用户并不能从信息处理的角度来表达自己的需求，这种方法可以比较准砖地理解用户的需求，但比较耗时。

②开调查会。通过与用户座谈来了解业务活动情况及用户需求以相互启发。

③设计调查表请用户填写。如果调查表设计得合理，这种方法很有效，也易于为用户接受。

④请专人介绍。对某些调查中的问题，可以找专人介绍。

⑤向各种用户（包括领导、管理人员和操作人员等）询问。每个用户所处地位不同，对新系统的理解和要求也不同，通过询问可获得较全面的资料。

3．需求描述与分析

调查了解了用户的需求以后，还需要进一步分析和表达用户的需求。分析和表达用户需求常采用的方法是自上而下的结构化分析方法（structured analysis，SA）。该方法从最上层的系统组织机构入手，采用逐层分解的方式分析系统，并用数据流图和数据字典描述系统。

数据流图用于表达和描述系统的数据流向和对数据的处理功能。在数据流图中，用命名的箭头表示数据流，用圆圈表示处理，用矩形或其他形状表示数据存储。

数据字典通常包括数据项、数据结构、数据流、数据存储和处理过程 5 个部分。其中数据项是数据的最小组成单位，若干个数据项可以组成一个数据结构，数据字典通过对数据项和数据结构的定义来描述数据流、数据存储的逻辑内容。

9.4.3　概念结构设计

概念结构设计即设计数据库的概念结构。概念结构设计是整个数据库设计的关键，它通过对用户需求进行综合、归纳与抽象，形成一个独立于具体 DBMS 的概念模型。最常用的概念结构设计的方法是 E-R 图。

设计概念通常有以下 4 类方法。

（1）自顶向下：即首先定义全局概念结构的框架，然后逐步细化。

（2）自底向上：即首先定义各局部应用的概念结构，然后将它们集成起来，得到全局概念结构。

（3）逐步扩充：首先定义最重要的核心概念结构，然后向外扩充，以滚雪球的方式逐步生成其他概念结构，直至总体概念结构。

（4）混合策略：即将上述三种方法与实际情况结合起来使用。

概念结构设计的第一步就是利用分类（classification）、聚集（aggregation）和概括（generalization）对需求分析阶段收集到的数据进行分类、组织（聚集），形成实体、实体的属性，标识实体的码，确定实体之间的联系类型（1：1，1：*N*，*N*：*M*），设计局部视图（也称分 E-R 图）。

各个局部视图即分 E-R 图建立好后，还需要对它们进行合并，集成为一个整体的数据概念结构即总 E-R 图。一般说来，视图集成可以有 2 种方式，分别为一次性集成和逐步累积式集成。一次性集成多个分 E-R 图，通常用于局部视图比较简单时。逐步累积式集成首先集成两个局部视图（通常是比较关键的两个局部视图），以后每次将一个新的局部视图集成进来，直至将所有局部 E-R 图集成完毕。在集成的过程中，首先解决各分 E-R 图之间的冲突问题（属性冲突、结构冲突和命名冲突等），生成初步 E-R 图。然后是修改和重构，清除不必要的冗余，生成基本 E-R 图。

9.4.4 逻辑结构设计

逻辑结构设计的任务是将抽象的概念结构转换成所选用的 DBMS 支持的逻辑数据模型，并对其进行优化。主要是考虑如何将 E-R 图转化为关系模型。

E-R 图转换为关系模型的转换规则如下。

（1）每一个实体集转换为一个关系模式，实体集的属性就是关系模式的属性，实体集的键码就是关系模式的键码。

（2）每一个联系转换为一个关系模式，与该联系相连的各实体集的键码以及联系的属性转换为关系模式的属性。要确定该关系模式的键码，则有三种情况：

- 若联系为 1：1，则每个实体集的键码均为该关系模式的键码；
- 若联系为 1：*N*，则关系模式的键码是 *N* 端实体集的键码；
- 若联系为 *N*：*M*，则关系模式的键码为诸实体集键码的组合。

（3）每一个属于联系不转换为一个关系模式，而每一个子类实体集应该转换为一个关系模式，此子类所属超类实体集的键码和子类本身拥有的属性就是关系模式的属性，此子类所属超类实体集的键码就是关系模式的键码。

（4）三个或三个以上实体集间的一个多元联系可以转换为一个关系模式，与该多元联系相连的各实体集的键码和联系本身的属性都转换为关系模式的属性，而关系模式的键码为各实体集键码的组合。

（5）具有相同键码的非子类关系模式可以合并。

举例：学生管理系统的 E-R 模型向关系模型转换，如图 9-8 所示。

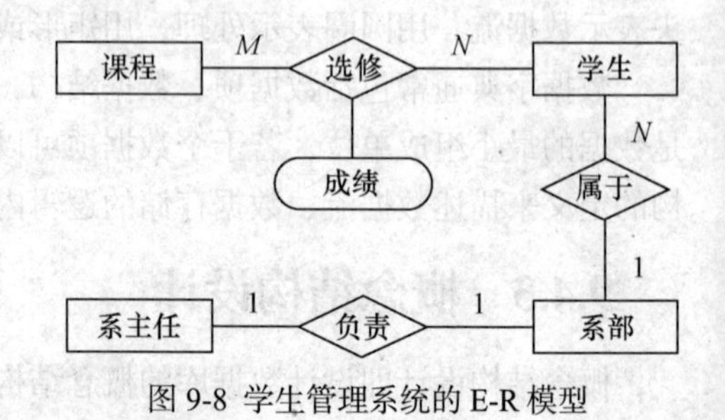

图 9-8 学生管理系统的 E-R 模型

按照上述规则，转换结果可以有多种，其中的一种如下：

学生（<u>学号</u>，姓名，年龄，性别，*系号*）

课程（课程号，课程名，先修课号，学分）

系（系号，系名，专业简介）

系主任（教工号，姓名，性别）

选修（学号，课程号，成绩）

注意

下划线标注的是关系模式的主键。斜体表示的是关系模式的外键。其中，关系模式选修中学号和课程号作为联合主键，同时，学号和课程号又分别是外键。

9.4.5 物理结构设计

所谓数据库的物理结构主要是指数据库在物理设备上的存储结构和存取方法。对一个给定的逻辑数据模型选取一个最适合应用环境的物理结构的过程，称为数据库的物理设计。

也就是说物理结构设计是为一个给定的逻辑数据模型选取一个最适合应用环境的物理结构，使数据库的运行达到某种性能要求，如响应时间、处理频率、存储空间、维护代价等。

物理设计可分两步：第一步先确定数据库的物理结构，在关系数据库中主要指存取方法和存储结构；第二步对物理结构进行评价，评价的重点是时间和空间的效率。

评价物理数据库的方法完全依赖于所选用的DBMS，主要是从定量估算各种方案的存储空间、存取时间和维护代价入手，对估算结构进行权衡、比较，选择出一个较优的合理的物理结构。如果评价结果满足原设计要求，则可进入到物理实施阶段，否则，就需要重新设计或修改物理结构，有时甚至要返回逻辑设计阶段修改数据模型。

数据库物理设计结束后，根据具体的设计内容撰写相应的物理设计说明书，主要进行物理设计数据的存放位置和存储结构，包括确定关系、记录的组成、数据项的类型和长度，以及逻辑记录到存储记录的映射索引、聚簇、日志、备份等的存储安排和存储结构；确定系统配置等信息的记录与说明。

9.4.6 数据库实施与维护

在数据库实施阶段，设计人员运用 DBMS 提供的数据语言、工具及宿主语言，根据逻辑设计和物理设计的结果建立数据库，编制与调试应用程序，组织数据库并进行试运行。

在实际运行应用程序的过程中，执行对数据库的各种操作，测试应用程序的功能，测量系统的性能指标，分析是否符合设计目标。虽然已在物理设计过程中进行了性能预测，但是仅仅估价了时间和空间指标，因而这种估价与实际系统运行总会有一定的差距。必须在试运行阶段进行实际测量和评价，有些参数的最佳值往往是经过运行调试后才找到的。如果实际结果不符合设计目标，则需返回物理设计阶段，调整物理结构，修改参数。有时，也许还需要返回逻辑设计阶段，调整逻辑结构。

数据库应用系统经过试运行后即可投人正式运行。在数据库系统运行过程中必须不断地对其进行评价、调整与修改。

数据库应用系统的功能设计完成后，保护和维护数据库是一项非常重要的任务。数据库系统的安全主要是指防止非法用户使用或访问系统中的应用程序和数据。为避免应用程序及其数据遭到意外破坏，数据库提供了一系列保护措施，包括设置数据库访问密码、压缩和修复数据库和备份数据库等。

1. 设置数据库访问密码

数据库访问密码是指为打开数据库而设置的密码，它是一种保护数据库的简便方法。设置密码后，打开数据库时将显示要求输入密码的对话框，只有正确输入密码的用户才能打开数据库。

2. 压缩和修复数据库

数据库在不断增删数据库对象的过程中会出现碎片，而压缩数据库文件实际上是重新组织文件在磁盘上的存储方式，从而除去碎片，重新安排数据，回收磁盘空间，达到优化数据库的目的。在对数据库进行压缩之前，数据库会对文件进行错误检查，一旦检测到数据库损坏，就会要求修复数据库。修复数据库可以修复数据库中的表、窗体、报表或模块的损坏，以及打开特定窗体、报表或模块所需的信息。

3. 备份数据库

备份数据库实际上是指创建数据库副本，即将数据库文件制作成一个备份，防止数据丢失。

另外，创建的数据库有时需要在其他环境中使用，如不同版本的数据库或者其他的数据库系统（如 dBase、ODBC 等）。由于不同环境下生成的文件格式是不同的，因此，在不同的环境使用数据库时，应对数据库中的数据作相应的处理。数据库提供了在不同版本的数据库系统之间进行数据库的转换的方法，从而实现数据资源共享。

数据的导出使得数据库中的对象可以传递到其他环境中，从而达到信息共享的目的。

通常，可以将数据库对象导出为多种数据类型，包括 Excel 文件、SharePoint 列表、文本文件、Word 文件、XML 文件、PDF 或 XPS 文件、HTML 文件等，还可以将数据导出到其他不同的数据库中。

如果数据库作为网络数据库被多个用户共享，则应考虑将数据库拆分。拆分数据库不仅有助于提高数据库的性能，还能降低数据库文件损坏的风险，从而更好地保护数据库。

数据库所有的功能设计完成后，为了保证数据库应用系统的安全，可以将数据库应用系统打包，生成指定的文件，从而保护了系统的源代码，这是对数据库应用系统进行安全保护的一个有效的措施和手段。

9.5 数据库 Access 简介

9.5.1 Access 概述

Access 是美国 Microsoft 公司推出的关系型数据库管理系统（RDBMS），它作为 Office 的一部分，具有与 Word、Excel 和 PowerPoint 等相同的操作界面和使用环境，深受广大用户的喜爱。Access 2013 相对于旧版本的 Access，界面变化并不是很大，其界面非常类似。

在 Access 2013 中，数据库由表、查询、窗体、报表、宏和模块 6 个对象组成，每个对象在数据库中的作用和功能是不同的。各种数据库对象之间存在着某种特定的依赖关系，其中表是数据库的核心和基础，所有数据都存储于表中，查询、窗体和报表都从表中获取数据，以满足用户特定的需要。

1. 表

表是数据库中最基本的组成单位。建立和规划数据库，首先要做的就是建立各种数据表。数据表是数据库中用来存储数据的基本对象，用于存储实际数据，它将各种信息分门别类地存放在各种数据表中。

在 Access 2013 中，可以使用系统提供的功能创建表，可以对表中的结构和数据进行处理和维护。

2. 查询

查询是数据库中应用最多的对象之一，可执行很多不同的功能，最常用的功能时从表中检索特定的数据。查询是指根据指定条件从数据表或其他查询中筛选出符合条件的记录。查询结果以二维表的形式显示，是一个动态数据集合，每执行一次查询操作都会显示数据源中的最新数据。

3. 窗体

窗体是用户与 Access 数据库应用程序进行数据传递的桥梁，其功能在于建立一个可以查询、输入、修改、删除数据的操作界面，以便让用户能够在最舒适的环境中输入或查阅数据。

4. 报表

报表主要用于将选定的数据以特定的版式显示或打印，是表现用户数据的一种有效方式，其内容可以来自某一个表也可来自某个查询。

在 Access 2013 中，报表的数据可以来自表、查询或 SQL 语句，利用报表可以对数据进行多重的数据分组并将分组的结果作为另一个分组的依据，还可以对数据进行统计操作，如求和、求平均值或汇总等。

5. 宏

宏是一个或多个命令的集合，其中每个命令都可以实现特定的功能，通过将这些命令组合起来，可以自动完成某些经常重复或复杂的操作。

按照不同的触发方式，宏分为事件宏和条件宏等类型，事件宏当发生某一事件时执行，条件宏则在满足某一条件时执行。

用户通过宏可以完成大多数的数据处理任务，甚至可以开发出具有特定功能的数据库应用程序。

6. 模块

模块就是所谓的“程序”，Access 虽然在不需要撰写任何程序的情况下就可以满足大部分用户的需求，但对于较复杂的应用系统而言，只靠 Access 的向导及宏仍然稍显不足。所以 Access 提供 VBA（Visual Basic for Application）程序命令，可以自如地控制细微或较复杂的操作。

9.5.2　Access 中的数据

作为数据库管理系统，Access 与常见的高级编程语言一样，相应的字段必须使用明确的数据类型，同时支持在数据库及应用程序中使用表达式和函数。

Access 2013 定义了 11 种数据类型：文本、备注、数字、日期/时间、货币、是/否、超链接、OLE 对象、查阅、计算字段和附件。

Access 支持表达式，表达式是各种数据、运算符、函数、控件和属性的任意组合，其运算结果为单个确定类型的值。表达式具有计算、判断和数据类型转换等作用。许多操作像筛选条件、有效性规则、查询、测试数据等都要用到表达式。

与其他高级编程语言一样，Access 也支持使用函数。函数由事先定义好的一系列确定功能的语句组成，它们实现特定的功能并返回一个值。有时，我们也可以将一些用于实现特殊计算的表达式抽象出来组成自定义函数，调用时，只需输入相应的参数即可实现相应的功能。

9.5.3　Access 软件的应用

Access2013 作为关系型数据库中重要的一员，深受广大用户的喜爱，下面简单介绍 Access

软件的界面及其功能。

1. Access2013 界面介绍

（1）打开 Access 软件，在欢迎界面选择“空白桌面数据库”，新建一个空白数据库文件，用户所看到的文件名是“数据库 1”，这是 Access 2013 默认建立的文件名，数据库名称下面是数据库文件存储路径，操作效果如图 9-9 所示。

（2）单击“新建”选项卡，打开 Access 工作界面，操作效果如图 9-10 所示。Access 工作界面主要由快速访问工具栏、菜单栏、功能区和窗格等组成。

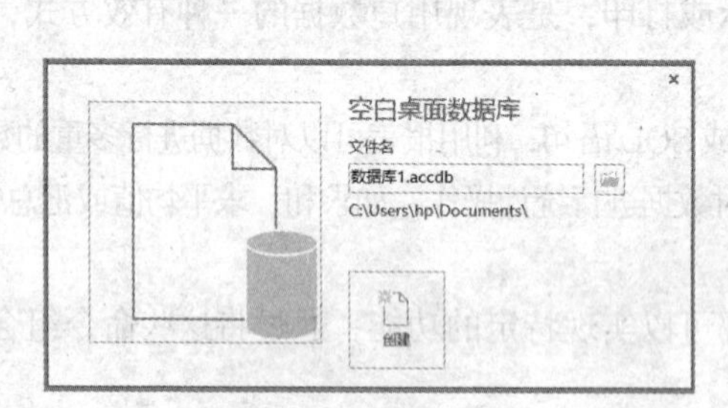

图 9-9　新建数据库

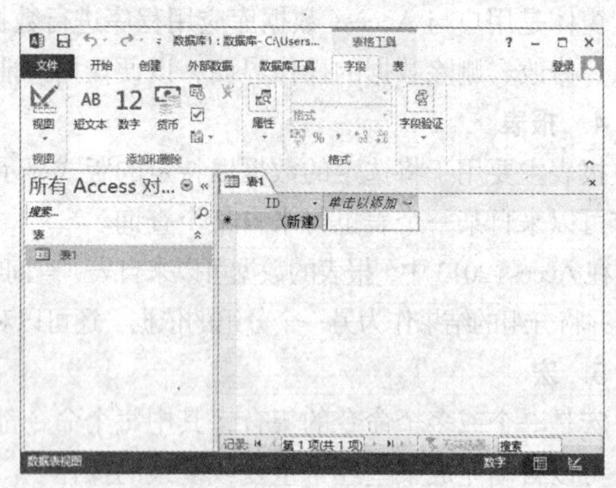

图 9-10　工作界面

Access 的快速访问工具栏中包含最常用操作的快捷按钮，使用这些按钮可以执行常用的功能。

标题栏位于窗口的最上方，用于显示当前正在运行的程序名及文件名等信息。

功能区位于程序窗口顶部的区域，它是菜单和工具栏的主要显现区域，几乎涵盖了所有的按钮、库和对话框。功能区首先将控件对象分为多个选项卡，然后在选项卡中将控件细化为不同的组。

导航窗格位于窗口左侧的区域，用来显示当前数据库中的各种数据对象的名称。在对数据库进行操作时使用该窗格进行对象的切换。导航窗格有两种状态：折叠和展开。

工作区是 Access 工作界面中最大的部分，它用来显示数据库中的各种对象，是使用 Access 进行数据库操作的主要工作区域。

Access 支持自定义设置工作环境功能，用户可以根据自己的喜好安排 Access 的界面元素，从而使 Access 的工作界面趋于人性化。

2. Access 常用功能介绍

（1）创建表格

以学生选课数据库为例，介绍数据库表的创建，关系模式分别为：

学生（学号，姓名，性别，年龄）

课程（课程号，课程名称，学分）

选修（***学号，课程号***，成绩）

注：主键用下划线标注，斜体表示外键。

单击“创建”选项卡，通过设计视图方式或者 SQL 代码方式建立学生表、课程表和选修表三个表，按照关系模式要求设置主键，如图 9-11 所示。

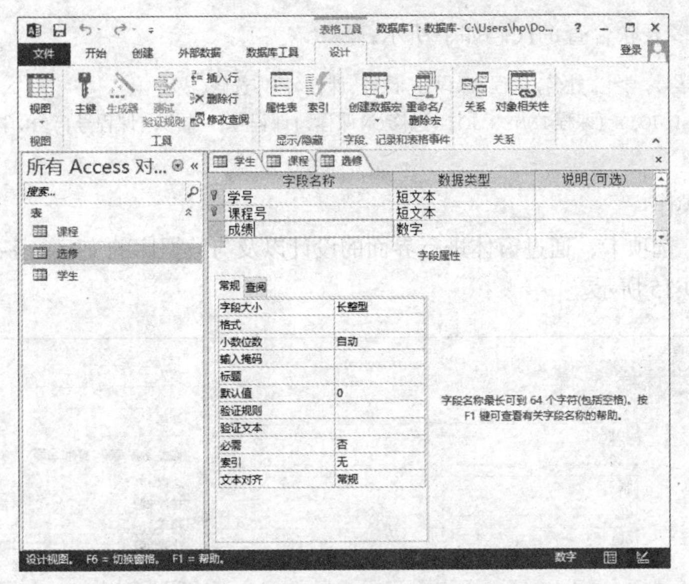

图 9-11　表格的创建

（2）设置主外键关系

在选修表中，学号是外键，参照引用学生表的主键学号，课程号是外键，参照应用课程表主键课程号。

单击“数据库工具”选项卡，单击“关系”按钮，在弹出对话框中选中三个表，点击“添加”按钮，在“关系”界面设计主外键关系，约束类型选为参照完整性约束，如图 9-12 所示。

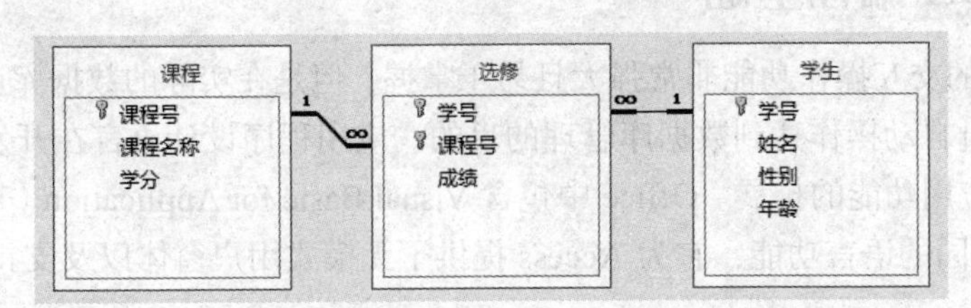

图 9-12　主外键关系设置

（3）表的基本操作

点击“创建”选项卡，可以通过向导、设计视图或者 SQL 代码的方式进行表中数据的增删改查几种基本操作。查询的可视化操作如图 9-13 和图 9-14 所示。

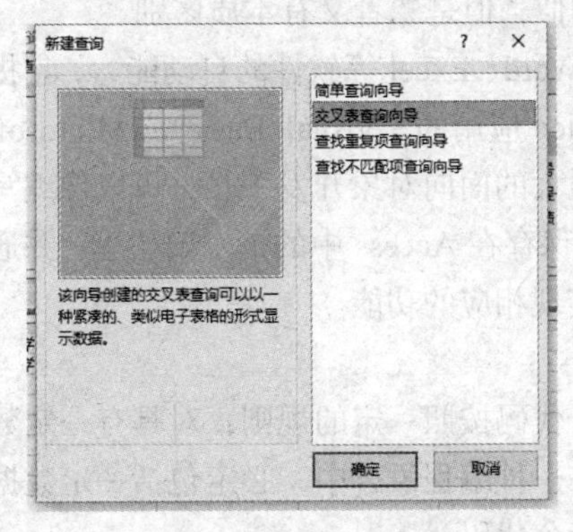

图 9-13　向导方式

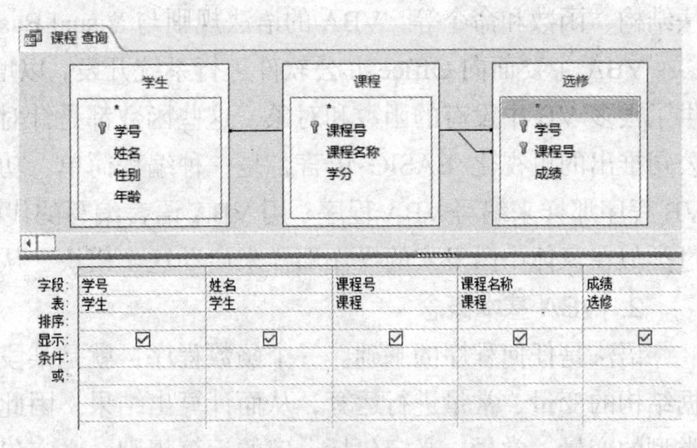

图 9-14　设计视图方式

查询的 SQL 多表联合查询代码如下所示：

```
SELECT 学生.学号,学生.姓名,课程.课程号,课程.课程名称,选修.成绩
FROM学生 INNER JOIN (课程 INNER JOIN选修ON课程.[课程号]=选修.[课程号]) ON学生.[学号]=选修.[学号];
```

（4）窗体的操作

点击“创建”选项卡，通过窗体进行界面的设计以及与数据库的交互。多表联合查询的窗体设计及实现如图 9-15 所示。

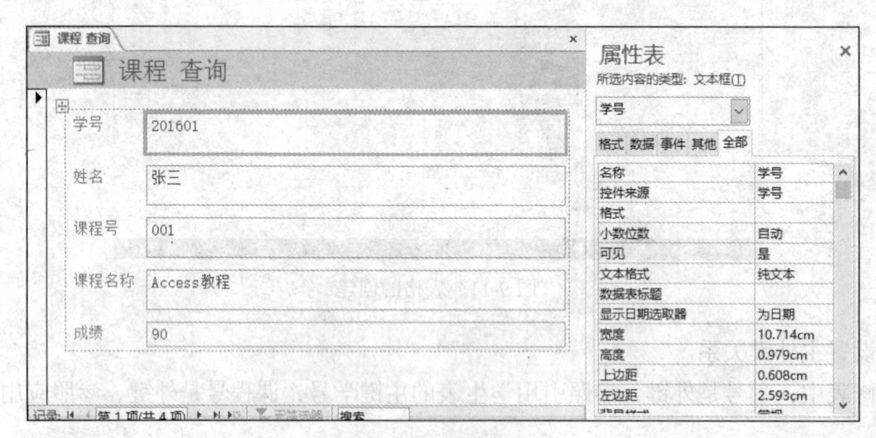

图 9-15　查询窗体

9.5.4　VBA 编程基础

虽然 Access 的交互操作功能非常强大且易于掌握，但是在实际的数据库应用系统中，用户还是希望尽量通过自动操作达到数据库管理的目的。应用程序设计语言在开发中的应用，可以加强对数据管理应用功能的扩展。Office 中包含 Visual Basic for Application（VBA），VBA 具有与 Visual Basic 相同的语言功能，它为 Access 提供了无模式用户窗体以及支持附加 Active X 控件等功能。

Access 是一种面向对象的数据库，它支持面向对象的程序开发技术。Access 的面向对象开发技术就是通过 VBA 编程来实现的。

1. VBA 简介

VBA 是 Microsoft Office 系列软件中内置的用来开发应用系统的编程语言，包括各种主要语法结构、函数和命令等，VBA 的语法规则与 Visual Basic 相似，但是二者又有本质区别。

VBA 主要面向 Office 办公软件进行系统开发，以增强 Word、Excel 等软件的自动能力，它提供了很多 VB 中没有的函数和对象，这些函数都是针对 Office 应用的。Visual Basic 是 Microsoft 公司推出的可视化 BASIC 语言，是一种编程简单、功能强大的面向对象开发工具，可以像编写 VB 程序那样来编写 VBA 程序。用 VBA 语言编写的代码将保存在 Access 中的一个模块里，并通过类似在窗体中激发宏的操作那样来启动这个模块，从而实现相应的功能。

2. VBA 基本概念

语法是任何程序的基础。一个函数程序，就是某段命令代码按照一定的规则，对具有一定数据结构的变量、常量进行运算，从而计算出结果。因此，在一种编程语言中，必定包括一定数据类型的变量、常量，必定包括一定的运算规则，必定包含命令代码。

在 VBA 中，系统可以使用一些特殊的字符串（即关键字）。通常情况下，在命名宏名、变量等处使用字符串时不可以使用这些特殊的关键字。而在任何一门可视化编程语句中则都有标识字符，其作用是标识常量、变量、对象、属性、过程等，也就是它们的名称。

系统提供了多种数据类型，也为编程提供了方便。VBA 提供的数据类型包括布尔型（Boolean）、日期型（Date）、字符串（String）、货币型（Currency）、字节型（Byte）、整型（Integer）、长整型（Long）、单精度型（Single）、双精度型（Double）以及变体型（Variant）和用户自定义型。

在 VBA 中，程序是由过程组成的，过程又由根据 VBA 规则书写的指令组成。一个程序包括常量、变量、运算符、语句、函数、数据库对象和事件等基本要素。

3. VBA 程序流程控制语句

控制语句则是穿插在各个语句中的逻辑纽带。与传统的程序设计语言一样，VBA 中的控制语句按语句代码执行的先后顺序可以分为 3 种结构：顺序结构、选择（分支）结构和循环结构，按作用类型可分为赋值语句、选择语句和循环语句等。

赋值语句用于指定一个值或表达式给变量或常量。赋值语句通常包含一个等号（=）。

选择语句在 VBA 中是最常用的控制语句之一，使得在 VBA 中能实现更复杂的应用程序系统。在 VBA 中经常使用的选择语句有 If 语句和 Select Case 语句两种。

编程中经常要需要重复执行某些操作，这时就需要通过循环语句来判断并执行这些循环操作。VBA 提供了多种循环控制语句，其中常用的包括 Do…Loop 语句、For…Next 语句以及 While…Wend 语句等。

4. 过程与模块

模块是将 VBA 代码的声明、语句和过程作为一个单元进行保存的集合，是基本语言的一种数据库对象，数据库中的所有对象都可以在模块中进行引用。利用模块可以创建自定义函数、子程序以及事件过程等，以便完成复杂的计算功能。模块可以代替宏，并可以执行标准宏所不能执行的功能。过程是包含 VBA 代码的基本单位，可以完成一系列指定的操作。简单地说，模块是由能够完成一定功能的过程组成的；过程是由一定的代码组成的。

Access 模块有两种基本类型：类模块和标准模块。模块中的每一个过程都可以是一个 Function 过程或一个 Sub 过程。

过程由计算的语句和方法组成，通常分为 Sub 过程、Function 过程和 Property 过程。其中，Sub 过程是最常用的过程类型，也称为命令宏，可以传送参数和使用参数来调用它，但不返回任何值；Function 过程也称为自定义函数过程，其运行方式和使用程序的内置函数一样，即通过调用 Function 过程获得函数的返回值；Property 过程能够处理对象的属性。

Sub 过程又分为事件过程和通用过程：使用事件过程可以完成基于事件的任务，例如，命令按钮的 Click 事件过程、窗体的 Load 事件过程等；使用通用过程可以完成各种应用程序的共用任务，也可以完成特定于某个应用程序的任务。Call 语句用来调用过程，也可调用 Visual Basic 的函数和自定义函数。在窗体过程（例如事件过程）中可以直接调用标准模块中的过程，但也可通过标准模块的名称来调用。

在开发数据库产品以后，为了防止其他人查看或更改 VBA 代码，需要对该数据库的 VBA 代码进行保护。用户可以通过对 VBA 代码设置密码来防止其他非法用户查看或编辑数据库中的程序代码。

【本章小结】

关系数据库是当前较为流行的数据库，它建立在关系模型的基础，借助于集合代数等数学概念和方法来处理数据库中的数据。现实世界中的各种实体以及实体之间的各种联系均用关系模型来表示，关系模型由关系数据结构、关系操作集合、关系完整性约束三部分组成。标准数据查询语言 SQL 就是一种基于关系数据库的语言，这种语言执行对关系数据库中数据的检索和操作。

在数据库设计开发过程中，根据需求分析，借助 E-R 图建立概念结构模型，进而转换为满足规范化设计要求的逻辑结构模型，然后进行数据库的物理存储结构和存取方法的设计并实现，最后进行数据库的维护。

Access 作为关系型数据库中的一员，由表、查询、窗体、报表、宏和模块 6 个对象组成，同时，Access 也是一种面向对象的数据库，它支持面向对象的程序开发技术，Access 的面向对象开发技术就是通过 VBA 编程来实现的。

思考与练习

一、选择题

1. 在关系数据库系统中，一个关系相当于（　　）。

A．一张二维表　　B．一条记录

C．一个关系数据库　　D．一个关系代数运算

2. SQL 语言是（　　）语言。

A．层次数据库　B．网络数据库　C．关系数据库　D．非数据库

3. 从数据库中删除表的命令是（　　）。

A．DROP TABLE　　B．ALTER TABLE

C．DELETE TABLE　　D．USE

4. 任何一个实体都不是孤立存在的，实体之间的联系可以归结为一对一关系、一对多关系和多对多关系三种类型。那么一个学校与学院之间是属于（　　）关系。

A．一对一　B．一对多　C．多对多　D．以上三种都是

5.（　　）可以看成是现实世界到机器世界的一个过渡的中间层次。

A．概念模型　B．逻辑模型　C．结构模型　D．物理模型

6. 已知 Reader 基本表的关系模式为：Reader（ReaderID，Name，Address）。请用 SQL 语句增加一名新用户，其值为（"12"，"张宇"，"青岛"）（　　）。

A．INSERT INTO Reader VALUES（"12"，"张宇"，"青岛"）

B．INSERT Reader VALUES（"12"，"张宇"，"青岛"）

C．INSERT INTO Reader（"12"，"张宇"，"青岛"）

D．INSERT Reader（"12"，"张宇"，"青岛"）

7. 若用如下的 SQL 语句创建一个 student 表：CREATE TABLE Student（NO varchar（4）NOT NULL，NAME varchar（8） NOT NULL，SEX varchar （2），AGE int）可以插入到 student 表中的是（　　）。

A．（"0251"，"王五"，男，"25"）　　B．（"0251"，"王五"，NULL，NULL）

C．（NULL，"王五"，"男"，25）　　D．（"0251"，NULL，"男"，25）

8. 在 E-R 图模型中，信息由（　　）这几种概念单元来表示。

A．实体型、实体属性、实体间的关系　B．实体型、实体间的关系

C．实体属性、实体间的关系　　D．实体集、实体属性、实体间的关系

9. 数据库领域中常用的数据模型有 4 种，其中，在数据库产品中占主导地位的数据模型是(　　)。

A．层析模型　　B．网状模型
C．关系模型　　D．面向对象模型

10. 有表示公司和职员及工作的三张表，职员可在多家公司兼职，其中公司 C（公司号，公司名，地址，注册资本，法人代表，员工数），职员 S（职员号，姓名，性别，年龄，学历），工作 W（公司号，职员号，工资），则表 W 的键（码）为(　　)。

A．公司号，职员号　　B．职员号，工资
C．职员号　　D．公司号，职员号，工资

11. 有三个关系 *R*，*S* 和 *T* 如下所示：

R

A	B	C
a	1	2
b	2	1
c	3	1

S

A	B	C
d	3	2
c	3	1

T

A	B	C
a	1	2
b	2	1

则由关系 *R* 和 *S* 得到关系 *T* 的操作是(　　)。

A．选择　　B．差　　C．交　　D．并

12. 数据库设计开发过程不包括(　　)。

A．概念设计　　B．逻辑设计　　C．物理设计　　D．算法设计

13. 一般情况下，当对关系 R 和 S 进行自然连接时，要求 R 和 S 含有一个或者一个以上的(　　)。

A．记录　　B．行　　C．属性　　D．元祖设计

14. 在关系模型中，用来表示实体间的联系的是(　　)。

A．属性　　B．二维表　　C．网状结构　　D．树状结构

15. Access 是(　　)。

A．层次型数据库　　B．关系型数据库
C．网状型数据库　　D．面向对象数据库

二、简答题

1. 试述数据库、数据库管理系统和数据库系统的概念。
2. 关系型数据库的特点有哪些?
3. 试述数据库的三级模式结构，说明这种结构的优点是什么?
4. 试述数据库的四大基本操作。
5. 关系数据库有哪些完整性约束?
6. 试述如何进行数据库概念结构设计及逻辑结构设计。
7. E-R 模型向关系模式转化的转换规则是什么?
8. 数据库设计有哪些范式上的要求?
9. Access 数据库的基本模块有哪些?
10. 在 Access 数据库中使用 VBA 编程有哪些优势?

参考文献

[1] 姜文波等. 大学计算机基础. 3 版. 北京：人民邮电出版社，2012.

[2] 姜文波等. 大学计算机基础实践教程. 3 版. 北京：人民邮电出版社，2012.

[3] 王贺明. 大学计算机基础. 3 版. 北京：清华大学出版社，2011.

[4] 徐士良. 计算机公共基础. 8 版. 北京：清华大学出版社，2016.

[5] 刘志勇等. 大学计算机基础教程. 北京：清华大学出版社，2015.

[6] 李翠梅等. 大学计算机基础. 北京：清华大学出版社，2014.

[7] 杨章伟等. Office 2013 应用大全. 北京：机械工业出版社，2013.

[8] 李彤. Office 2013 高效办公. 北京：电子工业出版社，2015.

[9] 杰诚文化. 最新 Office 2013 高效办公三合一. 北京：中国青年出版社，2013.

[10] 恒盛杰资讯. Office 2013 从入门到精通. 北京：机械工业出版社，2013.

[11] 郭新房等. Office 2013 办公应用从新手到高手. 北京：清华大学出版社，2014.

[12] 龙马工作室. Windows 7+Office 2013 从新手到高手. 北京：人民邮电出版社，2014.

[13] 刘丽娟等. 大学计算机基础教程. 北京：中国原子能出版社，2013.

[14] 卞诚君等. 完全掌握 Office 2013 高校办公超级手册. 北京：机械工业出版社，2014.

[15] Lisa A.Bucki 等. 中文版 Office 2003 宝典. 4 版. 石云等译. 北京：清华大学出版社，2014.

[16] Joan Lambert. MOS 2013 学习指南 Microsoft Excel. 张宪涛等译. 北京：人民邮电出版社，2015.

[17] 王通. Word+Excel+PowerPoint 2013 办公应用入门与实战. 北京：清华大学出版社，2015.

[18] 杨继萍等. Visio 2013 图形设计标准教程. 北京：清华大学出版社，2014.

[19] 郭新房等. Visio 2013 图形设计从新手到高手. 北京：清华大学出版社，2014.

[20] 张鹏飞等. Office 高级应用. 广州：中山大学出版社，2014.

[21] 谢希仁. 计算机网络简明教程. 2 版. 北京：电子工业出版社，2012.

[22] 徐敬东. 计算机网络. 3 版. 北京：清华大学出版社，2013.

[23] 冯登国. 信息安全技术概论. 北京：电子工业出版社，2009.

[24] 褚建立. 计算机网络技术实用教程. 北京：清华大学出版社，2009.

[25] 黄斌. 计算机网络技术. 海口：海南出版社，2013.

[26] 曹成伟等. 旅游商品电子商务. 海口：南海出版公司，2016.

[27] 刘光然等. 多媒体技术与应用教程. 2 版. 北京：人民邮电出版社，2012.

[28] 高玉德等. 多媒体技术与应用. 北京：清华大学出版社，2013.

[29] 李绍彬等. 多媒体应用技术. 北京：清华大学出版社，2014.

[30] 王珊等. 数据库系统概论. 5 版. 北京：高等教育出版社，2014.

[31] 庞国莉等. 数据库原理与应用. 北京：清华大学出版社，2010.

[32] 克罗克等. 数据库原理. 5 版. 北京：清华大学出版社，2011.

[33] http://baike.baidu.com/，百度百科.